高等职业教育系列教材

数字电子技术项目教程

第3版

主　编　牛百齐　许　斌
副主编　周宗斌　张　力

机械工业出版社

本书根据现代高等职业教育的要求，贯彻项目驱动教学理念，采用“教学做一体化”模式，讲解了数字电子技术。

全书共有8个项目：逻辑状态测试笔的制作、多数表决器电路的设计与制作、数字显示器的制作、4位二进制数加法数码显示电路的制作、竞赛抢答器的制作、数字钟的设计与制作、防盗报警器的设计与制作、数字电压表的设计与制作。

本书既可作为高职高专电子信息专业、通信技术专业、应用电子技术专业、自动控制等专业的教材，又可作为职业技能培训教材，还可供从事电子、信息技术工作的有关人员参考。

本书配有微课视频，扫描二维码即可观看。另外，本书配有电子课件，需要的教师可登录机械工业出版社教育服务网（www.cmpedu.com）免费注册，审核通过后下载，或联系编辑索取（微信：15910938545，电话：010-88379739）。

图书在版编目（CIP）数据

数字电子技术项目教程/牛百齐，许斌主编. —3版. —北京：机械工业出版社，2022.1（2025.1重印）

高等职业教育系列教材

ISBN 978-7-111-69853-1

Ⅰ.①数… Ⅱ.①牛… ②许… Ⅲ.①数字电路-电子技术-高等职业教育-教材 Ⅳ.①TN79

中国版本图书馆CIP数据核字（2021）第253230号

机械工业出版社（北京市百万庄大街22号 邮政编码100037）

策划编辑：和庆娣　　　　责任编辑：和庆娣

责任校对：陈　越　王明欣　责任印制：常天培

北京机工印刷厂有限公司印刷

2025年1月第3版第6次印刷

184mm×260mm · 15.25印张 · 387千字

标准书号：ISBN 978-7-111-69853-1

定价：65.00元

电话服务　　　　　　　　网络服务

客服电话：010-88361066　机　工　官　网：www.cmpbook.com

010-88379833　机　工　官　博：weibo.com/cmp1952

010-68326294　金　书　网：www.golden-book.com

封底无防伪标均为盗版　　机工教育服务网：www.cmpedu.com

Preface

前 言

本书根据现代高等职业教育的要求，贯彻项目驱动教学理念，采用“教学做一体化”模式，培养学生的综合工作能力。编者在总结多年来数字电子技术课程教学经验的基础上，对《数字电子技术项目教程第2版》进行修订和完善，具体特色如下。

1）以项目为单位组织教学活动。围绕完成项目设置教学内容，体现项目引导、任务驱动、教学做一体化的课程理念。

2）项目设置严谨、代表性强、项目任务由易到难，项目用到的知识由浅入深、循序渐进，符合认知规律。

3）项目融合电子仿真技术，将虚拟仿真与真实实验结合，利用Multisim仿真软件对电路进行仿真测试，加深了对知识的理解，拓展学生的学习时空。

4）项目拓展环节为项目提供了其他实现方法，使学生能够举一反三、开阔视野，培养学生的兴趣和创造思维能力。

本书选择了8个典型项目，分别是：逻辑状态测试笔的制作、多数表决器电路的设计与制作、数字显示器的制作、4位二进制数加法数码显示电路的制作、竞赛抢答器的制作、数字钟的设计与制作、防盗报警器的设计与制作、数字电压表的设计与制作。高职院校不同专业可以根据需要选择不同内容组织教学。建议教学学时为60～90学时，教学时可结合具体专业实际，对教学内容和教学学时进行适当调整。

本书由牛百齐、许斌担任主编，周宗斌、张力任副主编，彭程、李秀芳、辛勤、康恒源参编，全书由牛百齐统稿。本书编写过程中参阅了许多专家的论著资料，在此表示深切的谢意。

由于编者水平有限，书中不妥、疏漏或错误之处在所难免，恳请专家、同行批评指正。

编 者

二维码资源清单

序号	名称	页码
1	1.2.1　数制与码制	5
2	1.2.2　基本逻辑运算	10
3	1.2.3-1　二极管门电路	14
4	2.2.1　逻辑代数基础	40
5	2.2.3　卡诺图法化简逻辑函数	44
6	2.2.4　组合逻辑电路	48
7	3.2.1　编码器	65
8	3.2.2　译码器	68
9	3.2.3　数据分配器	75
10	3.2.4　数据选择器	76
11	4.2.1　加法器	90
12	4.2.2　数值比较器	93
13	5.2.1　触发器概述	107
14	5.2.2　RS 触发器	107
15	5.2.3　JK 触发器	110
16	5.2.4　D 触发器	114
17	5.2.5　T 触发器和 T′触发器	117
18	6.2.1　时序逻辑电路的分析	133
19	6.2.2　计数器	137
20	6.2.3　N 进制计数器	146
21	6.2.4　寄存器	149
22	7.2.1　脉冲信号及其参数	167
23	7.2.2　多谐振荡器	168
24	7.2.3　单稳态触发器	170
25	7.2.4　施密特触发器	172
26	7.2.5　555 定时器	173
27	8.2.1　D－A 转换器	192
28	8.2.2　A－D 转换器	196
29	8.2.3-1　集成电路 ADC0809	201
30	8.2.3-2　A－D 转换芯片 MC14433	202

目录 Contents

项目3 数字显示器的制作…… 64

项目4 4位二进制数加法数码显示电路的制作…… 89

项目8 数字电压表的设计与制作 ………………… 191

附录 ………………………… 218

参考文献 ………………………… 236

绪 论

在现代社会中，数字电视、数字照相机、智能手机等数字化电子产品正越来越多地影响着人们的生活。数字电路是数字电子设备的基本单元，数字电视和数字照相机的信息存储和处理，计算机中的运算器、控制器、寄存器和存储器，数字通信中的编码器、译码器和缓存器等都是依靠数字电路来实现的。随着科学技术的发展，数字电子技术的应用将越来越广泛。

1. 数字信号和数字电路

在电子技术应用中，电信号按其变化规律可以分为模拟信号和数字信号两大类。模拟信号是在时间和数值上连续变化的信号，例如，电话线中的语音信号就是随时间连续变化的模拟信号，它的电压信号在正常情况下是连续变化的，不会出现跳变。传输和处理模拟信号的电路称为模拟电路。

在时间和数值上都是离散（不连续）的信号称为数字信号，其高电平和低电平常用 1 和 0 来表示。矩形波、方波信号就是典型的数字信号。传输和处理数字信号的电路称为数字电路。它主要是研究输出与输入信号之间的逻辑关系的，因此，数字电路又称为数字逻辑电路。

图 0-1 所示为模拟信号和数字信号的波形。

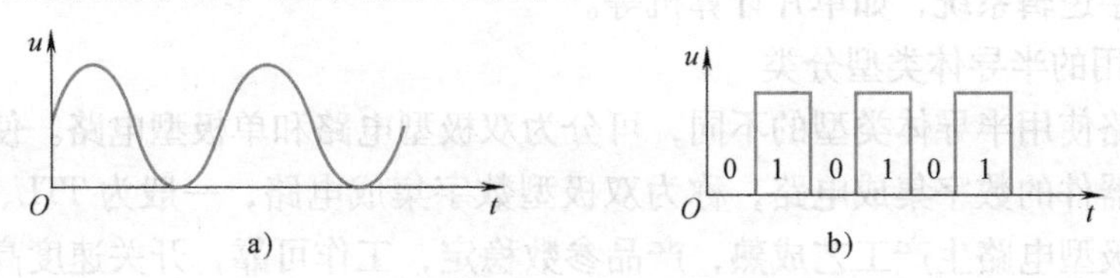

图 0-1　模拟信号与数字信号的波形
a）模拟信号　b）数字信号

2. 数字电路的特点

数字电路与模拟电路相比主要有以下特点。

1）数字电路的信号只有两种状态，它表现为电路中电压的“高”或“低”，开关的“接通”或“断开”，晶体管的“导通”或“截止”等。将这种高和低、通和断对应的两种状态分别对应 1 和 0 两个数码，表示电路中信号的有和无，便于数据处理。

2）数字电路利用脉冲信号的有和无传递 1 和 0 数字信息，在电路工作时只要能可靠区分 1 和 0 两种状态就可以了。高低电平间相差较大，幅度较小的干扰不足以改变信号的有无状态，所以数字电路工作可靠性高，抗干扰能力强。

3）数字电路的基本单元电路比较简单，便于集成制造和系列化生产。产品价格低廉、使用方便、通用性好。

4）由于数字逻辑电路构成的数字系统工作速度快、精度高、功能强、可靠性好，数字电路中的元器件处于开关状态，所以功耗较小。

5）数字电路不仅能完成算术运算，而且还能完成逻辑运算，具有逻辑推理和逻辑判断的能力。

数字电路具有上述优点，被广泛地应用在计算机、数字通信、数字仪表和数控装置等领域。

3. 数字电路的分类

（1）按电路的组成结构分类

数字电路按组成结构可分为分立元器件电路和集成电路两大类。分立元器件电路由二极管、晶体管、电阻、电容等元器件组成；集成电路则通过半导体制造工艺将这些元器件做在一片芯片上。

分立元器件电路因体积大、可靠性不高而逐渐被数字集成电路所取代。

（2）按集成电路的规模分类

集成电路按集成度的不同可分为小规模集成电路（SSI）、中规模集成电路（MSI）、大规模集成电路（LSI）和超大规模集成电路（VLSI）。

1）小规模集成电路。它的集成度为1～10门/片或10～100个元器件/片。一般为一些逻辑单元电路，如逻辑门电路、集成触发器等。

2）中规模集成电路。它的集成度为10～100门/片或100～1 000个元器件/片。主要是一些逻辑功能部件，如译码器、编码器、选择器、算术运算器、计数器、寄存器、比较器和转换电路等。

3）大规模集成电路。它的集成度大于100～10 000门/片或1 000～100 000个元器件/片。主要是数字逻辑系统，如中央控制器、存储器、串并行接口电路等。

4）超大规模集成电路。它的集成度大于10 000门/片或100 000个元器件/片。主要是高集成度的数字逻辑系统，如单片计算机等。

（3）按使用的半导体类型分类

按数字电路使用半导体类型的不同，可分为双极型电路和单极型电路。使用双极型晶体管作为基本元器件的数字集成电路，称为双极型数字集成电路，一般为TTL、ECL、HTL等集成电路。双极型电路生产工艺成熟，产品参数稳定，工作可靠，开关速度高，因此被广泛应用。使用单极型晶体管作为基本元器件的数字集成电路，称为单极型数字集成电路。单极型电路有NMOS、PMOS、CMOS等集成电路。优点是功耗低，抗干扰能力强。

（4）按电路的逻辑功能分类

按电路的逻辑功能的不同，可分为组合逻辑电路和时序逻辑电路。组合逻辑电路没有记忆功能，其输出信号只与当时的输入信号有关，而与电路以前的状态无关；时序逻辑电路具有记忆功能，其输出信号不仅与当时的输入信号有关，而且与电路以前的状态有关。

4. 数字电路的应用

目前，数字电路在数字通信、电子计算机、自动控制、电子测量仪器等方面已得到广泛的应用。

1）数字通信。用数字电路构成的数字通信系统与传统的模拟通信系统相比，不仅抗干扰能力强，保密性能好，适于多路远程传输，而且还能应用于计算机中，进行信息处理和控制，实现以计算机为中心的自动交换通信网。

2）电子计算机。以数字电路构成的数字计算机，处理信息能力强，运算速度快，工作温度可靠，便于参与过程控制。

3）自动控制。以数字电路构成的自动控制系统，具有快速、灵敏、精确等特点，如数控机床、电参数的远距离测控、卫星测控等。

4）电子测量仪器。用数字电路构成的数字测量仪器与模拟测量仪器相比，不仅测量准确度高、测试功能强，而且便于进行数据处理，实现测量自动化和智能化。

以上仅概括说明了数字电路的一些应用。实际上，数字电路的应用是很广泛的。随着数字电路应用领域的扩大，数字电子技术将更深入地渗透到国民经济各个部门中，并产生越来越深刻的影响。因此，数字电子技术是现代电子工程技术人员必须掌握的基础知识。

项目1 逻辑状态测试笔的制作

1.1 项目描述

本项目制作的逻辑状态测试笔由集成门电路芯片 74HC00、发光二极管、电阻等元器件组成。项目相关知识点：数制与码制、基本逻辑运算、基本门电路、集成逻辑门电路等。技能训练：集成逻辑门电路的逻辑功能测试、OC 门和三态输出门的应用等。项目的实施：使读者掌握相关知识和技能，提高职业素养。

1.1.1 项目目标

1. 知识目标

1）熟悉数制、码制及它们的相互转换。

2）熟悉基本逻辑运算及描述方法。

3）了解分立元器件门电路的工作原理、逻辑功能。

4）掌握常用集成逻辑门电路的功能及应用。

2. 技能目标

1）掌握基本逻辑门电路的功能测试方法。

2）熟悉集成逻辑门电路的识别及功能查询方法。

3）能用基本门电路完成简单项目的制作。

4）掌握逻辑状态测试笔的安装、调试与检测方法。

3. 职业素养

1）严谨的思维习惯、认真的科学态度和良好的学习方法。

2）遵守纪律和安全操作规程，训练积极，具有敬业精神。

3）具有团队意识，建立相互配合、协作和良好的人际关系。

4）具有创新意识，形成良好的职业道德。

1.1.2 项目说明

逻辑状态测试笔可以方便、直观地检测出逻辑电路的高、低电平，在某些数字电路的调试和维修中，比使用万用表、示波器等仪器检测显得简便而有效。本项目是利用集成门电路制作逻辑状态测试笔。

1. 项目要求

用集成门电路 74HC00 制作简易逻辑状态测试笔。要求：当测试逻辑高电平时，红色发光二极管亮；当测试逻辑低电平时，绿色发光二极管亮。

2. 项目实施引导

1）小组制订工作计划。

2）熟悉逻辑状态测试笔的电路。

3）备齐电路所需元器件，并进行检测。

4）画出逻辑状态测试笔电路的安装布线图。

5）根据电路布线图，安装逻辑状态测试笔电路。

6）完成逻辑状态测试笔电路的功能检测和故障排除。

7）通过小组讨论，完成电路的详细分析，编写项目实施报告。

1.2 项目资讯

1.2.1 数制与码制

1.2.1　数制与码制

1. 数制

数制是一种计数的方法，它是进位计数制的简称。在表示数字时，仅用一位数码往往是不够的，必须用进位计数的方法组成多位数码。多位数码中每一位的构成，以及从低位到高位的进位规则称为进位计数制。采用何种计数方法应根据实际需要而定，日常生活中广泛采用的是十进制，数字电路中，常用的数制除十进制外，还有二进制、八进制和十六进制。

一种数制中规定允许使用的数码符号的个数叫该计数进位制的基数或基，记为R。把某个数位上数码为“1”时所代表的十进制数的数值，称为该数位的权值，简称“权”。各个数位的权值均可用R^i表示，其中R是进位基数，i是各数位的序号。i的取值对该数的整数部分而言，以小数点为起点，自右向左依次为0，1，2，…，$n-1$；对于小数部分，以小数点为起点，自左向右依次为-1，-2，…，$-m$。n是整数部分的位数，m是小数部分的位数。

（1）十进制

十进制是以10为基数的计数体制。在十进制中，有0、1、2、3、4、5、6、7、8、9十个数码，它的进位规律是逢十进一。十进制用下标10表示，在十进制数中，数码所处的位置不同，所代表的数值不同。如

$$(386.25)_{10}=3\times10^2+8\times10^1+6\times10^0+2\times10^{-1}+5\times10^{-2}$$

式中，10^2、10^1、10^0为整数部分百位、十位、个位的权，而10^{-1}、10^{-2}为小数部分十分位、百分位的权，它们都是基数10的幂。十进制数的数值为各位数码按权展开相加的和。

（2）二进制

二进制是以2为基数的计数体制。在二进制中，只有0和1两个数码，它的进位规律是逢二进一，各位权值是2的整数幂。如

$$(1101.11)_2=1\times2^3+1\times2^2+0\times2^1+1\times2^0+1\times2^{-1}+1\times2^{-2}=(13.75)_{10}$$

可见，二进制数变为十进制数只需要按权展开相加即可。

（3）八进制

八进制是以8为基数的计数体制。在八进制中，有0、1、2、3、4、5、6、7共8个不同的数码，它的进位规律是逢八进一，各位权值是基数8的整数幂。如

$$(437.25)_8 = 4\times8^2 + 3\times8^1 + 7\times8^0 + 2\times8^{-1} + 5\times8^{-2}$$
$$= 256 + 24 + 7 + 0.25 + 0.078125$$
$$= (287.328125)_{10}$$

式中，8^2、8^1、8^0、8^{-1}、8^{-2}分别为八进制数各位的权。

（4）十六进制

十六进制是以16为基数的计数体制。在十六进制中，有0、1、2、3、4、5、6、7、8、9、A、B、C、D、E、F共16个不同的数码，其中A、B、C、D、E、F分别代表10、11、12、13、14、15。它们的进位规律是逢十六进一。各位权值是16的整数幂。如

$$(3A6.D)_{16} = 3\times16^2 + 10\times16^1 + 6\times16^0 + 13\times16^{-1} = (934.8125)_{10}$$

式中，16^2、16^1、16^0、16^{-1}分别为十六进制数各位的权。

表1-1中列出了二进制、八进制、十进制、十六进制这几种不同数制的对照表。

表1-1 几种不同数制的对照表

十进制	二进制	八进制	十六进制	十进制	二进制	八进制	十六进制
0	0000	0	0	8	1000	10	8
1	0001	1	1	9	1001	11	9
2	0010	2	2	10	1010	12	A
3	0011	3	3	11	1011	13	B
4	0100	4	4	12	1100	14	C
5	0101	5	5	13	1101	15	D
6	0110	6	6	14	1110	16	E
7	0111	7	7	15	1111	17	F

2. 不同数制间的转换

（1）非十进制数转换为十进制数

由二进制、八进制、十六进制数转换为十进制数，只要将它们按权展开，求各位数值之和，即可得到对应的十进制数。如

$$(1011.01)_2 = 1\times2^3 + 0\times2^2 + 1\times2^1 + 1\times2^0 + 0\times2^{-1} + 1\times2^{-2} = 8 + 2 + 1 + 0.25 = (11.25)_{10}$$
$$(172.01)_8 = 1\times8^2 + 7\times8^1 + 2\times8^0 + 0\times8^{-1} + 1\times8^{-2} = 64 + 56 + 2 + 0.0125 = (122.0125)_{10}$$
$$(8ED.C7)_{16} = 8\times16^2 + 14\times16^1 + 13\times16^0 + 12\times16^{-1} + 7\times16^{-2} = (2285.7773)_{10}$$

（2）十进制数转换成非十进制数

当将十进制数转换为非十进制数时，要将其整数部分和小数部分分别转换，结果合并为目的数制形式。

1）整数部分的转换。整数部分的转换方法是采用连续“除基取余”，一直除到商数为0为止。最先得到的余数为整数部分的最低位。

【例1-1】 将$(25)_{10}$转换为二进制形式。

解：采用“除2取余”法，有

```
2|25    … 1   低位
 2|12   … 0    ↑
  2|6   … 0    |
   2|3  … 1    |
    2|1 … 1   高位
      0
```

所以

$$(25)_{10}=(11001)_2$$

2）小数部分的转换。其方法是采用连续"乘基取整"，一直进行到乘积的小数部分为0或满足要求的精度为止。最先得到的整数为小数部分的最高位。

【例1-2】　将$(0.437)_{10}$转换为二进制形式。

解：采用"乘2取整"法，有

$0.437\times2=0.874$　　整数部分为0…最高位

$0.874\times2=1.748$　　整数部分为1

$0.748\times2=1.496$　　整数部分为1

$0.496\times2=0.992$　　整数部分为0

$0.992\times2=1.984$　　整数部分为1…最低位

所以

$$(0.437)_{10}=(0.01101)_2$$

如果一个十进制数既有整数部分又有小数部分，可将整数部分和小数部分分别按要求进行等值转换，然后合并就可得到结果。

【例1-3】　将十进制数$(174.437)_{10}$转换为八进制数和十六进制数（保留小数点后5位）。

解：① 对整数部分采用"除基取余"法，它们的基数分别为8和16。

8 | 174 … 6　　　16 | 174 … E
8 | 21 … 5　　　16 | 10 … A
8 | 2 … 2　　　　0
0

所以

$$(174)_{10}=(256)_8=(\mathrm{AE})_{16}$$

② 对小数部分采用"乘基取整"法，即

$0.437\times8=3.496$　　整数部分为3

$0.496\times8=3.968$　　整数部分为3

$0.968\times8=7.744$　　整数部分为7

$0.744\times8=5.952$　　整数部分为5

$0.952\times8=7.616$　　整数部分为7

所以

$$(0.437)_{10}=(0.33757)_8$$

$0.437\times16=6.992$　　整数部分为6

$0.992\times16=15.872$　　整数部分为F

$0.872\times16=13.952$　　整数部分为D

$0.952\times16=15.232$　　整数部分为F

$0.232\times16=3.712$　　整数部分为3

所以

$$(0.437)_{10}=(0.6\mathrm{FDF}3)_{16}$$

由此可得

$$(174.437)_{10}=(256.33757)_8=(\mathrm{AE.6FDF3})_{16}$$

（3）二进制与八进制、十六进制间的相互转换

1）二进制转换为八进制、十六进制。当将二进制数转换成八进制数（或十六进制数）时，其整数部分和小数部分可以同时进行转换。其方法是：以二进制数的小数点为起点，分别向左、向右每3位（或4位）分一组，对于小数部分，当最低位一组不足3位（或4位）时，必须在有效位右边补0，使其足位；然后，把每一组二进制数转换成八进制（或十六进制）数，并保持原排序。对于整数部分，当最高位一组不足位时，可在有效位的左边补0，也可不补。

【例1-4】　将 $(1011010111.10011)_2$ 转换为八进制和十六进制数。

解：$(\underline{001}\ \underline{011}\ \underline{010}\ \underline{111}.\ \underline{100}\ \underline{110})_2=(1327.46)_8$

$(\underline{0010}\ \underline{1101}\ \underline{0111}.\ \underline{1001}\ \underline{1000})_2=(\mathrm{2D7.98})_{16}$

2）八进制数或十六进制数转换成二进制数。八进制（或十六进制）数转换成二进制数时，只要把八进制（或十六进制）数的每一位数码分别转换成三位（或四位）的二进制数，并保持原排序即可。整数最高位一组左边的0及小数最低位一组右边的0可以省略。

【例1-5】　将 $(35.24)_8$，$(\mathrm{3AB.18})_{16}$ 转换为二进制形式。

解：$(35.24)_8=(\underline{011}\ \underline{101}.\ \underline{010}\ \underline{100})_2=(11101.0101)_2$

$(\mathrm{3AB.18})_{16}=(\underline{0011}\ \underline{1010}\ \underline{1011}.\ \underline{0001}\ \underline{1000})_2=(1110101011.00011)_2$

由上述可见，非十进制数转换成十进制数可采用按权展开法；十进制数转换成二进制数时可采用基数乘除法；当二进制数与八进制数、十六进制数相互转换时，可采用分组转换法。当非十进制数之间相互转换时，若它们满足2的 n 次幂，则可通过二进制数来进行转换。

3. 码制

不同的数码不仅可以用来表示数量的大小不同，而且可以用来表示不同的事物或事物的不同状态。在表示不同事物的情况下，这些数码已经不再具有表示数量大小的含义了，它们只是不同事物的代号而已，所以这些数码称为代码。例如开运动会时，为每一位运动员编一个号码，这些号码只是表示不同的运动员，并不表示数值的大小。为了便于记忆和查找，在编制代码时总要遵循一定的规则，这些规则就称为码制。

在数字系统中，二进制代码常用来表示特定的信息。将若干个二进制代码0和1按一定规则排列来表示某种特定含义的代码，称为二进制代码，或称为二进制码。如用一定位数的二进制代码表示数字、文字和字符等。下面介绍几种在数字电路中常用的二进制代码。

（1）二-十进制代码

将十进制数的0~9十个数字用二进制数表示的代码，称为二-十进制代码，又称为BCD码。

由于4位二进制数码有16种不同组合，而十进制数只需用到其中的10种组合，所以二-十进制数代码有多种方案。表1-2给出了几种常用的二进制代码。

表1-2　几种常用的二进制代码

十进制数	8421码	5421码	2421码	余3码
0	0000	0000	0000	0011
1	0001	0001	0001	0100
2	0010	0010	0010	0101

（续）

十进制数	8421码	5421码	2421码	余3码
3	0011	0011	0011	0110
4	0100	0100	0100	0111
5	0101	1000	1011	1000
6	0110	1001	1100	1001
7	0111	1010	1101	1010
8	1000	1011	1110	1011
9	1001	1100	1111	1100

若某种代码的每一位都有固定的“权值”，则称这种代码为有权代码；否则，称为无权代码。因此，判断一种代码是否为有权代码，只需检验这种代码的每个码组的各位是否具有固定的权值。如果发现一种代码中至少有一个码组的权值不同，那么这种代码就是无权码。

1）8421BCD码。8421BCD码是有权码，各位的权值分别为8、4、2、1。虽然8421BCD码的权值与4位自然二进制码的权值相同，但二者是两种不同的代码。8421BCD码只取用了4位自然二进制代码的前10种组合。

2）5421BCD码和2421BCD码。5421BCD码和2421BCD码也是有权码，各位的权值分别为5、4、2、1和2、4、2、1。用4位二进制数表示1位十进制数，每组代码各位加权系数的和为其表示的十进制数。

3）余3BCD码。余3BCD码是8421BCD码的每个码组加3(0011）形成的。其中的0和9，1和8，2和7，3和6，4和5，各对码组相加均为1111，余3BCD码也是自补代码，简称为余3码。余3码各位无固定权值，故属于无权码。

【例1-6】 分别将十进制数$(753)_{10}$转换为8421BCD码、5421BCD和余3BCD码。

解：$(753)_{10}=(011101010011)_{8421BCD}$

$(753)_{10}=(101010000011)_{5421BCD}$

$(753)_{10}=(101010000110)_{余3BCD}$

（2）可靠性编码

代码在形成和传输过程中难免会产生错误，为了使代码形成时不易出差错或出错时容易发现并校正，需采用可靠性编码。常用的可靠性编码有格雷码、奇偶校验码等。

1）格雷码。格雷码是一种典型的循环码，属于无权码，它有许多形式（如余3循环码等）。循环码有两个特点：一个是相邻性，即指任意两个相邻代码仅有一位数码不同；另一个是循环性，即指首尾的两个代码也具有相邻性。因为格雷码的这些特性可以减少代码变化时产生的错误，所以它是一种可靠性较高的代码。在自动化控制中生产设备多采用格雷码，如光电编码器，它可将光电读取头和代码盘之间的位移转换成相应的代码，以控制机械运动的行程和速度。

使用二进制数虽然直观、简单，但对码盘的制作和安装的要求十分严格，否则易出错。例如，当二进制码盘从0111变化为1000时，4位二进制数码必须同时变化，若最高位光电转换稍微早一些，就会出现错码1111，这是不允许的。而采用格雷码码盘时，从0100变化为1100只有最高位变化，从而有效避免了由于安装和制作误差所造成的错码。

十进制数0～15的4位二进制格雷码见表1-3，显然它符合循环码的两个特点。

表 1-3 4 位二进制格雷码

十进制数	格雷码	十进制数	格雷码
0	0000	8	1100
1	0001	9	1101
2	0011	10	1111
3	0010	11	1110
4	0110	12	1010
5	0111	13	1011
6	0101	14	1001
7	0100	15	1000

2）奇偶校验码。奇偶校验码是最简单的检错码，它能够检测出传输码组中的奇数个码元错误。

奇偶校验码的编码方法：在信息码组中增加一位奇偶校验位，使得增加校验位后的整个码组具有奇数个 1 或偶数个 1 的特点。如果每个码组中 1 的个数为奇数，就称为奇校验码；如果每个码组中 1 的个数为偶数，就称为偶校验码。

例如，将十进制数 5 的 8421BCD 码 0101 增加校验位后，奇校验码是 10101，偶校验码是 00101，其中最高位分别为奇校验位 1 和偶校验位 0。

1.2.2 基本逻辑运算

1.2.2 基本逻辑运算

在数字电路中，1 位二进制数码的 0 和 1 不仅可以表示数量的大小，而且可以表示两种不同的逻辑状态。例如，可以用 1 和 0 分别表示一件事情的有和无，或者表示电路的通和断、电灯的亮和灭等状态。这种只有两种对立逻辑状态的逻辑关系称为二值逻辑。

所谓逻辑就是指事物间的因果关系。当两个二进制数码表示不同的逻辑状态时，它们之间可以按照指定的某种因果关系进行推理运算，这种运算就称为逻辑运算。逻辑代数（又称为布尔代数）是按一定的逻辑规律进行运算的代数，是分析和设计数字电路最基本的数学工具。逻辑代数虽然与普通代数一样也用字母表示变量，但逻辑代数中逻辑变量的取值只有 0 和 1 两个值，且 0 和 1 不表示数量的大小，只表示两种对立的逻辑状态。

1. 3 种基本逻辑运算

在逻辑代数中，基本逻辑运算有与运算、或运算和非运算 3 种。

（1）与运算

当决定某一事件的所有条件都满足，该事件才发生时，这种因果关系称为与逻辑关系，也称为与运算或者逻辑乘。

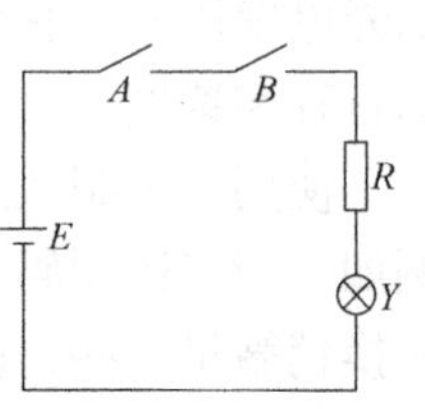

图 1-1 与逻辑电路示意图

与运算对应的逻辑电路可以用两个串联开关 A、B 控制电灯 Y 的亮和灭来示意，与逻辑电路示意图如图 1-1 所示。若用 1 代表开关闭合和灯亮，用 0 代表开关断开和灯灭，则电路的功能可以描述为：只有当 A、B 两个开关都闭合（$A=1$、$B=1$）时，电灯 Y 才亮（$Y=1$），否则，灯就灭。这种灯的亮与灭和开关的通与断之间的逻辑关系就是与逻辑。其对应关系见表1-4，这种表格称为真值表。

表1-4　与逻辑真值表

A	*B*	*Y*
0	0	0
0	1	0
1	0	0
1	1	1

所谓真值表就是将输入变量的所有可能的取值组合对应的输出变量值一一列出来的表格。若输入有 n 个变量，则有 2^n 种取值组合存在，输出对应的有 2^n 个值。在逻辑分析中，真值表是描述逻辑功能的一种重要形式。

在数字电路中，常把能够实现与运算逻辑功能的电路称为与门。与门逻辑符号如图1-2所示。

由真值表可以将与门电路的逻辑功能归纳为“有0出0，全1出1”。

Y 和 A、B 间的关系可以表示为

$$Y = A \cdot B \tag{1-1}$$

此逻辑表达式读做“Y 等于 A 与 B”。为了简便，有时把符号“·”省掉，写成 $Y = AB$。

对于多变量的与运算可以表示为

$$Y = ABC\cdots$$

（2）或运算

在决定某一事件的所有条件中，只要满足一个条件，则该事件就发生，这种因果关系称为或逻辑关系，也称为或运算或者逻辑加。

或运算对应的逻辑电路可以用两个并联开关 A、B 控制电灯 Y 的亮和灭来示意。或逻辑电路示意图如图1-3所示。若仍用1代表开关闭合和灯亮，用0代表开关断开和灯灭，则电路的功能可以描述为：只要 A、B 两个开关中至少有一个闭合，电灯 Y 就亮；否则，灯就灭。或逻辑真值表见表1-5。

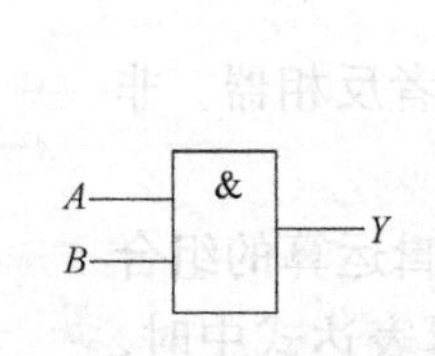

图1-2　与门逻辑符号

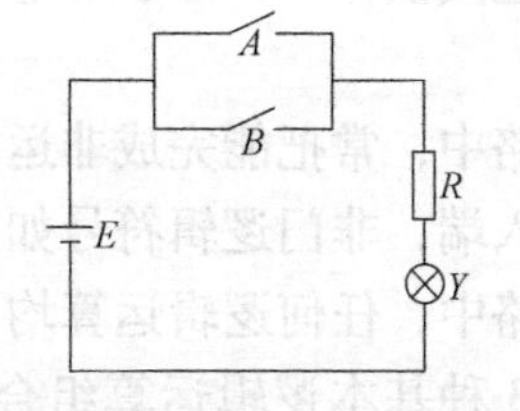

图1-3　或逻辑电路示意图

表1-5　或逻辑真值表

A	*B*	*Y*
0	0	0
0	1	1
1	0	1
1	1	1

或运算的逻辑表达式为

$$Y = A + B \tag{1-2}$$

对于多变量的或运算可表示为

$$Y = A + B + C + \cdots$$

在数字电路中，把能实现或运算的电路称为或门，或门逻辑符号如图 1-4 所示。

或门的逻辑功能可归纳为“有 1 出 1，全 0 出 0”。

（3）非运算

非运算表示这样的逻辑关系，即当某一条件具备时，事件便不会发生，而当此条件不具备时，事件一定发生。

非运算对应的逻辑关系可以用图 1-5 所示电路来示意。在图 1-5 所示非门逻辑电路中，若用 1 代表开关闭合和灯亮，用 0 代表开关断开和灯灭，则电路的功能可以描述为：若开关 A 闭合，则灯 Y 就亮；反之，灯就灭。非逻辑真值表见表 1-6。

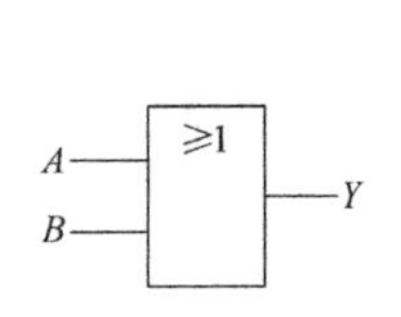

图 1-4 或门逻辑符号

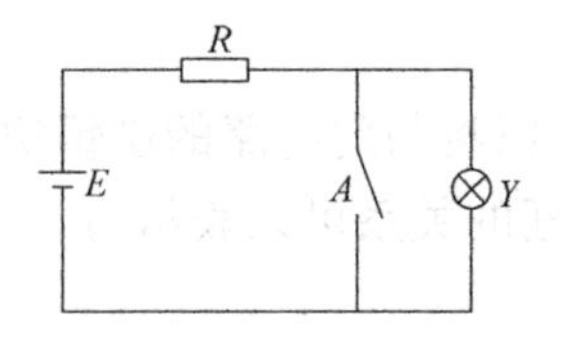

图 1-5 非门逻辑电路示意图

表 1-6 非逻辑真值表

A	Y
0	1
1	0

由该表可知，Y 和 A 之间的逻辑关系为“有 0 出 1，有 1 出 0”。

Y 和 A 之间的关系可表示为

$$Y = \overline{A} \tag{1-3}$$

此逻辑表达式读作“Y 等于 A 非”。通常称 A 为原变量，$\overline{A}$为反变量，二者共同称为互补变量。

在数字电路中，常把能完成非运算的电路叫作非门或者反相器。非门只有一个输入端，非门逻辑符号如图 1-6 所示。

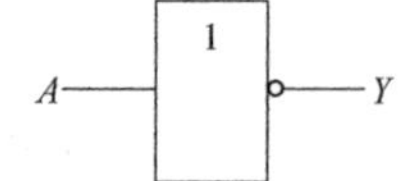

图 1-6 非门逻辑符号

在数字电路中，任何逻辑运算均可以由这 3 种基本逻辑运算的组合来表示。当这 3 种基本逻辑运算组合同时出现在一个逻辑表达式中时，要注意三者的优先次序是“非、与、或”。例如，逻辑函数 $Y = A\overline{B} + C$ 中，B 变量先“非”，然后再和变量 A 相“与”，相“与”的结果再和变量 C 相“或”，最后得到 Y。

2. 几种常用的复合逻辑运算

将与、或、非 3 种基本的逻辑运算进行组合，可以得到各种形式的复合逻辑运算，常见的复合运算有：与非运算、或非运算、与或非运算、异或运算、同或运算等。

（1）与非运算

与非运算是与运算和非运算的复合运算。先进行与运算再进行非运算，其逻辑表达式为

$$Y=\overline{A \cdot B} \tag{1-4}$$

将实现与非逻辑运算的电路称为与非门，其逻辑符号如图1-7所示。

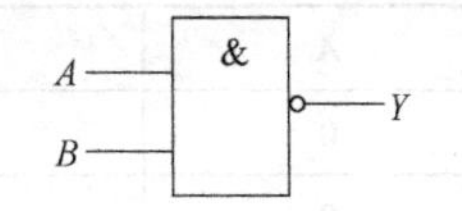

图1-7　与非门逻辑符号

与非门的逻辑功能可归纳为“有0出1，全1出0”。

实际应用的与非门的输入端可以有多个。

（2）或非运算

或非运算是或运算和非运算的复合运算。先进行或运算，后进行非运算，其逻辑表达式为

$$Y=\overline{A+B} \tag{1-5}$$

将实现或非逻辑运算的电路称为或非门，其逻辑符号如图1-8所示。

或非门的逻辑功能可归纳为“有1出0，全0出1”。

实际应用的或非门的输入端可以有多个。

（3）与或非运算

与或非运算是与、或、非3种基本逻辑的复合运算。先进行与运算，再进行或运算，最后进行非运算，其逻辑表达式为

$$Y=\overline{AB+CD} \tag{1-6}$$

将实现与或非逻辑运算的电路称为与或非门，其逻辑符号如图1-9所示。

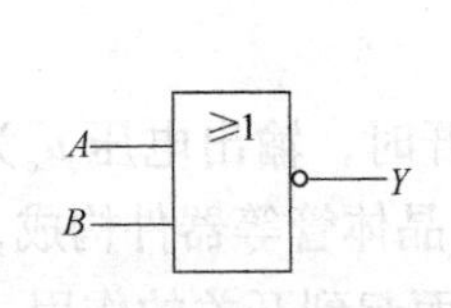

图1-8　或非门逻辑符号

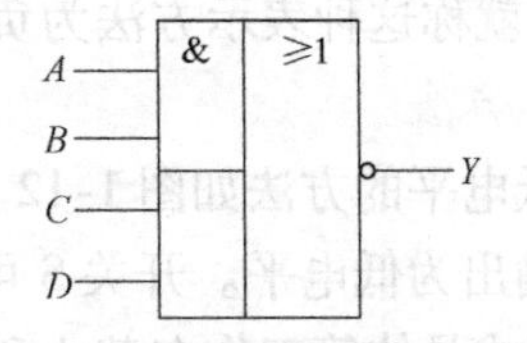

图1-9　与或非门逻辑符号

（4）异或运算及同或运算

若两个输入变量A、B的取值相异，则输出变量Y为1；若A、B的取值相同，则Y为0。这种逻辑关系称为异或逻辑关系，其逻辑表达式为

$$Y=A \oplus B=\overline{A}B+A\overline{B} \tag{1-7}$$

此逻辑表达式读作“Y等于A异或B”。将实现异或运算的电路称为异或门，其逻辑符号如图1-10所示。

若两个输入变量A、B的取值相同，则输出变量Y为1；若A、B取值相异，则Y为0。这种逻辑关系称为同或逻辑关系，其逻辑表达式为

$$Y=A \odot B=\overline{A}\,\overline{B}+AB \tag{1-8}$$

将实现同或运算的电路称为同或门，其逻辑符号如图1-11所示。

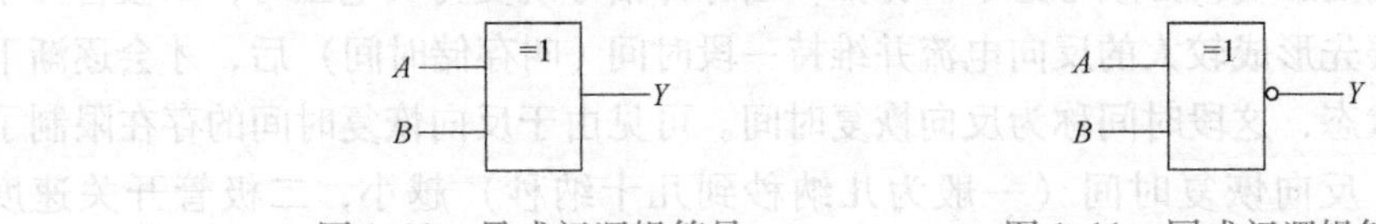

图1-10　异或门逻辑符号　　图1-11　同或门逻辑符号

注意：在实际产品中，异或门和同或门的输入端只有两个。异或及同或逻辑的真值表见表1-7。

表 1-7　异或及同或逻辑的真值表

A	B	$Y=A\oplus B$	$Y=A\odot B$
0	0	0	1
0	1	1	0
1	0	1	0
1	1	0	1

1.2.3　分立元器件门电路

目前数字电路已基本集成化，分立元器件电路已很少使用，但集成电路中的门都是以分立元器件门电路为基础的，因此，这里简单介绍几种由分立元器件组成的门电路。

1.2.3-1　二极管门电路

1. 二极管门电路

在数字电路中，用高、低电平分别代表二值逻辑的 1 和 0 两种逻辑状态。如果以输出的高电平表示逻辑 1，以低电平表示逻辑 0，就称这种表示方法为正逻辑；反之，如果以输出的高电平表示逻辑 0，以低电平表示逻辑 1，就称这种表示方法为负逻辑。本书除特别说明外，一律采用正逻辑表示方法。

获得高、低电平的方法如图 1-12 所示，当开关 S 断开时，输出电压 u_o为高电平；当开关 S 闭合时，输出为低电平。开关 S 可用半导体二极管、晶体管等器件构成，通过输入信号 u_i来控制二极管或晶体管工作在截止和导通两个状态，从而起到开关的作用。

二极管、晶体管等作为开关元器件属于无触点电子开关，它们与理想的有触点开关有一些区别。为了分析门电路的电气特性，需要了解二极管、晶体管等器件的开关特性。

（1）二极管的开关特性

二极管具有单向导电性，可以作为开关使用。由二极管的伏安特性可知，当外加正向电压大于其死区电压（硅管为 0.5V）后，二极管导通，随后二极管的电流随外加电压增大而迅速增大，完全导通后，二极管的管压降钳位在 0.7V，这时可以认为二极管是一个具有 0.7V 压降的闭合了的开关。当外加反向电压后，二极管截止，反向饱和电流极小，这时相当于开关断开。

在脉冲信号作用下，二极管可在开和关两种工作状态间转换。在低速开关电路中，二极管由导通变为截止，或由截止变为导通的转换时间通常是可以忽略的，然而在高速开关电路中，当频率较高时，就要求二极管的通、断速度能快速跟上输入的脉冲信号变化，这时二极管的通、断转换时间的影响就必须考虑了。比如，当脉冲信号跳变为负电压时，二极管并不会立即截止，而是要先形成较大的反向电流并维持一段时间（叫存储时间）后，才会逐渐下降，而后进入截止状态，这段时间称为反向恢复时间。可见由于反向恢复时间的存在限制了二极管的开关速度。反向恢复时间（一般为几纳秒到几十纳秒）越小，二极管开关速度越快。

（2）二极管门电路

利用二极管的单向导电性，可以制作图 1-12 中的开关，构成二极管门电路。

1）二极管与门。如图 1-13 所示是二极管与门电路及其逻辑符号。

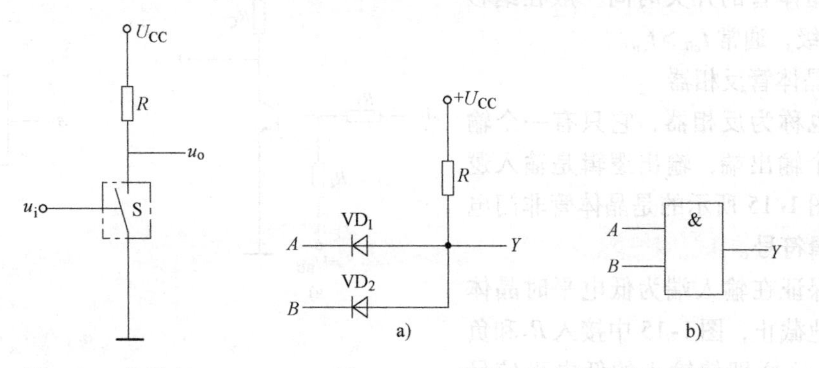

图 1-12 获得高、低电平的方法

图 1-13 二极管与门电路及其逻辑符号

a）电路图 b）逻辑符号

当输入端 A、B 中任何一个或全部为低电平 0（0V）时，将至少有一个二极管导通，使输出端 Y 为低电平 0（导通钳位在 0.7V），而当输入端 A、B 全部为高电平 1（+5V）时，两个二极管均截止，电阻中没有电流，其上的电压降为 0，从而输出端 Y 为高电平 1（+5V）。

可见，它满足“有 0 出 0，全 1 出 1”的与逻辑关系，当输入有低电平 0 时，输出为低电平 0；当输入全为高电平时，输出为高电平。

2）二极管或门。如图 1-14 所示是二极管或门电路及其逻辑符号。

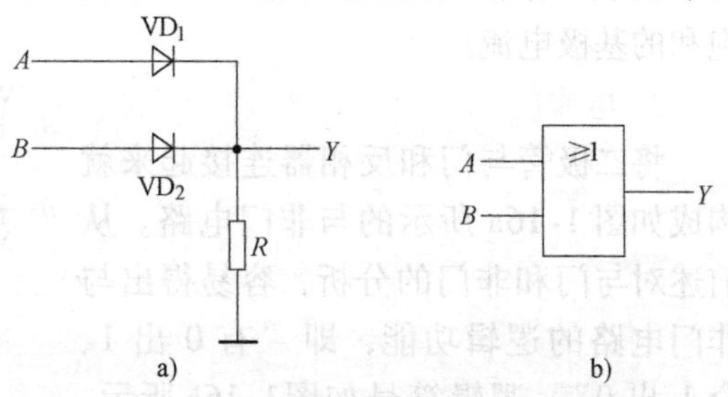

图 1-14 二极管或门电路及其逻辑符号

a）电路图 b）逻辑符号

当输入端 A、B 中任何一个或全部为高电平 1（+5V）时，将至少有一个二极管导通，使输出端 Y 为高电平 1（导通时，电平钳位在 4.3V）。而当输入端 A、B 全部为低电平 0（0V）时，输出端 Y 必然为低电平 0（−0.7V）。可见，它满足“全 0 出 0，有 1 出 1”的或逻辑关系，即当输入全为低电平 0 时，输出为低电平 0；当输入为高电平时，输出为高电平。

2. 晶体管门电路

（1）晶体管的开关特性

由晶体管的工作原理可知，晶体管的输出特性有 3 个区，即截止区、放大区和饱和区。当输入信号电压较高时，它可以工作于饱和区，$U_{CE}=U_{CES}=0.3V$，C、E 之间相当于开关闭合；当输入信号电压较低时，它可以工作于截止区，$U_{CE}=V_{CC}$，C、E 之间相当于开关断开。在数字电路中，就是利用这一特点把晶体管作为开关使用的。

与二极管类似，晶体管的开关过程也需要一定的时间。这是由于晶体管在截止与饱和导通两种状态间迅速转换时，二极管 PN 结的结电容使得建立和消散内部电荷都需要一定的时间。

当输入信号电压由低电平跳变到高电平时，晶体管由截止到饱和导通所需要的时间，称为开启时间，用 t_{on} 表示；当输入信号电压由高电平跳变到低电平时，晶体管由饱和导通到截止所需要的时间，称为关断时间，用 t_{off}表示。晶体管的开关时间一般在纳秒（ns）数量级，通常 $t_{off} > t_{on}$。

（2）晶体管反相器

非门也称为反相器，它只有一个输入端和一个输出端，输出逻辑是输入逻辑的反。图 1-15 所示的是晶体管非门电路及其逻辑符号。

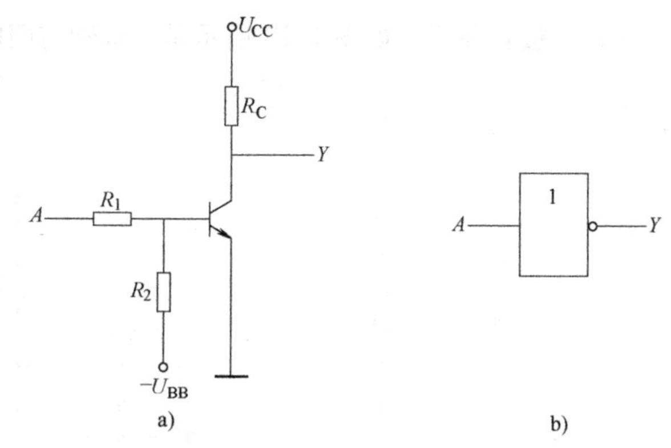

图 1-15 晶体管非门电路及其逻辑符号
a）电路图 b）逻辑符号

为了保证在输入端为低电平时晶体管能可靠地截止，图 1-15 中接入 R_2和负电源 U_{BB}，这样即使输入的低电平信号稍大于零，也能使晶体管的基极为负电位，发射结反偏，晶体管可靠地截止，输出为高电平。

当输入信号为高电平时，应保证晶体管工作在深度饱和状态，以使输出电平接近于 0V。因此，电路参数的配合必须合适，以保证提供给晶体管的基极电流大于其深度饱和的基极电流。

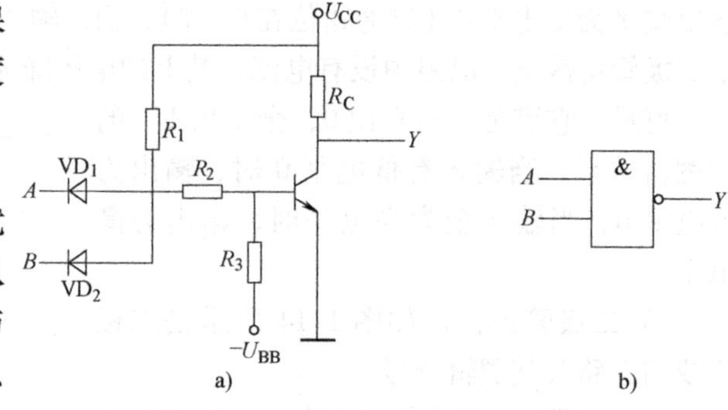

图 1-16 与非门电路及其逻辑符号
a）电路图 b）逻辑符号

3. 与非门

将二极管与门和反相器连接起来就构成如图 1-16a 所示的与非门电路。从前述对与门和非门的分析，容易得出与非门电路的逻辑功能，即“有 0 出 1、全 1 出 0”。逻辑符号如图1-16b 所示，其逻辑表达式为

$$Y = \overline{AB}$$

4. 或非门

将二极管或门和反相器连接起来就构成如图 1-17a 所示的或非门电路。由前述或门和非门的分析，不难得出或非门电路的逻辑功能，即“有 1 出 0，全 0 出 1”。逻辑符号如图1-17b 所示，其逻辑表达式为

$$Y = \overline{A + B}$$

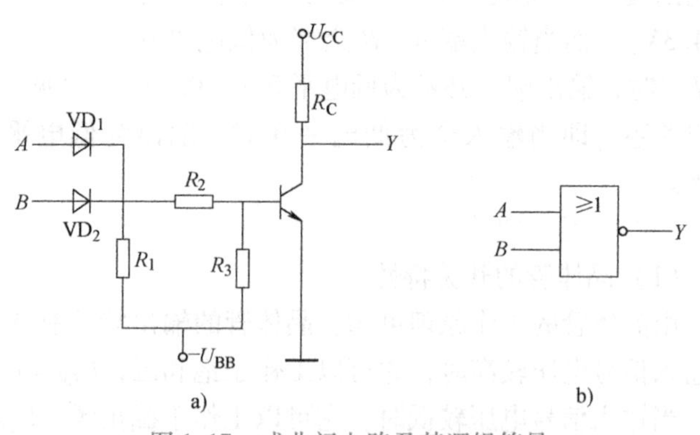

图 1-17 或非门电路及其逻辑符号
a）电路图 b）逻辑符号

1.2.4 集成门电路

在集成门电路中，一个门电路的所有元器件和连线，都制作在同一块半导体硅片上，并封装在一个外壳内。集成电路体积小、重量轻、可靠性好、使用方便，在数字系统中得到广

泛应用。

目前使用较多的集成逻辑门电路有 TTL 门电路和 CMOS 门电路。

1. TTL 与非门

（1）TTL 与非门的电路结构

TTL 与非门电路是 TTL 门电路的基本单元，它通常由输入级、中间级和输出级 3 部分组成。其内部电路结构如图 1-18 所示。

输入级由电阻 R_1 和多发射极晶体管 VT_1 组成，它实现了逻辑“与”的逻辑功能。

中间级由电阻 R_2、R_3 和晶体管 VT_2 组成，实际上是一个分相放大器，从晶体管 VT_2 的集电极和发射极同时输出相位相反的两个信号，其发射极输出跟随基极变化，为“与”输出端，其集电极输出是基极信号的“非”，因而集电极对输入而言是“与非”输出端。

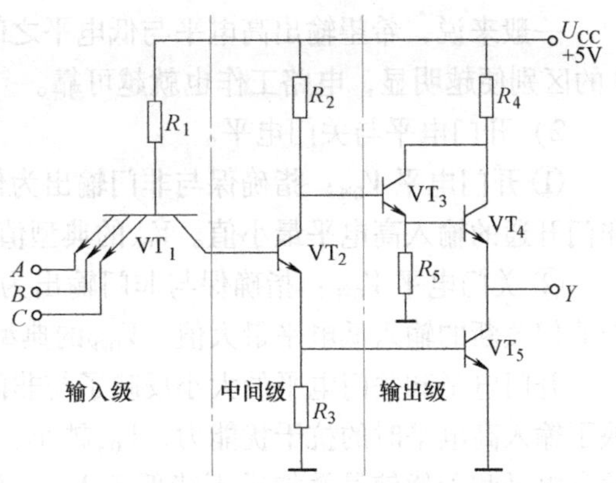

图 1-18 TTL 与非门内部电路结构

输出级由电阻 R_4、R_5 以及晶体管 VT_3、VT_4、VT_5 组成，输出级同中间级一起实现“非”的功能，整个电路实现“与非”的逻辑功能。由于 VT_2 将相位相反的两个信号分别送到 VT_3 和 VT_5 的基极，使 VT_4 和 VT_5 始终处于一个导通、一个截止的状态，从而得到低阻抗输出，提高了“与非”门的负载能力，同时也提高了转换速度。因此，这种电路结构常称为推拉式（或图腾柱）输出。

（2）TTL 与非门的工作原理

当输入端 A、B、C 全为高电平 3.6V 时，由于多发射极晶体管 VT_1 通过 R_1 接电源，使 VT_1 的集电结、VT_2 和 VT_5 的发射结均正偏而导通，所以 VT_1 的基极电位 V_{B1} 被钳位在 2.1V，从而使 VT_1 的发射结反偏，此时，VT_1 工作在发射结反偏、集电结正偏的倒置状态（反向放大）。VT_1 的基极电流经集电结全部流入 VT_2 的基极，使 VT_2 饱和。

VT_2 饱和使其集电极电位 $V_{C2}\approx 1V$，只能使 VT_3 导通，而 VT_4 截止。由于 VT_4 截止，电源电压通过导通的 VT_2 管全部加入 VT_5 的基极，使 VT_5 迅速饱和导通，输出低电平，即 $V_{OL}=U_{CES}=0.3V$，实现了当输入全为高电平时，输出为低电平的逻辑关系。

当输入有一个或全部为低电平 0.3V 时，在此电路中，因为电源电压为 5V，所以 VT_1 的发射结导通，VT_1 的基极电位 $V_{B1}\approx(0.3+0.7)V=1V$，使 VT_1 集电结、VT_2 和 VT_5 的发射结均截止，故 VT_1 饱和。由于 VT_2 截止，电源电压 U_{CC} 通过 R_2 使 VT_3 和 VT_4 导通，输出高电平 $V_{OH}\approx(5-1.4)V=3.6V$，即实现了当输入有一个或全部为低电平时，输出为高电平的逻辑关系。

（3）TTL 与非门的电路功能

如果用逻辑 1 表示高电平 3.6V，用逻辑 0 表示低电平 0.3V，那么根据前面分析可知，当该电路 A、B、C 中有一个为 0 时，输出就为 1；只有当 A、B、C 全部都为 1 时，输出才为 0，故实现了三变量 A、B、C 的与非运算，即 $Y=\overline{ABC}$。因此，该电路为一个三输入与非门。

（4）TTL 与非门的主要外部特性参数

为了更好地使用各类集成门电路，必须了解它们的外部特性。TTL 与非门的主要外部特性参数有输出逻辑电平、开门电平、关门电平、扇入系数、扇出系数、平均传输延迟时间和平均功耗等。

1）输出高、低电平。

① 输出高电平 V_{OH}：指与非门的输入至少有一个为接低电平时的输出电平。输出高电平的典型值是3.6V，产品规范值为 $V_{OH} \geqslant 2.4V$。

② 输出低电平 V_{OL}：指与非门输入全为高电平时的输出电平。输出低电平的典型值是0.3V，产品规范值为 $V_{OL} \leqslant 0.4V$。

一般来说，希望输出高电平与低电平之间的差值越大越好，两者相差越大，逻辑值1和0的区别便越明显，电路工作也就越可靠。

2）开门电平与关门电平。

① 开门电平 V_{ON}：指确保与非门输出为低电平时所允许的最小输入高电平，它表示使与非门开通的输入高电平最小值。V_{ON}的典型值为1.5V，产品规范值为 $V_{ON} \leqslant 1.8V$。

② 关门电平 V_{OFF}：指确保与非门输出为高电平时所允许的最大输入低电平，它表示使与非门关断的输入低电平最大值。V_{OFF}的典型值为1.3V，产品规范值 $V_{OFF} \geqslant 0.8V$。

开门电平和关门电平的大小反映了与非门的抗干扰能力。具体来说，开门电平的大小反映了输入高电平时的抗干扰能力，V_{ON}越小，在输入高电平时的抗干扰能力越强。因为输入的高电平和干扰信号叠加后不能低于 V_{ON}。显然，V_{ON}越小，输入信号允许叠加的负向干扰越大，即在输入高电平时抗干扰能力越强。而关门电平的大小反映了输入低电平时的抗干扰能力，V_{OFF}越大，在输入低电平时的抗干扰能力越强。因为输入的低电平和干扰信号叠加后不能高于 V_{OFF}，显然，V_{OFF}越大，输入信号允许叠加的正向干扰越大，即在插入低电平时抗干扰能力越强。通常将输入高、低电平时所允许叠加的干扰信号大小分别称为高、低电平的噪声容限。

3）扇入系数与扇出系数。

① 扇入系数 N_I：指与非门允许的输入端数目，它是由电路制造厂家在生产电路时预先安排好的。一般 N_I为2~5，最多不超过8。在实际应用中，当要求输入端数目超过 N_I时，可通过分级实现的方法满足对扇入系数的要求。

② 扇出系数 N_O：指与非门输出端连接同类门的最多个数，它反映了与非门的带负载能力。根据负载电流的流向，可以将负载分为“灌电流负载”和“拉电流负载”。所谓灌电流负载，是指负载电流从外接电路流入与非门，通常用 I_{IL}表示；所谓拉电流负载，是指负载电流从与非门流向外接电路，通常用 I_{IH}表示。

一般情况下，带灌电流负载的数目与带拉电流负载的数目是不相等的，扇出系数 N_O常取二者中的最小值。典型TTL与非门的扇出系数约为10，高性能门电路的扇出系数可高达30~50。

4）平均传输延迟时间。平均传输延迟时间 t_{pd}是指一个矩形波信号从与非门输入端传到与非门输出端（反相输出）所延迟的时间。TTL与非门的传输延迟时间如图1-19所示。通常将从输入波上沿中点到输出波下沿中点的时间延迟称为导通延迟时间 t_{PHL}；从输入波下沿中点到输出波上沿中点的时间延迟称为截止延迟时间 t_{PLH}。

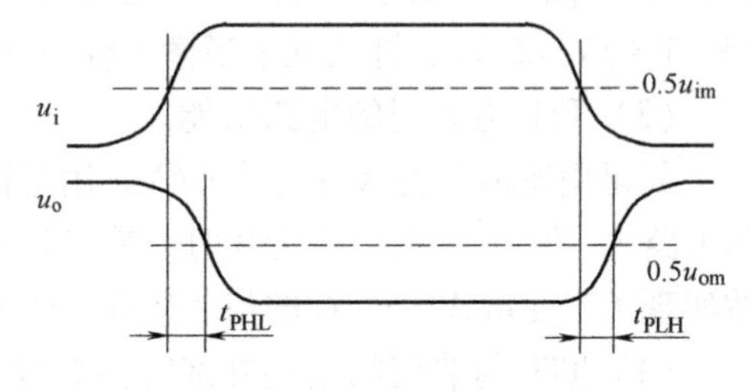

图1-19 TTL与非门的传输延迟时间

平均延迟时间定义为

$$t_{pd} = (t_{PHL} + t_{PLH})/2 \tag{1-9}$$

平均延迟时间是反映与非门开关速度的一个重要参数。t_{pd}的典型值约为10ns，一般小于40ns。

5）平均功耗。与非门的功耗是指在空载条件下工作时所消耗的电功率。通常将输出为低电平时的功耗称为空载导通功耗P_{ON}，而输出为高电平时的功耗称为空载截止功耗P_{OFF}，P_{ON}总比P_{OFF}大。

平均功耗P是取空载导通功耗P_{ON}和空载截止功耗P_{OFF}的平均值，即

$$P = (P_{ON} + P_{OFF})/2 \tag{1-10}$$

TTL与非门的平均功耗一般约为20mW。

上面所述只是对TTL与非门的几个主要外部性能指标进行了介绍，有关各种逻辑门的具体参数可在使用时查阅相关集成电路手册和产品说明书。

2. 集电极开路的门电路

在TTL与非门中，输出级的输出电阻很低，如果把两个与非门的输出端并联使用，当一个门输出为高电平而另一个门输出为低电平时，就将有很大的电流同时流过这两个门的输出级，这个电流的数值远远超过正常工作电流，可能损坏门电路。因此，在用与非门组成逻辑电路时，不能直接把两个门的输出端连在一起使用。

克服上述局限的方法就是把输出级改为集电极开路的晶体管结构，做成集电极开路的门电路（OC门）。

（1）电路结构

图1-20所示是OC门电路的结构，这种门电路就是将图1-18电路中的VT_3和VT_4去掉，构成集电极开路与非门。在工作时，需要在输出端外接负载电阻和电源。图1-21为OC门电路的逻辑符号。

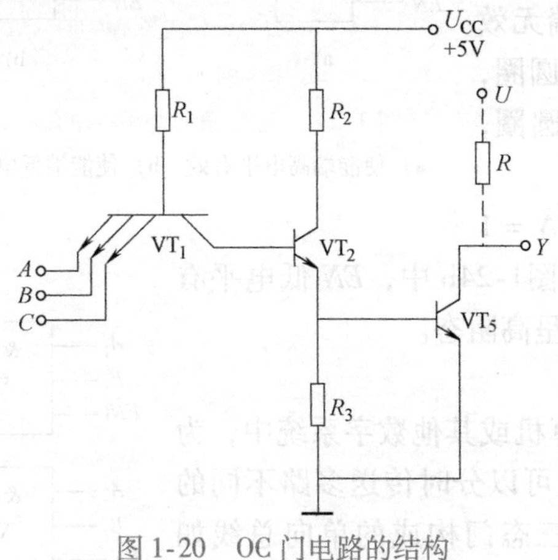

图1-20　OC门电路的结构

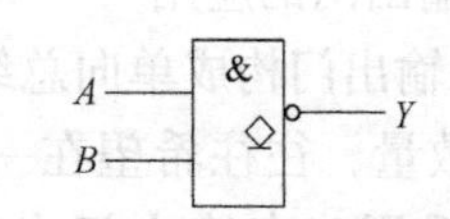

图1-21　OC门电路的逻辑符号

工作原理：当输入A、B中有低电平0时，输出Y为高电平1；当输入A、B都为高电平1时，输出Y为低电平0。因此，OC门具有与非功能，逻辑表达式为$Y=\overline{AB}$。

集电极开路与非门与TTL与非门不同的是，它输出的高电平不是3.6V，而是所接电源的电压。

（2）集电极开路门（OC门）的应用

1）实现“线与”逻辑。将两个或多个OC门输出端连在一起可实现“线与”逻辑。

图 1-22所示为用两个 OC 门输出端相连后经电阻 R 接电源 U_{CC}实现“线与”逻辑的电路。由图可以看出，$Y_1=\overline{AB}$，$Y_2=\overline{CD}$，Y_1、Y_2连在一起，当某一个输出端为低电平 0 时，公共输出端 Y 为低电平 0；只有当 Y_1 和 Y_2 都为高电平 1 时，输出 Y 才为高电平 1。所以，$Y=Y_1Y_2$，即实现“线与”的逻辑功能。

2）图 1-23 所示为用 OC 门组成的电平转换电路。当输入 A、B 都为高电平时，输出 Y 为低电平；当输入 A、B 中有低电平时，输出 Y 为高电平 U_{CC}，因此，选用不同的电源电压 U_{CC}，可使输出 Y 的高电平适应下一级电路对高电平的要求，从而实现电平的转换。

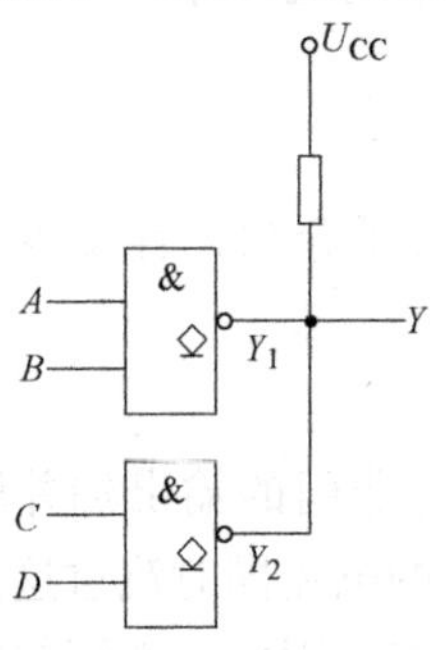

图 1-22 用 OC 门实现“线与”逻辑的电路

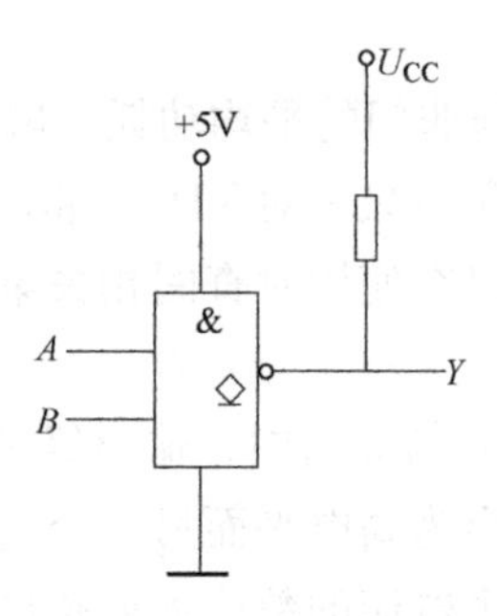

图 1-23 用 OC 门组成的电平转换电路

3. 三态输出门

（1）三态输出门

三态输出门（TSL）简称为三态门，是指能输出高电平、低电平和高阻 3 种状态的门电路。

三态输出与非门的逻辑符号如图 1-24 所示。除了输入端、输出端外，还有一个使能端 EN。当使能端有效时，按与非逻辑工作；当使能端无效时，三态门处于高阻状态。若使能端有个小圆圈，则表示在低电平时有效；若使能端没有小圆圈，则表示在高电平时有效。

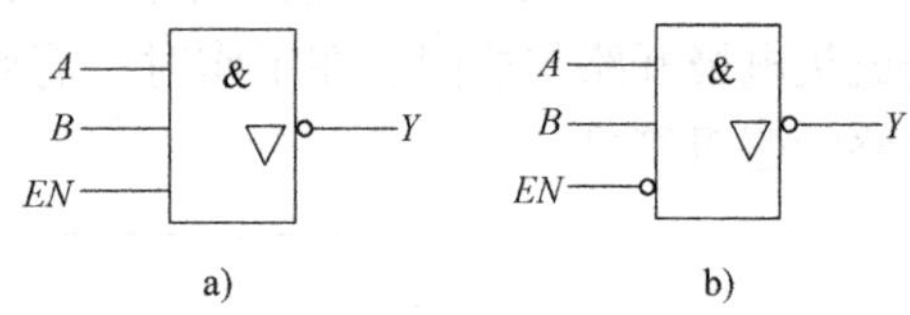

图 1-24 三态输出与非门的逻辑符号
a）使能端高电平有效 b）使能端低电平有效

在图 1-24a 中，EN 高电平有效，当 $EN=1$ 时，$Y=\overline{AB}$；当 $EN=0$ 时，Y 呈高阻态。在图1-24b 中，EN 低电平有效，当 $EN=0$ 时，$Y=\overline{AB}$；当 $EN=1$ 时，Y 呈高阻态。

（2）三态输出门的应用

1）用三态输出门构成单向总线。在计算机或其他数字系统中，为了减少连线的数量，往往希望在一根导线上可以分时传送多路不同的信息，这时可采用三态输出门来实现。用三态门构成的单向总线如图 1-25所示。

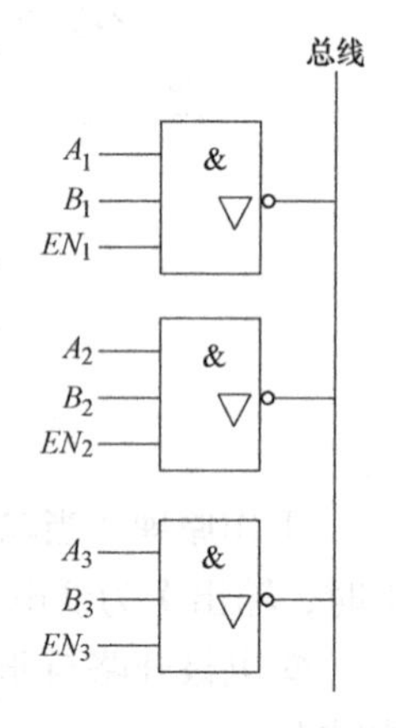

图 1-25 用三态门构成的单向总线

分时传送信息的导线称为总线。只要在三态输出门的控制端 EN_1、EN_2、EN_3上轮流加高电平，且同一时刻只有一个三态门处于工作状态，其余三态门输出都为高阻，则各个三态输出门输出的信号就会轮流送到总线，而且这些信号不会产生相互干扰。

2）用三态输出门构成双向总线。图 1-26 所示是用三态门构成的双向总线。当 $EN=1$ 时，G_1 工作，G_2 输出高阻态，数据 D_0 经 G_1 反相后的 $\overline{D}_0$ 送到总线；当 $EN=0$ 时，G_1 输出高阻态，G_2 工作，总线上的数据 D_1 经 G_2 反相后输出 $\overline{D}_1$，从而实现数据的双向传输。

4. CMOS 逻辑门电路

CMOS 逻辑门电路是由 N 沟道 MOSFET 和 P 沟道 MOSFET 互补而成的，通常称为互补型 MOS 逻辑电路，简称为 CMOS 逻辑电路。与 TTL 集成门电路相比，它具有制造工艺简单、集成度高、输入阻抗高、功耗低、抗干扰性强、体积小等优点，在大规模、超大规模数字集成器件中被广泛应用。

（1）CMOS 非门电路

CMOS 非门（反相器）是构成 CMOS 电路的基本结构形式，其电路如图 1-27 所示。电路中的驱动管 V_N 为 NMOS 管，负载管 V_P 为 PMOS 管，两个管的衬底与各自的源极相连。

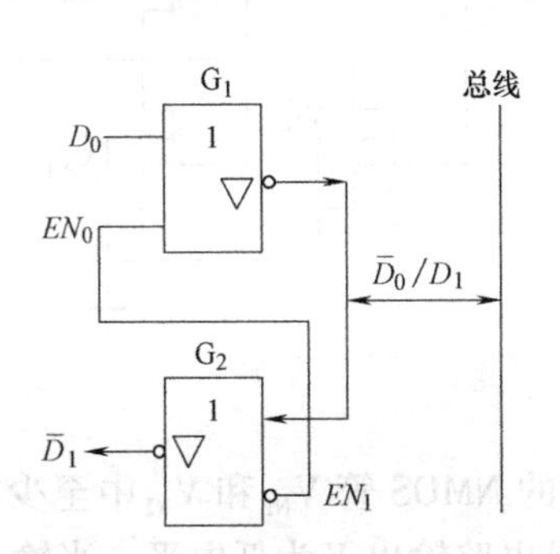

图 1-26　用三态门构成的双向总线

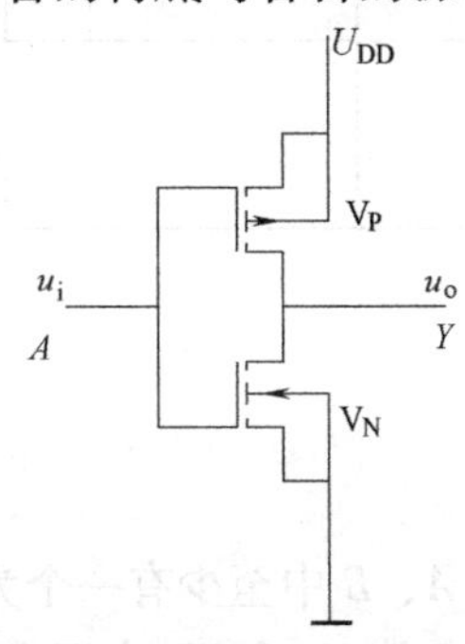

图 1-27　CMOS 反相器电路

CMOS 反相器采用正电源 U_{DD} 供电，PMOS 负载管 V_P 的源极接电源正极，NMOS 驱动管 V_N 的源极接地。两个管子的栅极连在一起作为反相器的输入端，两个管子的漏极连在一起作为反相器的输出端。为保证电路正常工作，U_{DD} 应不低于两个 MOS 管开启电压的绝对值之和。

当输入 u_i 为低电平 U_{IL} 且小于 U_{TN}（MOS 管的开启电压）时，V_N 截止。但对于 PMOS 负载管来说，由于栅极电位较低，使栅源电压的绝对值大于开启电压的绝对值，所以 V_P 导通。由于 V_N 的截止电阻比 V_P 的导通电阻大得多，所以电源电压几乎全部降在驱动管 V_N 的漏源之间，使反相器输出高电平 $U_{OH}\approx U_{DD}$。

当输入 u_i 为高电平 U_{OH} 且大于 U_{TN} 时，V_N 导通。但对于 PMOS 管来说，由于栅极电位较高，使栅源电压绝对值小于开启电压的绝对值，所以 V_P 截止。由于 V_P 截止时相当于一个很大的电阻，而 V_N 导通时相当于一个较小的电阻，所以电源电压几乎全部降在 V_P 上，使反相器输出为低电平且很低，即 $U_{OL}\approx 0V$。可见，图 1-27 所示电路完成非门的功能。

由于 CMOS 反相器处于稳态时，无论是输出高电平还是输出低电平，其驱动管和负载管中必然是一个截止而另一个导通，所以电源可向反相器提供仅为纳安级的漏电流，因此 CMOS 反相器的静态功耗很小。

（2）CMOS 与非门

图 1-28 所示为两个输入端的 CMOS 与非门电路，两个串联的 NMOS 管 V_{N1} 和 V_{N2} 作为驱动管，两个并联的 PMOS 管 V_{P1} 和 V_{P2} 作为负载管。

当输入 A、B 都为高电平时，串联的 NMOS 管 V_{N1} 和 V_{N2} 都导通，并联的 PMOS 管 V_{P1} 和

V_{P2}都截止，因此输出 Y 为低电平；当输入 A、B 中有一个为低电平时，两个串联的 NMOS 工作管中必有一个截止，于是电路输出 Y 为高电平。可见，电路的输出与输入之间是与非逻辑关系，即 $Y=\overline{AB}$。

（3）CMOS 或非门

图 1-29 所示为两个输入端的 CMOS 或非门电路，电路中两个 PMOS 负载管串联，两个 NMOS 驱动管并联。

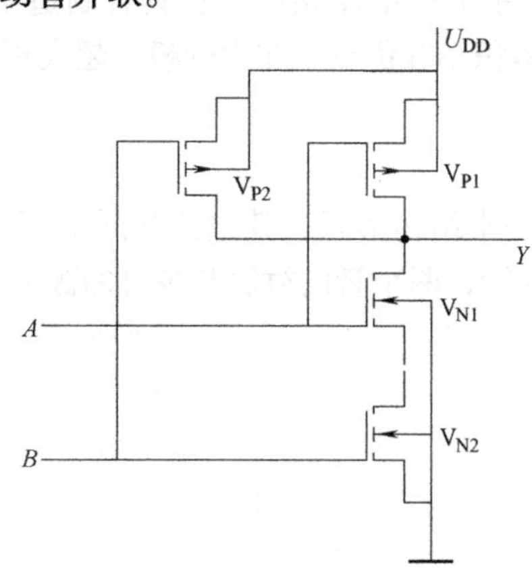

图 1-28　CMOS 与非门电路

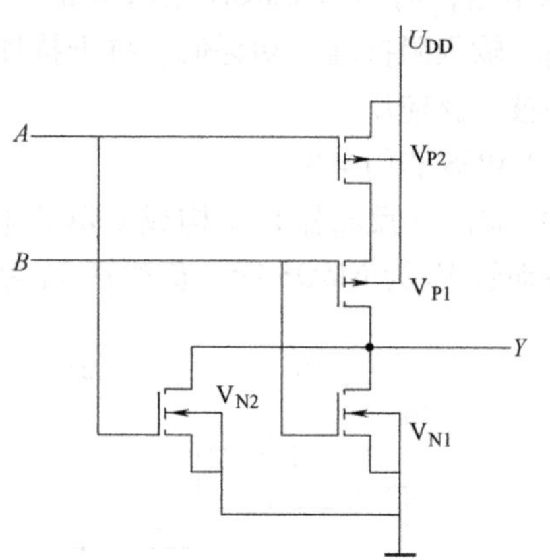

图 1-29　CMOS 或非门电路

当输入 A、B 中至少有一个为高电平时，并联的 NMOS 管 V_{N1} 和 V_{N2} 中至少有一个导通，串联的 PMOS 管 V_{P1} 和 V_{P2} 中至少有一个截止，于是电路输出 Y 为低电平；当输入 A、B 都为低电平时，并联的 NMOS 管 V_{N1} 和 V_{N2} 都截止，串联的 PMOS 管 V_{P1} 和 V_{P2} 都导通，因此电路输出 Y 为高电平。可见，电路实现或非逻辑关系，即 $Y=\overline{A+B}$。

（4）COMS 传输门

在数字系统中，有时需要由时钟脉冲来控制信息的传输，因此需要一种称为信号传输控制门的特殊门电路，简称为传输门（TG）。传输门实际就是一种传输模拟信号的模拟开关，这是一般逻辑门无法实现的。

CMOS 传输门由一个 P 沟道和一个 N 沟道增强型 MOS 并联而成，其电路图如图 1-30a 所示，图 1-30b 所示为其逻辑符号。V_N 和 V_P 是结构对称的器件，由于它们的漏极和源极是可以互换的，所以 CMOS 传输门为双向器件，它的输入端和输出端也可以互换使用。

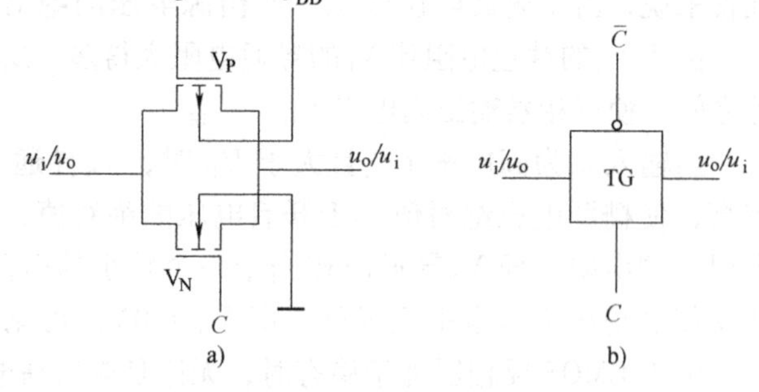

图 1-30　CMOS 传输门电路及其逻辑符号
a）电路图　b）逻辑符号

设高电平为 10V，低电平为 0V，电源电压为 10V，开启电压为 3V，则传输门的工作情况可以描述如下。

1）当 $C=1$ 时，若输入电压为 0 ~ 7V，则 V_N 的栅源电压不低于 3V，因此 V_N 管导通；若输入电压为 3 ~ 10V，同理，V_P 管导通。即在输入电压为 0 ~ 10V 范围内，至少有一个管子是导通的，输入电压可以传送到输出端，此时传输门相当于接通的开关。

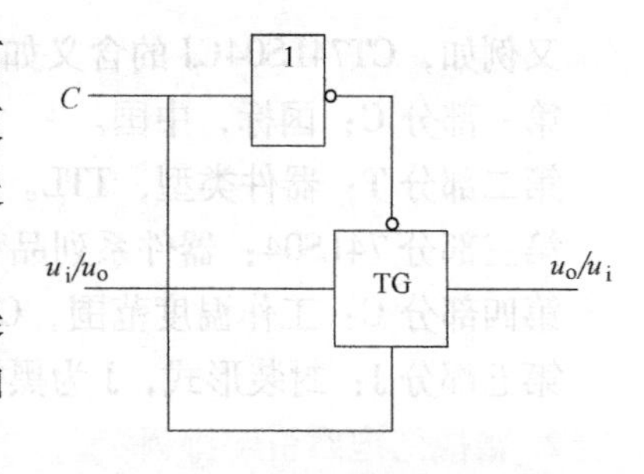

图 1-31　CMOS 双向模拟开关电路

2）当 $C=0$ 时，无论输入电压在 0～10V 之间如何变化，栅极和源极之间的电压都无法满足管子导通沟道产生的条件，所以两个管子都截止，输入电压无法传送到输出端。此时传输门相当于断开的开关。

当传输门的控制信号由一个非门的输入和输出来提供时，就构成一个 CMOS 双向模拟开关，其电路如图 1-31 所示。工作原理如下。

当 $C=0$ 时，传输门输出高阻，输入 u_i 不能传到输出端；当 $C=1$ 时，传输门开通，输入 u_i 可以传输到输出，$u_o=u_i$。由于传输门本身是一个双向开关，所以图 1-31 电路也是一个双向模拟开关，输入端和输出端可以互换。

1.2.5　集成门电路的使用

1. 集成门电路的种类及命名方法

按其内部有源器件的不同，集成门电路可分为两类，一类是双极型晶体管 TTL 集成门电路，另一类是单极型 CMOS 器件构成的逻辑电路。CMOS 工艺是目前集成电路的主流工艺。

CMOS 器件的系列产品有 4000 系列、HC、HCT、AHC、AHCT、LVC、ALVC 及 HCU 等。其中 4000 系列为普通 CMOS；HC 为高速 CMOS；HCT 为能够与 TTL 兼容的 CMOS；AHC 为改进的高速 CMOS；AHCT 为改进的能够与 TTL 兼容的高速 CMOS；LVC 为低压 CMOS；ALVC 为改进的低压 COMS；HCU 为无输出缓冲器的高速 CMOS。

国产 TTL 电路有 54/74、54/74H、54/74S、54/74LS、54/74AS、54/74ALS、54/74F 共 7 大系列。

CMOS、TTL 器件的命名方法如下。

第一部分	第二部分	第三部分	第四部分	第五部分
国标	器件类型	器件系列品种	工作温度范围	封装形式

例如，CC54/74HC04MD 的含义如下。

第一部分 C：国标，中国。

第二部分 C：器件类型，CMOS。

第三部分 54/74HC04：器件系列品种，54 为国际通用 54 系列，军用产品；74 为国际通用 74 系列，民用产品；HC 为高速 CMOS；04 为六反相器。

LS：低功耗肖特基系列；空白：标准系列；H：高速系列；S：肖特基系列；AS：先进的肖特基系列；ALS：先进的低功耗肖特基系列；F：快速系列，速度和功耗都处于 AS 和 ALS 之间。

第四部分 M：工作温度范围，M 为 −55～+125℃（只出现在 54 系列），C 为 0～70℃（只出现在 74 系列）。

第五部分 D：封装形式，D 为多层陶瓷双列直插封装，J 为黑瓷低熔玻璃双列直插封装，P 为塑料双列直插封装，F 为多层陶瓷扁平封装。

又例如，CT74LS04CJ 的含义如下。

第一部分 C：国标，中国。

第二部分 T：器件类型，TTL。

第三部分 74LS04：器件系列品种，74 为国际通用 74 系列，民用产品；04 为六反相器。

第四部分 C：工作温度范围，C 为 0 ~70℃（只出现在 74 系列）。

第五部分 J：封装形式，J 为黑瓷低熔玻璃双列直插封装。

2. 集成门电路引脚排列

集成门电路（IC 芯片）外引脚的序号确定方法是：将引脚朝下，由顶部俯视，从缺口或标记下面的引脚开始逆时针方向计数，依次为 1，2，3，…，n。一般情况下，74 系列芯片，缺口下面的最后一个引脚为接地引脚，缺口上面的引脚为连接电源引脚。集成电路的引脚排列图如图 1-32 所示。在标准型 TTL 集成电路中，电源端 U_{CC} 一般排在左上端，接地端 GND 一般排在右下端。如 74LS20 为 14 脚芯片，14 脚为 U_{CC}，7 脚为 GND。

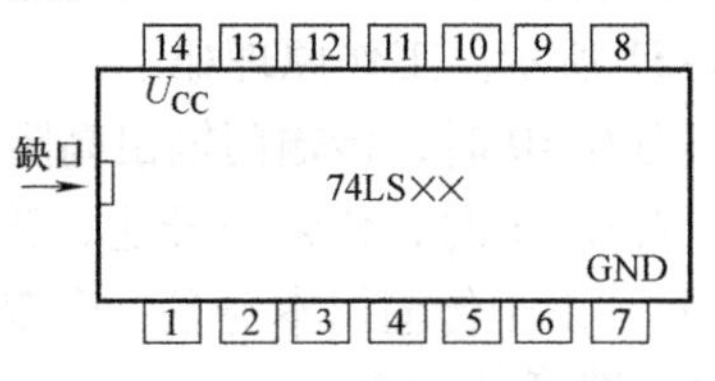

图 1-32 集成电路的引脚排列图

若集成芯片引脚上的功能标号为 NC，则表示该引脚为空脚，与内部电路不连接。

3. 常用集成电路芯片

（1）集成门电路的形式

集成门电路通常在一片芯片中集成多个门电路，常用的集成门电路主要有以下几种形式。

1）2 输入端 4 门电路。即每片集成电路内部有 4 个独立的功能相同的门电路，每个门电路有两个输入端。

2）3 输入端 3 门电路。即每片集成电路内部有 3 个独立的功能相同的门电路，每个门电路有 3 个输入端。

3）4 输入端 2 门电路。即每片集成电路内部有两个独立的功能相同的门电路，每个门电路有两个输入端。

（2）与门和与非门

与门和与非门常用集成芯片如下。常用与门和与非门芯片的引脚排列图如图 1-33 所示。

1）74LS08 内含 4 个 2 输入端与门，其引脚排列图如图 1-33a 所示。

2）74LS00 内含 4 个 2 输入与非门，其引脚排列图如图 1-33b 所示。

3）74LS10 内含 3 个 3 输入与非门，其引脚排列图如图 1-33c 所示。

4）74LS20 内含两个 4 输入与非门，其引脚排列图如图 1-33d 所示。

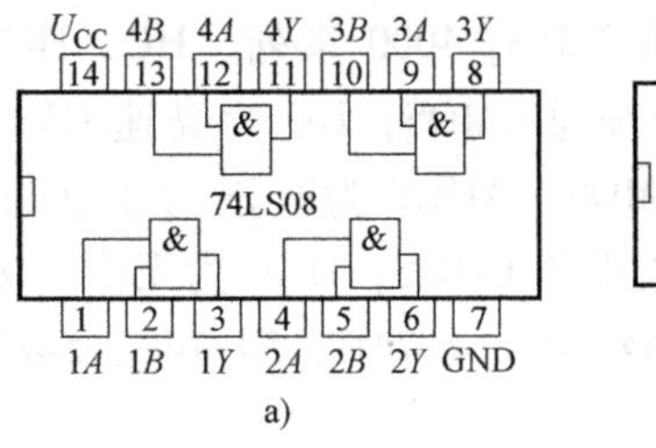

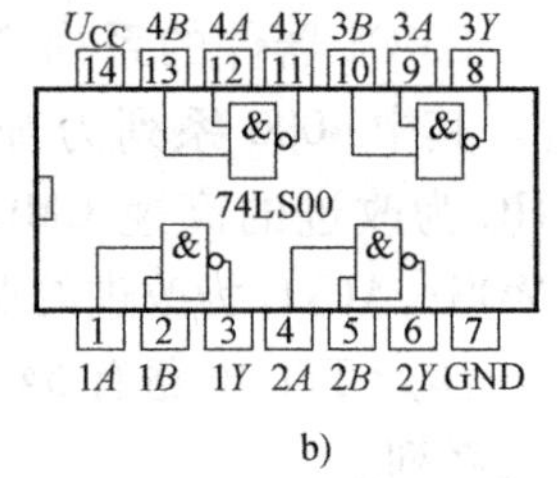

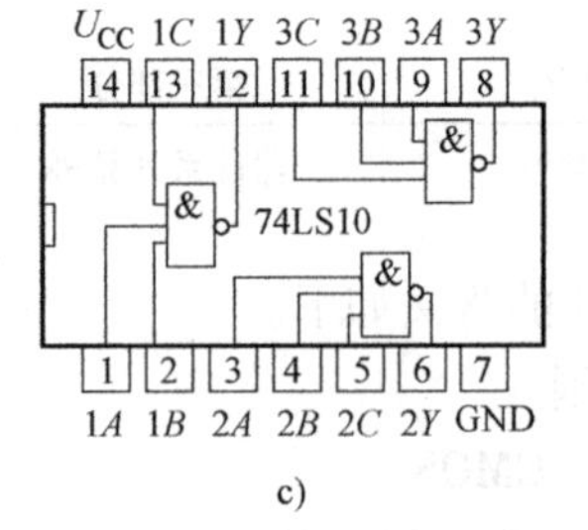

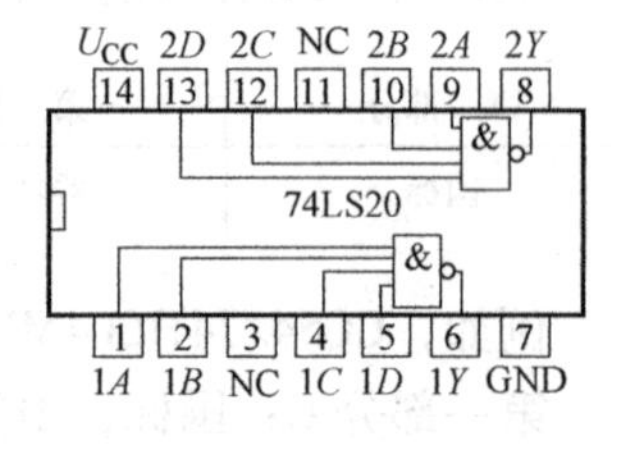

U_{DD} 4B 4A 4Y 3Y 3B 3A
14 13 12 11 10 9 8
&
CC4011
1 2 3 4 5 6 7
1A 1B 1Y 2Y 2A 2B GND
e)

图 1-33 常用与门和与非门芯片的引脚排列图
a）74LS08 b）74LS00 c）74LS10 d）74LS20 e）CC4011

5）CC4011内含4个2输入端CMOS与非门，其引脚排列图如图1-33e所示。

（3）或门和或非门

或门和或非门常用芯片如下。常用或门和或非门芯片的引脚排列图如图1-34所示。

1）74LS02内含4个2输入端或非门，其引脚排列图如图1-34a所示。

2）74LS32内含4个2输入端或门，其引脚排列图如图1-34b所示。

3）74LS27内含3个3输入端或非门，其引脚排列图如图1-34c所示。

4）CC4001内含4个2输入端CMOS或非门，其引脚排列图如图1-34d所示。

5）CC4002内含两个4输入端CMOS或非门，其引脚排列图如图1-34e所示。

6）CC4075内含3个3输入端CMOS或门，其引脚排列图如图1-34f所示。

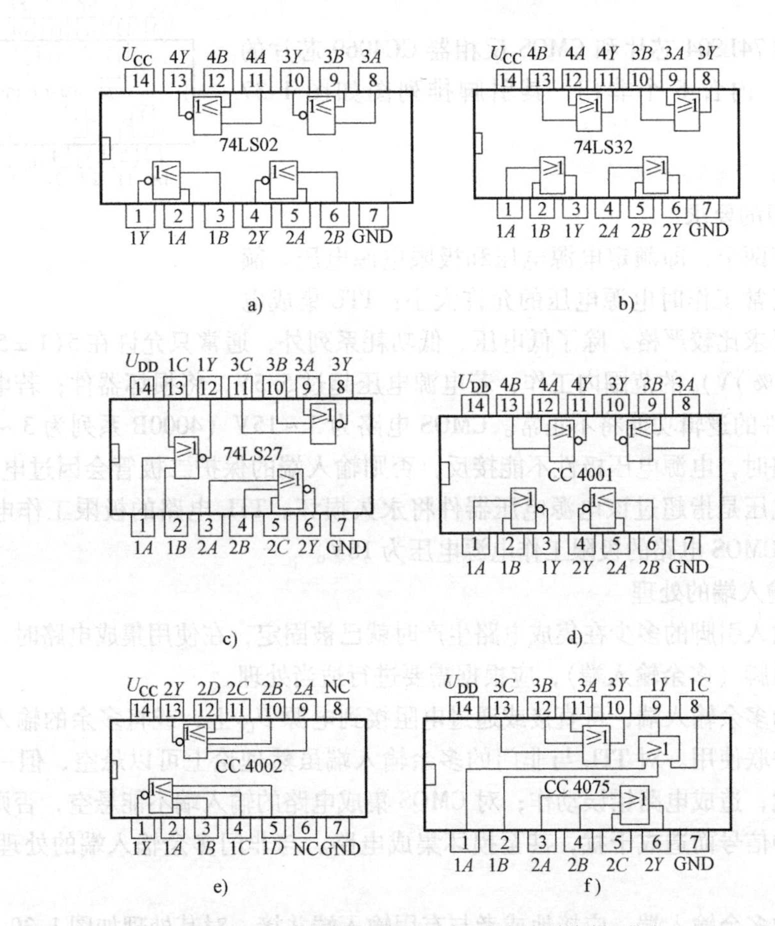

图1-34　常用或门和或非门芯片的引脚排列图

a）74LS02　b）74LS32　c）74LS27　d）CC4001　e）CC4002　f）CC4075

（4）与或非门

74LS54芯片为4路与或非门，其引脚排列图如图1-35所示。内含4个与门，其中两个与门为2输入端，另两个与门为3输入端，4个与门再输入到一个或非门。

（5）异或门和同或门

1）74LS86芯片为2输入端4异或门，其引脚排列图如图1-36a所示。

2）CC4077芯片为2输入端4同或门，其引脚排列图如图1-36b所示。

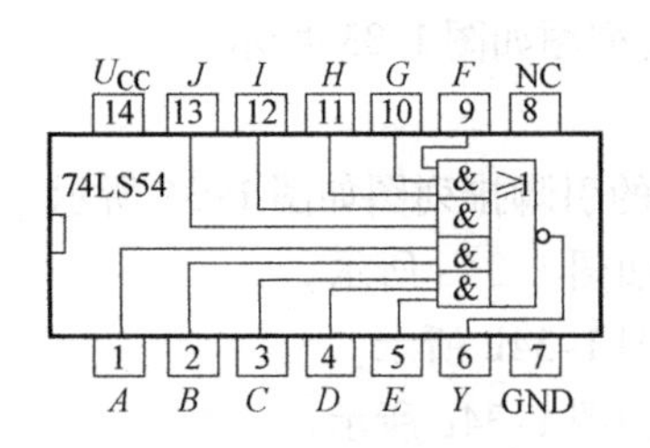

图 1-35　74LS54 芯片的引脚排列图

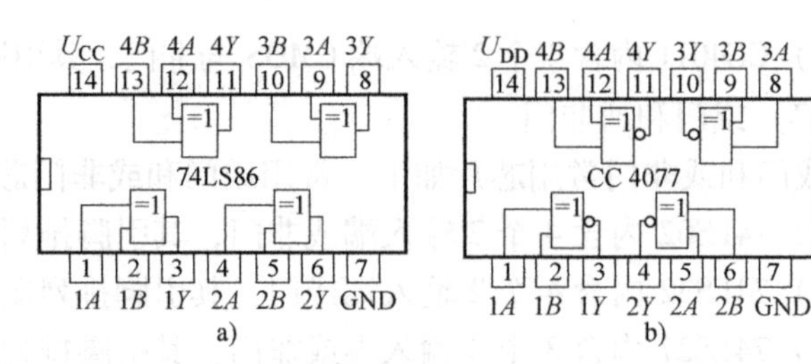

图 1-36　74LS86 和 CC4077 芯片的引脚排列图
a）74LS86　b）CC4077

（6）非门

TTL 反相器 74LS04 芯片和 CMOS 反相器 CC4069 芯片的引脚排列相同，内含 6 个非门，其引脚排列图如图 1-37 所示。

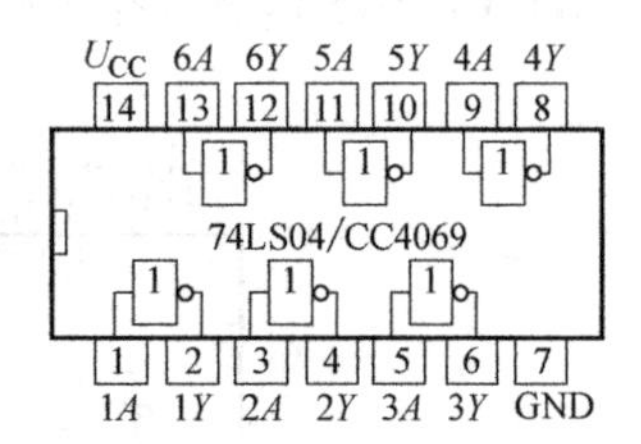

图 1-37　74LS04/CC4069 芯片的引脚排列图

4. 集成逻辑门电路的使用

（1）对电源的要求

电源电压有两个，即额定电源电压和极限电源电压。额定电源电压指正常工作时电源电压的允许大小：TTL 集成电路对电源电压要求比较严格，除了低电压、低功耗系列外，通常只允许在 5(1 ±5%)V（54 系列为 5(1 ±10%)V）的范围内工作，若电源电压超过 5.5V，将损坏器件；若电源电压低于 4.5V，则器件的逻辑功能将不正常。CMOS 电路为 3 ~15V（4000B 系列为 3 ~18V）。在安装 CMOS 电路时，电源电压极性不能接反，否则输入端的保护二极管会因过电流而损坏。极限工作电源电压是指超过该电源电压器件将永久损坏。TTL 电路的极限工作电源电压为 5V，4000 系列 CMOS 电路的极限工作电源电压为 18V。

（2）多余输入端的处理

集成电路输入引脚的多少在集成电路生产时就已被固定，在使用集成电路时，有时可能会出现多余的引脚（多余输入端），应根据需要进行适当处理。

对与非门的多余输入端，可直接或通过电阻接到电源 U_{CC}上，或将多余的输入端与正常使用的输入端并联使用。对 TTL 与非门的多余输入端虽然理论上可以悬空，但一般不要悬空，以免受干扰，造成电路错误动作；对 CMOS 集成电路的输入端不能悬空，否则会因感应静电或各种脉冲信号而造成干扰，甚至损坏集成电路。与非门多余输入端的处理如图 1-38 所示。

对或非门的多余输入端，应接地或者与有用输入端并接，对其处理如图 1-39 所示。

（3）对输出负载的要求

除 OC 门和三态门外，普通门电路的输出都不能并接，否则可能烧坏器件；门电路的输出带同类门的个数不得超过扇出系数，否则可能造成状态不稳定；在速度高时带负载应尽可能少；当门电路输出接普通负载时，其输出电流应小于 I_{OLmax}和 I_{OHmax}。

（4）工作及运输环境问题

温度、湿度、静电等都会影响器件的正常工作。应注意如 54TTL 系列和 74TTL 系列工作温度的区别。

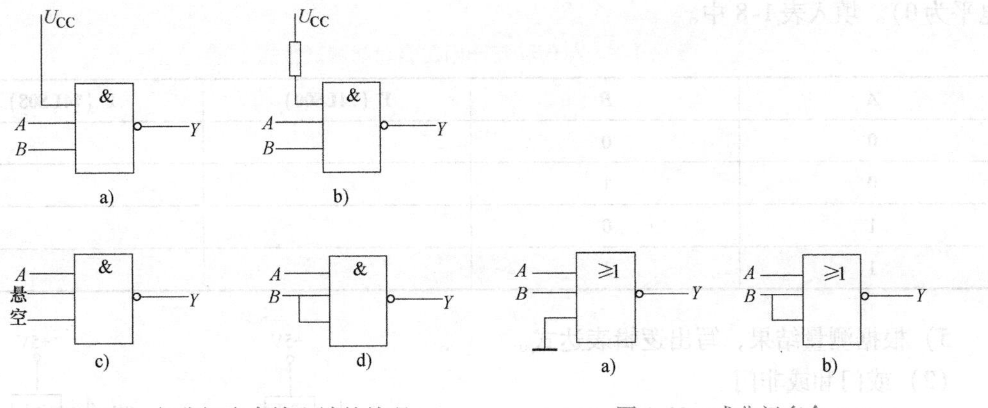

图1-38　与非门多余输入端的处理
a）接电源　b）通过电阻接电源　c）悬空
d）与有用输入端并接

图1-39　或非门多余输入端的处理
a）接地　b）与有用输入端并接

在工作时，应注意静电对器件的影响。一般通过下面方法克服其影响：在运输时采用防静电包装，存放CMOS集成电路时要屏蔽，一般将其放在金属容器内，也可以用金属箔将引脚短路；使用时应保证设备接地良好；测试器件时应先开机再加信号，关机时应先断开信号后关电源；不能带电把器件从测试座上插入或拔出。

1.3　技能训练

1.3.1　基本逻辑门电路功能实验测试

1. 训练目的

熟悉基本门电路的逻辑功能；掌握逻辑门电路的逻辑功能的测试方法。

2. 训练器材

1）直流稳压电源1台。

2）万用表1块。

3）集成门电路芯片74LS00、74LS08、74LS32、74LS02、74LS04、CC4069各1片。

4）拨动开关2个。

3. 逻辑门电路功能测试

（1）与门和与非门逻辑功能测试

1）查阅74LS00、74LS08引脚排列。

2）分别将74LS00、74LS08插入面包板中，给集成门电路加电源，即U_{CC}端接+5V，GND端接地。

3）按测试电路图1-40连接电路，输入端分别接逻辑高电平（可接U_{CC} +5V端）、低电平（可接地）。

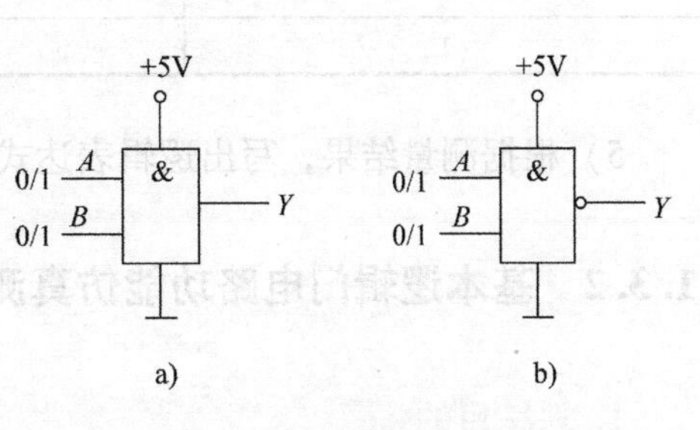

图1-40　与门和与非门实验电路

4）用万用表测量输出电压（高电平为1，低电平为0）。填入表1-8中。

表1-8 与门和与非门逻辑功能测试数据

A	*B*	*Y*（74LS00）	*Y*（74LS08）
0	0		
0	1		
1	0		
1	1		

5）根据测量结果，写出逻辑表达式。

（2）或门和或非门

1）查阅74LS32、74LS02引脚排列。

2）分别将74LS32、74LS02插入面包板中，给集成门电路加电源。

3）按测试电路图1-41连接电路，输入端分别接逻辑高电平。

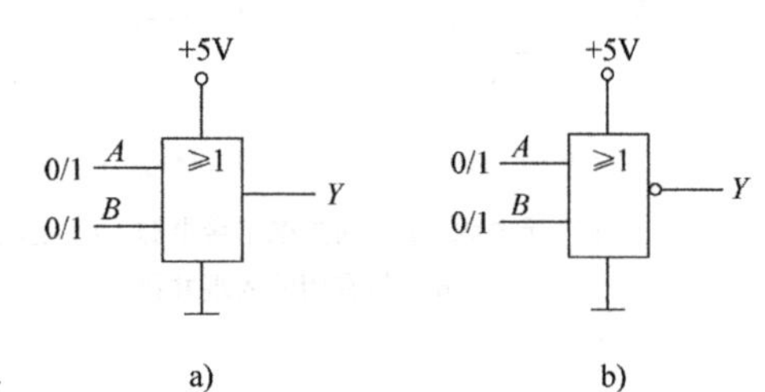

图1-41 或门和或非门实验电路

4）用万用表测量输出电压。填入表1-9中。

表1-9 或门和或非门测试数据

A	*B*	*Y*（74LS32）	*Y*（74LS02）
0	0		
0	1		
1	0		
1	1		

5）根据测量结果，写出逻辑表达式。

（3）非门

1）查阅74LS04、CC4069引脚排列。

2）分别将74LS04、CC4069插入面包板中，给集成门电路加电源。

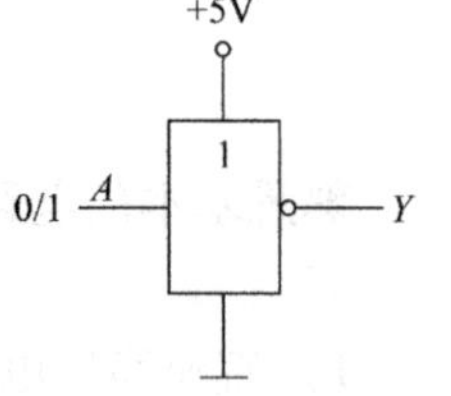

图1-42 非门实验电路

3）按测试电路图1-42连接电路，输入端分别接逻辑高电平。

4）用万用表测量输出电压，填入表1-10中。

表1-10 非门实验测试数据

A	*Y*（74LS04）	*Y*（CC4069）
0		
1		

5）根据测量结果，写出逻辑表达式。

1.3.2 基本逻辑门电路功能仿真测试

1. 训练目的

掌握逻辑门电路逻辑功能；熟悉逻辑门电路功能的仿真测试方法。

2. 仿真测试

（1）与门电路仿真测试

与门仿真测试电路如图1-43所示，电路创建过程如下。

1）选择元器件。

① 打开Multisim软件，在主窗口中，单击元器件工具栏按钮，在弹出的“选择元件”对话框“系列”栏中选择“POWER_ SOURCE”，“元件”栏中选择“VCC（+5V）”和“GROUND”，单击“确定”按钮，放置+5V电源和地。

② 单击元器件工具栏按钮，在弹出的“选择元件”对话框“系列”栏中选择“SWITCH（开关）”，“元件”栏中选择“SPDT（单刀双掷）”，单击“确定”按钮，放置两个单刀双掷开关。在电路窗口中双击单刀双掷开关，弹出“开关”属性对话框，在“Key for Switch”中分别设置开关的控制键为A和B。

③ 单击元器件工具栏按钮，在弹出的“选择元件”对话框“系列”栏中选择“74LS”，“元件”栏中选择“74LS08D”，单击“确定”按钮。

④ 单击元器件工具栏按钮，在弹出的“选择元件”对话框“系列”栏中选择“PROBE（探针）”，“元件”栏中选择“PROBE”，单击右侧的“确定”按钮，选择电平指示灯。

2）连接电路。

将选择好的元件按图1-43所示电路连接，执行菜单“放置”→“文本”命令，在电路中放置A、B和Y文本。

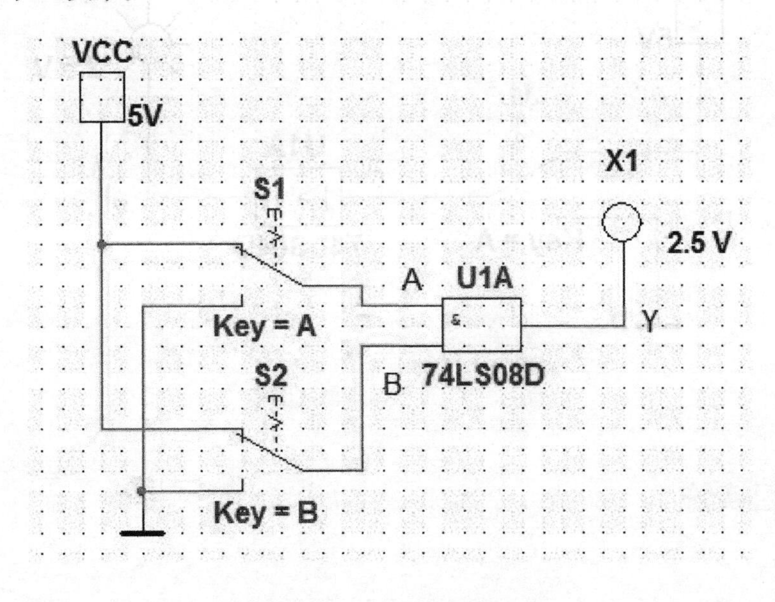

图1-43　与门仿真测试电路

3）电路仿真。

单击“仿真开关”按钮，或执行菜单“仿真”→“运行”命令，开始仿真实验。分别按下键盘上的<A>和<B>键，控制两个开关的状态，记下电平指示灯的状态。

（2）测试或门的逻辑功能

或门的测试方法和与门的测试方法相同，或门选择74LS32D，测试电路如图1-44所示。

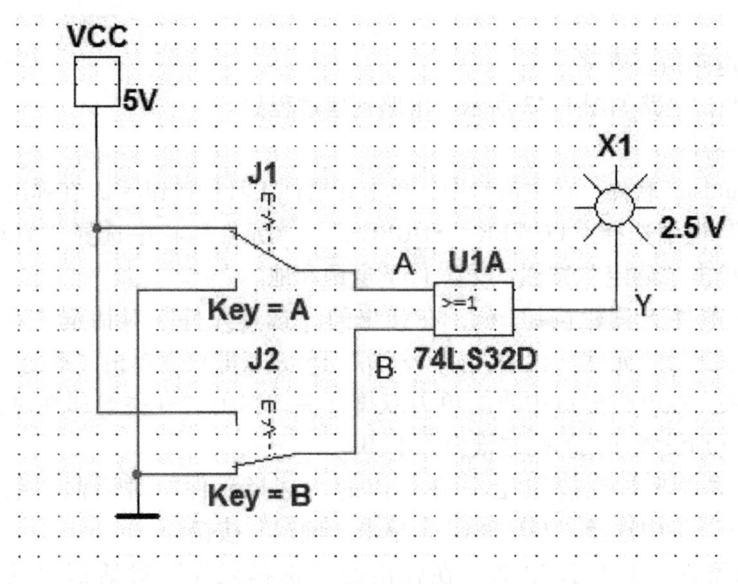

图 1-44 或门仿真测试电路

（3）测试非门的逻辑功能

非门的测试方法和与门的测试方法相同，非门选择 74LS04D，测试电路如图 1-45 所示。

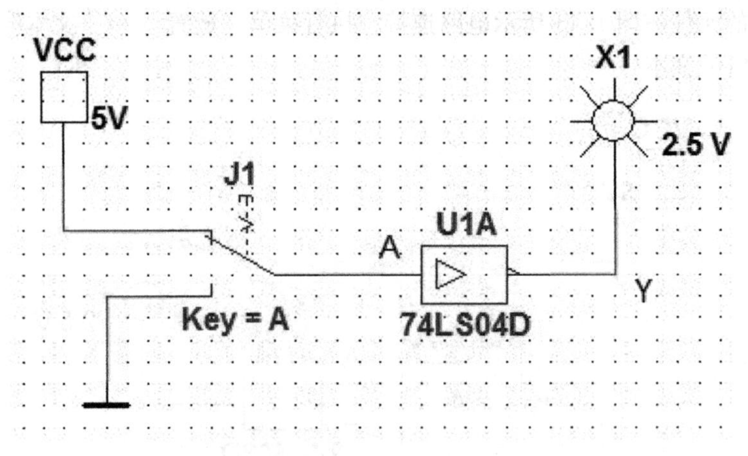

图 1-45 非门仿真测试电路

1.4 项目实施

1.4.1 项目分析

1. 逻辑状态测试笔的参考电路图

逻辑状态测试笔的参考电路如图 1-46 所示。

2. 电路分析

当测试探针 A 测得高电平时，VD_1导通，晶体管 VT 发射极输出高电平，经 G_1反相后，

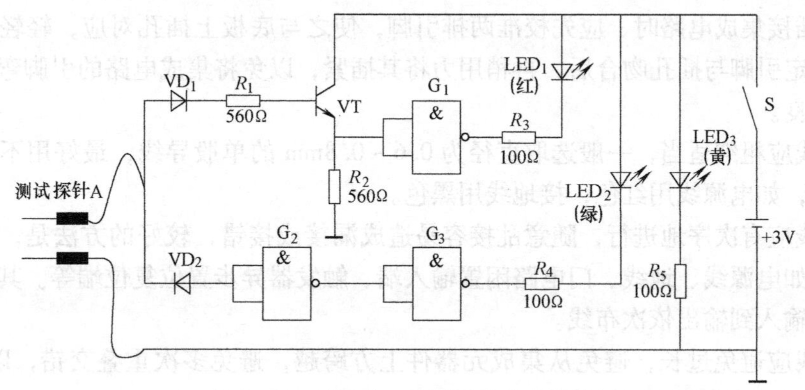

图1-46　逻辑状态测试笔的参考电路

输出低电平，发光二极管 LED_1 导通发红光。又因 VD_2 截止，相当于 G_1 输入端开路，呈高电平，输出低电平，G_3 输出高电平，绿色发光二极管 LED_2 截止而不发光。

当测试探针 A 测得低电平时，VD_2 导通，G_2 输入低电平，输出高电平，G_3 输出低电平，发光二极管 LED_2 导通发绿光。又因 VD_1 截止，晶体管 VT 截止，G_1 输入低电平，输出高电平，红色发光二极管 LED_1 截止不发光。

当测试探针 A 测得为周期性低速脉冲（如秒脉冲）时，发光二极管 LED_1、LED_2 会交替发光。

LED_3 为逻辑状态测试笔电源指示灯，当开关 S 闭合时，LED_3 导通发光。

在用逻辑状态测试笔测试时与被测电路共地。

3. 电路元器件

1）集成门电路芯片 CC4011 1 片。

2）发光二极管 3122D（红）、3124D（绿）、3125D（黄）各 1 个。

3）二极管 IN4148 两个。

4）晶体管 S8050 1 个。

5）100Ω 电阻 3 个。

6）560Ω 电阻两个。

7）开关 1 个。

8）探针万用表红、黑表笔各 1 支。

1.4.2　项目制作

1. 元器件检测

集成门电路芯片 CC4011 为四 2 输入与非门，它的逻辑功能及引脚排列与 74LS00 芯片一致，可采用技能训练中逻辑门电路的测试方法对集成芯片测试。

将发光二极管正极接逻辑电平且负极接地来测试发光二极管，当正极端接高电平时，LED 发光，低电平熄灭。用万用表电阻档测试二极管正反向电阻，如果测试结果是正向电阻小，反向电阻大，则二极管就是正常的。

2. 电路安装

1）将检测合格的元器件按照图 1-46 所示电路连接安装在面板上，也可以焊接在万能电路板上，测试探针用万用表红、黑表笔制作。

2）在插接集成电路时，应先校准两排引脚，使之与底板上插孔对应，轻轻用力将电路插上，在确定引脚与插孔吻合后，再稍用力将其插紧，以免将集成电路的引脚弯曲、折断或使其接触不良。

3）导线应粗细适当，一般选取直径为0.6～0.8mm的单股导线，最好用不同色线以区分不同用途，如电源线用红色，接地线用黑色。

4）布线应有次序地进行，随意乱接容易造成漏接或接错，较好的方法是，首先接好固定电平点，如电源线、地线、门电路闲置输入端、触发器异步置位复位端等。其次，按信号源的顺序从输入到输出依次布线。

5）连线应避免过长，避免从集成元器件上方跨越，避免多次重叠交错，以利于布线、更换元器件以及故障检查和排除。

6）电路布线应整齐、美观、牢固。水平导线应尽量紧贴底板，竖直方向的导线可沿边框四角敷设，导线转弯时的弯曲半径不要过小。

7）安装过程要细心，防止导线绝缘层被损伤，不要让线头、螺钉、垫圈等异物落入安装电路中，以免造成短路或漏电。

8）在完成电路安装后，要仔细检查电路连接，确认无误后方可接通电源。

3. 电路调试

1）若将测试探针与本电路地端相连，则LED_2绿灯应该发光；若将测试探针与电源正极相接，则LED_1红灯应该发光。如果红绿灯没有按以上情况发光，就说明电路存在故障。

2）按图1-47所示的逻辑状态测试笔性能测试电路接线，用逻辑状态测试笔探针测可调电压，调节电位器RP，增大RP的阻值，使逻辑状态测试笔LED_1红色刚好发光，电压表显示的值即为逻辑状态测试笔高电平的起始值；继续调节电位器RP，减小RP的阻值，使逻辑状态测试笔LED_2绿色刚好发光，电压表显示的值即为该逻辑测试笔的低电平起始值。

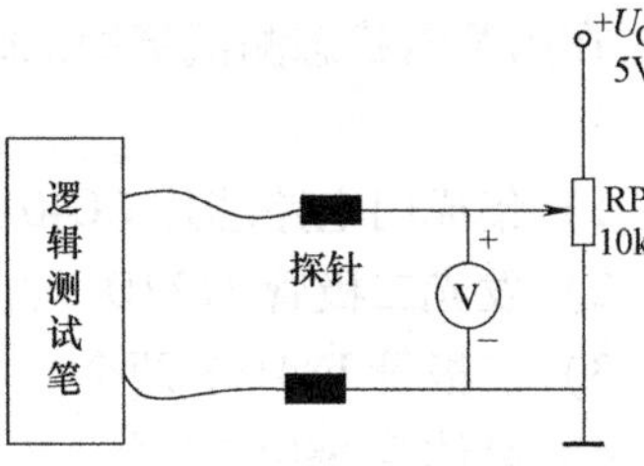

图1-47 逻辑状态测试笔性能测试电路

改变电路图1-46中的R_1的阻值，可对上述起始值进行适当的调整。

4. 故障分析与排除

在逻辑状态测试笔制作中产生的故障主要有元器件接触不良或损坏、集成芯片连接错误或损坏以及布线错误等。

可采用逻辑状态法判断并排除故障。所谓逻辑状态法是针对数字电路而言的，只需判断电路各部位的逻辑状态，即可确定电路是否正常工作。在无逻辑笔的情况下，可用万用表测量相关点电位的高低来进行判断。

在图1-46所示的电路中，可从左到右顺序测试一些关键点的逻辑电平，例如，通电后，在探针和地之间加高电平，而高电平LED_1（红色）指示灯不亮，此时，测量晶体管的发射极的电位应为高电平，否则晶体管VT或者二极管VD_1损坏，可对怀疑元器件进行测量或代换确定。如果VT的发射极电位正常，G_1的输出端就应为低电平，否则为G_1失效，可用替换法证实，若G_1的输出端电位正常，则为LED_1损坏。在通电后，当探针测试低电平而LED_2（绿色）不亮时，可采用与上述检查类似的方法。

1.5 项目评价

项目评价主要包括项目相关理论知识、元器件识别与检测、电路制作、电路测试及学习态度等内容。

1. 理论测试

（1）填空题

1）二进制数是以________为基数的计数体制，十进制数是以________为基数的计数体制，十六进制是以________为基数的计数体制。

2）十进制数转换为二进制数的方法是：整数部分用________，小数部分用________法。

3）二进制数转换为十进制数的方法是________。

4）逻辑代数中的3种基本的逻辑运算是________、________、________。

5）逻辑变量和逻辑函数的取值只有________、________两种取值。它们表示两种相反的逻辑状态。

6）与逻辑运算规则可以归纳为“有0出________，全1出________”。

7）或逻辑运算规则可以归纳为“有1出________，全0出________”。

8）与非逻辑运算规则可以归纳为“有________出1，全________出0”。

9）或非逻辑运算规则可以归纳为“有________出0，全________出1”。

10）二极管从导通到截止所需要的时间称为________时间。

11）OC门是集电极________门，使用时必须在电源 U_{CC} 与输出端之间外接________。

12）在数字电路中，晶体管工作在________状态和________状态。

13）三态输出门输出的3个状态分别为________、________、________。

（2）判断题

1）一个 n 位二进制数，最高位的权值是 2^{n-1}。（ ）

2）十进制数45的8421BCD码是101101。（ ）

3）余3BCD码是用3位二进制数表示一位十进制数。（ ）

4）二极管可组成与门电路，但不能组成或门电路。（ ）

5）三态输出门可实现“线与”功能。（ ）

6）当二端输入与非门的一个输入端接高电平时，可构成反相器。（ ）

7）74LS00芯片是2输入端4与非门。（ ）

8）当二端输入或非门的一个输入端接低电平时，可构成反相器。（ ）

（3）选择题

1）1010的基数是（ ）。

A. 10　B. 2　C. 16　D. 任意数

2）二进制数的权值是（ ）。

A. 10的幂　B. 8的幂　C. 16的幂　D. 2的幂

3）要使与门输出恒为0，可将与门的一个输入端（ ）。

A. 接0　B. 接1　C. 接0、1都可以　D. 输入端并联

4）要使或门输出恒为1，可将或门的一个输入端（ ）。

A. 接 0　　B. 接 1　　C. 接 0、1 都可以　　D. 输入端并联

5）要使异或门成为反相器，则一个输入端应接（　　）。

A. 接 0　　B. 接 1　　C. 接 0、1 都可以　　D. 两输入端并联

6）在使用集电极开路门（OC 门）时，输出端应通过电阻接（　　）。

A. 地　　B. 电源　　C. 输入端　　D. 都不对

7）以下电路中常用于总线的有（　　）。

A. OC 门　　B. CMOS 与非门　　C. 漏极开路门　　D. TSL 门

2. 项目功能测试

分组汇报项目的学习与制作情况，通电演示电路功能，并回答有关问题。

3. 项目评价标准

项目评价表体现了项目评价标准及分值分配参考标准，如表 1-11 所示。

表 1-11　项目评价表

项目	内容	分值	考核要求	扣分标准	评价主体			得分
					教师 60%	学生		
						自评 20%	互评 20%	
学习态度	1. 学习积极性 2. 遵守纪律 3. 安全操作规程	10	积极参加学习，遵守安全操作规程和劳动纪律，团结协作，有敬业精神	违反操作规程扣 10 分，其余不达标酌情扣分				
理论知识测试	项目相关知识点	20	能够掌握项目的相关理论知识	理论测试折合分值				
元器件识别与检测	1. 元器件识别 2. 元器件逻辑功能检测	20	能正确识别元器件；会检测逻辑功能	不能识别元器件，每个扣 1 分；不会检测逻辑功能，每个扣 1 分				
电路制作	按电路设计装接	20	电路装接符合工艺标准，布局规范，走线美观	电路装接不规范，每处扣 1 分；电路接错每处扣 5 分				
电路测试	1. 电路静态测试 2. 电路动态测试	30	电路无短路、断路现象。能正确显示电路功能	电路有短路、断路现象，每处扣 10 分；不能正确显示逻辑功能，每处扣5 分				
合计								
注：各项配分扣完为止								

1.6　项目拓展

1.6.1　用发光二极管显示的逻辑状态测试笔

下面介绍两例用发光二极管显示的简易逻辑状态测试笔。

图 1-48 所示为由四 2 输入与非门 74HC00 组成的简易逻辑状态测试笔。LED_1 为红色发

光二极管，LED_2为绿色发光二极管。当测试探针测得的为高电平1时，G_1输出低电平0，G_2输出高电平1，红色发光二极管LED_1发光，而G_3输出低电平0，绿色发光二极管LED_2不亮。当测试探针测得的为低电平0时，G_2输出低电平0，红色发光二极管LED_1熄灭，这时G_3输出高电平1，绿色发光二极管LED_2发光。

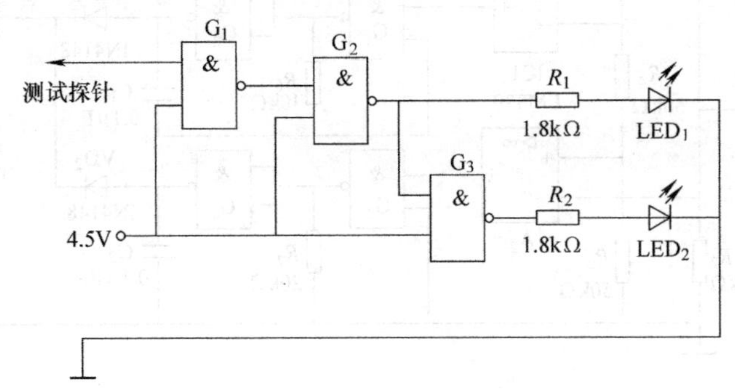

图1-48　由四2输入与非门74HC00组成的简易逻辑状态测试笔

图1-49所示为由一片六反相器CD4069和两只发光二极管组成的简易逻辑状态测试笔。当输入高电平时，红色发光二极管亮，当输入低电平时，绿色发光二极管亮。

当测试探针测得为高电平时，非门G_1输出低电平，该低电平一路经非门G_2、G_3、G_4后，从非门G_4输出高电平；另一路经非门G_5、G_6，从非门G_6输出低电平，因此将红色发光二极管LED_1点亮，而绿色发光二极管LED_2处于熄灭状态。同理，当测试探针测得为低电平时，非门G_4输出低电平，非门G_6输出高电平，于是将绿色发光二极管LED_2点亮，而红色发光二极管LED_1处于熄灭状态。

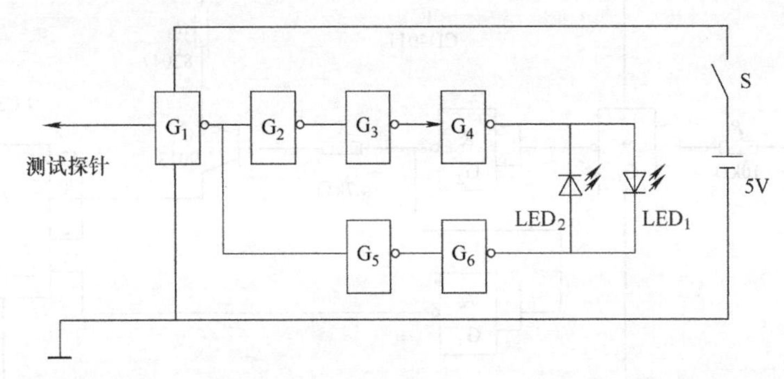

图1-49　由一片六反相器CD4069和两只发光二极管组成的简易逻辑状态测试笔

1.6.2　带声响的逻辑状态测试笔

带声响的逻辑状态测试笔如图1-50所示。电路中的与非门G_1、G_2和与非门G_3、G_4分别组成两个振荡电路，前者产生高音信号，后者产生低音信号。两个振荡器分别受控于电压比较器A_1、A_2的输出电平。当加到探针输入端的信号为逻辑高电平时，比较器A_1输出高电平，高音振荡器起振，扬声器发出高音调声响表示为高电平；当加到探针输入端的信号为逻辑低电平时，比较器A_2输出高电平，低音振荡器起振，扬声器发出低音调声响表示为低电平；如测得高、低音交替出现，则表示被测电路产生振荡。

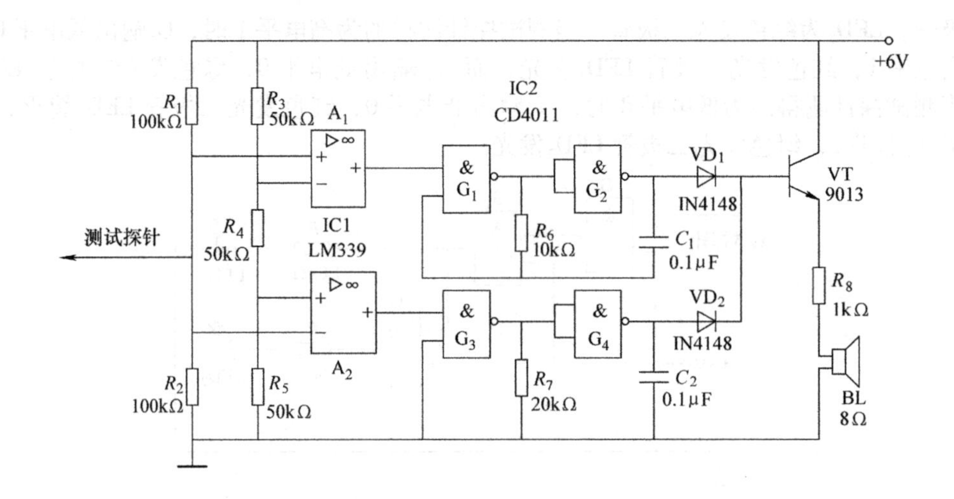

图 1-50 带声响的逻辑状态测试笔

1.6.3 用数码管显示的逻辑状态测试笔

用数码管显示的逻辑状态测试笔如图 1-51 所示，可以用各种 TTL 和 CMOS 逻辑电路测试高低电平，测试结果以字符方式显示。

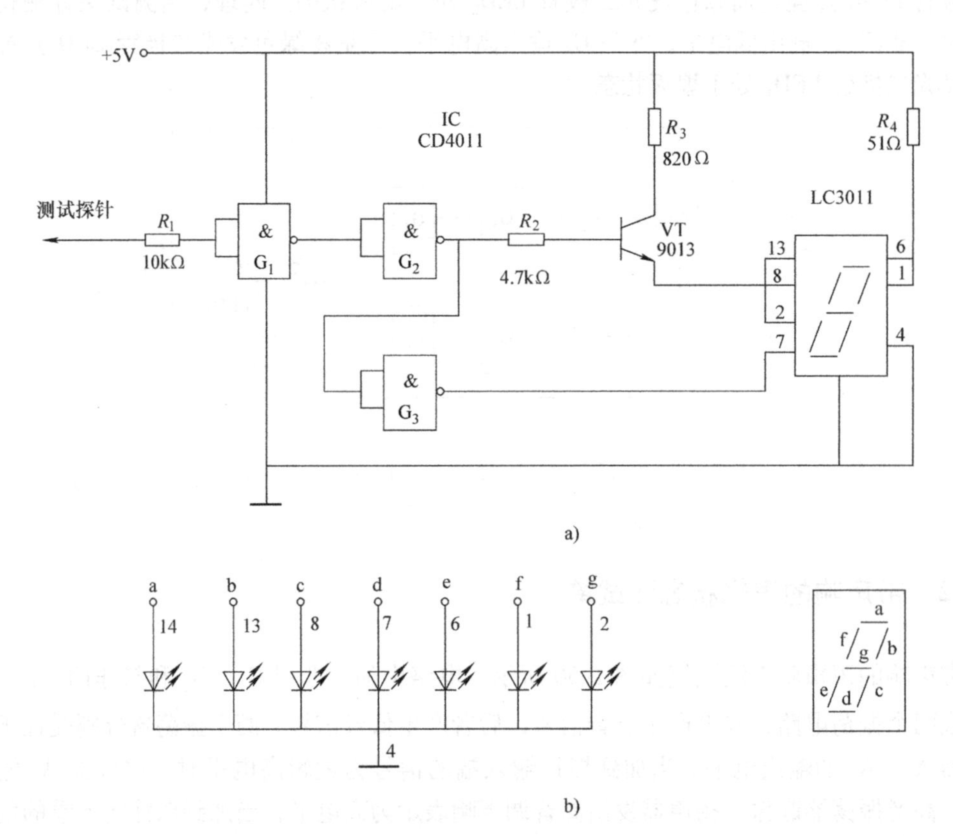

图 1-51 用数码管显示的逻辑状态测试笔

a）电路 b）数码管内部电路及笔画排列

集成电路采用二输入端四与非门 CD4011，其中 G_1、G_2、G_3 被接成非门使用。显示部分采用共阴极数码管 LC3011。

当测试探针测得的为高电平，与非门 G_1 输出低电平，与非门 G_2 输出高电平，晶体管 VT 导通，驱动数码管的 b、c、g 段发光。同时，与非门 G_3 输出低电平，数码管的 d 段不发光。由于数码管的 d 段不发光，数码管的 e、f 字段处于常亮状态，因此，数码管显示“H”，表示被测试端为高电平。

当测试探针测得的为低电平，与非门 G_1 输出高电平，与非门 G_2 输出低电平，晶体管 VT 截止，数码管的 b、c、g 段不发光。同时，与非门 G_3 输出高电平，驱动数码管的 d 段发光。由于数码管的 e、f 段处于常亮状态，因此，数码管显示“L”，表示被测试端为低电平。

练习与提高

1. 将下列十进制数转换为等值的二进制数、八进制和十六进制数。

1）$(127)_{10}$　　2）$(0.519)_{10}$　　3）$(25.7)_{10}$　　4）$(107.39)_{10}$

2. 将下列二进制数转换为等值的十进制数。

1）$(100001)_2$　　2）$(101.011)_2$　　3）$(1001.0101)_2$　　4）$(0.01101)_2$

3. 将下列十六进制数转换为二进制数、八进制数和十进制数。

1）$(36B)_{16}$　　2）$(4DE.C8)_{16}$　　3）$(79E.FD)_{16}$　　4）$(7FF.ED)_{16}$

4. 将下列十进制数转换为 8421BCD 码和余 3 码。

1）$(74)_{10}$　　2）$(45.36)_{10}$　　3）$(136.45)_{10}$　　4）$(268.31)_{10}$

5. 已知与门和与非门电路及输入信号的逻辑电平，如图 1-52 所示。试写出 $Y_1 \sim Y_6$ 的逻辑电平。

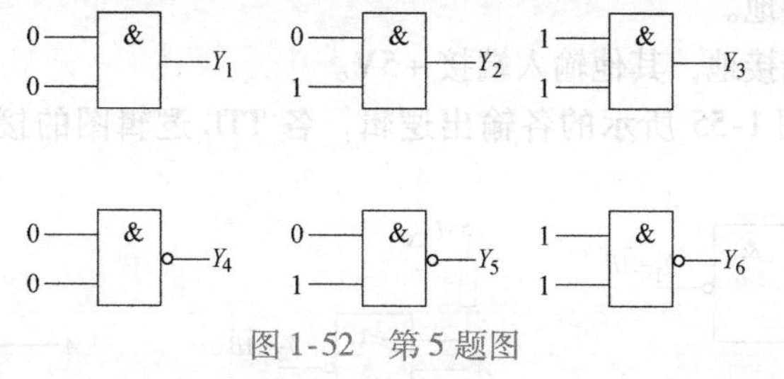

图 1-52　第 5 题图

6. 已知或门和或非门电路及输入信号的逻辑电平，如图 1-53 所示。试写出 $Y_1 \sim Y_6$ 的逻辑电平。

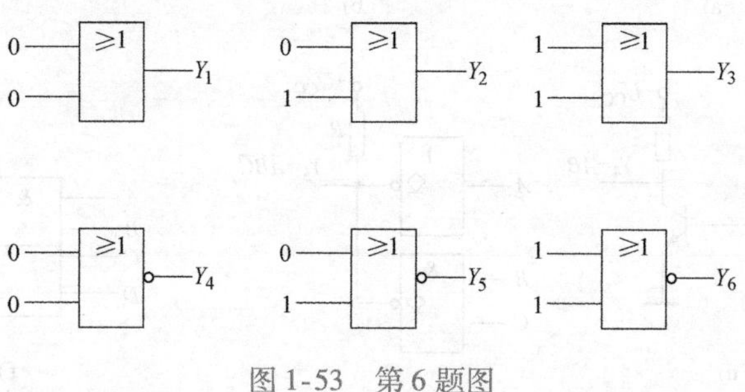

图 1-53　第 6 题图

7. 已知异或门和同或门电路及输入信号的逻辑电平，如图 1-54 所示。试写出 $Y_1 \sim Y_6$ 的逻辑电平。

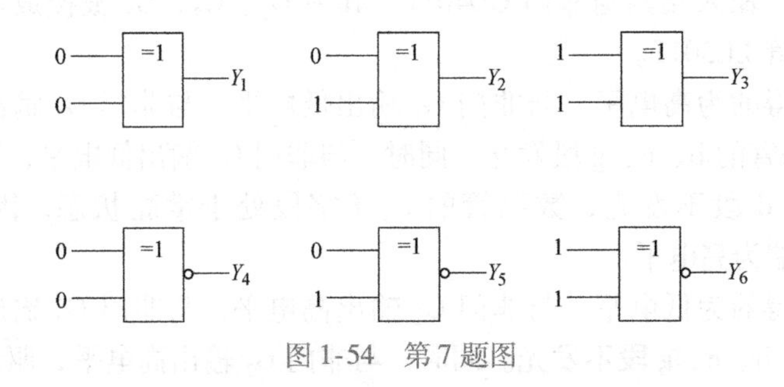

图 1-54 第 7 题图

8. 已知有 3 个开关 A、B、C 串联控制照明灯 Y。试写出该电路的逻辑表达式。

9. 已知有 3 个开关 A、B、C 并联控制照明灯 Y。试写出该电路的逻辑表达式。

10. 列出下述问题的真值表，并写出其逻辑表达式。

1）设 3 个变量 A、B、C，当输入变量的状态不一致时，输出为 1，反之为 0。

2）设 3 个变量 A、B、C，当变量组合中出现偶数个 1 时，输出为 1，反之为 0。

11. 某逻辑电路有 3 个输入变量 A、B、C，当输入相同时，输出为 1；否则，输出为 0。试列出真值表，写出逻辑表达式。

12. 试画出用与非门构成具有下列逻辑关系的逻辑图。

1）$Y=\overline{A}$　　2）$Y=A\cdot B$　　3）$Y=A+B$

13. 若 TTL 与非门的一个输入端接高电平，其他的输入端按以下 4 种不同情况进行连接，则输出分别为何种状态？

1）其他输入端什么也不接。

2）其他输入端接 +5V。

3）其他输入端接地。

4）有一个输入端接地，其他输入端接 +5V。

14. 判断为实现图 1-55 所示的各输出逻辑，各 TTL 逻辑图的接法是否正确，若有错，说明正确的接法。

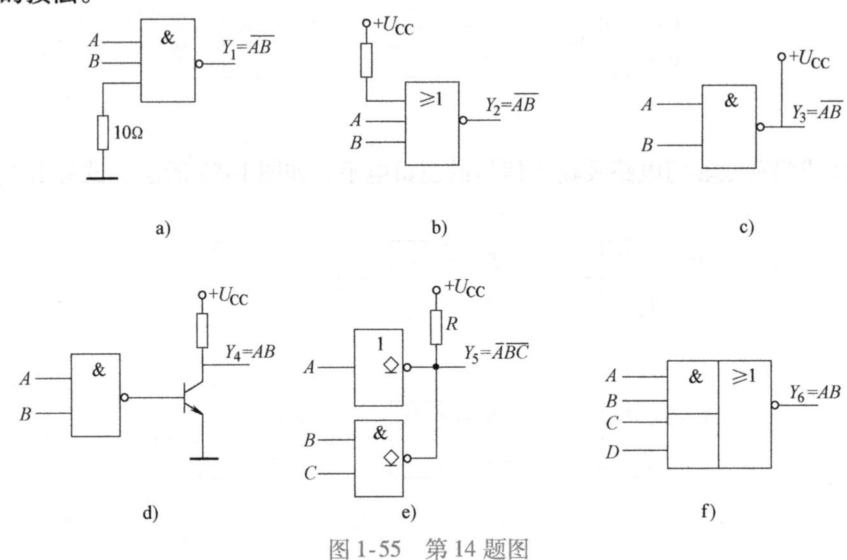

图 1-55 第 14 题图

项目2　多数表决器电路的设计与制作

2.1　项目描述

本项目设计与制作的多数表决器是用组合逻辑电路的设计方法和基本门电路的组合方法来完成的具有多数表决功能的电路。项目相关知识点：逻辑代数基础、逻辑函数的化简、组合逻辑电路的设计方法等。技能训练：组合逻辑电路的功能测试。通过多数表决器电路的设计与制作，能使读者掌握相关的知识、技能，提高职业素养。

2.1.1　项目目标

1. 知识目标

1）熟悉逻辑运算的基本规则和常用公式。

2）掌握逻辑函数的公式化简法和卡诺图化简法。

3）掌握组合逻辑电路的分析和设计方法。

2. 技能目标

1）能用逻辑函数化简方法对组合逻辑电路进行逻辑化简。

2）能用基本门电路设计和制作简单组合逻辑电路。

3）能完成组合逻辑电路的安装、调试与检测。

3. 职业素养

1）严谨的思维习惯、认真的科学态度和良好的学习方法。

2）遵守纪律和安全操作规程，训练积极，具有敬业精神。

3）具有团队意识，建立相互配合、协作和良好的人际关系。

4）具有创新意识，形成良好的职业道德。

2.1.2　项目说明

表决器是一种代表投票表决的装置，满足当表决时少数服从多数的表决原则。

1. 项目要求

用基本集成门电路设计制作3人表决器，若3人中至少有两人同意，则提案通过，否则，提案不通过。

当表决某项提案时，同意则按下对应的开关，不同意则不按。表决结果用LED灯显示，如果灯亮，则提案通过；不通过，则灯不亮。

2. 项目实施引导

1）小组制订工作计划。

2）设计3人表决器逻辑电路。

3）备齐电路所需的元器件，并进行检测。

4）画出3人表决器逻辑电路的安装布线图。

5）根据电路布线图，安装3人表决器逻辑电路。

6）完成3人多数表决器电路的功能检测和故障排除。

7）通过小组讨论，完成电路的详细分析，编写项目实训报告。

2.2 项目资讯

2.2.1 逻辑代数基础

2.2.1 逻辑代数基础

根据基本逻辑运算规则和逻辑变量的取值只能是0和1的特点，可得出逻辑代数中的一些基本规律。

1. 基本运算公式

0-1律 $A\cdot 0=0$ $A+1=1$

自等律 $A\cdot 1=A$ $A+0=A$

重叠律 $A\cdot A=A$ $A+A=A$

互补律 $A\cdot \overline{A}=0$ $A+\overline{A}=1$

交换律 $A\cdot B=B\cdot A$ $A+B=B+A$

结合律 $A\cdot(B\cdot C)=(A\cdot B)\cdot C$ $A+(B+C)=(A+B)+C$

分配律 $A\cdot(B+C)=AB+AC$ $A+B\cdot C=(A+B)(A+C)$

吸收律 $A(A+B)=A$ $A+AB=A$

$A+\overline{A}B=A+B$ $AB+\overline{A}C+BC=AB+\overline{A}C$

反演律（德·摩根律）$\overline{AB}=\overline{A}+\overline{B}$ $\overline{A+B}=\overline{A}\cdot\overline{B}$

还原律 $\overline{\overline{A}}=A$

以上这些基本公式可以用真值表进行证明。例如，要证明反演律，可将变量A、B的各种取值分别代入等式两边，$\overline{A\cdot B}=\overline{A}+\overline{B}$的证明真值表见表2-1。从真值表可以看出，等式两边的逻辑值完全对应相等，所以反演律成立。

表2-1 $\overline{A\cdot B}=\overline{A}+\overline{B}$的证明真值表

A	B	$\overline{A\cdot B}$	$\overline{A}+\overline{B}$
0	0	1	1
0	1	1	1
1	0	1	1
1	1	0	0

2. 逻辑代数运算规则

逻辑代数的运算优先顺序是：先算括号里的内容，再算非运算，然后是与运算，最后是或运算。逻辑代数运算的规则如下。

（1）代入规则

在逻辑等式中，如果将等式两边的某一变量都代之以一个逻辑函数，那么等式仍然成立。

例如，已知$\overline{A\cdot B}=\overline{A}+\overline{B}$。若用$Z=A\cdot C$代替等式中的$A$，根据代入规则，则等式仍然成立，即

$$\overline{AC\cdot B}=\overline{A\cdot C}+\overline{B}=\overline{A}+\overline{C}+\overline{B}$$

（2）反演规则

已知函数Y，欲求其反函数$\overline{Y}$时，只要将Y式中所有“·”换成“+”、“+”换成“·”、“0”换成“1”、“1”换成“0”、原变量换成其反变量、反变量换成其原变量，所得到的表达式就是$\overline{Y}$的表达式。

利用反演规则，可以比较容易地求出一个逻辑函数的反函数。

在变换过程中应注意两个以上变量的公用的非号保持不变，运算的优先顺序如下：先算括号里的内容，然后算逻辑乘，最后算逻辑加。

【例2-1】 求$Y=A+\overline{B+\overline{C}+\overline{D+\overline{E}}}+(G\cdot H)$的反函数。

解：$\overline{Y}=\overline{A}\cdot\overline{\overline{B}\cdot C\cdot\overline{\overline{D}\cdot E}}\cdot(\overline{G}+\overline{H})$

（3）对偶规则

已知逻辑函数Y，求它的对偶函数Y'可通过将“·”变为“+”、“+”变为“·”、“0”换成“1”、“1”换成“0”得到。

若两个逻辑函数相等，则它们的对偶式也相等；若两个逻辑函数的对偶式相等，则这两个逻辑函数也相等。

【例2-2】 求$Y=A\cdot B+\overline{A}C+B\cdot C$的对偶式。

解：$Y'=(A+B)\cdot(\overline{A}+C)\cdot(B+C)$

3. 逻辑函数的表示方法

逻辑函数的表示方法有逻辑表达式、真值表、卡诺图、逻辑图和波形图5种方法。

（1）逻辑表达式

用与、或、非等逻辑运算表示逻辑函数各变量之间关系的代数式称为逻辑表达式。例如，$Y=A+B\cdot C$。

（2）真值表

前述中已经用到真值表，并给出了真值表的定义。在真值表中，每个输入变量只有0和1两种取值，n个变量就有2^n个不同的取值组合，而每种组合都有对应的输出逻辑值。一个确定的逻辑函数只有一个逻辑真值表。当函数变量较多时，一般列出简化的特性真值表。

（3）卡诺图

如果把各种输入变量取值组合下的输出函数值填入一种特殊（按照逻辑相邻性划分）的方格图中，就得到了逻辑函数的卡诺图。

（4）逻辑图

用逻辑符号表示逻辑函数表达式中各个变量之间的运算关系得到的电路图形，称为逻辑电路图，简称为逻辑图。如$Y=AB+BC$的逻辑图如图2-1所示。

（5）波形图

波形图是逻辑函数输入变量每一种可能出现的取值与对应的输出值按时间顺序依次排列的图形，也称为时序图。波形图可通过实验进行观察。在逻辑分析和一些计算机仿真软件中，常用这种方法分析结果。图2-2所示为逻辑函数$Y=AB+BC$的波形图。

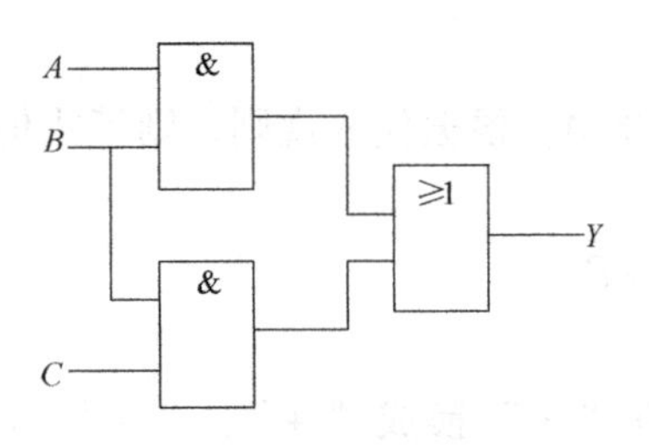

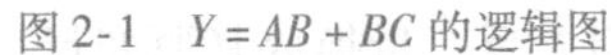
图 2-1 $Y=AB+BC$ 的逻辑图

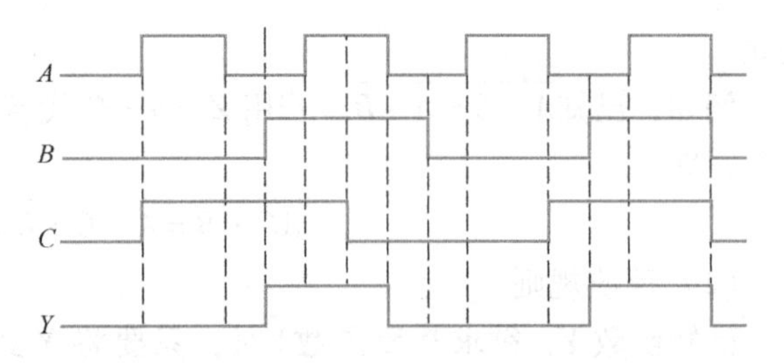

图 2-2 逻辑函数 $Y=AB+BC$ 的波形图

逻辑函数的各种表示方法可以相互转换。根据真值表可以得到逻辑表达式，由逻辑表达式可以得到逻辑图，由逻辑图也可以反过来得到表达式。

4. 逻辑函数表达式

逻辑表达式越简单，实现它的电路也就越简单，电路工作也就越稳定可靠。

（1）逻辑函数表达式的表示形式

一个逻辑函数的表达式可以有以下 5 种表示形式。

1）与-或表达式，例如 $Y=AB+\overline{B}C$。

2）或-与表达式，例如 $Y=(A+C)\cdot(B+C)$。

3）与非-与非表达式，例如 $Y=\overline{\overline{A\overline{B}}\cdot\overline{AC}}$。

4）或非-或非表达式，例如 $Y=\overline{\overline{A+B}+\overline{A+\overline{C}}}$。

5）与或非表达式，例如 $Y=\overline{A\cdot\overline{B}+A\overline{C}}$。

利用逻辑代数的基本定律，可以实现上述 5 种逻辑函数表达式之间的变换。

（2）逻辑函数的最简与或表达式

逻辑函数的最简与或表达式的特点如下。

1）乘积项个数最少。

2）每个乘积项中的变量个数也最少。最简与或表达式的结果不是唯一的，可以从函数式的公式化简和卡诺图化简中得到验证。

（3）逻辑函数的最小项表达式

1）最小项的定义。在 n 个变量的逻辑函数中，若乘积项中包含了全部变量，并且每个变量在该乘积项中或以原变量或以反变量只出现一次，则该乘积项就定义为逻辑函数的最小项。n 个变量的全部最小项共有 2^n 个。

如三变量 A、B、C 共有 2^3 个 =8 个最小项，即 $\overline{A}\,\overline{B}\,\overline{C}$、$\overline{A}\,\overline{B}C$、$\overline{A}B\overline{C}$、$\overline{A}BC$、$A\overline{B}\,\overline{C}$、$A\overline{B}C$、$AB\overline{C}$、$ABC$。

2）最小项的编号。为了书写方便，用 m 表示最小项，其下标为最小项的编号。编号的方法是：最小项中的原变量取 1，反变量取 0，则最小项取值为一组二进制数，其对应的十进制数便为该最小项的编号。若三变量最小项 $\overline{A}B\overline{C}$ 对应的变量取值为 010，它对应的十进制数为 2，则最小项 $\overline{A}B\overline{C}$ 的编号为 m_2。其余最小项的编号依次类推。

3）逻辑函数的最小项表达式。若一个与或逻辑表达式中的每一个与项都是最小项，则该逻辑表达式称为标准与或式，又称为最小项表达式。任何一种形式的逻辑表达式都可以利用基本定律和配项法变换为标准与或式，并且标准与或式是唯一的。

【例 2-3】 将逻辑函数 $Y=AB+AC+BC$ 变换为最小项表达式。

解：1）利用 $A+\overline{A}=1$ 的形式作配项，补充缺少的变量，即

$$
\begin{aligned}
Y &= AB(C+\overline{C})+A(B+\overline{B})C+(A+\overline{A})BC \\
&= ABC+AB\overline{C}+ABC+A\overline{B}C+ABC+\overline{A}BC
\end{aligned}
$$

2）利用 $A+A=A$ 的形式合并相同的最小项，即

$$
\begin{aligned}
Y &= AB\overline{C}+A\overline{B}C+\overline{A}BC+ABC \\
&= m_3+m_5+m_6+m_7 \\
&= \sum m(3,5,6,7)
\end{aligned}
$$

2.2.2 公式法化简逻辑函数

运用逻辑代数的基本定律和公式对逻辑函数式进行化简的方法称为代数化简法，基本方法有以下几种。

1. 并项法

运用基本公式 $A+\overline{A}=1$，将两项合并为一项，同时消去一个变量。如

$$
\begin{aligned}
Y &= \overline{A}BC+ABC+B\overline{C}=(\overline{A}+A)BC+B\overline{C} \\
&= B(C+\overline{C})=B
\end{aligned}
$$

2. 吸收法

运用吸收律 $A+AB=A$ 和 $AB+\overline{A}C+BC=AB+\overline{A}C$，消去多余项。如

1）$Y=AB+AB(C+D)=AB$

2）
$$
\begin{aligned}
Y &= ABC+\overline{A}D+\overline{C}D+BD \\
&= ABC+(\overline{A}+\overline{C})D+BD \\
&= ABC+\overline{AC}D+BD \\
&= ABC+\overline{AC}D \\
&= ABC+\overline{A}D+\overline{C}D
\end{aligned}
$$

3. 消去法

利用 $A+\overline{A}B=A+B$ 消去多余因子。如

$$
\begin{aligned}
Y &= AB+\overline{A}C+\overline{B}C=AB+(\overline{A}+\overline{B})C \\
&= AB+\overline{AB}C \\
&= AB+C
\end{aligned}
$$

4. 配项法

在不能直接运用公式、定律化简时，可通过乘 $A+\overline{A}=1$ 或 $A\cdot\overline{A}=0$ 进行配项后再化简。如

$$
\begin{aligned}
Y &= A\overline{C}+B\overline{C}+\overline{A}C+\overline{B}C=A\overline{C}(B+\overline{B})+B\overline{C}+\overline{A}C+\overline{B}C(A+\overline{A}) \\
&= AB\overline{C}+A\overline{B}\,\overline{C}+B\overline{C}+\overline{A}C+A\overline{B}C+\overline{A}\,\overline{B}C \\
&= B\overline{C}(1+A)+\overline{A}C(1+\overline{B})+A\overline{B}(\overline{C}+C) \\
&= B\overline{C}+\overline{A}C+A\overline{B}
\end{aligned}
$$

在实际化简逻辑函数时，需要灵活运用上述几种方法，才能得到最简与或表达式。

【例2-4】　化简逻辑函数式 $Y=AD+A\overline{D}+AB+\overline{A}C+\overline{C}D+A\overline{B}EF$。

解：1）运用 $A+\overline{A}=1$，将 $AD+A\overline{D}$ 合并，得

$$Y=A+AB+\overline{A}C+\overline{C}D+A\overline{B}EF$$

2）运用 $A+AB=A$，消去含有 A 因子的乘积项，得

$$Y = A + \overline{A}C + \overline{C}D$$

3）运用 $A + \overline{A}B = A + B$，消去 $\overline{A}C$ 中的 $\overline{A}$，$\overline{C}D$ 中的 $\overline{C}$，得

$$Y = A + C + D$$

2.2.3 卡诺图法化简逻辑函数

2.2.3 卡诺图法化简逻辑函数

1. 相邻最小项

如果两个最小项中只有一个变量为互反变量，其余变量均相同时，那么这两个最小项就为逻辑相邻，并把它们称为相邻最小项，简称为相邻项。例如，三变量最小项 ABC 和 $AB\overline{C}$，其中的 C 和 $\overline{C}$ 为互反变量，其余变量都相同，所以它们是相邻最小项。显然，两个相邻最小项可以合并为一项，同时消去互反变量，如 $ABC + AB\overline{C} = AB(C + \overline{C}) = AB$。合并结果为两个最小项的共有变量。

2. 卡诺图

卡诺图又称为最小项方格图。用 2^n 个小方格表示 n 个变量的 2^n 个最小项，并且使相邻最小项在几何位置上也相邻，按这样的相邻要求排列起来的方格图叫作 n 个变量最小项卡诺图，这样相邻原则又称为卡诺图的相邻性。下面介绍 2 ~4 个变量最小项卡诺图的做法。

（1）二变量卡诺图

设两个变量为 A 和 B，则全部 4 个最小项为 $\overline{A}\,\overline{B}$、$\overline{A}B$、$A\overline{B}$、$AB$，分别记为 m_0、m_1、m_2、m_3。按相邻性画出二变量卡诺图，如图 2-3 所示。

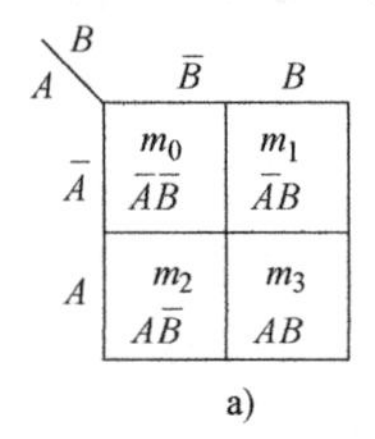

a)

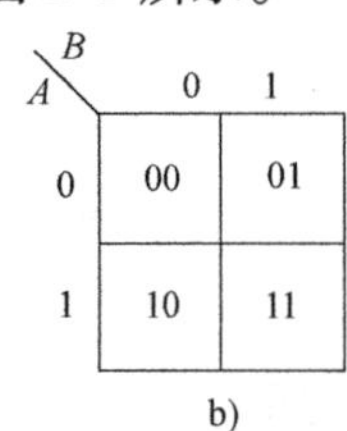

b)

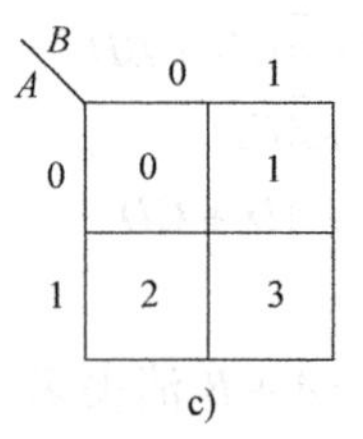

c)

图 2-3 二变量卡诺图

a）方格内标最小项 b）方格内标最小项取值 c）方格内标最小项编号

（2）三变量卡诺图

设 3 个变量为 A、B、C，全部最小项有 2^3 个 =8 个，卡诺图由 8 个方格组成，按相邻性安放最小项可画出三变量卡诺图，如图 2-4 所示。

A \ BC	$\overline{B}\,\overline{C}$	$\overline{B}C$	BC	$B\overline{C}$
$\overline{A}$	m_0 $\overline{A}\,\overline{B}\,\overline{C}$	m_1 $\overline{A}\,\overline{B}C$	m_3 $\overline{A}BC$	m_2 $\overline{A}B\overline{C}$
A	m_4 $A\overline{B}\,\overline{C}$	m_5 $A\overline{B}C$	m_7 ABC	m_6 $AB\overline{C}$

a)

A \ BC	00	01	11	10
0	0	1	3	2
1	4	5	7	6

b)

图 2-4 三变量卡诺图

a）方格内标最小项 b）方格内标最小项编号

应当注意，图中变量 BC 的取值不是按自然二进制码（00、01、10、11）排列，而是按

格雷码（00、01、11、10）顺序排列的，只有这样才能保证卡诺图中最小项在几何位置上相邻。

（3）四变量卡诺图

设四个变量为A、B、C、D，全部最小项有2^4个=16个，卡诺图由16个方格组成，按相邻性安放最小项可画出四变量卡诺图，如图2-5所示。

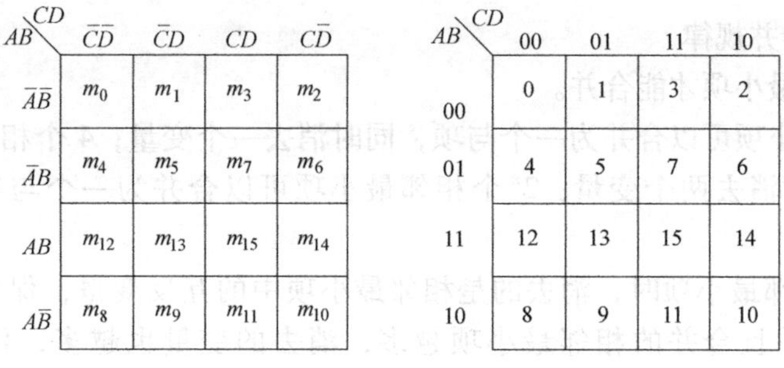

AB CD
$\bar{C}\bar{D}$ $\bar{C}D$ CD $C\bar{D}$
$\bar{A}\bar{B}$ m_0 m_1 m_3 m_2
$\bar{A}B$ m_4 m_5 m_7 m_6
AB m_{12} m_{13} m_{15} m_{14}
$A\bar{B}$ m_8 m_9 m_{11} m_{10}
AB CD
00 01 11 10
00 0 1 3 2
01 4 5 7 6
11 12 13 15 14
10 8 9 11 10

a)　　　　b)

图2-5　四变量卡诺图

a）方格内标最小项　b）方格内标最小项编号

图2-5中的纵向变量AB和横向变量CD都是按格雷码顺序排列的，保证了最小项在卡诺图中的循环相邻性，即同一行最左方格与最右方格相邻，同一列最上方格和最下方格也相邻。

对于五变量及以上的卡诺图，由于复杂，所以在逻辑函数化简中很少使用，这里不再介绍。

3. 用卡诺图表示逻辑函数

在具体填写一个逻辑函数的卡诺图时，应将逻辑函数表达式或其真值表所确定的最小项，在其对应卡诺图的小方格内填入函数值1；在表达式中没出现的最小项或真值表中函数值为0的最小项所对应的小方格内填入函数值0。为了简明起见，当小方格内的函数值为0时，常保留成空白，即什么也不填。

【例2-5】　画出逻辑函数$Y(ABCD)=\sum m(0,1,4,5,6,9,12,13,15)$的卡诺图。

解：这是一个四变量的逻辑函数，首先要画出四变量卡诺图的一般形式，然后在最小项编号为0、1、4、5、6、9、12、13、15的小方格内填入1，在其余小方格内填入0或空着，即得到了该逻辑函数的卡诺图，如图2-6所示。

AB CD
00 01 11 10
00 1 1
01 1 1 1
11 1 1 1
10 1

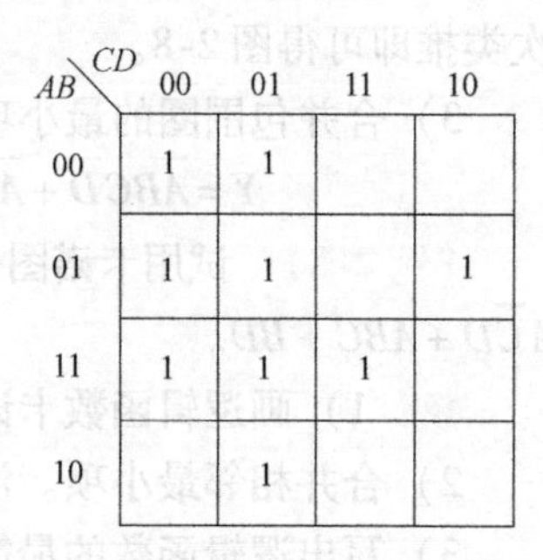

图2-6　例2-5图

【例2-6】　画出逻辑函数$Y=AB+BC+CA$的卡诺图。

解：首先将函数Y写成标准与或式，即

$$
\begin{aligned}
Y &= AB+BC+CA=AB(C+\bar{C})+BC(A+\bar{A})+CA(B+\bar{B})\\
&=\bar{A}BC+A\bar{B}C+AB\bar{C}+ABC\\
&=\sum m(3,5,6,7)
\end{aligned}
$$

再画出三变量卡诺图的一般形式，按照上例题同样的方法即可得到 Y 的卡诺图，如图2-7所示。

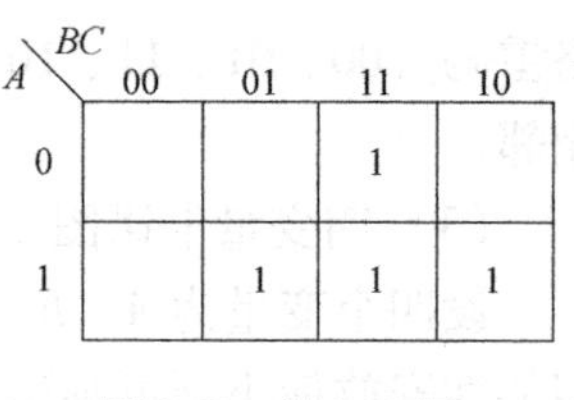

图2-7　例2-6图

4. 用卡诺图化简逻辑函数

用卡诺图化简逻辑函数的原理是利用卡诺图的相邻性，找出逻辑函数的相邻最小项加以合并，消去互反变量，以达到简化目的。

（1）最小项合并规律

1）只有相邻最小项才能合并。

2）两相邻最小项可以合并为一个与项，同时消去一个变量；4 个相邻最小项可以合并为一个与项，同时消去两个变量；2^n 个相邻最小项可以合并为一个与项，同时消去 n 个变量。

3）当合并相邻最小项时，消去的是相邻最小项中的互反变量，保留的是相邻最小项中的共有变量，并且合并的相邻最小项越多，消去的变量也越多，化简后的与项就越简单。

（2）用卡诺图化简逻辑函数的原则

在用卡诺图化简逻辑函数画包围圈合并相邻项时，应注意以下原则。

1）每个包围圈内相邻1方格的个数一定是2^n个方格，即只能按1、2、4、8、16个1方格的数目画包围圈。

2）同一个1方格可以被不同的包围圈重复包围多次，但新增的包围圈中必须有原先没有被圈过的1方格。

3）在包围圈中的相邻1方格的个数应尽量多，这样可消去的变量多。

4）画包围圈的个数应尽量少，这样得到的逻辑函数的与项少。

5）注意卡诺图的循环邻接特性。同一行最左与最右方格中的最小项相邻，同一列的最上与最下方格中的最小项相邻。

【例2-7】　试用卡诺图化简逻辑函数 $Y(ABCD)=\sum m(0,1,5,6,9,11,12,13,15)$。

解：1）画出卡诺图如图2-8 所示。

2）化简卡诺图。在化简卡诺图时，一般先圈独立的1方格，再圈仅两个相邻的1方格，再圈仅4个相邻的1方格，依次类推即可得图2-8。

3）合并包围圈的最小项，写出最简与或表达式，即

$$Y=\overline{A}BC\overline{D}+\overline{A}\,\overline{B}\,\overline{C}+AB\overline{C}+\overline{C}D+AD$$

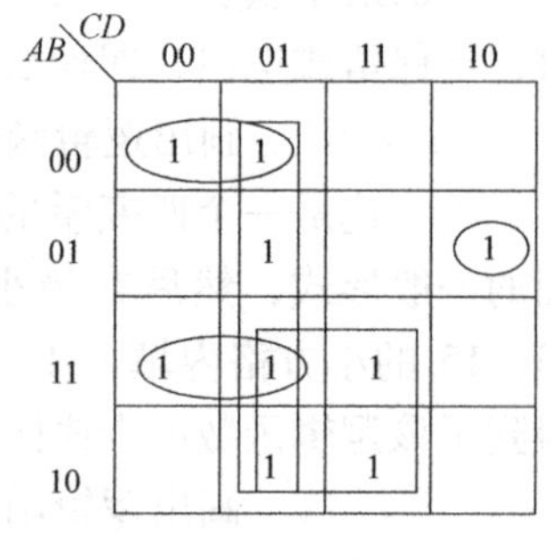

图2-8　例2-7图

【例2-8】　试用卡诺图化简逻辑函数 $Y=\overline{A}\,\overline{B}CD+\overline{A}B\overline{C}\,\overline{D}+A\overline{C}D+ABC+BD$。

解：1）画逻辑函数卡诺图。

2）合并相邻最小项。注意由少到多画包围圈。

3）写出逻辑函数的最简与或表达式，即

$$Y=\overline{A}B\overline{C}+\overline{A}CD+A\overline{C}D+ABC$$

如在该例题中先圈4个相邻的1方格，再圈两个相邻的1方格，便会多出一个包围圈，如图2-9b 所示，这样就不能得到最简与或表达式。

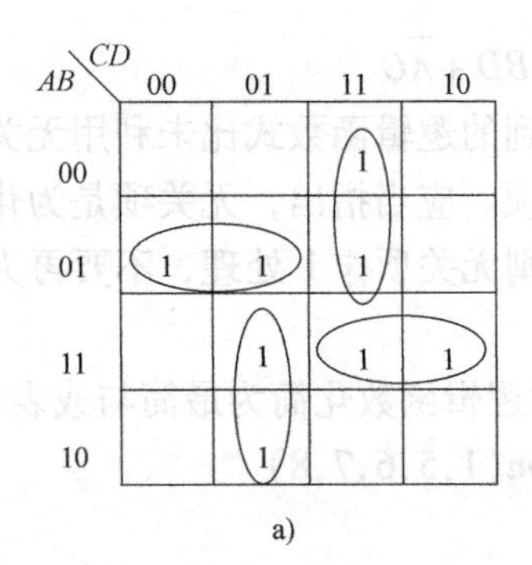

a)

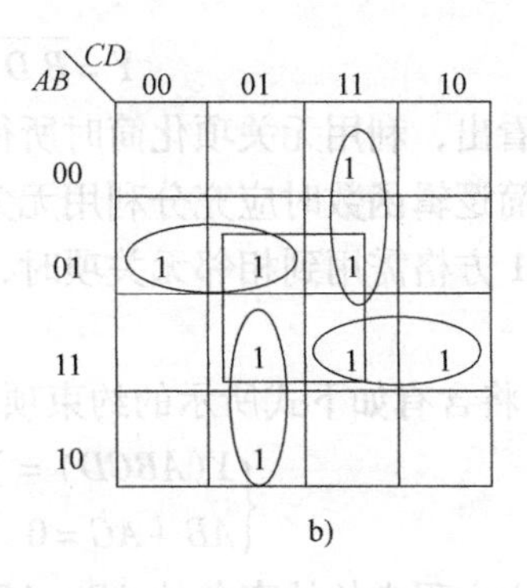

b)

图2-9 例2-8图

a）正确圈法 b）不正确圈法

5. 用卡诺图化简具有无关项的逻辑函数

（1）约束项、任意项和无关项

在许多实际问题中，有些变量取值组合是不可能出现的，这些取值组合对应的最小项称为约束项。例如在8421BCD码中，1010～1111这6种组合是不使用的代码，它不会出现，是受到约束的。因此，这6种组合对应的最小项为约束项。而在某些情况下，逻辑函数在某些变量取值组合出现时，对逻辑函数值并没有影响，其值可以为0，也可以为1，这些变量取值组合对应的最小项称为任意项。约束项和任意项统称为无关项。合理利用无关项，可以使逻辑函数得到进一步简化。

（2）利用无关项化简逻辑函数

在逻辑函数中，无关项用“d”表示，在卡诺图相应的方格中填入“×”或“ϕ”。根据需要，无关项可以当作1方格，也可以当作0方格，以使化简的逻辑函数式为最简式为准。

【例2-9】 用卡诺图化简以下逻辑函数式为最简与或表达式。

$$Y(ABCD)=\sum m(3,6,8,10,13)+\sum d(0,2,5,7,12,15)$$

解：1）画卡诺图，如图2-10所示。

2）填卡诺图。有最小项的方格内填“1”，无关项的方格内填“×”。

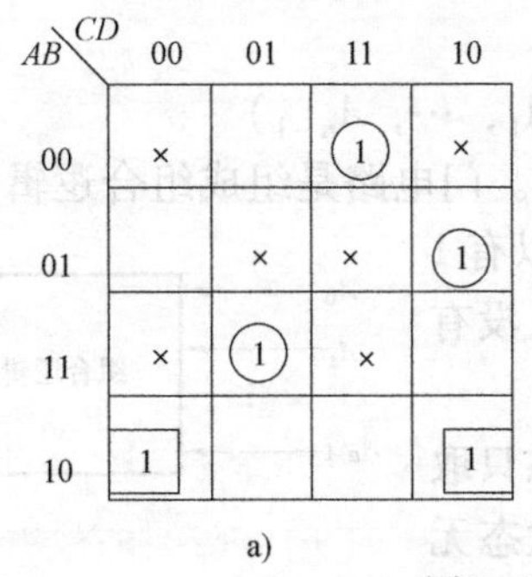

a)

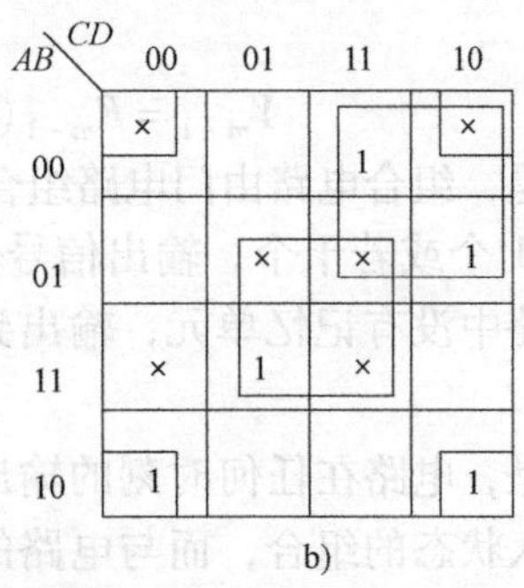

b)

图2-10 例2-9图

a）未利用无关项化简 b）利用无关项化简

3）合并相邻最小项，写出最简与或表达式。

未利用无关项化简时的卡诺图如图2-10a所示，由图可得

$$Y=A\overline{B}\,\overline{D}+\overline{A}\,\overline{B}CD+\overline{A}BC\overline{D}+AB\overline{C}D$$

利用无关项化简时的卡诺图如图2-10b所示，由图可得

$$Y=\overline{B}\,\overline{D}+BD+\overline{A}C$$

由上例可以看出，利用无关项化简时所得到的逻辑函数式比未利用无关项化简时要简单得多。因此，化简逻辑函数时应充分利用无关项。应当指出，无关项是为化简其相邻1方格服务的，当化简1方格需用到相邻无关项时，则无关项作1处理，不要再为余下的无关项画包围圈化简。

【例2-10】 将含有如下式所示的约束项的逻辑函数化简为最简与或表达式。

$$\begin{cases}Y(ABCD)=\sum m(1,5,6,7,8)\\AB+AC=0\end{cases}$$

解：上述联立方程中的约束条件 $AB+AC=0$ 表示 $AB+AC$ 对应的最小项是约束项，是不允许出现的。

1）画卡诺图，如图2-11所示。

2）填卡诺图。在有最小项的方格内填“1”，在无关项的方格内填“×”。

3）合并相邻最小项，写出最简与或表达式，即

$$Y=A\overline{D}+BC+\overline{A}\,\overline{C}D$$

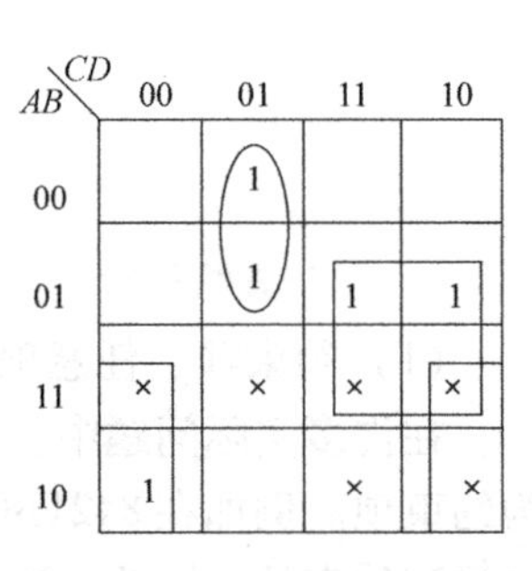

图2-11 例2-10图

2.2.4 组合逻辑电路

1. 组合逻辑电路的基本概念

2.2.4 组合逻辑电路

在数字逻辑电路中，如果一个电路在任何时刻的输出状态只取决于该时刻的输入状态，而与电路的原有状态无关，则该电路称为组合逻辑电路。

图2-12所示是一组合逻辑电路示意框图，它有 n 个输入变量，即 A_0，A_1，…，A_{n-1}；m 个输出函数，即 Y_0，Y_1，…，Y_{m-1}，其输入、输出之间的逻辑关系为

$$Y_0=F_0(A_0,\ A_1,\ \cdots,\ A_{n-1})$$
$$Y_1=F_1(A_0,\ A_1,\ \cdots,\ A_{n-1})$$
$$\vdots$$
$$Y_{m-1}=F_{m-1}(A_0,\ A_1,\ \cdots,\ A_{n-1})$$

其结构特点是，组合电路由门电路组合而成。门电路是组成组合逻辑电路的基本单元。输入信号可以有1个或若干个，输出信号也可以有1个或若干个。电路中没有记忆单元，输出到输入没有反馈连接。

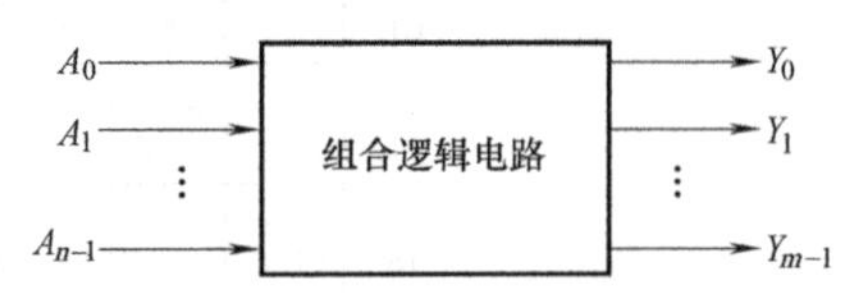

图2-12 组合逻辑电路示意框图

其功能特点是，电路在任何时刻的输出状态只取决于该时刻各输入状态的组合，而与电路的原状态无关，即无记忆功能。

组合逻辑电路的功能除逻辑函数式来描述外，还可以用真值表、卡诺图和逻辑图等方法来描述。

2. 组合逻辑电路的分析

组合逻辑电路的分析是，根据给定逻辑电路，找出输出变量与输入变量之间的逻辑关

系，并确定电路的逻辑功能。

组合逻辑电路的分析步骤如下。

1）由给定逻辑电路写出其输出逻辑函数表达式。一般从输入端到输出端逐级写出输出对输入变量的逻辑表达式，最后得到所分析的组合逻辑电路的输出逻辑函数式。

2）对输出逻辑表达式进行化简。用公式法或卡诺图法对输出表达式进行化简，求出最简输出逻辑表达式。

3）根据输出逻辑表达式列真值表。基本方法是，将所有输入变量的取值组合代入输出表达式中计算，并将其对应的值列真值表。在列真值表时，一般按二进制的自然顺序，输出与输入值一一对应，列出所有可能的取值组合。

4）说明逻辑电路的功能。根据逻辑函数式或真值表的特点，用简明的语言说明组合逻辑电路的逻辑功能。

3. 分析举例

【例 2-11】　分析图 2-13 所示的组合逻辑电路。

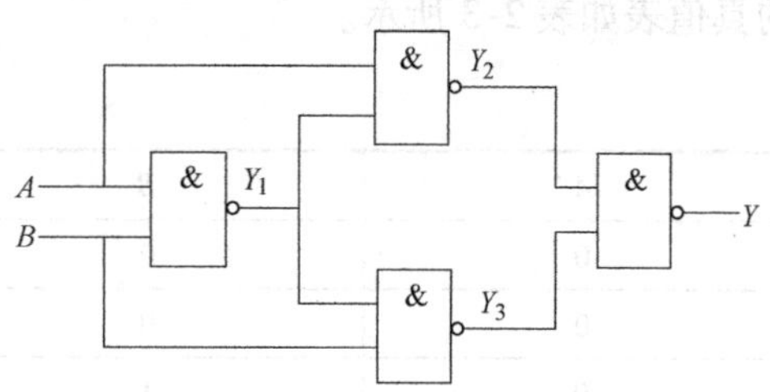

图 2-13　例 2-11 图

解：1）根据逻辑电路写出输出逻辑函数表达式。由图可得

$$Y_1=\overline{AB}$$
$$Y_2=\overline{A\cdot Y_1}=\overline{A\cdot\overline{AB}}$$
$$Y_3=\overline{B\cdot Y_1}=\overline{B\cdot\overline{AB}}$$

由此可得电路的输出逻辑函数表达式为

$$\begin{aligned}Y&=\overline{Y_2\cdot Y_3}\\&=\overline{\overline{A\cdot\overline{AB}}\cdot\overline{B\cdot\overline{AB}}}\\&=\overline{A}B+A\overline{B}\\&=A\oplus B\end{aligned}$$

2）根据逻辑函数表达式列真值表。例 2-11 的真值表如表 2-2 所示。

表 2-2　例 2-11 的真值表

A	B	Y
0	0	0
0	1	1
1	0	1
1	1	0

3）说明逻辑功能。由表 2-2 可以看出，当 A、B 输入的状态不同时，输出 $Y=1$；当 A、B 输入的状态相同时，输出 $Y=0$。因此，图 2-13 所示的逻辑电路具有异或功能，为异或门。

【例 2-12】　分析如图 2-14 所示的组合逻辑电路。

解：1）根据逻辑电路写出各输出的逻辑表达式。由图 2-14 所示可得

$$Y_1=AB\quad Y_2=\overline{A}C\quad Y_3=\overline{B}C$$

组合逻辑电路输出表达式 Y 为

$$Y = Y_1 + Y_2 + Y_3$$
$$= AB + \overline{A}C + \overline{B}C$$

2）对逻辑表达式化简为

$$Y = AB + \overline{A}C + \overline{B}C$$
$$= AB + C(\overline{A} + \overline{B})$$
$$= AB + C$$

3）根据逻辑表达式列真值表。例 2-12 的真值表如表 2-3 所示。

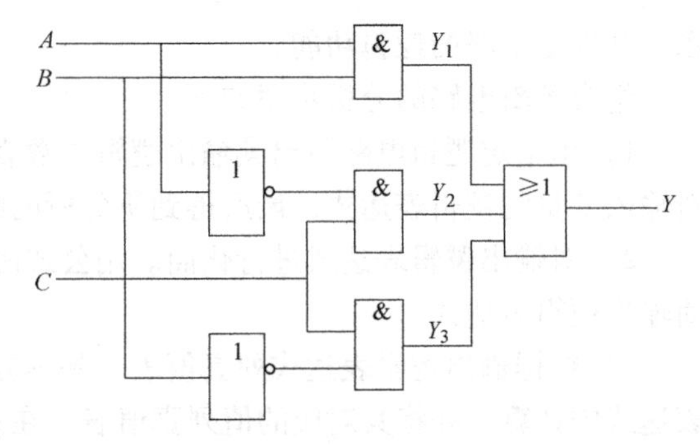

图 2-14 例 2-12 图

表 2-3 例 2-12 的真值表

A	B	C	Y
0	0	0	0
0	0	1	1
0	1	0	0
0	1	1	1
1	0	0	0
1	0	1	1
1	1	0	1
1	1	1	1

4）说明逻辑电路的功能。从真值表可以看出，图 2-14 所示电路的逻辑功能是：当输入端 C 为 1 时，输出为 1；当输入 C 为 0 时，只有当 A、B 同时输入为 1 时，输出才会为 1。

4. 组合逻辑电路的设计

组合逻辑电路的设计是，根据给定的逻辑功能或逻辑要求，实现逻辑电路。

（1）设计方法

1）分析设计要求，列真值表。根据给定的实际逻辑问题，确定哪些是输入量、哪些是输出量以及它们之间的关系，然后给予逻辑赋值，列出真值表。

2）根据真值表写出逻辑表达式。将真值表中输出为 1 所对应的各个最小项相加后，得到输出逻辑函数表达式。

3）化简逻辑表达式。通常用代数法或卡诺图法对逻辑函数进行化简。

4）根据逻辑表达式画出逻辑电路图。根据化简的逻辑表达式，用基本的门电路画出逻辑电路图，也可根据要求将输出逻辑函数变换为与非表达式、或非表达式、与或非表达式等来画出逻辑电路图。

（2）设计举例

【例 2-13】 用与非门设计举重裁判表决电路。设举重比赛有 3 个裁判，一个主裁判和两个副裁判。杠铃完全举成功的裁决由每一个裁判按一下自己面前的按钮来确定。只有当两个或两个以上裁判判明成功、并且其中有一个为主裁判时，表明成功的灯才亮。

解：1）分析设计要求，设主裁判为变量 A，副裁判分别为 B 和 C。表示成功与否的灯为 Y。裁判成功为 1，不成功为 0。

2）根据逻辑要求列出真值表。3 个输入变量，共有 8（2^3）种不同组合。例 2-13 的真值表如表 2-4 所示。

表 2-4　例 2-13 的真值表

输入			输出
A	***B***	***C***	***Y***
0	0	0	0
0	0	1	0
0	1	0	0
0	1	1	0
1	0	0	0
1	0	1	1
1	1	0	1
1	1	1	1

3）写逻辑函数表达式，即

$$Y = A\overline{B}C + AB\overline{C} + ABC$$

4）化简并表示成与非表达式，即

$$\begin{aligned} Y &= A\overline{B}C + AB\overline{C} + ABC \\ &= A\overline{B}C + ABC + AB\overline{C} + ABC \\ &= AC + AB \\ &= \overline{\overline{AC} \cdot \overline{AB}} \end{aligned}$$

5）根据逻辑表达式画出逻辑图。例 2-13 的逻辑图如图 2-15 所示。

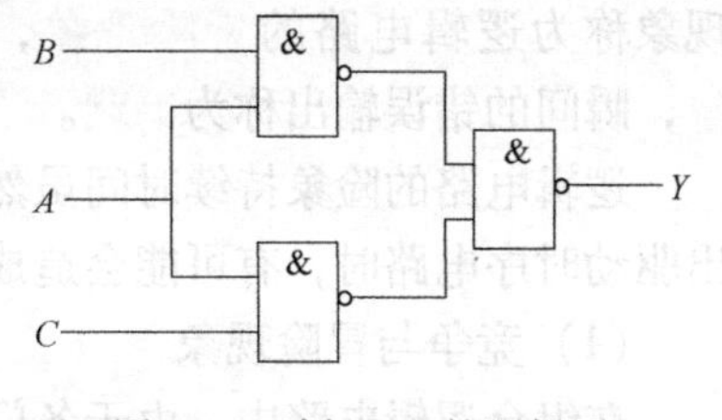

图 2-15　例 2-13 的逻辑图

【例 2-14】　交通信号灯有红、绿、黄 3 种，3 种灯单独工作或黄、绿灯同时工作是正常情况，其他情况属于故障现象，要求当出现故障时输出报警信号。试用与非门设计一个交通灯报警控制电路。

解：1）根据题意，设输入变量为 A、B、C，分别表示红、绿、黄 3 种灯，灯亮时值为 1，灯灭时为 0，输出报警信号用 Y 表示。当灯正常工作时，其值为 0；当灯出现故障时，其值为 1。

2）列出该报警电路的真值表。例 2-14 的真值表如表 2-5 所示。

表 2-5　例 2-14 的真值表

输入			输出
A	***B***	***C***	***Y***
0	0	0	1
0	0	1	0
0	1	0	0
0	1	1	0
1	0	0	0

（续）

输入			输出
A	***B***	***C***	***Y***
1	0	1	1
1	1	0	1
1	1	1	1

3）写表达式并化简

$$\begin{aligned} Y &= \overline{A}\,\overline{B}\,\overline{C} + A\overline{B}C + AB\,\overline{C} + ABC \\ &= \overline{A}\,\overline{B}\,\overline{C} + AB + AC \\ &= \overline{\overline{\overline{A}\,\overline{B}\,\overline{C}}\;\overline{AB}\;\overline{AC}} \end{aligned}$$

4）画出逻辑图。例 2-14 的逻辑图如图 2-16 所示。

5. 组合逻辑电路中的竞争冒险

前面在分析和设计组合逻辑电路时，仅仅考虑了稳态情况下的电路输入、输出关系，这种输入、输出关系完全符合真值表所描述的逻辑功能。然而，电路在实际工作过程中由于某些因素的影响，其输入、输出关系可能会瞬间偏离真值表，产生短暂的错误输出，造成逻辑功能瞬时的紊乱，经过一段过渡时间后才到达原先所期望的状态。这种现象称为逻辑电路的冒险现象，简称为险象，瞬间的错误输出称为毛刺。

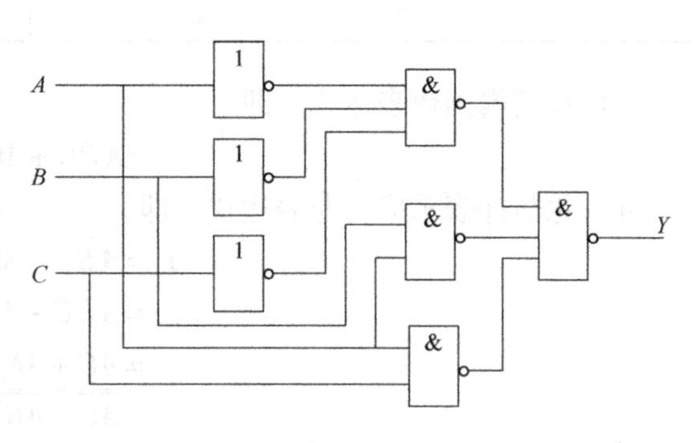

图 2-16 例 2-14 的逻辑图

逻辑电路的险象持续时间虽然不长，但危害却不可忽视。尤其是当用组合逻辑电路的输出驱动时序电路时，有可能会造成严重后果。

（1）竞争与冒险现象

在组合逻辑电路中，由于各门电路的传输延迟时间不同、输入信号变化快慢不同、信号在网络中传输的路径不同，所以信号到达某一点必然有先有后。把信号在网络中传输存在时差的现象称为竞争。

大多数组合逻辑电路都存在竞争，但有的竞争并无害处，而有的竞争会使真值表所述的逻辑关系遭到短暂的破坏，并在输出产生尖峰脉冲（毛刺），这种现象称为产生竞争 - 冒险。逻辑竞争产生的冒险现象也称为逻辑险象。

根据毛刺极性的不同，可以把险象分为 0 型险象和 1 型险象两种类型。输出毛刺为负向脉冲的险象称为 0 型险象，它主要出现在与或、与非、与或非电路中。输出为正向脉冲的险象称为 1 型险象，它主要出现在或与、或非电路中。

（2）冒险现象的识别

在输入变量每次只有一个改变状态、其余变量取特定值（0 或 1）的简单情况下，若组合逻辑电路输出函数表达式为下列形式之一，则存在逻辑险象。

$Y = A + \overline{A}$ 存在 0 型险象

$Y = A \cdot \overline{A}$ 存在 1 型险象

【例 2-15】　试判别逻辑函数式 $Y = AB + AC + BC$ 是否存在冒险现象。

解：写出逻辑函数式

$$Y = AB + AC + BC$$

当取 $A = 1$、$C = 0$ 时，$Y = B + \overline{B}$，出现冒险现象。

当取 $B = 0$、$C = 1$ 时，$Y = A + \overline{A}$，出现冒险现象。

当取 $A = 0$、$B = 1$ 时，$Y = C + \overline{C}$，出现冒险现象。

由以上分析可知，逻辑函数表达式 $Y = AB + AC + BC$ 存在冒险现象。

（3）逻辑险象的消除方法

当组合逻辑电路存在险象时，可以采取修改逻辑设计、增加选通电路、增加输出滤波等多种方法来消除险象。

1）修改逻辑设计来消除险象，实际上是通过增加冗余项的办法来使函数在任何情况下都不可能出现 $Y = A\overline{A}$和 $Y = A + \overline{A}$的情况，从而达到消除险象的目的。

2）加选通脉冲。对输出可能产生尖峰干扰脉冲的门电路增加一个选通信号的输入端，只有在输入信号转换完成并稳定后，才引入选通脉冲将它打开，此时才允许有输出。在转换过程中，由于没有加选通脉冲，因此输出不会出现尖峰干扰脉冲。

3）接入滤波电容。由于尖峰干扰脉冲的宽度一般都很窄，在可能产生尖峰干扰脉冲的门电路输出端与地之间接入一个容量为几十皮法的电容就可吸收掉尖峰脉冲。

2.3　技能训练

2.3.1　组合逻辑电路功能实验测试

1. 训练目的

1）熟悉组合逻辑电路的特点。

2）能正确分析由门电路构成的组合逻辑电路功能。

3）掌握组合逻辑电路功能测试方法。

2. 训练器材

1）直流稳压电源 1 台。

2）万用表 1 块。

3）集成芯片 74LS00、74LS08、74LS32 各 1 片。

4）逻辑开关 2 个。

3. 实训内容与步骤

1）测试电路如图 2-17 所示。

2）分析电路的逻辑功能。

$$Y = \overline{A}B + C$$

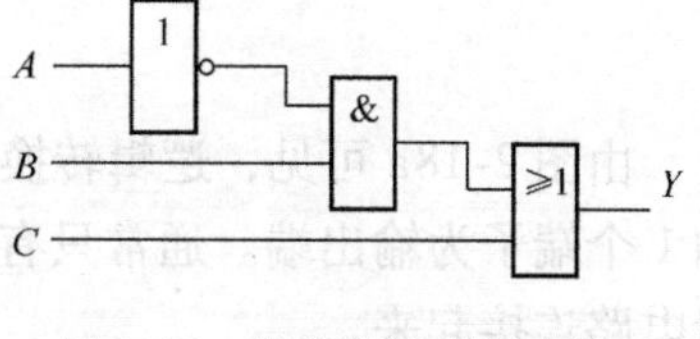

图 2-17　组合逻辑测试电路

3）连接测试电路。

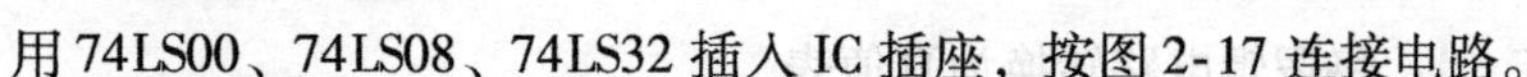

用 74LS00、74LS08、74LS32 插入 IC 插座，按图 2-17 连接电路。

4）数据测量

A、B、C 输入端接逻辑开关，分别接高、低电平时，测量输出端输出电平并记录数据。

5）结果分析。

比较测量结果与分析结果是否一致。

2.3.2 组合逻辑电路功能仿真测试

1. 训练目的

1）掌握逻辑转换仪的使用。

2）掌握组合逻辑电路功能的仿真测试方法。

2. 逻辑转换仪

逻辑转换仪是 Multisim 仿真软件特有的虚拟仪器，在实验室里并不存在。它主要用于逻辑电路几种描述方法的相互转换，例如，将逻辑电路转换为真值表，将真值表转换为最简表达式，将逻辑表达式转换为与非门逻辑电路等。

逻辑转换仪的图标和面板如图 2-18 所示。

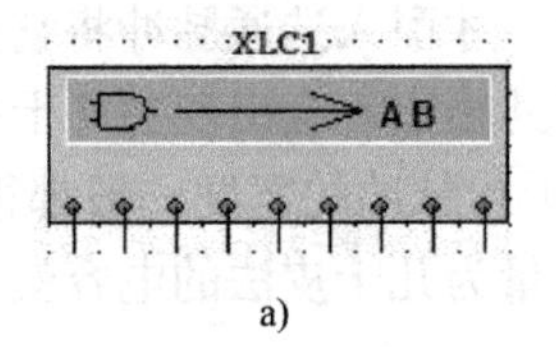

a)

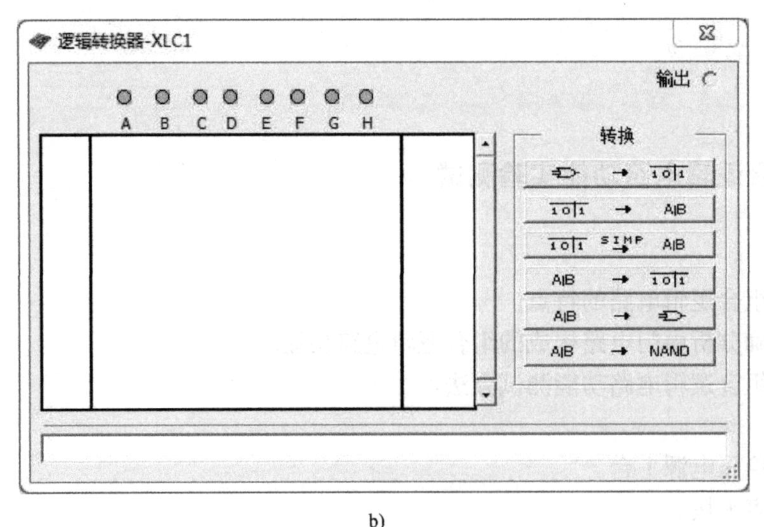

b)

图 2-18 逻辑转换仪

a）图标 b）面板

由图 2-18a 可见，逻辑转换仪的图标有 9 个端子，左数 1 ~ 8 个端子为输入端，最右边的 1 个端子为输出端。通常只有在将逻辑电路转化为真值表时，才将逻辑转换仪的图标与逻辑电路连接起来。

逻辑转换仪的操作面板有 6 个按钮，功能分别如下。

→ 1 0|1 ：将逻辑电路转换为真值表。

1 0|1 → A|B ：将真值表转换为逻辑表达式。

[10|1 SIMP→ A|B]：将真值表转换为简单的逻辑表达式。

[A|B → 10|1]：将逻辑表达式转换为真值表。

[A|B → 逻辑门]：将逻辑表达式转换为逻辑电路。

[A|B → NAND]：将逻辑表达式转换为与非门逻辑电路。

3. 用逻辑转换仪测试组合逻辑电路

将一个逻辑电路转换为真值表和逻辑表达式，其步骤如下。

1）按图2-19所示放置元器件和仪器，并连接电路。

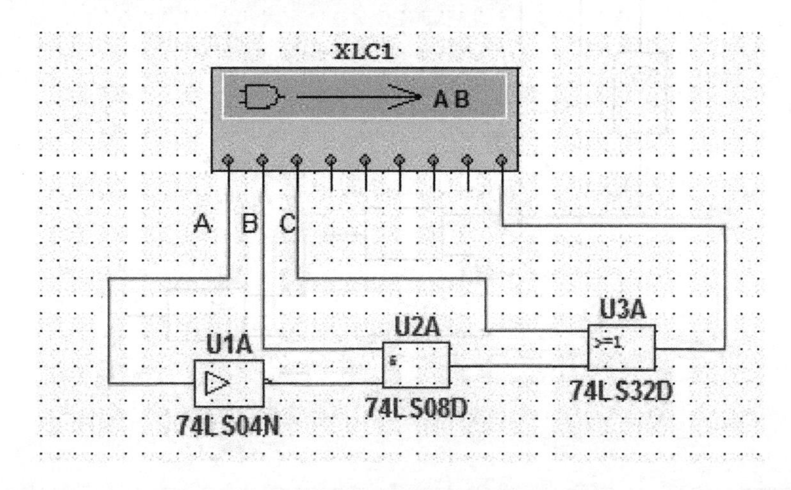

图2-19　分析逻辑电路

2）打开逻辑转换仪的操作面板，单击[逻辑门 → 10|1]按钮，完成逻辑电路到真值表的转换，如图2-20所示。

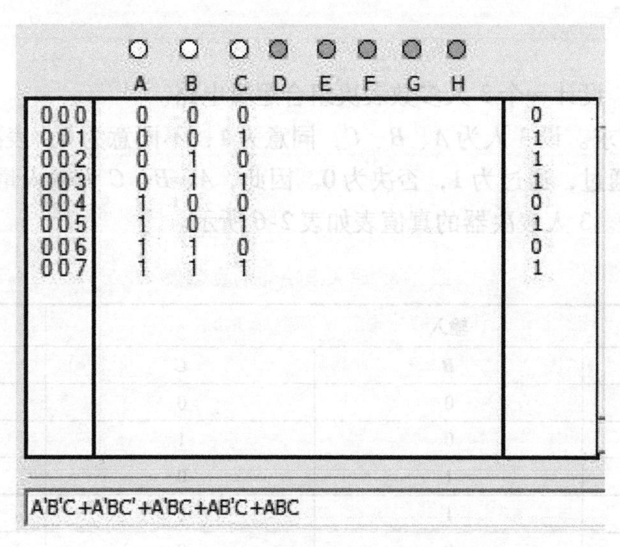

	A	B	C	
000	0	0	0	0
001	0	0	1	1
002	0	1	0	1
003	0	1	1	1
004	1	0	0	0
005	1	0	1	1
006	1	1	0	0
007	1	1	1	1

图2-20　逻辑转换仪面板操作

3）单击[10|1 → A|B]按钮，完成当前真值表到逻辑表达式的转换，转换结果

为 A′B′C + A′BC′ + A′BC + AB′C + ABC。

4）通过上一步的操作，可以看出转换的逻辑表达式较复杂，单击按钮，将当前真值表转换为简单的逻辑表达式，结果为 A′B + C。

5）单击按钮，将逻辑表达式转换成逻辑电路，如图 2-21 所示。

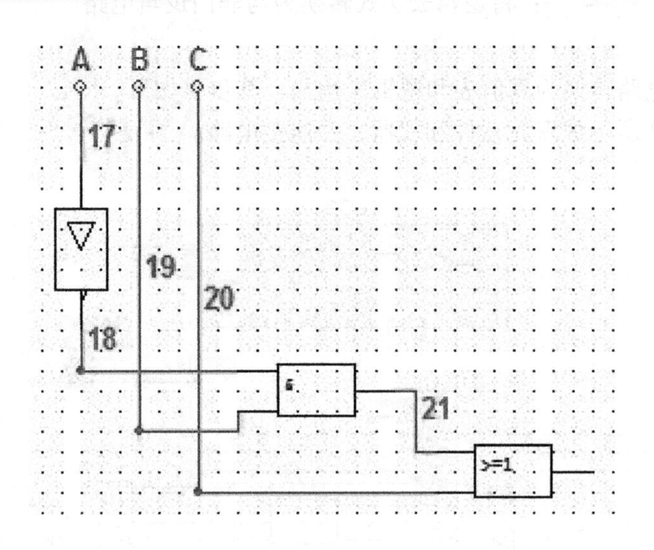

图 2-21　逻辑表达式转换成逻辑电路

2.4　项目实施

2.4.1　项目设计

根据项目要求，设计一个 3 人多数表决组合逻辑电路。

1）分析设计要求。设 3 人为 A、B、C，同意为 1，不同意为 0；表决为 Y，有两人或两人以上同意，表决通过，通过为 1，否决为 0。因此，A、B、C 为输入量，Y 为输出量。

2）列出真值表。3 人表决器的真值表如表 2-6 所示。

表 2-6　3 人表决器的真值表

输入			输出
A	*B*	*C*	*Y*
0	0	0	0
0	0	1	0
0	1	0	0
0	1	1	1
1	0	0	0
1	0	1	1
1	1	0	1
1	1	1	1

3）写出最小项表达式，即

$$Y=\overline{A}BC+A\overline{B}C+AB\overline{C}+ABC$$

4）化简逻辑表达式，即

$$\begin{aligned}Y&=\overline{A}BC+ABC+A\overline{B}C+ABC+AB\overline{C}+ABC\\&=(A+\overline{A})BC+AC(B+\overline{B})+AB(C+\overline{C})\\&=AB+BC+AC\end{aligned}$$

5）画逻辑电路图。

若将上述与或表达式 $Y=AB+BC+AC$ 化为与非与非表达式，即 $Y=\overline{\overline{AB}\cdot\overline{BC}\cdot\overline{CA}}$，则 3 人表决器的逻辑电路如图 2-22所示。

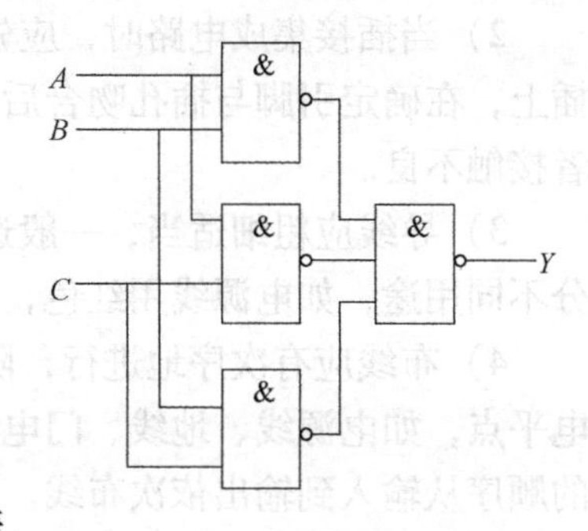

图 2-22　3 人表决器的逻辑电路

2.4.2　项目制作

1. 电路安装准备

1）根据设计逻辑电路，画出如图 2-23 所示的 3 人表决器的电路接线图。

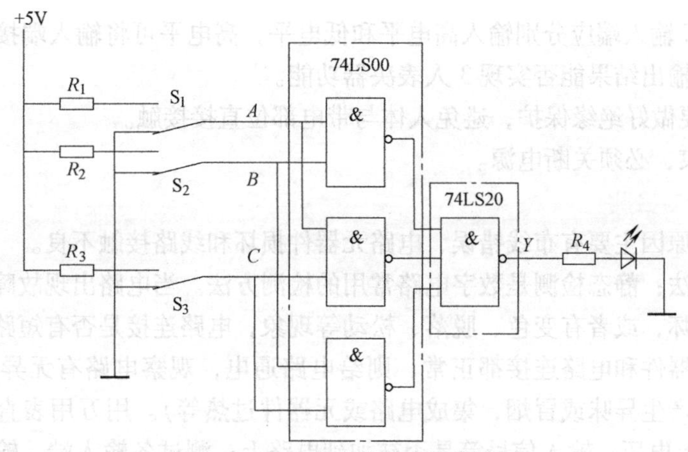

图 2-23　3 人表决器的电路接线图

2）电路元器件。

① 集成门电路 74LS00 和 74LS20 各 1 片。

② 1kΩ 电阻 4 只。

③ LED 1 只。

④ 开关 3 个。

3）电路元器件的检测。集成逻辑门电路可以按逻辑功能检测方法进行检测。可用万用表的欧姆档测量电阻的阻值。对 LED，可根据其具有的单向导电性，使用 $R\times10\text{k}\Omega$ 档测出其正、反向电阻。一般正向电阻应小于 30kΩ，反向电阻应大于 1MΩ。若正、反向电阻均为零，则说明内部击穿短路；若正、反向电阻均为无穷大，则证明内部开路。也可以用一节 1.5V 的干电池给发光二极管加电压、看其是否发光的方法进行测试。

2. 电路安装

1）将检测合格的元器件按照图 2-23 所示的电路连接安装在面包板或万能电路板上。

2）当插接集成电路时，应先校准两排引脚，使之与底板上插孔对应，轻轻用力将电路插上，在确定引脚与插孔吻合后，再稍用力将其插紧，以免将集成电路的引脚弯曲、折断或者接触不良。

3）导线应粗细适当，一般选取直径为0.6～0.8mm的单股导线，最好用不同色线以区分不同用途，如电源线用红色，接地线用黑色。

4）布线应有次序地进行，随意乱接容易造成漏接或接错，较好的方法是首先接好固定电平点，如电源线、地线、门电路闲置输入端及触发器异步置位复位端等；其次，按信号源的顺序从输入到输出依次布线。

5）连线应避免过长，避免从集成元器件的上方跨越，避免多次重叠交错，以利于布线、更换元器件以及故障检查和排除。

6）电路布线应整齐、美观、牢固。水平导线应尽量紧贴底板，竖直方向的导线可沿边框四角敷设，导线转弯时弯曲半径不要过小。

7）安装过程要细心，防止导线绝缘层被损伤，不要让线头、螺钉、垫圈等异物落入安装电路中，以免造成短路或漏电。

8）在完成电路安装后，要仔细检查电路的连接，确认无误后方可接通电源。

3. 电路调试

1）A、B、C输入端应分别输入高电平和低电平，高电平可将输入端接电源，低电平可接地实现。验证输出结果能否实现3人表决器功能。

2）调试中要做好绝缘保护，避免人体与带电部位直接接触。

3）调试结束，必须关断电源。

4. 故障分析与检测

产生故障的原因主要有布线错误、电路元器件损坏和线路接触不良。

故障检测方法：静态检测是数字电路常用的检测方法。当电路出现故障时，首先应观察元器件是否被烧坏，或者有变色、脱落、松动等现象，电路连接是否有短路、断路、接触不良等现象。若元器件和电路连接都正常，则给电路通电，观察电路有无异样（如因电流过大烧坏元器件而产生异味或冒烟，集成电路或元器件过热等）。用万用表直接测试集成电路的V_{CC}端是否加上电压；输入信号等是否被加到电路上；测试各输入端、输出端的逻辑功能是否正常，以判断出故障是集成电路原因还是连线原因造成的。很多故障会在静态检查过程中被发现。

2.5 项目评价

1. 理论测试

（1）填空题

1）在逻辑代数中的3条重要规则是________、________、________。

2）化简逻辑函数的主要方法有________、________。

3）逻辑函数的表示方法主要有__________、__________、__________、__________和________。

4）逻辑函数中的任意两个最小项之积为________。

5）由n个变量构成的逻辑函数的全部最小项有________个，4变量的卡诺图由

______个小方格组成。

（2）判断题

1）逻辑函数的标准与－或表达式又称为最小项表达式，它是唯一的。（　　）

2）卡诺图化简逻辑函数的实质是合并相邻最小项。（　　）

3）因为 $A+AB=A$，所以 $AB=0$。（　　）

4）因为 $A(A+B)=A$，所以 $A+B=0$。（　　）

5）逻辑函数 $Y=A+BC$ 又可以写成 $Y=(A+B)(A+C)$。（　　）

（3）选择题

1）指出下列各式中（　　）是三变量 A、B、C 的最小项。

A. AB　　B. ABC　　C. AC　　D. $A+B$

2）逻辑项 $\overline{A}BC\overline{D}$ 的逻辑相邻项为（　　）。

A. $ABC\overline{D}$　　B. $ABCD$　　C. $A\overline{B}CD$　　D. $AB\overline{C}D$

3）实现逻辑函数 $Y=\overline{\overline{AB}\cdot\overline{CD}}$ 需要用（　　）。

A. 两个与非门　　B. 3 个与非门　　C. 两个或非门　　D. 3 个或非门

4）使逻辑函数取值 $Y=A+B\overline{C}\cdot(A+B)$ 为 1 的变量取值是（　　）。

A. 001　　B. 101　　C. 011　　D. 111

5）函数 $Y_1=AB=BC+AC$ 与 $Y_2=\overline{A}\,\overline{B}+\overline{B}\,\overline{C}+\overline{A}\,\overline{C}$（　　）。

A. 互为对偶式　　B. 互为反函数　　C. 相等　　D. A、B、C 都不对

2. 项目功能测试

分组汇报项目的学习与制作情况，通电演示电路功能，并回答有关问题。

3. 项目评价标准

项目评价表体现了项目评价标准及分值分配参考标准，如表 2-7 所示。

表 2-7　项目评价表

项目	内容	分值	考核要求	扣分标准	评价主体			得分
					教师 60%	学生		
						自评 20%	互评 20%	
学习态度	1. 学习积极性 2. 遵守纪律 3. 安全操作规程	10	积极参加学习，遵守安全操作规程和劳动纪律，团结协作，有敬业精神	违反操作规程扣 10 分，其余不达标酌情扣分				
理论知识测试	项目相关知识点	20	能够掌握项目的相关理论知识	理论测试折合分值				
元器件识别与检测	1. 元器件识别 2. 元器件逻辑功能检测	20	能正确识别元器件；会检测逻辑功能	不能识别元器件，每个扣 1 分；不会检测逻辑功能，每个扣 1 分				
电路制作	按电路设计装接	20	电路装接符合工艺标准，布局规范，走线美观	电路装接不规范，每处扣 1 分；电路接错每处扣 5 分				

（续）

项目	内容	分值	考核要求	扣分标准	评价主体			得分
					教师	学生		
					60%	自评20%	互评20%	
电路测试	1. 电路静态测试 2. 电路动态测试	30	电路无短路、断路现象。能正确显示电路功能	电路有短路、断路现象，每处扣10分；不能正确显示逻辑功能，每处扣5分				
合计								
注：各项配分扣完为止								

2.6 项目拓展

本项目中采用与非门的组合设计实现3人表决器的功能，实现此功能也可以采用另外的电路形式来实现。

2.6.1 与门、或门和非门组成的3人表决器电路

根据项目要求，列真值表，写出3人表决器的表达式

$$Y = \overline{A}BC + A\overline{B}C + AB\overline{C} + ABC$$
$$= AB + C(\overline{A}B + A\overline{B})$$

实现此表达式的电路，可以采用74LS08（2输入端4与门）、74LS32（2输入端4或门）、74LS04（6反相器）组成电路，与门、或门和非门组合的3人表决器电路如图2-24所示。

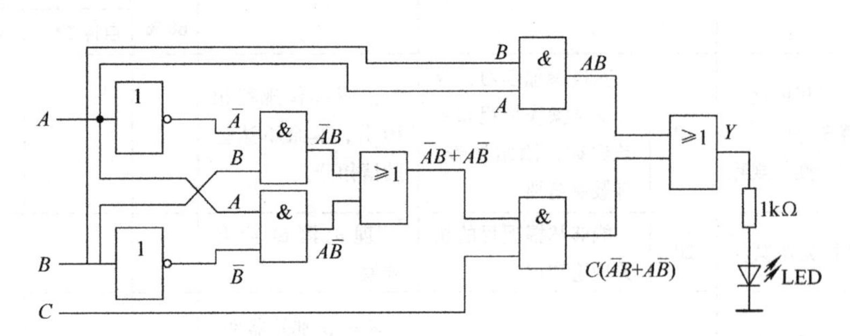

图2-24 与门、或门和非门组合的3人表决器电路

2.6.2 与门、或门和异或门组成的3人表决器电路

根据项目要求，列真值表，写出3人表决器的表达式

$$
\begin{aligned}
Y &= \overline{A}BC + A\overline{B}C + AB\overline{C} + ABC \\
&= AB + C(\overline{A}B + A\overline{B}) \\
&= AB + C(A \oplus B)
\end{aligned}
$$

实现此表达式的电路，可以采用74LS08（2输入端4与门）、74LS32（2输入端4或门）、74LS86（2输入端4异或门）组成电路，与门、或门和异或门组成的3人表决器电路如图2-25所示。

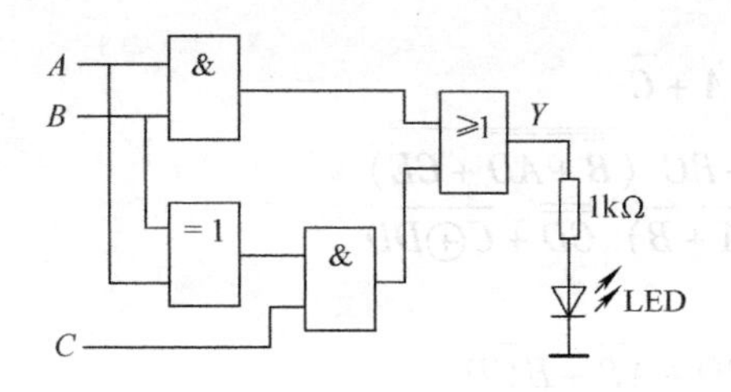

图2-25　与门、或门和异或门组成的3人表决器电路

2.6.3　与门和或门组成的3人表决器电路

根据项目要求，列真值表，写出3人表决器的表达式

$$
\begin{aligned}
Y &= \overline{A}BC + A\overline{B}C + AB\overline{C} + ABC \\
&= AB + C(\overline{A}B + A\overline{B}) \\
&= AB + C(A \oplus B) \\
&= AB + BC + CA
\end{aligned}
$$

实现此表达式的电路，可以采用74LS08（2输入端4与门）、74LS27（3输入端3或非门）组成电路（用74LS27中两个或非门实现1个或门），与门和或门组成的3人表决器电路如图2-26所示。

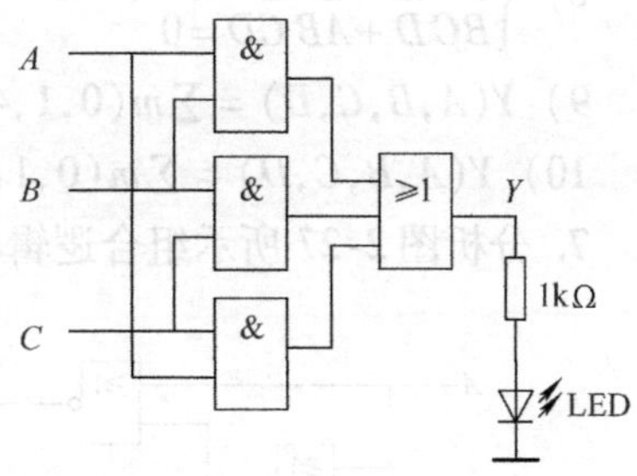

图2-26　与门和或门组成的3人表决器电路

思考：通过上述门电路实现3人表决器逻辑功能，说明了什么？比较上述3种电路及项目中的电路，哪种更简洁些？

练习与提高

1. 利用基本定律和常用公式证明下列恒等式。

1）$AB + \overline{A}C + \overline{B}C = AB + C$

2）$A\overline{B} + BD + DCE + D\overline{A} = A\overline{B} + D$

2. 将下列函数化简为最简与或式。

1）$Y = AB + ABD + \overline{A}C + BCD$

2）$Y = \overline{AC + \overline{A}BC + \overline{B}C + AB\overline{C}}$

3）$Y = \overline{B} + ABC + \overline{A}\,\overline{C} + \overline{A}\,\overline{B}$

3. 写出下列各式的对偶式。

1） $Y=A\cdot\overline{B+\overline{D}}+(AC+BD)E$

2） $Y=\overline{\overline{AB}+C+D}+E$

4. 用反演规则求下列函数的反函数。

1） $Y=AB+(\overline{A}+B)(C+D+E)$

2） $Y=\overline{\overline{AB}+ABC}(A+BC)$

5. 用代数法化简。

1） $Y=A\overline{B}+\overline{A}B+A$

2） $Y=AB+A\overline{C}+BC+A+\overline{C}$

3） $Y=AC(\overline{C}D+\overline{A}B)+BC\ (\overline{\overline{\overline{B}+AD}+CE})$

4） $Y=AB(C+D)+(\overline{A}+\overline{B})\ \overline{\overline{CD}}+\overline{C\oplus D}D$

6. 用卡诺图化简。

1） $Y=A\overline{C}\,\overline{D}+BCD+\overline{B}D+A\overline{B}+B\overline{C}D$

2） $Y=BC+D+\overline{D}(\overline{B}+\overline{C})(AD+B)$

3） $Y=ABC+ABD+\overline{C}\,\overline{D}+A\overline{B}C+\overline{A}C\overline{D}+A\overline{C}D$

4） $Y=\overline{A}\,\overline{B}+AC+\overline{B}C$

5） $Y(A,B,C)=\sum m(0,1,2,4,5,6,7)$

6） $Y(A,B,C,D)=\sum m(0,1,2,3,4,9,10,12,13,14,15)$

7） $Y(A,B,C,D)=\sum m(0,1,2,3,4,6,8,9,10,11,14)$

8） $\begin{cases}Y=\overline{B}\,\overline{C}\,\overline{D}+BC\overline{D}+AB\overline{C}D\\ \overline{B}C\overline{D}+\overline{A}B\overline{C}D=0\end{cases}$

9） $Y(A,B,C,D)=\sum m(0,1,4,9,12,13)+\sum d(2,3,6,7,8,10,11,14)$

10） $Y(A,B,C,D)=\sum m(0,1,5,7,8,11,14)+\sum d(3,9,13,15)$

7. 分析图 2-27 所示组合逻辑电路的逻辑功能。

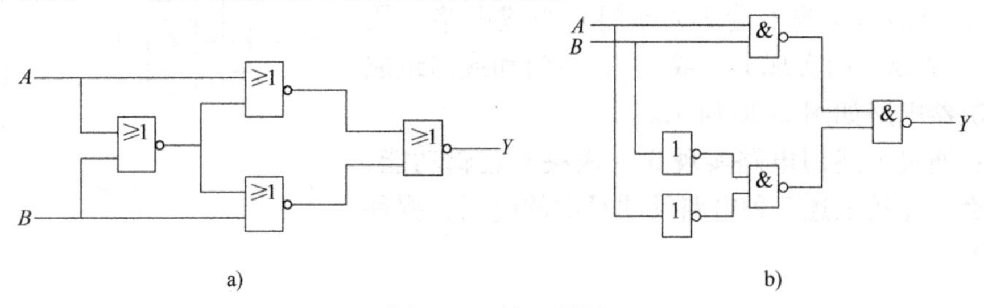

图 2-27　第 7 题图

8. 已知真值表如表 2-8 所示，试写出对应的逻辑表达式。

表 2-8　第 8 题的真值表

A	B	C	Y
0	0	0	0
0	0	1	1
0	1	0	1
0	1	1	0
1	0	0	1

（续）

A	B	C	Y
1	0	1	0
1	1	0	0
1	1	1	1

9. 电路如图 2-28 所示。试写出各电路输出信号的逻辑表达式，并对应 A、B、C 的给定波形画出输出信号波形。

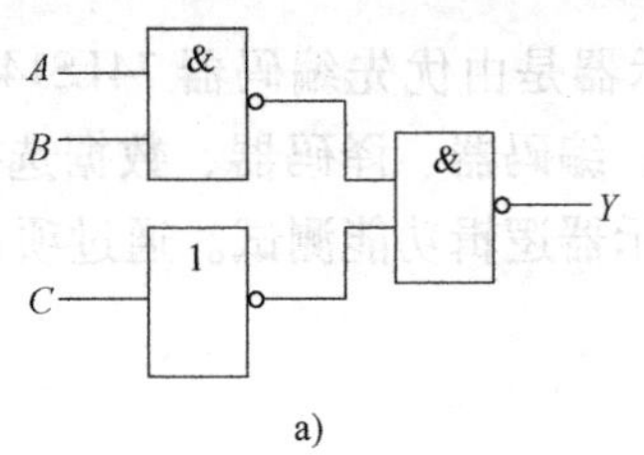

a)

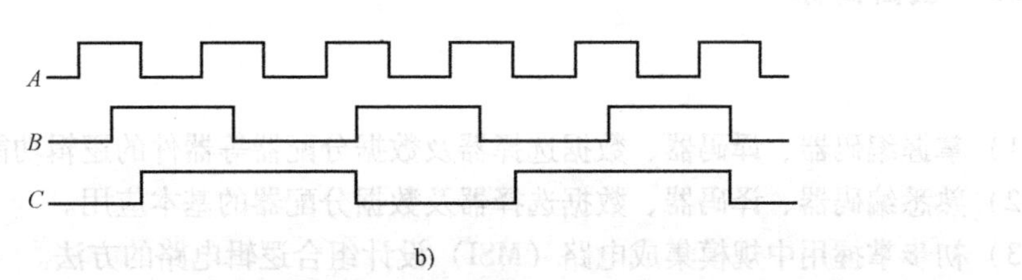

b)

图 2-28　第 9 题图

10. 电路如图 2-29 所示。试写出各电路输出信号的逻辑表达式，并对应 A、B、C 的给定波形画出输出信号波形。

11. 用最少的门电路设计一个 3 变量判奇电路（有奇数个 1 时，输出为 1）。

12. 设计一个三线排队组合电路，其逻辑功能是 A、B、C，通过排队电路分别由 Y_A、Y_B、Y_C输出，在同一时间内只能有一个信号通过，如果同时有两个或两个以上的信号出现时，那么输入信号就按 A、B、C 顺序通过。要求用与非门实现。

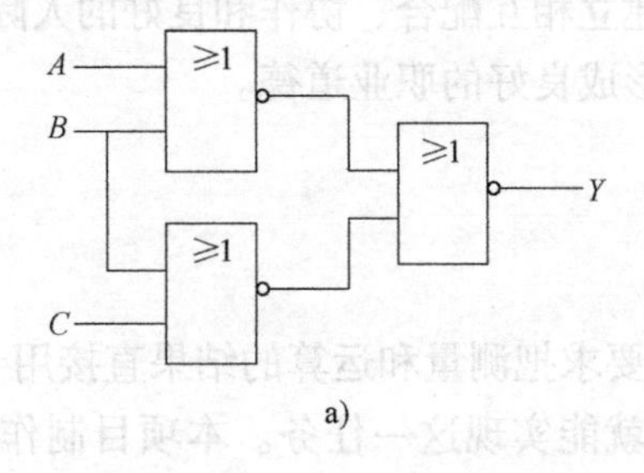

a)

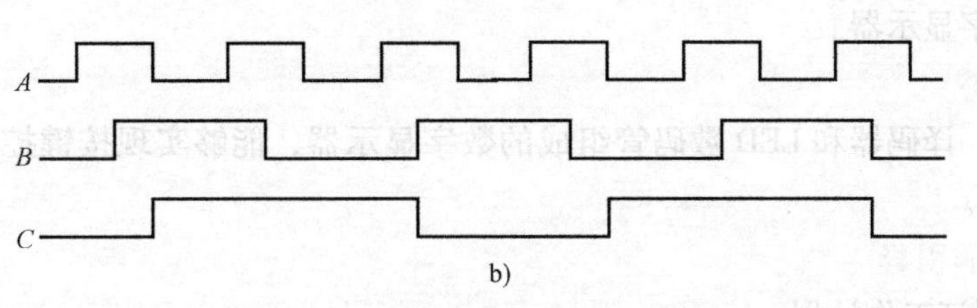

b)

图 2-29　第 10 题图

项目3 数字显示器的制作

3.1 项目描述

本项目制作的数字显示器是由优先编码器 74LS147、显示译码器 74LS48 和 LED 数码管等组成。项目相关知识点：编码器、译码器、数据选择器、数据分配器和数码显示器等。技能训练：译码器和数码显示器逻辑功能测试。通过项目的实施，使读者掌握相关知识和技能，提高职业素养。

3.1.1 项目目标

1. 知识目标

1）掌握编码器、译码器、数据选择器及数据分配器等器件的逻辑功能。

2）熟悉编码器、译码器、数据选择器及数据分配器的基本应用。

3）初步掌握用中规模集成电路（MSI）设计组合逻辑电路的方法。

2. 技能目标

1）熟悉常用中规模集成电路的功能及应用。

2）会用集成电路设计组合逻辑电路。

3）能完成数字显示器的制作与调试。

3. 职业素养

1）严谨的思维习惯、认真的科学态度和良好的学习方法。

2）遵守纪律和安全操作规程，训练积极，具有敬业精神。

3）具有团队意识，建立相互配合、协作和良好的人际关系。

4）具有创新意识，形成良好的职业道德。

3.1.2 项目说明

在数字系统中，往往要求把测量和运算的结果直接用十进制数字显示出来，以便人们观测和查看，数字显示电路就能实现这一任务。本项目制作一个由编码器、译码器和 LED 数码管组成的数字显示器。

1. 项目要求

用编码器、译码器和 LED 数码管组成的数字显示器，能够实现按键控制输入以及分别显示 0 ~ 9 数字。

2. 项目实施引导

1）小组制订工作计划。

2）熟悉数字显示器电路的原理。

3）画出数字显示器电路的安装布线图。

4）备齐电路所需元器件，并进行逻辑功能检测。

5）根据安装布线图，完成数字显示器电路的安装。

6）完成数字显示器电路的调试、功能检测和故障排除。

7）通过小组讨论，完成电路的详细分析，编写项目实训报告。

3.2　项目资讯

3.2.1　编码器

3.2.1　编码器

编码是将字母、数字、符号等信息编成一组二进制代码的过程。完成编码工作的数字电路称为编码器。

1 位二进制代码可以表示 1、0 这两种不同的输入信号，2 位二进制代码可以表示 00、01、10、11 这 4 种不同的输入信号，依此类推，2^n 个输入信号只需用 n 位二进制代码就可以完成编码。当输入有 N 个编码信号时，则可根据 $2^n \geqslant N$ 来确定二进制代码的位数。如果编码器有 8 个输入端、3 个输出端，就称为 8 线 -3 线编码器，如编码器有 10 个输入端、4 个输出端，就称为 10 线 -4 线编码器。其余依此类推。

目前经常使用的编码器有普通编码器和优先编码器两类。

1. 普通编码器

普通编码器的特点是不允许两个或两个以上的输入同时要求编码，即输入要求是相互排斥的。在对某一个输入进行编码时，不允许其他输入提出要求。计算器中的编码器就属于这一类。因此，在使用计算器时，不允许同时键入两个及以上的量。下面以 3 位二进制编码器为例来说明普通编码器的设计方法。

【例 3-1】　设计一个能将 I_0、I_1、…、I_7 共 8 个输入信号编成二进制代码输出的编码器。用与非门和非门实现。

解：1）分析设计要求，列真值表。由题意可知，该编码器有 8 个输入端、3 个输出端，是 8 线 -3 线编码器。设输入为高电平有效，当 8 个输入变量中某一个为高电平时，表示对该输入信号编码。输出端 Y_2、Y_1、Y_0 可得到相应的二进制代码。因此，可列出编码器的真值表如表 3-1 所示。

表 3-1　编码器的真值表

输入								输出		
I_0	I_1	I_2	I_3	I_4	I_5	I_6	I_7	Y_2	Y_1	Y_0
1	0	0	0	0	0	0	0	0	0	0
0	1	0	0	0	0	0	0	0	0	1
0	0	1	0	0	0	0	0	0	1	0
0	0	0	1	0	0	0	0	0	1	1
0	0	0	0	1	0	0	0	1	0	0
0	0	0	0	0	1	0	0	1	0	1
0	0	0	0	0	0	1	0	1	1	0
0	0	0	0	0	0	0	1	1	1	1

2）根据真值表写出表达式。利用输入变量之间具有互相排斥（即任何时刻只有一个输入变量有效）的特点，由真值表写出各输出的逻辑表达式为

$$\begin{cases} Y_2 = I_4 + I_5 + I_6 + I_7 = \overline{\overline{I_4}\,\overline{I_5}\,\overline{I_6}\,\overline{I_7}} \\ Y_1 = I_2 + I_3 + I_6 + I_7 = \overline{\overline{I_2}\,\overline{I_3}\,\overline{I_6}\,\overline{I_7}} \\ Y_0 = I_1 + I_3 + I_5 + I_7 = \overline{\overline{I_1}\,\overline{I_3}\,\overline{I_5}\,\overline{I_7}} \end{cases} \tag{3-1}$$

3）画逻辑图。根据式（3-1）可画出如图3-1所示的3位二进制编码器的逻辑电路图。

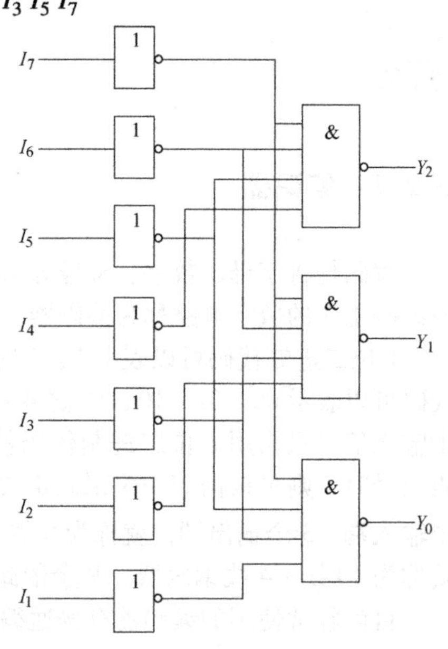

图3-1　3位二进制编码器的逻辑电路图

2. 优先编码器

在实际应用中，若有两个或两个以上的输入同时要求编码时，则应采用优先编码器。在数字系统中，特别是在计算机系统中，常常要控制几个工作对象，如微型计算机主机要控制打印机、磁盘驱动器、输入键盘等。当某个部件需要实行操作时，必须先送一个信号给主机（称为服务请求），经主机识别后再发出允许操作信号（服务响应），并按事先编好的程序工作。这里会有几个部件同时发出服务请求的可能，而在同一时刻只能给其中一个部件发出允许操作的信号。因此，必须根据服务请求的轻重缓急，规定好这些控制对象允许操作的先后次序，即优先级别。

能识别这些请求信号的优先级别并进行编码的逻辑电路称为优先编码器。优先编码器的特点是允许同时输入两个以上的编码信号。编码器给所有的输入信号规定了优先顺序，当多个输入信号同时有效时，优先编码器能够根据事先确定的优先顺序，只对其中优先级最高的一个有效输入信号进行编码。CT74LS147 和 CT74LS148 就是两种典型的优先编码器，其中，CT74LS147 是二－十进制优先编码器，CT74LS148 是 8 线－3 线二进制优先编码器。

（1）二－十进制优先编码器 CT74LS147

图3-2所示为10线－4线优先编码器 CT74LS147 的逻辑功能图，又称为二－十进制优先编码器。该编码器的$\overline{I}_1$～$\overline{I}_9$为编码的输入端，低电平有效，即“0”表示有编码信号，“1”表示无编码信号。由于当不输入有效信号时输出为1111，相当于$\overline{I}_0$输入有效，为此，$\overline{I}_0$没有引脚，所以实际输入线为9根。$\overline{Y}_0$～$\overline{Y}_3$为编码输出端，也为低电平有效，即反码输出。在$\overline{I}_1$～$\overline{I}_9$中，$\overline{I}_9$ 的优先级最高，其次是$\overline{I}_8$，其余以此类推，$\overline{I}_1$的级别最低。如当$\overline{I_9}=0$时，则其余输入信号不论为0还是为1都不起作用，输出$\overline{Y}_3\overline{Y}_2\overline{Y}_1\overline{Y}_0=0110$，是1001的反码（即9的反码）；其余类推。表3-2为二－十进制优先编码器 CT74LS147 的功能表。

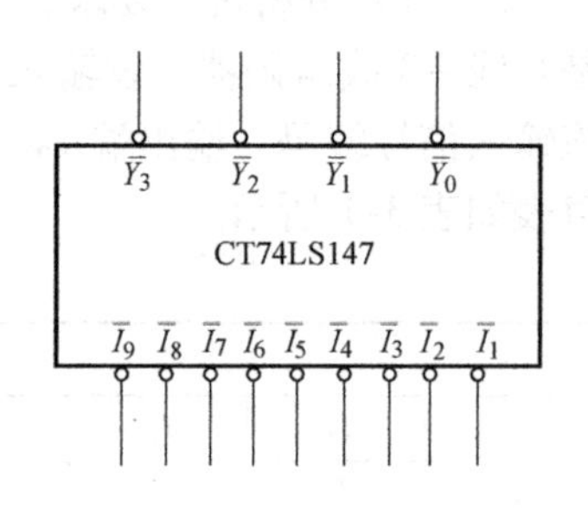

图3-2　10线－4线优先编码器 CT74LS147 的逻辑功能图

表 3-2　二－十进制优先编码器 CT74LS147 的功能表

输入									输出			
$\overline{I_1}$	$\overline{I_2}$	$\overline{I_3}$	$\overline{I_4}$	$\overline{I_5}$	$\overline{I_6}$	$\overline{I_7}$	$\overline{I_8}$	$\overline{I_9}$	$\overline{Y_3}$	$\overline{Y_2}$	$\overline{Y_1}$	$\overline{Y_0}$
1	1	1	1	1	1	1	1	1	1	1	1	1
×	×	×	×	×	×	×	×	0	0	1	1	0
×	×	×	×	×	×	×	0	1	0	1	1	1
×	×	×	×	×	×	0	1	1	1	0	0	0
×	×	×	×	×	0	1	1	1	1	0	0	1
×	×	×	×	0	1	1	1	1	1	0	1	0
×	×	×	0	1	1	1	1	1	1	0	1	1
×	×	0	1	1	1	1	1	1	1	1	0	0
×	0	1	1	1	1	1	1	1	1	1	0	1
0	1	1	1	1	1	1	1	1	1	1	1	0

（2）8 线－3 线二进制优先编码器 CT74LS148

图 3-3 所示为 8 线－3 线二进制优先编码器 CT74LS148 的逻辑功能图。该编码器有 8 个编码信号输入端，3 个编码输出端。其中$\overline{I_0}$～$\overline{I_7}$为编码信号输入端，低电平有效，$\overline{Y_0}$～$\overline{Y_2}$为编码输出端（二进制码），也是反码输出。为了增加电路的扩展功能和使用的灵活性，还设置了输入使能端 $\overline{EI}$、输出使能端 EO 和优先编码器扩展输出端 $\overline{GS}$。

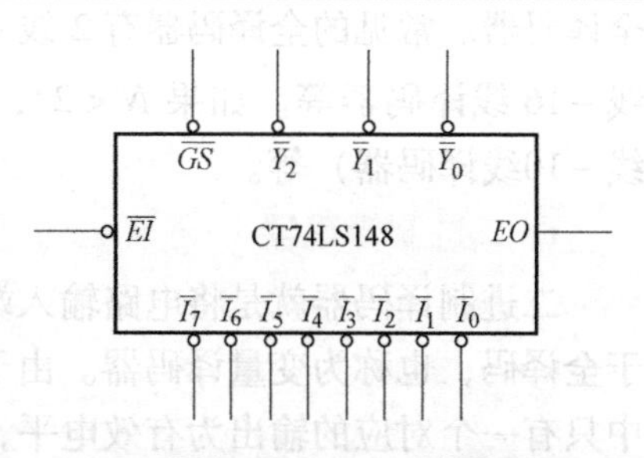

图 3-3　8 线－3 线二进制优先编码器 CT74LS148 的逻辑功能图

8 线－3 线二进制优先编码器 CT74LS148 的功能表见表 3-3。

表 3-3　8 线－3 线二进制优先编码器 CT74LS148 的功能表

输入									输出				
$\overline{EI}$	$\overline{I_0}$	$\overline{I_1}$	$\overline{I_2}$	$\overline{I_3}$	$\overline{I_4}$	$\overline{I_5}$	$\overline{I_6}$	$\overline{I_7}$	$\overline{Y_2}$	$\overline{Y_1}$	$\overline{Y_0}$	$\overline{GS}$	EO
1	×	×	×	×	×	×	×	×	1	1	1	1	1
0	1	1	1	1	1	1	1	1	1	1	1	1	0
0	×	×	×	×	×	×	×	0	0	0	0	0	1
0	×	×	×	×	×	×	0	1	0	0	1	0	1
0	×	×	×	×	×	0	1	1	0	1	0	0	1
0	×	×	×	×	0	1	1	1	0	1	1	0	1
0	×	×	×	0	1	1	1	1	1	0	0	0	1
0	×	×	0	1	1	1	1	1	1	0	1	0	1
0	×	0	1	1	1	1	1	1	1	1	0	0	1
0	0	1	1	1	1	1	1	1	1	1	1	0	1

1）$\overline{EI}$为使能输入端，低电平有效。即当$\overline{EI}=0$时，允许编码，输出$\overline{Y_2}\,\overline{Y_1}\,\overline{Y_0}$为对应二进制的反码；当$\overline{EI}=1$时，禁止编码。

2）优先顺序为$\overline{I_7}\sim\overline{I_0}$，即$\overline{I_7}$的优先级最高，然后是$\overline{I_6}$，依次类推，$\overline{I_0}$级别最低。如当$\overline{I_3}=0$、输入$\overline{I_7}\sim\overline{I_4}$均为1时，不管$\overline{I_2}\sim\overline{I_0}$有无信号，均按$\overline{I_3}$输入编码，输出$\overline{Y_2}\,\overline{Y_1}\,\overline{Y_0}=100$，是011的反码。

3）输出使能端EO高电平有效，扩展输出端$\overline{GS}$低电平有效。

3.2.2 译码器

3.2.2 译码器

译码是编码的逆过程，其作用正好与编码相反。它将输入代码转换成特定的输出信号，即将每个代码的信息“翻译”出来。在数字电路中，能够实现译码功能的逻辑部件称为译码器，译码器的种类有很多，常用的译码器有二进制译码器、二－十进制译码器及数字显示译码器等。

假设译码器有n个输入信号和N个输出信号，如果$N=2^n$，就称为全译码器。常见的全译码器有2线－4线译码器、3线－8线译码器、4线－16线译码器等。如果$N<2^n$，就称为部分译码器，如二－十进制译码器（也称作4线－10线译码器）等。

1. 二进制译码器

二进制译码器就是将电路输入端的n位二进制码翻译成$N=2^n$个输出状态的电路，它属于全译码，也称为变量译码器。由于二进制译码器每输入一种代码的组合时，在2^n个输出中只有一个对应的输出为有效电平，其余为非有效电平，所以这种译码器通常又称为唯一地址译码器，常用做存储器的地址译码器以及控制器的指令译码器。在地址译码器中，把输入的二进制码称为地址。

【例3-2】 设计一个3位二进制代码译码器。

解：1）分析设计要求，列出功能表。设输入3位二进制代码A_2、A_1、A_0，共有8种不同组合。有8个输出端，用Y_0、Y_1、…、Y_7表示，输出高电平1有效。因此，可列出如表3-4所示的3线－8线译码器功能表。

表3-4 3线－8线译码器功能表

输入			输出							
A_2	A_1	A_0	Y_0	Y_1	Y_2	Y_3	Y_4	Y_5	Y_6	Y_7
0	0	0	1	0	0	0	0	0	0	0
0	0	1	0	1	0	0	0	0	0	0
0	1	0	0	0	1	0	0	0	0	0
0	1	1	0	0	0	1	0	0	0	0
1	0	0	0	0	0	0	1	0	0	0
1	0	1	0	0	0	0	0	1	0	0
1	1	0	0	0	0	0	0	0	1	0
1	1	1	0	0	0	0	0	0	0	1

2）根据译码器的功能表写出输出逻辑函数式为

$$\begin{cases} Y_0 = \overline{A}_2\overline{A}_1\overline{A}_0 = m_0 \\ Y_1 = \overline{A}_2\overline{A}_1A_0 = m_1 \\ Y_2 = \overline{A}_2A_1\overline{A}_0 = m_2 \\ Y_3 = \overline{A}_2A_1A_0 = m_3 \\ Y_4 = A_2\overline{A}_1\overline{A}_0 = m_4 \\ Y_5 = A_2\overline{A}_1A_0 = m_5 \\ Y_6 = A_2A_1\overline{A}_0 = m_6 \\ Y_7 = A_2A_1A_0 = m_7 \end{cases} \tag{3-2}$$

式(3-2）为3线-8线译码器输出逻辑表达式。可以看出，3线-8线译码器的8个输出逻辑函数是8个不同的最小项，它实际上是3位二进制代码变量的全部最小项。因此，3线-8线译码器为全译码器。

3）画逻辑图。3位二进制译码器逻辑图如图3-4所示。

上述译码器输出为与门阵列，输出逻辑函数为输入信号的与运算，译码器输出高电平有效。若将输出的与门换成与非门时，则输出为与非函数，同时将$Y_0 \sim Y_7$改为$\overline{Y}_0 \sim \overline{Y}_7$，这时译码器输出低电平有效。由与非门组成的3位二进制译码器逻辑图如图3-5所示。

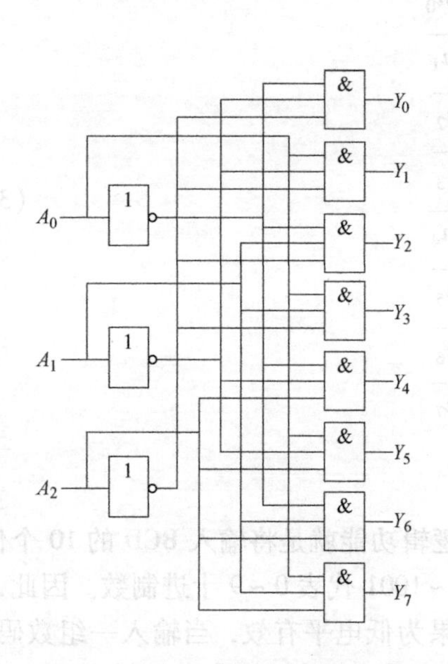

图3-4 3位二进制译码器逻辑图

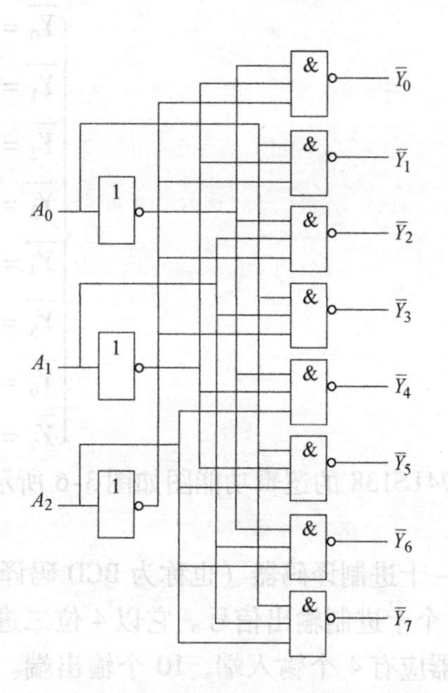

图3-5 由与非门组成的3位二进制译码器逻辑图

常用的集成3线-8线译码器CT74LS138的功能表见表3-5。它的基本电路结构与图3-5相同，A_2、A_1、A_0为二进制代码输入端，$\overline{Y}_0 \sim \overline{Y}_7$为输出端，低电平有效，$ST_A$、$\overline{ST}_B$、$\overline{ST}_C$为3个选通控制端（使能端）。$ST_A$为高电平有效，$\overline{ST}_B$、$\overline{ST}_C$为低电平有效。

表 3-5 CT74LS138 的功能表

输入						输出							
ST_A	$\overline{ST}_B$	$\overline{ST}_C$	A_2	A_1	A_0	$\overline{Y}_0$	$\overline{Y}_1$	$\overline{Y}_2$	$\overline{Y}_3$	$\overline{Y}_4$	$\overline{Y}_5$	$\overline{Y}_6$	$\overline{Y}_7$
0	×	×	×	×	×	1	1	1	1	1	1	1	1
×	1	×	×	×	×	1	1	1	1	1	1	1	1
×	×	1	×	×	×	1	1	1	1	1	1	1	1
1	0	0	0	0	0	0	1	1	1	1	1	1	1
1	0	0	0	0	1	1	0	1	1	1	1	1	1
1	0	0	0	1	0	1	1	0	1	1	1	1	1
1	0	0	0	1	1	1	1	1	0	1	1	1	1
1	0	0	1	0	0	1	1	1	1	0	1	1	1
1	0	0	1	0	1	1	1	1	1	1	0	1	1
1	0	0	1	1	0	1	1	1	1	1	1	0	1
1	0	0	1	1	1	1	1	1	1	1	1	1	0

CT74LS138 的输出逻辑表达式为

$$\begin{cases}\overline{Y}_0 = \overline{\overline{A}_2\,\overline{A}_1\,\overline{A}_0} = \overline{m}_0 \\ \overline{Y}_1 = \overline{\overline{A}_2\,\overline{A}_1 A_0} = \overline{m}_1 \\ \overline{Y}_2 = \overline{\overline{A}_2 A_1\overline{A}_0} = \overline{m}_2 \\ \overline{Y}_3 = \overline{\overline{A}_2 A_1 A_0} = \overline{m}_3 \\ \overline{Y}_4 = \overline{A_2\overline{A}_1\,\overline{A}_0} = \overline{m}_4 \\ \overline{Y}_5 = \overline{A_2\overline{A}_1 A_0} = \overline{m}_5 \\ \overline{Y}_6 = \overline{A_2 A_1\overline{A}_0} = \overline{m}_6 \\ \overline{Y}_7 = \overline{A_2 A_1 A_0} = \overline{m}_7\end{cases} \tag{3-3}$$

CT74LS138 的逻辑功能图如图 3-6 所示。

2. 二-十进制译码器

二-十进制译码器（也称为 BCD 码译码器）的逻辑功能就是将输入 BCD 的 10 个代码译成 10 个十进制输出信号。它以 4 位二进制码 0000 ~ 1001 代表 0 ~ 9 十进制数。因此，这种译码器应有 4 个输入端、10 个输出端。若译码结果为低电平有效，当输入一组数码时，只有对应的一根输出线为 0，其余为 1，则表示译出该组数码对应的那个十进制数。

CT74LS42 是一种典型的二-十进制译码器，其逻辑功能图如图 3-7 所示。它有 4 个输入端 $A_3 \sim A_0$，10 个输出端 $\overline{Y}_0 \sim \overline{Y}_9$，分别对应十进制的 10 个数码，输出为低电平有效。对于 BCD 码以外的 6 个无效状态称为伪码，CT74LS42 能自动拒绝伪码，当输入为 1010 ~ 1111 这 6 个伪码时，输出端 $\overline{Y}_0 \sim \overline{Y}_9$ 均为 1，译码器拒绝译码。4 线-10 线译码器 CT74LS42 的功能表见表 3-6。

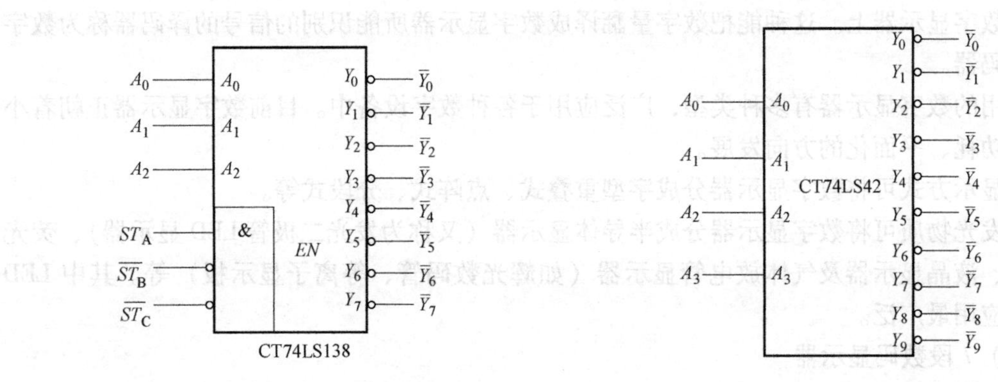

图 3-6　CT74LS138 的逻辑功能图　　　　图 3-7　CT74LS42 的逻辑功能图

表 3-6　4 线 –10 线译码器 CT74LS42 的功能表

十进制数	输入				输出									
	A_3	A_2	A_1	A_0	$\overline{Y}_0$	$\overline{Y}_1$	$\overline{Y}_2$	$\overline{Y}_3$	$\overline{Y}_4$	$\overline{Y}_5$	$\overline{Y}_6$	$\overline{Y}_7$	$\overline{Y}_8$	$\overline{Y}_9$
0	0	0	0	0	0	1	1	1	1	1	1	1	1	1
1	0	0	0	1	1	0	1	1	1	1	1	1	1	1
2	0	0	1	0	1	1	0	1	1	1	1	1	1	1
3	0	0	1	1	1	1	1	0	1	1	1	1	1	1
4	0	1	0	0	1	1	1	1	0	1	1	1	1	1
5	0	1	0	1	1	1	1	1	1	0	1	1	1	1
6	0	1	1	0	1	1	1	1	1	1	0	1	1	1
7	0	1	1	1	1	1	1	1	1	1	1	0	1	1
8	1	0	0	0	1	1	1	1	1	1	1	1	0	1
9	1	0	0	1	1	1	1	1	1	1	1	1	1	0
伪码	1	0	1	0	1	1	1	1	1	1	1	1	1	1
	1	0	1	1	1	1	1	1	1	1	1	1	1	1
	1	1	0	0	1	1	1	1	1	1	1	1	1	1
	1	1	0	1	1	1	1	1	1	1	1	1	1	1
	1	1	1	0	1	1	1	1	1	1	1	1	1	1
	1	1	1	1	1	1	1	1	1	1	1	1	1	1

3. 数字显示译码器

在数字测量仪表和各种数字系统中，常常需要将数字、字母、符号等直观地显示出来，一方面供人们直接读取测量和运算结果，另一方面用于监视数字系统的工作情况。能够显示数字、字母或符号的器件称为数字显示器，数字显示电路是许多数字设备不可缺少的部分。数字显示电路通常由译码器、驱动器和显示器等部分组成。

在数字电路中，数字量都是以一定的代码形式出现的，这些数字量要先经过译码，才能被送到数字显示器上。这种能把数字量翻译成数字显示器所能识别的信号的译码器称为数字显示译码器。

常用的数字显示器有多种类型，广泛应用于各种数字设备中。目前数字显示器正朝着小型、低功耗、平面化的方向发展。

按显示方式可将数字显示器分成字型重叠式、点阵式、分段式等。

按发光物质可将数字显示器分成半导体显示器（又称为发光二极管 LED 显示器）、荧光显示器、液晶显示器及气体放电管显示器（如辉光数码管、等离子显示板）等。其中 LED 显示器应用最广泛。

（1）7 段数码显示器

7 段数码显示器就是将 7 个发光二极管（加小数点为 8 个）按一定的方式排列起来，*a*、*b*、*c*、*d*、*e*、*f*、*g* 和小数点 *DP* 各对应一个发光二极管，利用不同发光段的组合，显示不同的阿拉伯数字。数字显示器逻辑符号及发光段组合图如图 3-8 所示。

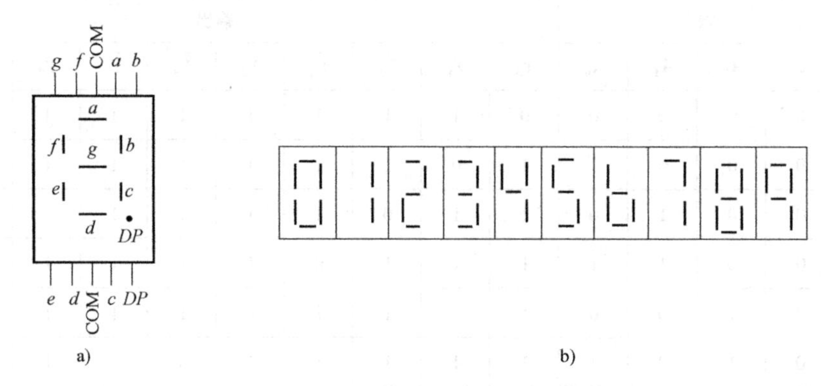

图 3-8　数字显示器逻辑符号及发光段组合图

a）逻辑符号　b）发光段组合图

按内部连接方式不同，7 段数码显示器可分为共阴极和共阳极两种。半导体数字显示器的内部接法如图 3-9 所示。

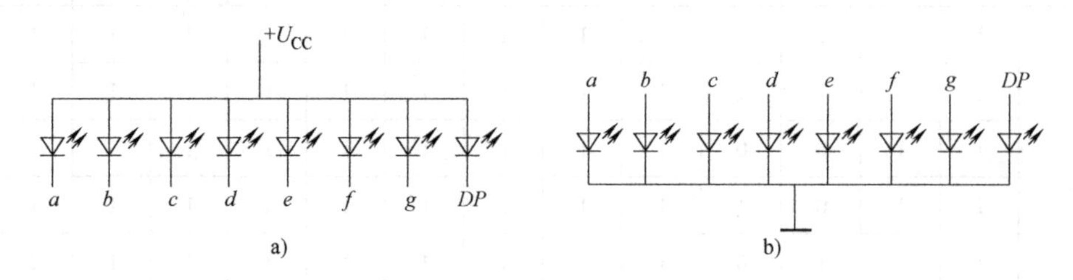

图 3-9　半导体数字显示器的内部接法

a）共阳极接法　b）共阴极接法

对于共阴极型数码显示器，当某字段为高电平时，该字段亮；对于共阳极型数码显示器，当某字段为低电平时，该字段亮。故这两种显示器所接的译码器类型是不同的。

半导体显示器的优点是，工作电压较低（1.5～3V），体积小，寿命长，亮度高，响应速度快，工作可靠性高。其发光颜色因所用材料不同，有红色、绿色、黄色等，它可以直接用 TTL 门驱动。缺点是工作电流大，每个字段的工作电流约为 10mA。

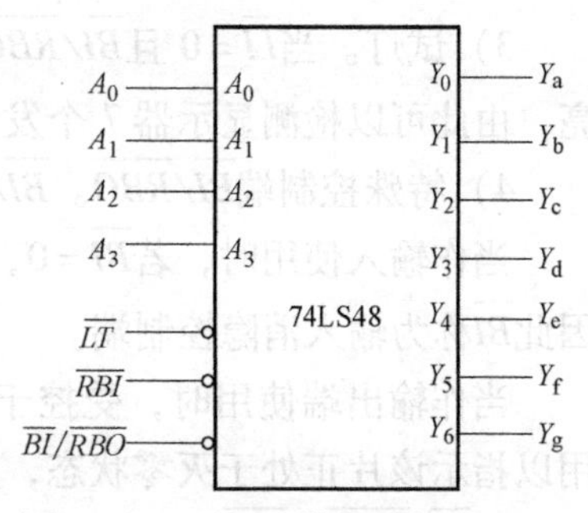

图 3-10　7 段显示译码器 74LS48 的逻辑功能图

(2) 7 段显示译码器 74LS47/48

7 段显示译码器的品种很多，功能各有差异。下面以 74LS47/48 为例来介绍显示译码器的功能和应用。

74LS47 与 74LS48 的主要区别是输出有效电平不同，74LS47 是输出低电平有效，可驱动共阳极 LED 数码管；74LS48 是输出高电平有效，可驱动共阴极 LED 数码管。下面以 74LS48 为例进行介绍。图 3-10 所示是 7 段显示译码器 74LS48 的逻辑功能图。表 3-7 为 7 段显示译码器 74LS48 的逻辑功能表。

表 3-7　7 段显示译码器 74LS48 的逻辑功能表

输入数字	输入						$\overline{BI}/\overline{RBO}$	输出							字型
	$\overline{LT}$	$\overline{RBI}$	A_3	A_2	A_1	A_0		Y_a	Y_b	Y_c	Y_d	Y_e	Y_f	Y_g	
0	1	1	0	0	0	0	1	1	1	1	1	1	1	0	0
1	1	×	0	0	0	1	1	0	1	1	0	0	0	0	1
2	1	×	0	0	1	0	1	1	1	0	1	1	0	1	2
3	1	×	0	0	1	1	1	1	1	1	1	0	0	1	3
4	1	×	0	1	0	0	1	0	1	1	0	0	1	1	4
5	1	×	0	1	0	1	1	1	0	1	1	0	1	1	5
6	1	×	0	1	1	0	1	0	0	1	1	1	1	1	6
7	1	×	0	1	1	1	1	1	1	1	0	0	0	0	7
8	1	×	1	0	0	0	1	1	1	1	1	1	1	1	8
9	1	×	1	0	0	1	1	1	1	1	0	0	1	1	9
灯测试	0	×	1	1	1	1	1	1	1	1	1	1	1	1	8
消隐	×	×	×	×	×	×	0	0	0	0	0	0	0	0	全暗
动态灭零	1	0	0	0	0	0	0	0	0	0	0	0	0	0	全暗

在 7 段显示译码器 74LS48 的逻辑功能图中 $Y_a \sim Y_g$ 为译码输出端。另外，它还有 3 个控制端，即试灯输入端$\overline{LT}$、灭零输入端$\overline{RBI}$和特殊控制端$\overline{BI}/\overline{RBO}$（为消隐输入/动态灭零输出端）。

1）正常译码显示。当$\overline{LT}=1$、$\overline{BI}/\overline{RBO}=1$ 时，对输入为十进制数 0 ~ 15 的二进制码（0000 ~ 1111）进行译码，产生对应的 7 段显示码。

2）灭零。当输入$\overline{RBI}=0$、而输入为 0 的二进制码 0000 时，译码器的 $Y_a \sim Y_g$ 输出全 0，使显示器全灭，只有当$\overline{RBI}=1$ 时，才产生的 7 段显示码。所以$\overline{RBI}$称为灭零输入端。

3）试灯。当$\overline{LI}=0$且$\overline{BI}/\overline{RBO}=1$时，无论输入怎样，$Y_a \sim Y_g$输出全1，数码管7段全亮，由此可以检测显示器7个发光段的好坏。$\overline{LI}$称为试灯输入端。

4）特殊控制端$\overline{BI}/\overline{RBO}$。$\overline{BI}/\overline{RBO}$可以作输入端，也可以作输出端。

当作输入使用时，若$\overline{BI}=0$，则不管其他输入端为何值，$Y_a \sim Y_g$均输出0，显示器全灭，因此$\overline{BI}$称为输入消隐控制端。

当作输出端使用时，受控于$\overline{RBI}$。当$\overline{RBI}=0$、输入为0的二进制码0000时，$\overline{RBO}=0$，用以指示该片正处于灭零状态，所以，$\overline{RBO}$又称为灭零输出端。

将$\overline{BI}/\overline{RBO}$与$\overline{RBI}$配合使用，可以实现多位数显示时的“无效0消隐”功能。在多位十进制数码显示时，整数前和小数后的0是无意义的，称为“无效0”。

在图3-11所示的有灭零控制的8位数码显示系统中，可将无效0灭掉。从图3-11中可见，由于整数部分74LS48除了最高位的$\overline{RBI}$接0、最低位的$\overline{RBI}$接1外，其余各位的$\overline{RBI}$均接受高位的$\overline{RBO}$输出信号，所以整数部分只有在高位是0而且被熄灭时，低位才有灭零输入信号，同理，小数部分除了最高位的$\overline{RBI}$接1、最低位$\overline{RBI}$接0外，其余各位均接受低位$\overline{RBO}$输出信号。所以小数部分只有在低位是0而且被熄灭时，高位才有灭零输入信号，从而实现了多位十进制数码显示器的“无效0消隐”功能。

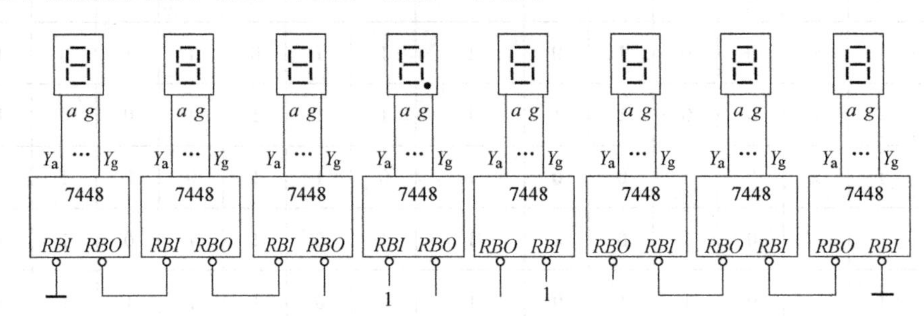

图3-11　有灭零控制的8位数码显示系统

4. 译码器的应用

（1）用译码器实现组合逻辑函数

由于译码器输出是输入变量的全部或部分最小项，而任何一个逻辑函数都可以用最小项之和表达式来表示，所以用变量译码器配以适当的门电路就可以实现组合逻辑函数。当逻辑函数不是标准式时，应先变成标准式，而不是求最简表达式，这与用门电路进行组合设计是不同的。

【例3-3】　试用译码器和门电路实现逻辑函数

$$Y=AB+BC+AC$$

解：1）根据逻辑函数选译码器。由于逻辑函数Y中有A、B、C三个变量，可选3线-8线译码器CT74LS138。

2）将逻辑函数换成最小项表达式，即

$$\begin{aligned}Y&=AB+BC+AC\\&=\overline{A}BC+A\overline{B}C+AB\overline{C}+ABC\\&=m_3+m_5+m_6+m_7\end{aligned}$$

3）令译码器$A_2=A$，$A_1=B$，$A_0=C$，因为CT74LS138是低电平有效，所以将此式变成与非-与非表达式，即

$$Y = m_3 + m_5 + m_6 + m_7$$
$$= \overline{\overline{m_3 + m_5 + m_6 + m_7}}$$
$$= \overline{\overline{m_3} \cdot \overline{m_5} \cdot \overline{m_6} \cdot \overline{m_7}}$$
$$= \overline{\overline{Y_3} \cdot \overline{Y_5} \cdot \overline{Y_6} \cdot \overline{Y_7}}$$

4）画逻辑电路。根据上式可画出逻辑图如图 3-12 所示。

（2）译码器的扩展

利用译码器的使能端可以方便地扩展译码器的容量。将两片 CT74LS138 扩展为 4 线 - 16 线译码器的电路如图 3-13 所示。

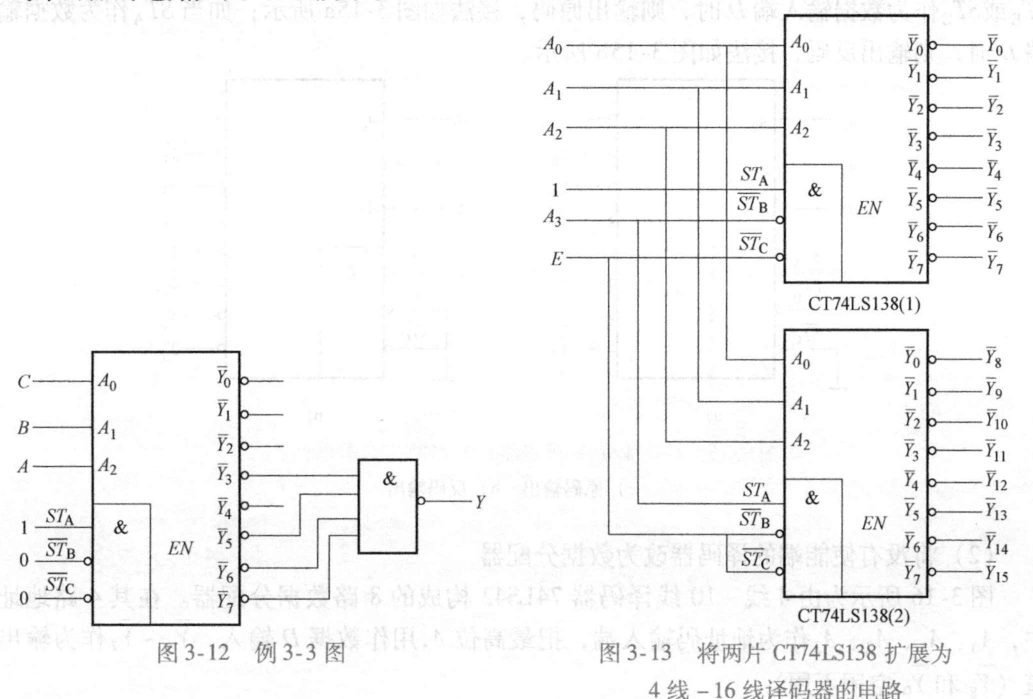

图 3-12 例 3-3 图

图 3-13 将两片 CT74LS138 扩展为 4 线 - 16 线译码器的电路

当 $E=1$ 时，两个译码器都禁止工作，输出全 1；当 $E=0$ 时，译码器工作。这时，如果 $A_3=0$，高位片（片 2）就不工作，低位片（片 1）工作，输出 $\overline{Y}_0 \sim \overline{Y}_7$ 由输入二进制代码 $A_2A_1A_0$ 决定；如果 $A_3=1$，低位片禁止，高位片工作，输出 $\overline{Y}_8 \sim \overline{Y}_{15}$ 由输入二进制代码 $A_2A_1A_0$ 决定，从而实现了 4 线 - 16 线译码器的功能。

3.2.3 数据分配器

将一路输入数据分配到多路数据输出中的指定通道上的逻辑电路称为数据分配器，又称为多路数据分配器。

4 路数据分配器示意图如图 3-14 所示，其中 D 为一路数据输入，$Y_3 \sim Y_0$ 为 4 路数据输出，A_1、A_0 为地址选择码输入。

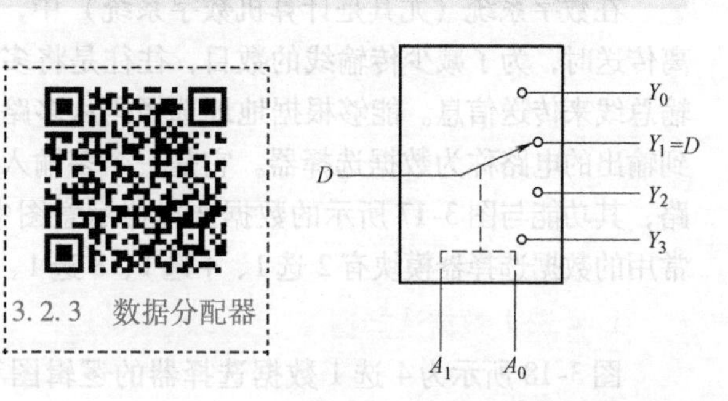

图 3-14 4 路数据分配器示意图

从数据分配器的真值表或输出表达式可以看出，数据分配器和译码器非常相似。将译码器进行适当连接，就能实现数据分配的功能。

（1）将带有使能端的译码器改为数据分配器

原则上任何带使能端的通用译码器均可作为数据分配器使用。若将译码器的使能端作为数据输入端，二进制代码输入端作为地址输入端，则可以完成数据分配器的功能。

74LS138 译码器有 8 个译码输出端，因此，可以用一片 74LS138 实现 8 路数据分配。CT74LS138 译码器作 8 路数据分配器的连接如图 3-15 所示。图中，$A_2 \sim A_0$为地址信号输入端，$\overline{Y}_0 \sim \overline{Y}_7$为数据输出端，可从使能端 ST_A、$\overline{ST}_B$、$\overline{ST}_C$中选择一个作为数据输入端 D。如当$\overline{ST}_B$或$\overline{ST}_C$作为数据输入端 D 时，则输出原码，接法如图 3-15a 所示；如当 ST_A作为数据输入端 D 时，则输出反码，接法如图 3-15b 所示。

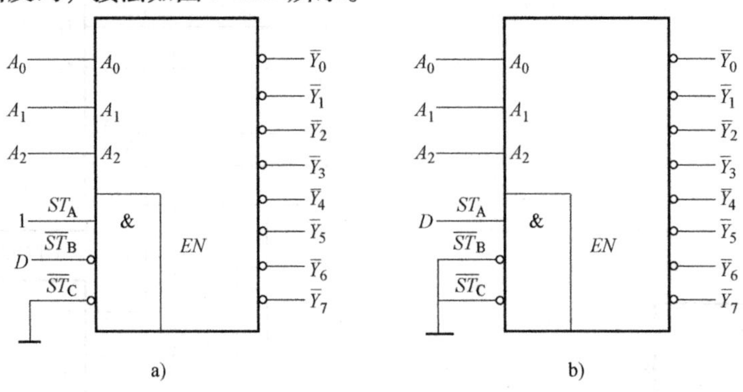

图 3-15 CT74LS138 译码器作 8 路数据分配器的连接
a）原码输出 b）反码输出

（2）将没有使能端的译码器改为数据分配器

图 3-16 所示为由 4 线 - 10 线译码器 74LS42 构成的 8 路数据分配器。在其 4 路地址线中，A_0、A_1、A_2、A_3作为地址码输入端，把最高位 A_3用作数据 D 输入，$\overline{Y}_0 \sim \overline{Y}_7$作为输出通道（$\overline{Y}_8$ 和 $\overline{Y}_9$ 空闲不用）。

数据分配器在计算机中有广泛的应用，数据要传送到的最终地址以及传送的方式都可以通过数据分配器来实现。同时，数据分配器与数据选择器一起构成数据传送系统，可实现多路数字信息的分时传送，达到减少传输线数的目的。

3.2.4 数据选择器

在数字系统（尤其是计算机数字系统）中，在将多路数据进行远距离传送时，为了减少传输线的数目，往往是将多个数据通道共用一条传输总线来传送信息。能够根据地址选择码从多路输入数据中选择一路送到输出的电路称为数据选择器。它是一个多输入、单输出的组合逻辑电路，其功能与图 3-17 所示的数据选择器示意图中的单刀多掷开关相似。常用的数据选择器模块有 2 选 1、4 选 1、8 选 1、16 选 1 等多种类型。

1. 4 选 1 数据选择器

图 3-18 所示为 4 选 1 数据选择器的逻辑图和逻辑符号图。图中 $D_3 \sim D_0$为数据输入端，

A_1、A_0为地址信号输入端，Y为数据输出端，$\overline{ST}$为使能端，又称为选通端，输入低电平有效。4选1数据选择器的功能表如表3-8所示。

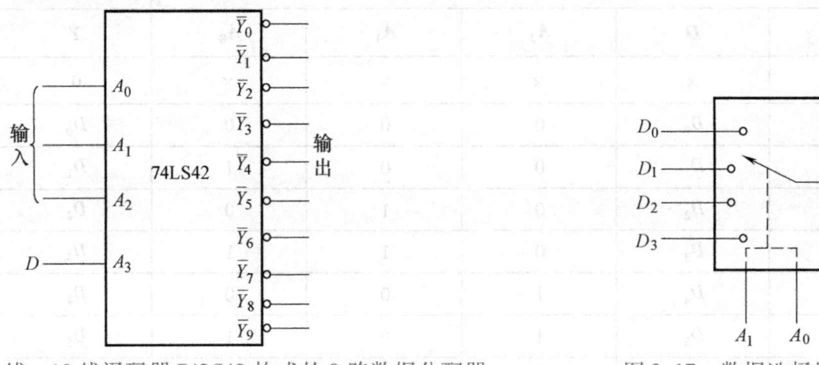

图3-16　由4线－10线译码器74LS42构成的8路数据分配器　　图3-17　数据选择器示意图

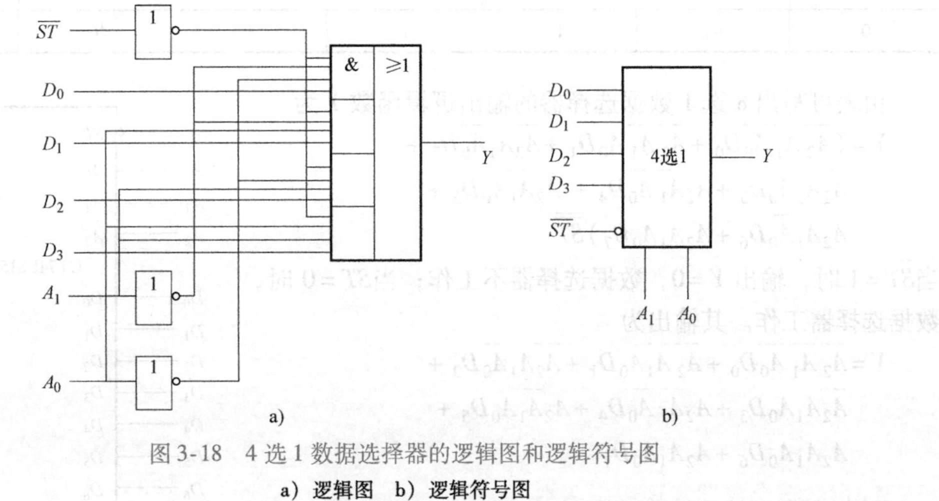

图3-18　4选1数据选择器的逻辑图和逻辑符号图

a）逻辑图　b）逻辑符号图

表3-8　4选1数据选择器的功能表

输入							输出
$\overline{ST}$	A_1	A_0	D_3	D_2	D_1	D_0	Y
1	×	×	×	×	×	×	0
0	0	0	×	×	×	D_0	D_0
0	0	1	×	×	D_1	×	D_1
0	1	0	×	D_2	×	×	D_2
0	1	1	D_3	×	×	×	D_3

由图和功能表可写出输出逻辑函数式

$$Y=(\overline{A_1}\,\overline{A_0}D_0+\overline{A_1}A_0D_1+A_1\overline{A_0}D_2+A_1A_0D_3)\overline{\overline{ST}}$$

当$\overline{ST}=1$时，输出$Y=0$，数据选择器不工作；当$\overline{ST}=0$时，数据选择器工作。其输出为

$$Y=\overline{A_1}\,\overline{A_0}D_0+\overline{A_1}A_0D_1+A_1\overline{A_0}D_2+A_1A_0D_3$$

2. 8选1数据选择器

图3-19所示为8选1数据选择器CT74LS151的逻辑图。图中$D_7\sim D_0$为数据输入端，$A_2\sim A_0$为地址信号输入端，Y和$\overline{Y}$为互补数据输出端，$\overline{ST}$为使能端，输入低电平有效。8选1数据选择器CT74LS151的功能表如表3-9所示。

表 3-9 8 选 1 数据选择器 CT74LS151 的功能表

输入					输出	
$\overline{ST}$	D	A_2	A_1	A_0	Y	$\overline{Y}$
1	×	×	×	×	0	1
0	D_0	0	0	0	D_0	$\overline{D}_0$
0	D_1	0	0	1	D_1	$\overline{D}_1$
0	D_2	0	1	0	D_2	$\overline{D}_2$
0	D_3	0	1	1	D_3	$\overline{D}_3$
0	D_4	1	0	0	D_4	$\overline{D}_4$
0	D_5	1	0	1	D_5	$\overline{D}_5$
0	D_6	1	1	0	D_6	$\overline{D}_6$
0	D_7	1	1	1	D_7	$\overline{D}_7$

由表可写出 8 选 1 数据选择器的输出逻辑函数 Y 为

$$Y=(\overline{A}_2\overline{A}_1\overline{A}_0D_0+\overline{A}_2\overline{A}_1A_0D_1+\overline{A}_2A_1\overline{A}_0D_2+\overline{A}_2A_1A_0D_3+A_2\overline{A}_1\overline{A}_0D_4+A_2\overline{A}_1A_0D_5+A_2A_1\overline{A}_0D_6+A_2A_1A_0D_7)\overline{\overline{ST}}$$

当$\overline{ST}=1$时，输出 $Y=0$，数据选择器不工作；当$\overline{ST}=0$时，数据选择器工作。其输出为

$$Y=\overline{A}_2\overline{A}_1\overline{A}_0D_0+\overline{A}_2\overline{A}_1A_0D_1+\overline{A}_2A_1\overline{A}_0D_2+\overline{A}_2A_1A_0D_3+A_2\overline{A}_1\overline{A}_0D_4+A_2\overline{A}_1A_0D_5+A_2A_1\overline{A}_0D_6+A_2A_1A_0D_7$$

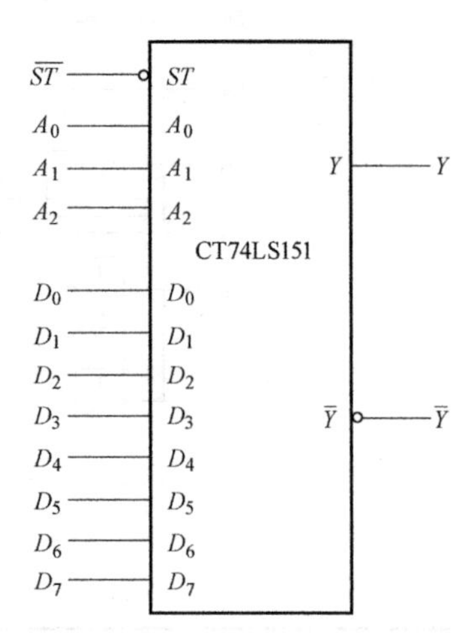

图 3-19 8 选 1 数据选择器 CT74LS151 的逻辑图

3. 用数据选择器实现逻辑函数

由于数据选择器在输入数据全部为 1 时，输出为地址输入变量全体最小项的和，所以它是一个逻辑函数的最小项输出器。任何一个逻辑函数都可以写成最小项之和的形式，所以，用数据选择器可以很方便地实现逻辑函数。

1）当逻辑函数的变量个数和数据选择器的地址输入变量个数相同时，可直接用数据选择器来实现逻辑函数。

【例 3-4】 试用 8 选 1 数据选择器 CT74LS151 实现逻辑函数

$$Y=AB+AC+BC$$

解：① 该例中选择器的地址变量数和要实现的逻辑函数的变量数相等，均为3。先将逻辑函数转换成最小项表达式

$$\begin{aligned}Y&=AB+AC+BC\\&=\overline{A}BC+A\overline{B}C+AB\overline{C}+ABC\end{aligned}$$

② 写出 8 选 1 数据选择器 CT74LS151 的输出表达式

$$Y'=\overline{A}_2\overline{A}_1\overline{A}_0D_0+\overline{A}_2\overline{A}_1A_0D_1+\overline{A}_2A_1\overline{A}_0D_2+\overline{A}_2A_1A_0D_3+A_2\overline{A}_1\overline{A}_0D_4+A_2\overline{A}_1A_0D_5+A_2A_1\overline{A}_0D_6+A_2A_1A_0D_7$$

③ 比较 Y 与 Y'两式中最小项的对应关系。

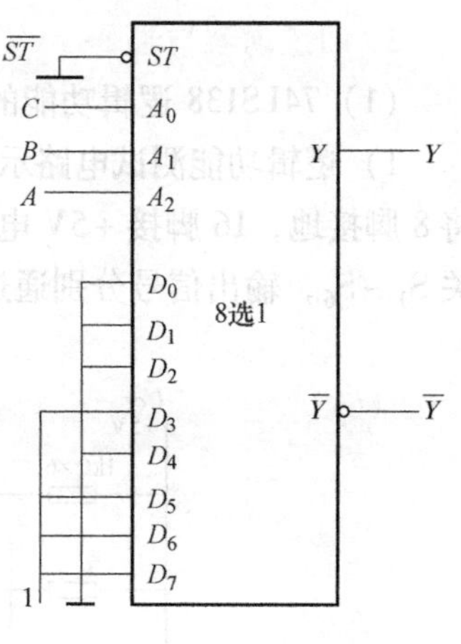

图3-20　例3-4的图

设 $Y=Y'$，$A=A_2$，$B=A_1$，$C=A_0$。当 Y' 中包含 Y 式中的最小项时，数据取1；当没有包含 Y 式中的最小项式时，数据取0。由此得

$$D_0=D_1=D_2=D_4=0,$$
$$D_3=D_5=D_6=D_7=1$$

④ 画连线图。根据上式可画出图3-20所示的连线图。

2）当逻辑函数的变量个数大于数据选择器的地址输入变量个数时，不能用前述的简单办法，而应分离出多余的变量，把它们加到适当的数据输入端。

【例3-5】　试用4选1数据选择器实现逻辑函数

$$Y=AB+AC+BC$$

解：由于函数 Y 有3个输入信号 A、B、C，而4选1仅有两个地址端 A_1 和 A_0，所以选 A、B 接到地址输入端，且 $A=A_1$，$B=A_0$。将 C 加到适当的数据输入端。

① 先将逻辑函数转换成最小项表达式 Y

$$\begin{aligned}Y&=AB+AC+BC\\&=\overline{A}BC+A\overline{B}C+AB\overline{C}+ABC\end{aligned}$$

② 写出4选1数据选择器的输出逻辑函数式 Y'

$$Y'=\overline{A_1}\,\overline{A_0}D_0+\overline{A_1}A_0D_1+A_1\overline{A_0}D_2+A_1A_0D_3$$

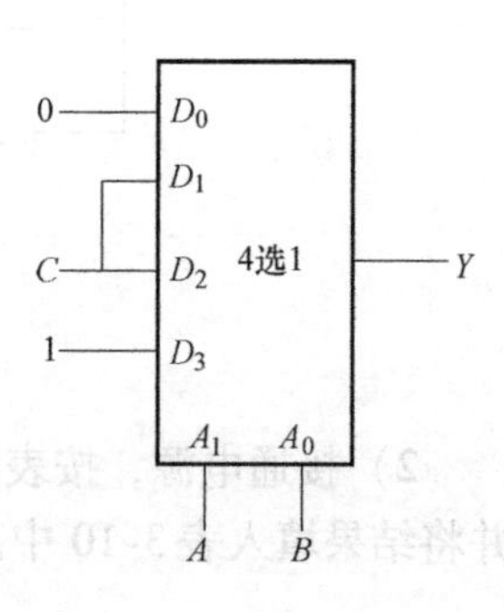

图3-21　例3-5的图

③ 比较 Y 与 Y'。设 $Y=Y'$，由于函数 Y 有3个输入信号 A、B、C，而4选1仅有两个地址端 A_1 和 A_0，所以选 A、B 接到地址输入端，且 $A=A_1$，$B=A_0$。将 C 加到适当的数据输入端。比较得

$$D_0=0,\ D_1=D_2=C,\ D_3=1$$

④ 画出连线图。根据上式可画出图3-21所示的连线图。

3.3　技能训练

3.3.1　译码器和数码显示器的逻辑功能实验测试

1. 训练目的

1）掌握译码器和数码显示器的功能及测试方法。

2）掌握使用译码器和数码管显示器的方法。

2. 训练器材

1）直流稳压电源1台。

2）万用表1块。

3）集成逻辑芯片74LS138、74LS48、LC5011各1片。

4）发光二极管LED 7只。

5）电阻300Ω 7只。

3. 训练内容与步骤

（1）74LS138 逻辑功能的测试

1）逻辑功能测试电路示意图如图 3-22 所示。将集成芯片 74LS138 插入数字面包板中，将 8 脚接地，16 脚接 +5V 电源。输入信号端 A_2、A_1、A_0和使能端 ST_A、$\overline{ST}_B$、$\overline{ST}_C$接逻辑开关 S_1 ~ S_6，输出信号分别通过 300Ω 限流电阻接 LED 发光二极管。

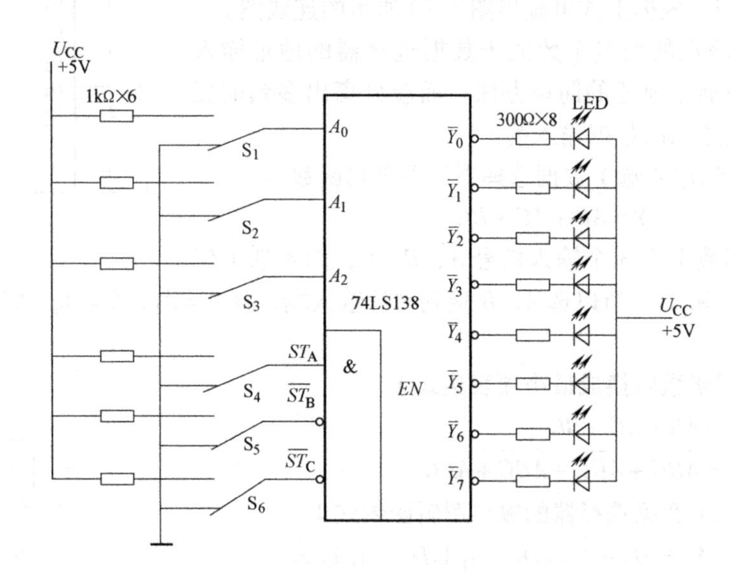

图 3-22 逻辑功能测试电路示意图

2）接通电源，按表设置各个输入信号和使能端信号的逻辑电平开关，观测输出结果，并将结果填入表 3-10 中。

表 3-10 74LS138 功能测试数据表

输入						输出							
ST_A	$\overline{ST}_B$	$\overline{ST}_C$	A_2	A_1	A_0	$\overline{Y}_0$	$\overline{Y}_1$	$\overline{Y}_2$	$\overline{Y}_3$	$\overline{Y}_4$	$\overline{Y}_5$	$\overline{Y}_6$	$\overline{Y}_7$
0	×	×	×	×	×								
×	1	×	×	×	×								
×	×	1	×	×	×								
1	0	0	0	0	0								
1	0	0	0	0	1								
1	0	0	0	1	0								
1	0	0	0	1	1								
1	0	0	1	0	0								
1	0	0	1	0	1								
1	0	0	1	1	0								
1	0	0	1	1	1								

（2）搭接显示译码器

用7段译码驱动器74LS48和共阴极数码管LC5011搭接可以显示0～9共10个数字的译码器数字显示器。

1）将译码驱动器74LS48和共阴极数码管LC5011插入面包板中，按图3-23所示的显示译码器实训连接电路。

2）为了检查数码显示器的好坏，使试灯端$\overline{LT}$为0，其余为任意状态，这时数码管各段全部被点亮，否则数码管是坏的。再用一根导线将灭灯输出端/灭零输出端$\overline{BI}/\overline{RBO}$接地，这时如果数码管全灭，就说明译码显示器良好。

3）将A_3～A_0接拨动开关，$\overline{LT}$、$\overline{RBI}$、$\overline{BI}/\overline{RBO}$分别接逻辑高电平。改变拨动开关的逻辑电平，在不同的输入状态下，将从数码管观察到的字形填入表3-11中。

4）使$\overline{LT}=1$，$\overline{BI}/\overline{RBO}$接一个发光二极管，在$\overline{RBI}$为1和0的情况下，使拨动开关的输出为0000，观察灭零功能。

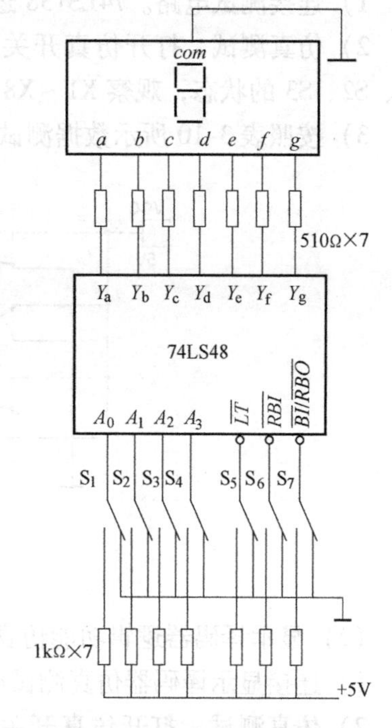

图3-23　显示译码器实训电路

4. 训练结果记录

表3-11　实训数据表

输入				输出字型	输入				输出字型
A_3	A_2	A_1	A_0		A_3	A_2	A_1	A_0	
0	0	0	0		1	0	0	0	
0	0	0	1		1	0	0	1	
0	0	1	0		1	0	1	0	
0	0	1	1		1	0	1	1	
0	1	0	0		1	1	0	0	
0	1	0	1		1	1	0	1	
0	1	1	0		1	1	1	0	
0	1	1	1		1	1	1	1	

3.3.2　译码器和数码显示器逻辑功能仿真测试

1. 训练目的

掌握译码器和数码管显示器的仿真测试方法。

2. 仿真测试

（1）74LS138逻辑功能测试

1）连接测试电路。74LS138 逻辑功能仿真测试电路如图 3-24 所示。

2）仿真测试，打开仿真开关，启动仿真。按下键盘 < A >、< B >、< C >键，设置 S1、S2、S3 的状态，观察 X1 ~ X8 的状态。

3）按照表 3-10 所示数据测试 74LS138 的逻辑功能。

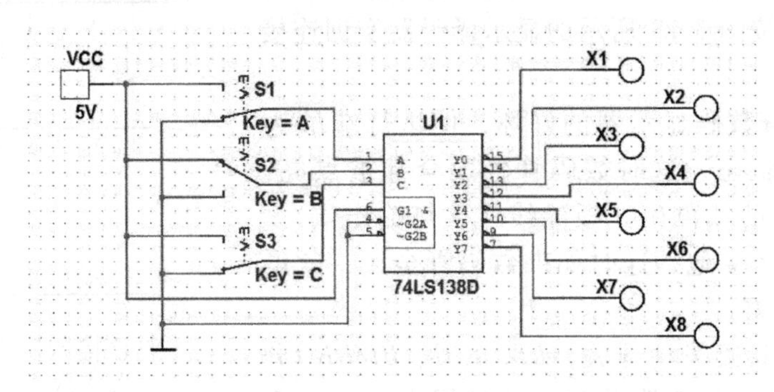

图 3-24 逻辑功能仿真测试电路

（2）显示译码器逻辑功能仿真测试

1）连接显示译码器仿真测试电路如图 3-25 所示。

2）仿真测试，打开仿真开关，启动仿真。通过按下键盘 < A >、< B >、…、< G > 键，设置 S1 ~ S7 的状态，观察 X1 ~ X8 的状态。

3）检查数码显示器的好坏。使试灯端 $\overline{LT}=0$，其余为任意状态，这时数码管各段全部点亮，否则数码管是坏的。再将灭灯输出端/灭零输出端 $\overline{BI}/\overline{RBO}$ 接地，这时如果数码管全灭，则数码显示器是好的。

4）将 $A_3 \sim A_0$ 接拨动开关，$\overline{LT}$、$\overline{RBI}$、$\overline{BI}/\overline{RBO}$ 分别接逻辑高电平。改变拨动开关的逻辑电平，在不同的输入状态下，将从数码管观察到的字形填入表 3-11 中。

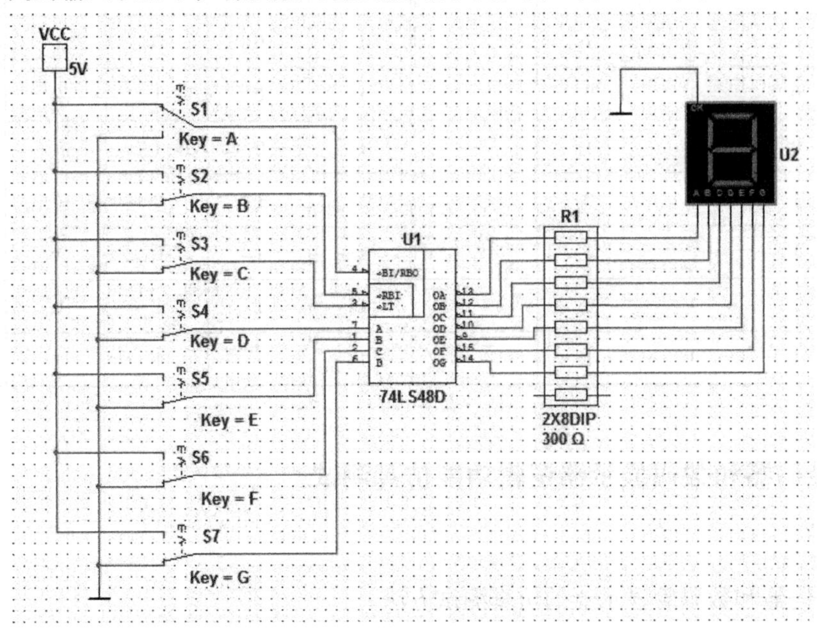

图 3-25 显示译码器仿真测试电路

3.4 项目实施

3.4.1 项目分析

1. 数码显示器的参考电路图

数码显示器电路图如图3-26所示。

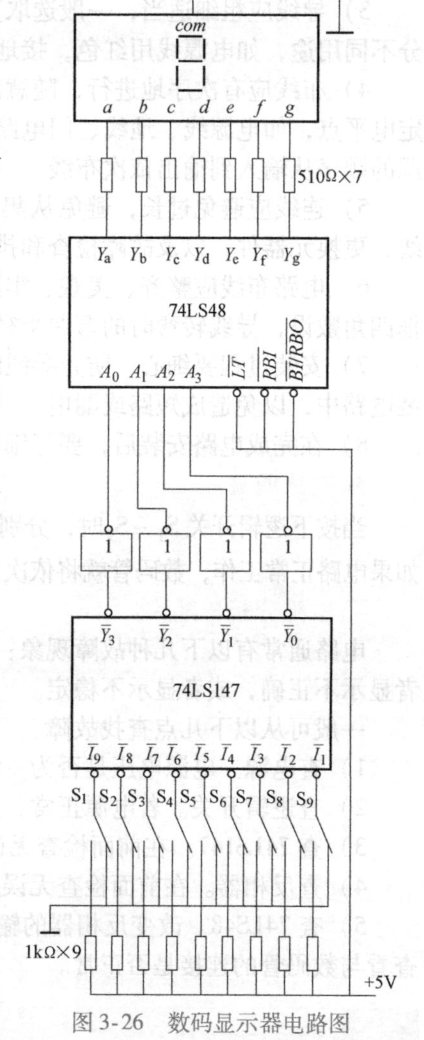

图3-26　数码显示器电路图

2. 电路分析

数码显示器由编码电路、反相电路和译码显示电路3部分组成。

1）编码器由74LS147、逻辑电平开关S_1 ~ S_9和限流电阻组成。74LS147为二－十进制优先编码器，$\overline{I_9}$的优先级最高，其次是$\overline{I}_8$，其余依次类推，$\overline{I}_1$的级别最低。

2）反相电路使用集成芯片74LS04，其作用是将优先编码器74LS147输出的8421BCD反码转换为原码形式的8421BCD码。

3）译码显示电路由译码驱动器74LS48、限流电阻以及共阴极数码管组成。其作用是将编码器输出的8421BCD以数字的形式显示。

3. 电路元器件

1）集成芯片74LS147、74LS04、74LS48各1片。

2）LED共阴极数码管LC5011一只。

3）510Ω电阻7只；1kΩ电阻9只。

4）开关9个。

3.4.2 项目制作

1. 元器件检测

（1）LED数码管的检测

LED数码管的检测方法较多，这里介绍简便易行的方法。用3V电池负极引出线固定接LED数码管的公共阴极上，正极引出线依次移动接触笔画的正极。当这一根引线接触到某一笔画的正极时，对应的笔画就会显示出来。

（2）优先编码器74LS147的检测

用逻辑电平测试优先编码器74LS147，将所有的输入端接逻辑电平开关，输出端接LED显示器，按逻辑功能表接入相应的输入信号，验证其功能是否正确。

（3）反相器的检测

集成反相器74LS04内含6个独立的非门，本项目中使用其中的4个非门，可选择其中的任意4个非门。检测方法是，将输入端接逻辑电平开关，测试输出端逻辑电平值是否与输入端符合反相关系。

2. 电路安装

1）将检测合格的元器件按照图3-26所示电路连接安装在面包板上，也可以焊接在万能电路板上。

2）在插接集成电路时，应先校准两排引脚，使之与底板上插孔对应，轻轻用力将电路插上，在确定引脚与插孔吻合后，再稍用力将其插紧，以免将集成电路的引脚弯曲、折断或使其接触不良。

3）导线应粗细适当，一般选取直径为0.6~0.8mm的单股导线，最好用不同色线以区分不同用途，如电源线用红色，接地线用黑色。

4）布线应有次序地进行，随意乱接容易造成漏接或接错，较好的方法是，首先接好固定电平点，如电源线、地线、门电路闲置输入端及触发器异步置位复位端等，其次，按信号源的顺序从输入到输出依次布线。

5）连线应避免过长，避免从集成元器件上方跨越，避免多次的重叠交错，以利于布线、更换元器件，以及故障检查和排除。

6）电路布线应整齐、美观、牢固。水平导线应尽量紧贴底板，竖直方向的导线可沿边框四角敷设，导线转弯时的弯曲半径不要过小。

7）安装过程要细心，防止导线绝缘层被损伤，不要让线头、螺钉、垫圈等异物落入安装电路中，以免造成短路或漏电。

8）在完成电路安装后，要仔细检查电路连接，确认无误后方可接通电源。

3. 电路调试

当按下逻辑开关S_1~S_9时，分别让74LS147的输入端$\overline{I_1}$~$\overline{I_9}$输入低电平（其余为高电平），如果电路正常工作，数码管就将依次显示数字1~9。若不能正确显示，则电路存在故障。

4. 故障分析与排除

电路通常有以下几种故障现象：通电后，按下逻辑电平开关，数码管或者没有显示，或者显示不正确，或者显示不稳定。

一般可从以下几点查找故障。

1）查电源。电源电压是否为+5V，每个芯片是否都接上，各接地点是否可靠接地。

2）查逻辑开关。若电源正常，则应查看逻辑开关是否接错，逻辑开关是否正常。

3）查74LS147。在前面检查无误后，逐个按下逻辑开关，查看编码器输出是否正确。

4）查反相器。在前面检查无误后，查反相器能否正常反相工作。

5）查74LS48。改变反相器的输出，查看数码管是否能正常显示，若显示不正确，则应查看与数码管的连接是否正常。

3.5 项目评价

项目评价包括学习态度、项目相关理论知识、元器件识别与检测、电路制作、电路测试等内容。

1. 理论测试

（1）填空题

1）编码器按功能不同可分为________、________、____________。

2）译码器按功能不同可分为________、________、____________。

3）8选1数据选择器在所有输入数据都为1时，其输出标准与或表达式共有______个最小项。

4）输入3位二进制代码的二进制译码器应有________个输出端，共输出________个最小项。

5）共阳极LED数码管应由输出______电平的7段显示译码器来驱动点亮。而共阴极LED数码管应由输出______电平的7段显示译码器来驱动点亮。

（2）判断题

1）优先编码器的编码信号是相互排斥的，不允许多个编码信号同时有效。（　　）

2）编码与译码是互逆的过程。（　　）

3）二进制译码器相当于是一个最小项发生器，便于实现组合逻辑电路。（　　）

4）共阴接法发光二极管数码显示器需选用有效输出为高电平的7段显示译码器来驱动。（　　）

5）数据选择器和数据分配器的功能正好相反，互为逆过程。（　　）

（3）选择题

1）若在编码器中有50个编码对象，则要求输出二进制代码位数为（　　）位。

A. 5　　B. 6　　C. 10　　D. 50

2）一个16选1的数据选择器，其地址输入（选择控制输入）端有（　　）个。

A. 1　　B. 2　　C. 4　　D. 16

3）用3线－8线译码器74LS138实现原码输出的8路数据分配器，应（　　）。

A. $ST_A=1$，$\overline{ST_B}=D$，$\overline{ST_C}=0$　　B. $ST_A=1$，$\overline{ST_B}=D$，$\overline{ST_C}=D$

C. $ST_A=1$，$\overline{ST_B}=0$，$\overline{ST_C}=D$　　D. $ST_A=D$，$\overline{ST_B}=0$，$\overline{ST_C}=0$

4）用4选1数据选择器实现函数$Y=A_1A_0+\overline{A}_1A_0$，应使（　　）。

A. $D_0=D_2=0$，$D_1=D_3=1$　　B. $D_0=D_2=1$，$D_1=D_3=0$

C. $D_0=D_1=0$，$D_2=D_3=1$　　D. $D_0=D_1=1$，$D_2=D_3=0$

5）8路数据分配器，其地址输入端有（　　）个。

A. 1　　B. 2　　C. 3　　D. 4　　E. 8

2. 项目功能测试

分组汇报项目的学习与制作情况，通电演示电路功能，并回答有关问题。

3. 项目评价标准

项目评价表体现了项目评价标准及分值分配参考标准，如表3-12所示。

表3-12　项目评价表

项目	内容	分值	考核要求	扣分标准	评价主体			得分
					教师 60%	学生		
						自评 20%	互评 20%	
学习态度	1. 学习积极性 2. 遵守纪律 3. 安全操作规程	10	积极参加学习、遵守安全操作规程和劳动纪律、团结协作，有敬业精神	违反操作规程扣10分，其余不达标酌情扣分				
理论知识测试	项目相关知识点	20	能够掌握项目的相关理论知识	理论测试折合分值				
元器件识别与检测	1. 元器件识别 2. 元器件逻辑功能检测	20	能正确识别元器件；会检测逻辑功能	不能识别元器件，每个扣1分；不会检测逻辑功能，每个扣1分				

（续）

项目	内容	分值	考核要求	扣分标准	评价主体			得分
					教师 60%	学生		
						自评 20%	互评 20%	
电路制作	按电路设计装接	20	电路装接符合工艺标准，布局规范，走线美观	电路装接不规范，每处扣1分；电路接错每处扣5分				
电路测试	1. 电路静态测试 2. 电路动态测试	30	电路无短路、断路现象。能正确显示电路功能	电路有短路、断路现象，每处扣10分；不能正确显示逻辑功能，每处扣5分				
合计								
注：各项配分扣完为止								

3.6 项目拓展

3.6.1 3位数码显示电路

利用74LS48实现3位数码显示电路如图3-27所示。

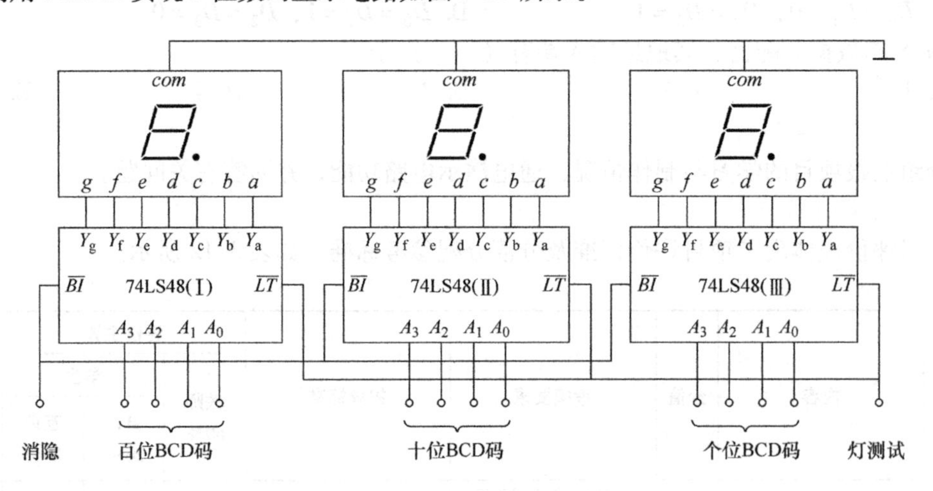

图3-27　利用74LS48实现3位数码显示电路

数码管采用共阴极LED数码管，公共端接地，LED数码管笔段a、b、c、d、e、f、g分别接3位74LS48输出端Y_a、Y_b、Y_c、Y_d、Y_e、Y_f、Y_g。3位74LS48输入端A_3、A_2、A_1、A_0端分别接百位、十位和个位的BCD码信号，A_0为低位端，A_3为高位端。

3位74LS48的输入端$\overline{BI}$端连在一起，不需要闪烁显示时，可悬空。需要闪烁显示时，该端可输入方波脉冲，脉冲宽度为100～500ms。3位74LS48的$\overline{LT}$端连在一起，接低电平时，可测3位LED数码管笔段是否完整有效，以及初步判定显示电路能否正常工作。

说明：如选用74LS47实现3位显示电路，则数码管采用共阳极LED数码管。

3.6.2 8位数码显示电路

这里介绍用CC4511组成的8位数码显示电路。CC4511为CMOS4000系列7段显示译码器，其引脚图如图3-28所示。表3-13为CC4511功能表。$\overline{LT}$为灯测试控制端，$\overline{LT}=0$，全亮。$\overline{BI}$为消隐控制端，$\overline{BI}=0$，全暗。LE为数据锁存控制端，$LE=0$，允许从$A_3 \sim A_0$输入BCD码数据，刷新显示；$LE=1$，维持原显示状态。

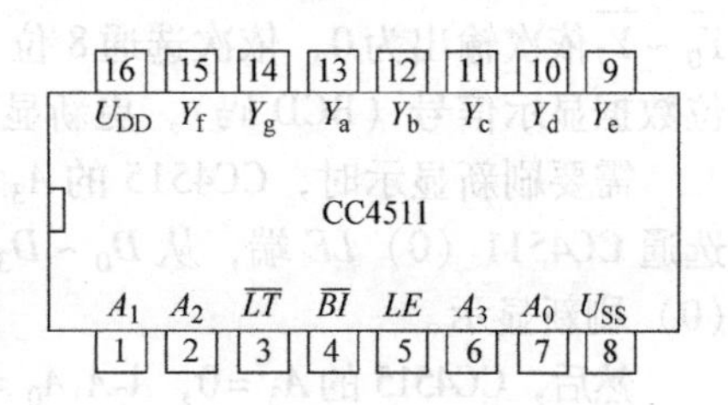

图3-28 CC4511引脚图

表3-13 CC4511功能表

LE	$\overline{BI}$	$\overline{LT}$	A_3	A_2	A_1	A_0	显示数字
×	×	0	×	×	×	×	全亮
×	0	1	×	×	×	×	全暗
1	1	1	×	×	×	×	维持
0	1	1	0000~1001				0~9
0	1	1	1010~1001				全暗

用CC4511组成8位数码显示电路，每位CC4511需要4根数据线和1根控制线，8位共需40根连线，使得电路非常复杂。为此采用数据公共通道（称为数据总线）和地址译码选通。8位数码显示电路如图3-29所示。电路说明如下。

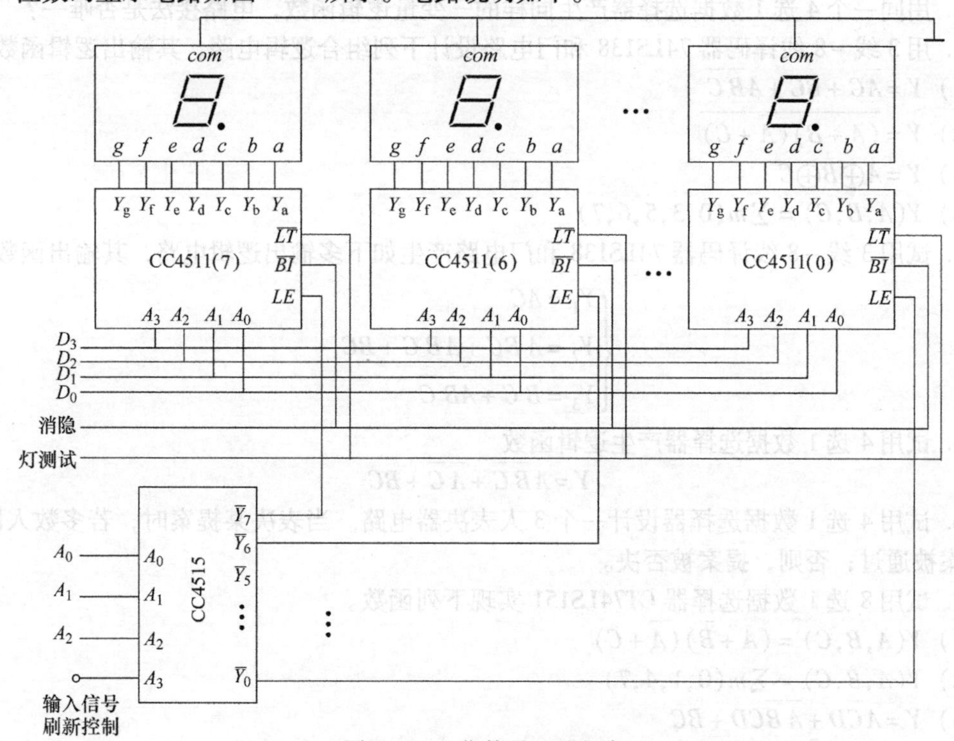

图3-29 8位数码显示电路

CC4511数据输入端为$A_0 \sim A_3$，将8位CC4511的数据线相应端连在一起，即每位的A_0连在一起，A_1连在一起，……；分别由数据总线$D_0 \sim D_3$输入。

8 位 CC4511 数据锁存控制端 LE 由 1 片 CC4515 选通。CC4515 为 4 线 - 16 线译码器，输出端$\overline{Y_0} \sim \overline{Y_{15}}$低电平有效，取其低 8 位$\overline{Y_0} \sim \overline{Y_7}$控制 8 位 CC4515 的 LE 端，CC4515 的输入端 $A_0 \sim A_3$，用其 $A_0 \sim A_2$，A_3 作为输入信号控制端。当 $A_3 = 0$，$A_0A_1A_2$ 依次为 000 ~ 111 时，$\overline{Y_0} \sim \overline{Y_7}$依次输出为0，依次选通 8 位 CC4511 锁存控制端 LE，同时依次分别从 $D_0 \sim D_3$ 输入 8 位数据显示信号（BCD 码），更新显示数据。

需要刷新显示时，CC4515 的 $A_3 = 0$，$A_2A_1A_0 = 000$，此时 CC4515 的$\overline{Y_0} = 0$，$\overline{Y_1} \sim \overline{Y_7} = 1$，选通 CC4511（0）$LE$ 端，从 $D_0 \sim D_3$ 输入第 0 位（最低位）显示数字（BCD 码），CC4511（0）刷新显示。

然后，CC4515 的 $A_3 = 0$，$A_2A_1A_0 = 001$，此时 CC4515 的$\overline{Y_0} = 1$，$\overline{Y_1} = 0$，$\overline{Y_2} \sim \overline{Y_7} = 1$。$\overline{Y_0} = 1$，使 CC4511（0）锁存已刷新的显示数字，$\overline{Y_1} = 0$，选通 CC4511（1）$LE$ 端，然后从 $D_0 \sim D_3$ 输入第 1 位（次低位）显示数字（BCD 码），CC4511（1）刷新显示。依次类推，直至 8 位显示全部刷新。

刷新完毕，令 CC4511 的 $A_3 = 1$，则$\overline{Y_0} \sim \overline{Y_7}$全为 1，8 位 CC4511 均不接收 $D_0 \sim D_3$ 的数据输入信号，稳定锁存并显示以前输入刷新的数据。

8 位 CC4515 的$\overline{BI}$端（消隐控制端）连在一起，可作为闪烁显示控制和灯测试控制（均低电平有效）。

练习与提高

1. 数据选择器输入数据的位数和输入地址的位数之间应满足怎样的定量关系？

2. 用同一个 4 选 1 数据选择器产生同样的三变量逻辑函数，电路接法是否唯一？

3. 用 3 线 - 8 线译码器 74LS138 和门电路设计下列组合逻辑电路，其输出逻辑函数为

1）$Y = \overline{A}C + BC + A\overline{B}\,\overline{C}$

2）$Y = \overline{(A + B)(\overline{A} + C)}$

3）$Y = A \oplus B \oplus C$

4）$Y(A,B,C) = \sum m(0,3,5,6,7)$

4. 试用 3 线 - 8 线译码器 74LS138 和门电路产生如下多输出逻辑电路，其输出函数为

$$\begin{cases} Y_1 = AC \\ Y_2 = \overline{A}\,\overline{B}C + A\overline{B}\,\overline{C} + BC \\ Y_3 = \overline{B}\,\overline{C} + AB\overline{C} \end{cases}$$

5. 试用 4 选 1 数据选择器产生逻辑函数

$$Y = A\overline{B}\,\overline{C} + \overline{A}\,\overline{C} + BC$$

6. 试用 4 选 1 数据选择器设计一个 3 人表决器电路。当表决某提案时，若多数人同意，则提案被通过；否则，提案被否决。

7. 试用 8 选 1 数据选择器 CT74LS151 实现下列函数。

1）$Y(A,B,C) = (A + \overline{B})(\overline{A} + C)$

2）$Y(A,B,C) = \sum m(0,1,4,7)$

3）$Y = A\overline{C}D + \overline{A}\,\overline{B}CD + BC$

4）$Y(A,B,C,D) = \sum m(0,2,5,7,9,10,12,15)$

5）$Y(A,B,C,D) = \sum m(0,1,2,5,8,10,11,12,13)$

6）$Y(A,B,C,D) = \sum m(1,3,5,7,10,14,15)$

项目4　4位二进制数加法数码显示电路的制作

4.1　项目描述

本项目制作的二进制数加法数码显示电路由74LS283、74LS48、BS201等元器件组成。项目的相关知识点：半加器、全加器、比较器等。技能训练：全加器和数值比较器的逻辑功能验证，通过项目的实施，使读者掌握相关知识，提高职业素养。

4.1.1　项目目标

1. 知识目标

1）掌握半加器、全加器的功能及构成多位加法器的方法。

2）掌握数值比较器的功能及数值比较器的扩展方法。

3）熟悉4位二进制加法数码显示电路的原理。

2. 技能目标

1）掌握半加器、全加器的功能和应用。

2）掌握4位数值比较器74LS85的功能和应用。

3）熟悉集成全加器和数值比较器的应用。

4）完成二进制数加法数码显示电路的设计与制作。

3. 职业素养

1）严谨的思维习惯、认真的科学态度和良好的学习方法。

2）遵守纪律和安全操作规程，训练积极，具有敬业精神。

3）具有团队意识，建立相互配合、协作和良好的人际关系。

4）具有创新意识，形成良好的职业道德。

4.1.2　项目说明

计算器能够进行数学运算，在现代生活中广泛应用，而二进制数加法数码显示电路是构成计算器的基础。本项目是应用74LS85来制作4位二进制数加法数码显示电路。

1. 项目要求

二进制数加法数码显示电路能实现4位二进制数相加，并能通过译码显示电路实现数码显示。

2. 项目实施引导

1）小组制订工作计划。

2）熟悉4位二进制数加法数码显示电路。

3）备齐电路所需元器件，并完成元器件的检测。

4）画出二进制数加法数码显示电路的安装布线图。

5）根据电路布线图，安装二进制数加法数码显示电路。

6）完成二进制数加法数码显示电路的功能检测和故障排除。

7）通过小组讨论，完成电路的详细分析，编写项目实训报告。

4.2 项目资讯

4.2.1 加法器

在计算机中，二进制数的加、减、乘、除运算往往是转化为加法进行的，所以，加法器是计算机中的基本运算单元。加法器分为半加器和全加器，一位全加器是组成加法器的基础，而半加器是组成全加器的基础。

4.2.1 加法器

1. 半加器

两个一位二进制数的相加运算称为半加，实现半加运算功能的电路称为半加器。

半加器的输入是加数 A、被加数 B，输出是本位和 S、进位 C，根据二进制数加法运算规则，半加器的真值表如表 4-1 所示。

表 4-1 半加器的真值表

输入		输出	
A	***B***	***S***	***C***
0	0	0	0
0	1	1	0
1	0	1	0
1	1	0	1

根据真值表可写出表达式

$$S=\overline{A}B+A\overline{B}=A\oplus B$$

$$C=AB$$

根据表达式，可以画出半加器的逻辑图和逻辑符号，如图 4-1 所示。

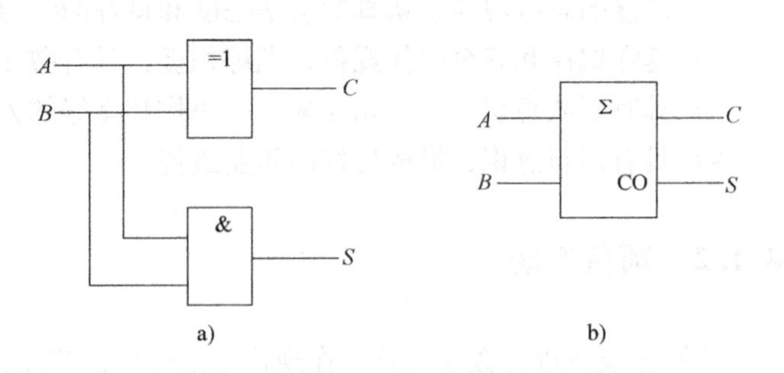

图 4-1 半加器的逻辑图和逻辑符号

a）逻辑图 b）逻辑符号

2. 全加器

当将两个多位二进制数相加时，除了将两个同位数相加外，还应加上来自相邻低位的进位，实现这种运算的电路称为全加器。

全加器具有 3 个输入端，A_i、B_i 为加数和被加数，C_{i-1}为来自低位的进位输入；两个输出端为 S_i 和 C_i，其中，S_i为本位和输出 C_i为向高位的进位输出。

根据全加器的加法规则，可列出全加器的真值表见表 4-2。

根据真值表，可写出输出逻辑表达式

$$S_i=\overline{A_i}\,\overline{B_i}C_{i-1}+\overline{A_i}B_i\overline{C_{i-1}}+A_i\overline{B_i}\,\overline{C_{i-1}}+A_iB_iC_{i-1}$$

$$C_i = \overline{A_i}B_iC_{i-1} + A_i\overline{B_i}C_{i-1} + A_iB_i\overline{C_{i-1}} + A_iB_iC_{i-1}$$

表 4-2　全加器的真值表

输入			输出	
A_i	B_i	C_{i-1}	S_i	C_i
0	0	0	0	0
0	0	1	1	0
0	1	0	1	0
0	1	1	0	1
1	0	0	1	0
1	0	1	0	1
1	1	0	0	1
1	1	1	1	1

在对上述两式进行化简后得

$$S_i = A_i \oplus B_i \oplus C_{i-1}$$

$$C_i = A_iB_i + C_{i-1}(A_i \oplus B_i)$$

根据上述结果，可画出全加器的逻辑图和逻辑符号，如图 4-2 所示。

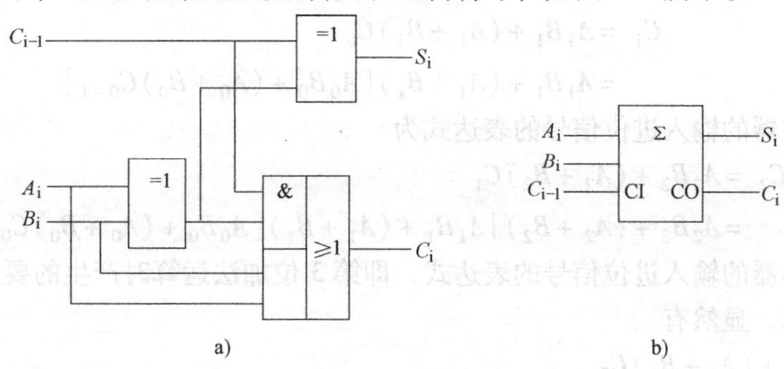

图 4-2　全加器的逻辑图和逻辑符号

a）逻辑图　b）逻辑符号

3. 多位加法器

半加器和全加器只能实现一位二进制数相加，而实际更多的是多位二进制数相加，这就要用到多位加法器。能够实现多位二进制数加法运算的电路称为多位加法器，按照相加的方式不同，又可分为串行进位加法器和超前进位加法器。

（1）串行进位加法器

要进行多位数相加，最简单的方法是将多个全加器进行级联，能够实现这种级联的电路称为串行进位加法器。图 4-3 所示的是 4 位串行进位加法器。从图中可见，两个 4 位相加数 $A_3A_2A_1A_0$ 和 $B_3B_2B_1B_0$ 的各位同时被送到相应全加器的输入端，进位数串行传送。全加器的个数等于相加数的位数，最低位全加器的 C_{i-1} 端应接 0。

串行进位加法器的优点是电路比较简单，缺点是运算速度比较慢。因为进位信号是串行传递，图 4-3 中最后一位的进位输出 C_3 要经过 4 位全加器传递之后才能形成。如果位数增加，传输延迟时间就会更长，工作速度会更慢。串行进位加法器常用在运算速度不高的场合，当要求运算速度较高时，可采用超前进位加法器。

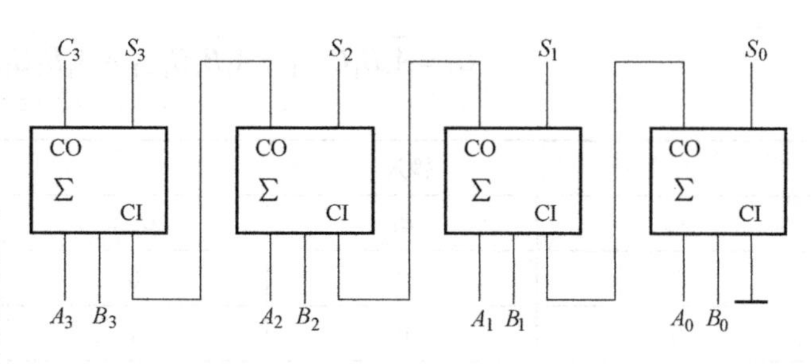

图 4-3 4 位串行进位加法器

（2）超前进位加法器

为了提高速度，人们设计了一种多位数快速进位（又称为超前进位）的加法器。所谓快速进位，是指在加法运算过程中，各级进位信号同时被送到各位全加器的进位输入端。目前的集成加法器大多采用这种方法。

由全加器的进位表达式

$$
\begin{aligned}
C_i &= \overline{A_i}B_iC_{i-1} + A_i\overline{B_i}C_{i-1} + A_iB_i\overline{C}_{i-1} + A_iB_iC_{i-1} \\
&= \overline{A_i}B_iC_{i-1} + A_iB_iC_{i-1} + A_i\overline{B_i}C_{i-1} + A_iB_iC_{i-1} + A_iB_i\overline{C}_{i-1} + A_iB_iC_{i-1} \\
&= A_iB_i + A_iC_{i-1} + B_iC_{i-1} \\
&= A_iB_i + (A_i + B_i)C_{i-1}
\end{aligned}
$$

可知，在 4 位二进制加法器中，第 1 位全加器的输入进位信号的表达式为

$$C_0 = A_0B_0 + (A_0 + B_0)C_{0-1}$$

第 2 位全加器的输入进位信号的表达式为

$$
\begin{aligned}
C_1 &= A_1B_1 + (A_1 + B_1)C_0 \\
&= A_1B_1 + (A_1 + B_1)[A_0B_0 + (A_0 + B_0)C_{0-1}]
\end{aligned}
$$

第 3 位全加器的输入进位信号的表达式为

$$
\begin{aligned}
C_2 &= A_2B_2 + (A_2 + B_2)C_1 \\
&= A_2B_2 + (A_2 + B_2)\{A_1B_1 + (A_1 + B_1)[A_0B_0 + (A_0 + B_0)C_{0-1}]\}
\end{aligned}
$$

第 4 位全加器的输入进位信号的表达式，即第 3 位加法运算时产生的要送给更高位的进位信号的表达式，显然有

$$
\begin{aligned}
C_3 &= A_3B_3 + (A_3 + B_3)C_2 \\
&= A_3B_3 + (A_3 + B_3)\{A_2B_2 + (A_2 + B_2)\{A_1B_1 + (A_1 + B_1)[A_0B_0 + (A_0 + B_0)C_{0-1}]\}\}
\end{aligned}
$$

可以看出，只要 A_3、A_2、A_1、A_0、B_3、B_2、B_1、B_0 和 C_{0-1} 给出之后，便可按上述表达式直接确定 C_3、C_2、C_1、C_0。因此，如果用门电路实现上述逻辑关系，并将结果送到相应的全加器的进位输入端，就会极大地提高加法运算速度，因为高位的全加运算再也不需要等待了。4 位超前进位加法器就是由 4 个全加器和相应的进位逻辑电路组成的。4 位二进制超前进位加法器如图 4-4 所示。

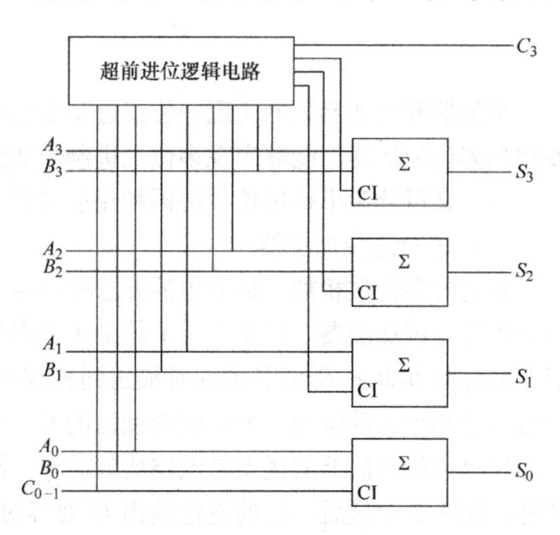

图 4-4 4 位二进制超前进位加法器

CT74LS283 是一种典型的快速进位的集成 4 位加法器，其逻辑符号如图 4-5 所示。

一片 CT74LS283 只能进行 4 位二进制数

的加法运算，如果将多片 CT74LS283 进行级联，就可扩展加法运算的位数。

【例 4-1】　用 CT74LS283 组成 8 位二进制数的加法运算。

解：两个 8 位二进制数的加法运算需要用两片 CT74LS283 才能实现，其连接电路如图 4-6 所示。

图 4-5　集成 4 位加法器 CT74LS283 的逻辑符号

4. 集成加法器的应用

如果使产生的逻辑函数能化成输入变量与输入变量或者输入变量与常量在数值上相加的形式，那么这时用加法器来设计这个组合逻辑电路就往往会变得非常简单。

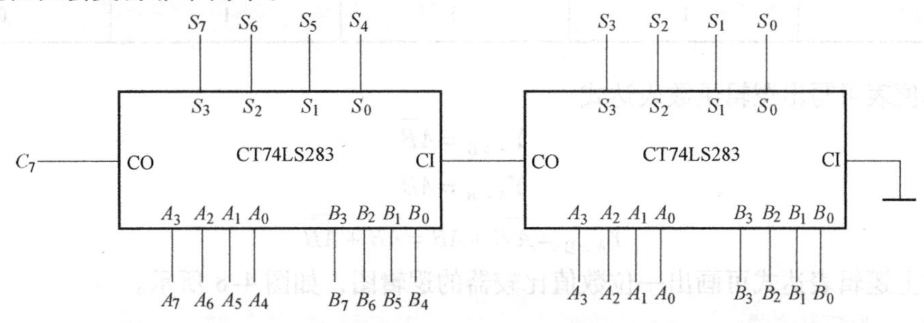

图 4-6　用两片 CT74LS283 组成的 8 位二进制数加法器的连接电路

【例 4-2】　用 CT74LS283 实现 8421BCD 码到余 3 码的转换。

解：对同一个十进制数符，余 3 码比 8421BCD 码多 3。因此，实现 8421BCD 码到余 3 码的转换，只需从 8421BCD 码加 3(0011) 即可，即

$$S_3S_2S_1S_0 = 8421\text{BCD} + 0011$$

所以，从 CT74LS283 的 $A_3A_2A_1A_0$ 输入 8421BCD，$B_3\ B_2\ B_1\ B_0$ 接固定代码 0011，从 $S_3S_2S_1S_0$ 输出即余 3 码，实现了相应的转换。用 CT74LS283 实现 8421BCD 码到余 3 码转换的逻辑图如图 4-7所示。

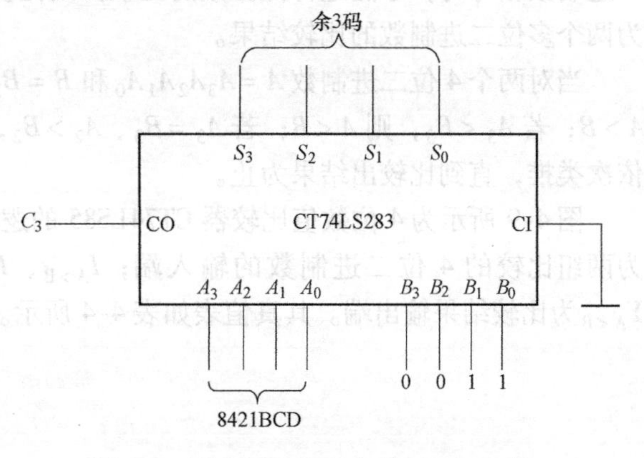

图 4-7　用 CT74LS283 实现 8421BCD 码到余 3 码转换的逻辑图

4.2.2　数值比较器

对两个位数相同的二进制整数进行数值比较并判定其大小关系的逻辑电路称为数值比较器。

4.2.2　数值比较器

1. 一位数值比较器

当对两个一位二进制数 A、B 进行比较时，其结果有以下 3 种情况：即 $A>B$、$A=B$、$A<B$。比较结果分别用 $Y_{A>B}$、$Y_{A=B}$、$Y_{A<B}$ 表示。

设$A>B$时，$Y_{A>B}=1$；$A=B$时，$Y_{A=B}=1$；$A<B$时，$Y_{A<B}=1$。由此可列出如表4-3所示的一位数值比较器的真值表。

表4-3 一位数值比较器的真值表

输入		输出		
A	B	$Y_{A>B}$	$Y_{A=B}$	$Y_{A<B}$
0	0	0	1	0
0	1	0	0	1
1	0	1	0	0
1	1	0	1	0

由真值表可写出逻辑函数表达式

$$Y_{A>B}=A\overline{B}$$

$$Y_{A<B}=\overline{A}B$$

$$Y_{A=B}=\overline{A}\,\overline{B}+AB=\overline{\overline{A}B+A\overline{B}}$$

由以上逻辑表达式可画出一位数值比较器的逻辑图，如图4-8所示。

2. 多位数值比较器

当对两个多位二进制数进行比较时，需从高位到低位逐位进行比较。只有在高位相应的二进制数相等时，才能进行低位数的比较。当比较到某一位二进制数不等时，其比较结果便为两个多位二进制数的比较结果。

当对两个4位二进制数$A=A_3A_2A_1A_0$和$B=B_3B_2B_1B_0$进行大小比较时，若$A_3>B_3$，则$A>B$；若$A_3<B_3$，则$A<B$；若$A_3=B_3$、$A_2>B_2$，则$A>B$；若$A_3=B_3$、$A_2<B_2$，则$A<B$。依次类推，直到比较出结果为止。

图4-9所示为4位数值比较器CT74LS85的逻辑功能示意图。图中$A_3A_2A_1A_0$和$B_3B_2B_1B_0$为两组比较的4位二进制数的输入端；$I_{A>B}$、$I_{A<B}$、$I_{A=B}$为级联输入端；$Y_{A>B}$、$Y_{A=B}$、$Y_{A<B}$为比较结果输出端。其真值表如表4-4所示。

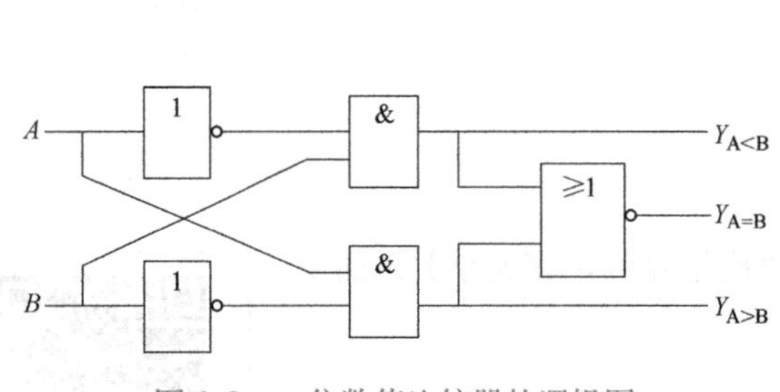

图4-8 一位数值比较器的逻辑图

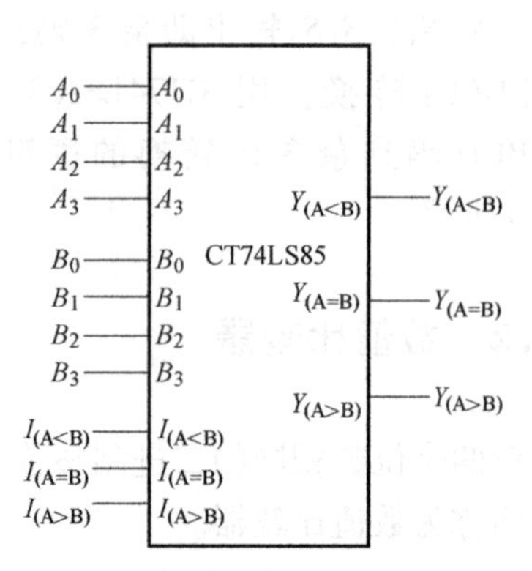

图4-9 4位数值比较器CT74LS85的逻辑功能示意图

表 4-4　4 位数值比较器 CT74LS85 的真值表

输入				级联输入			输出		
A_3B_3	A_2B_2	A_1B_1	A_0B_0	$I_{A>B}$	$I_{A<B}$	$I_{A=B}$	$Y_{A>B}$	$Y_{A<B}$	$Y_{A=B}$
$A_3>B_3$	×	×	×	×	×	×	1	0	0
$A_3<B_3$	×	×	×	×	×	×	0	1	0
$A_3=B_3$	$A_2>B_2$	×	×	×	×	×	1	0	0
$A_3=B_3$	$A_2<B_2$	×	×	×	×	×	0	1	0
$A_3=B_3$	$A_2=B_2$	$A_1>B_1$	×	×	×	×	1	0	0
$A_3=B_3$	$A_2=B_2$	$A_1<B_1$	×	×	×	×	0	1	0
$A_3=B_3$	$A_2=B_2$	$A_1=B_1$	$A_0>B_0$	×	×	×	1	0	0
$A_3=B_3$	$A_2=B_2$	$A_1=B_1$	$A_0<B_0$	×	×	×	0	1	0
$A_3=B_3$	$A_2=B_2$	$A_1=B_1$	$A_0=B_0$	1	0	0	1	0	0
$A_3=B_3$	$A_2=B_2$	$A_1=B_1$	$A_0=B_0$	0	1	0	0	1	0
$A_3=B_3$	$A_2=B_2$	$A_1=B_1$	$A_0=B_0$	0	0	1	0	0	1

3. 数值比较器的扩展

利用数值比较器的级联输入端可以很方便地构成更多位的数值比较器。

【例 4-3】　试用两片 CT74LS85 构成一个 8 位数值比较器。

解：根据多位数值比较规则，在高位数相等时，比较结果取决于低位数。因此，应将两个 8 位二进制数的高 4 位接到高位片上，低 4 位接到低位片上。

图 4-10 所示为根据上述要求用两片 CT74LS85 构成一个 8 位数值比较器。两个 8 位二进制数的高 4 位 $A_7A_6A_5A_4$ 和 $B_7B_6B_5B_4$ 接到高位片 CT74LS85（2）的数据输入端上，而低 4 位数 $A_3A_2A_1A_0$ 和 $B_3B_2B_1B_0$ 接到低位片 CT74LS85（1）的数据输入端上，并将低位片的比较输出端 $Y_{A>B}$、$Y_{A=B}$、$Y_{A<B}$ 和高位片的级联输入端 $I_{A>B}$、$I_{A<B}$、$I_{A=B}$ 对应相连。

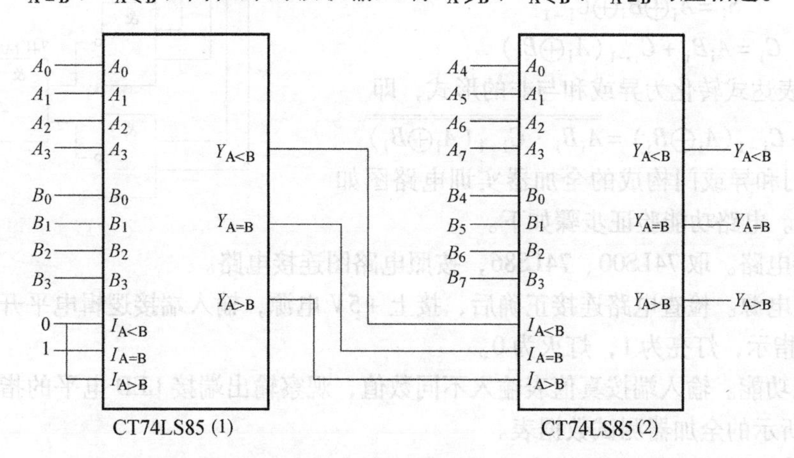

图 4-10　用两片 CT74LS85 构成的一个 8 位数值比较器

低位数值比较器的级联输入端应取 $I_{A>B}=I_{A<B}=0$、$I_{A=B}=1$，这样，当两个 8 位二进制数相等时，比较器的总输出 $Y_{A=B}=1$。

4.3 技能训练

4.3.1 全加器、数值比较器逻辑功能实验测试

1. 训练目标

1）验证全加器、数值比较器的逻辑功能。

2）掌握逻辑门电路74LS00、74LS86、74LS85的应用。

2. 训练器材

1）直流稳压电源1台。

2）万用表1块。

3）集成电路芯片74LS00、74LS86、74LS85各1片。

4）逻辑开关8个。

5）电阻1kΩ 8只、200Ω 3只。

6）LED 3只。

3. 训练内容

（1）全加器逻辑功能验证

当将两个多位二进制数相加时，除了将两个同位数相加外，还应加上来自相邻低位的进位。实现这种运算的电路称为全加器。

全加器具有3个输入端，A_i、B_i为加数和被加数，C_{i-1}为来自低位的进位输入；两个输出端为S_i和C_i，其中S_i为本位和输出，C_i为向高位的进位输出。

输出逻辑表达式为

$$S_i = A_i \oplus B_i \oplus C_{i-1}$$

$$C_i = A_iB_i + C_{i-1}(A_i \oplus B_i)$$

将C_i的表达式转化为异或和与非的形式，即

$$C_i = A_iB_i + C_{i-1}(A_i \oplus B_i) = \overline{\overline{A_iB_i} \cdot \overline{C_{i-1}(A_i \oplus B_i)}}$$

用与非门和异或门构成的全加器实训电路图如图4-11所示。电路功能验证步骤如下。

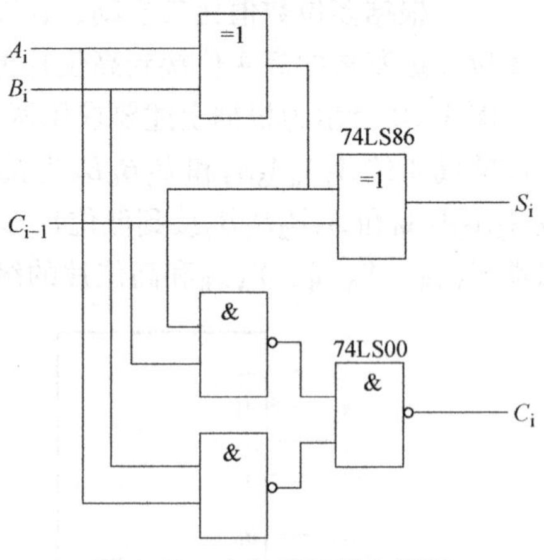

图4-11　全加器实训电路图

1）连接电路。取74LS00、74LS86，按照电路图连接电路。

2）连接电源。检查电路连接正确后，接上+5V电源，输入端接逻辑电平开关，输出端接LED电平指示，灯亮为1，灯灭为0。

3）验证功能。输入端按真值表输入不同数值，观察输出端接LED电平的指示，将结果填入表4-5所示的全加器测试数据表。

（2）数值比较器逻辑功能验证

对两个位数相同的二进制整数进行数值比较并判定其大小关系的逻辑电路称为数值比较器。如两个多位二进制数进行比较时，则需从高位到低位逐位进行比较。只有在高位相应的二进制数相等时，才能进行低位数的比较。当比较到某一位二进制数不等时，其比较结果便

为两个多位二进制数的比较结果。

表 4-5　全加器测试数据表

输入			输出	
A_i	B_i	C_{i-1}	S_i	C_i
0	0	0		
0	0	1		
0	1	0		
0	1	1		
1	0	0		
1	0	1		
1	1	0		
1	1	1		

比较器功能测试电路如图 4-12 所示。

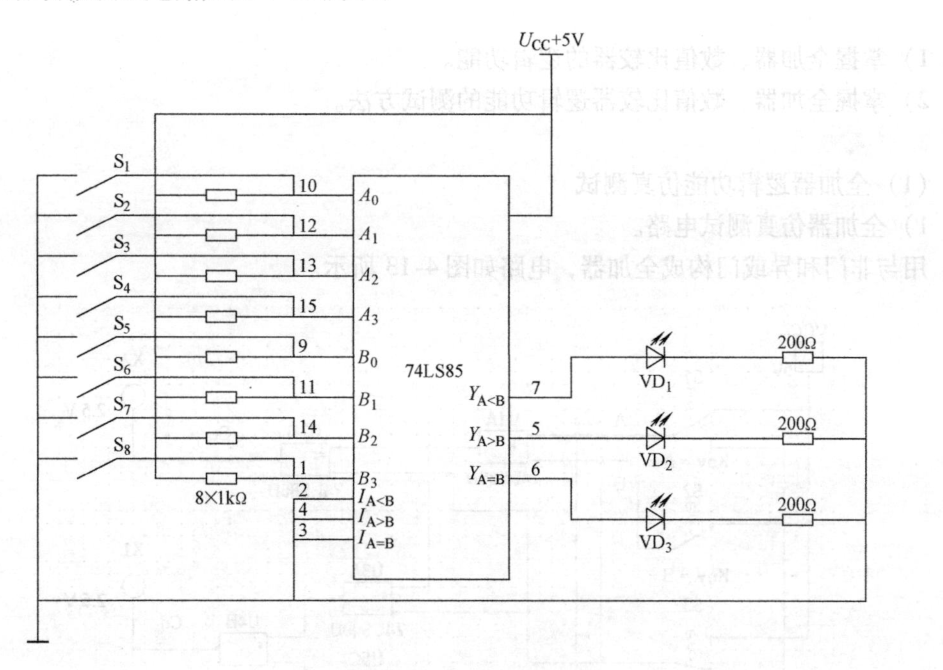

图 4-12　比较器功能测试电路

电路功能验证步骤如下。

1）连接电路。取 74LS85 按照图 4-12 所示连接电路。

2）连接电源。检查电路连接正确后，接上 +5V 电源，输入端接逻辑电平开关，输出端接 LED 电平指示，灯亮为 1，灯灭为 0。

3）验证功能。输入端按真值表输入不同数值，观察输出端接 LED 的电平指示，将结果填入表 4-6 所示的比较器功能测试数据表。

表 4-6 比较器功能测试数据表

输入				级联输入			输出		
A_3B_3	A_2B_2	A_1B_1	A_0B_0	$I_{A>B}$	$I_{A<B}$	$I_{A=B}$	$Y_{A>B}$	$Y_{A<B}$	$Y_{A=B}$
$A_3>B_3$	×	×	×						
$A_3<B_3$	×	×	×						
$A_3=B_3$	$A_2>B_2$	×	×						
$A_3=B_3$	$A_2<B_2$	×	×						
$A_3=B_3$	$A_2=B_2$	$A_1>B_1$	×						
$A_3=B_3$	$A_2=B_2$	$A_1<B_1$	×						
$A_3=B_3$	$A_2=B_2$	$A_1=B_1$	$A_0>B_0$						
$A_3=B_3$	$A_2=B_2$	$A_1=B_1$	$A_0<B_0$						
$A_3=B_3$	$A_2=B_2$	$A_1=B_1$	$A_0=B_0$						

4.3.2 全加器、数值比较器逻辑功能仿真测试

1. 训练目的

1）掌握全加器、数值比较器的逻辑功能。

2）掌握全加器、数值比较器逻辑功能的测试方法。

2. 仿真测试

（1）全加器逻辑功能仿真测试

1）全加器仿真测试电路。

用与非门和异或门构成全加器，电路如图 4-13 所示。

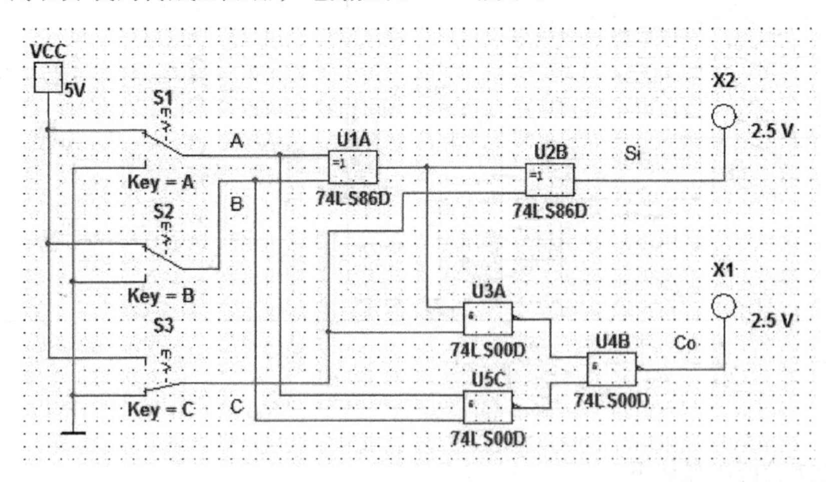

图 4-13 全加器仿真测试电路

2）在 Multisim 电路编辑区，按图 4-13 连接全加器仿真测试电路。

3）打开仿真开关，启动仿真，按下键盘 <A>、<B>、<C> 键控制 S1、S2、S3 分别接入高电平和低电平，确定电路输入 A、B、C 的状态，观察指示灯的亮、灭，确定输出端的状态。按表 4-5 中的数据测试。

（2）1位数值比较器逻辑功能仿真测试

1）1位数值比较器的仿真电路。

当两个1位二进制数A、B进行比较时，其结果有以下三种情况：$A>B$，$A=B$，$A<B$。比较结果分别用$Y_{A>B}$，$Y_{A=B}$，$Y_{A<B}$表示。

设$A>B$时，$Y_{A>B}=1$；$A=B$时，$Y_{A=B}=1$；$A<B$时，$Y_{A<B}=1$。可写出逻辑函数表达式

$$Y_{A>B}=A\overline{B}$$

$$Y_{A<B}=\overline{A}B$$

$$Y_{A=B}=\overline{A}\,\overline{B}+AB=\overline{\overline{A}B+A\overline{B}}$$

由以上逻辑表达式可画出1位数值比较器的仿真电路，如图4-14所示。

2）在Multisim电路编辑区，按图4-14连接全加器仿真测试电路。

3）打开仿真开关，启动仿真，按下键盘<A>、<B>键控制S1、S2分别接入高电平和低电平，确定电路输入A、B的状态，观察指示灯的亮、灭，确定输出端的状态。按表4-6数据测试。

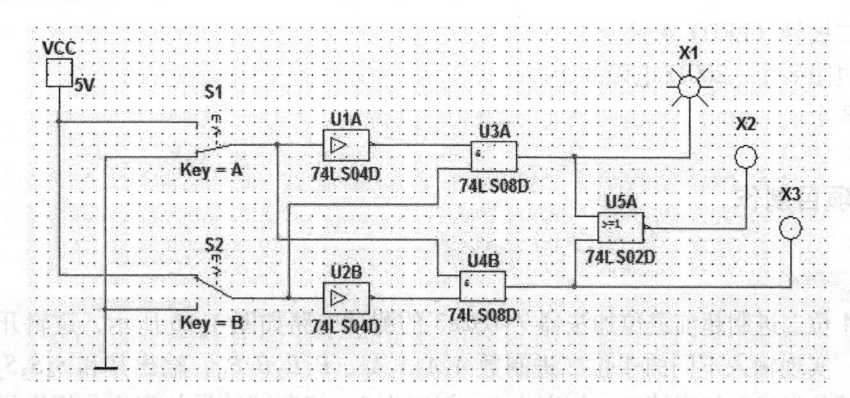

图4-14　比较器仿真测试电路

4.4　项目实施

4.4.1　项目分析

1. 4位二进制数加法数码显示电路

4位二进制数加法数码显示电路如图4-15所示。

2. 电路分析

74LS283为集成4位二进制超前进位加法器，74LS48为集成7段译码驱动器，高电平有效，BS201为共阴极LED显示器。74LS283能够实现两个4位二进制数相加，输入到译码驱动器驱动共阴极LED显示器显示相加结果。

3. 电路元器件型号及参数

集成电路74LS283、74LS48各1片。

数码显示管BS201 1只。

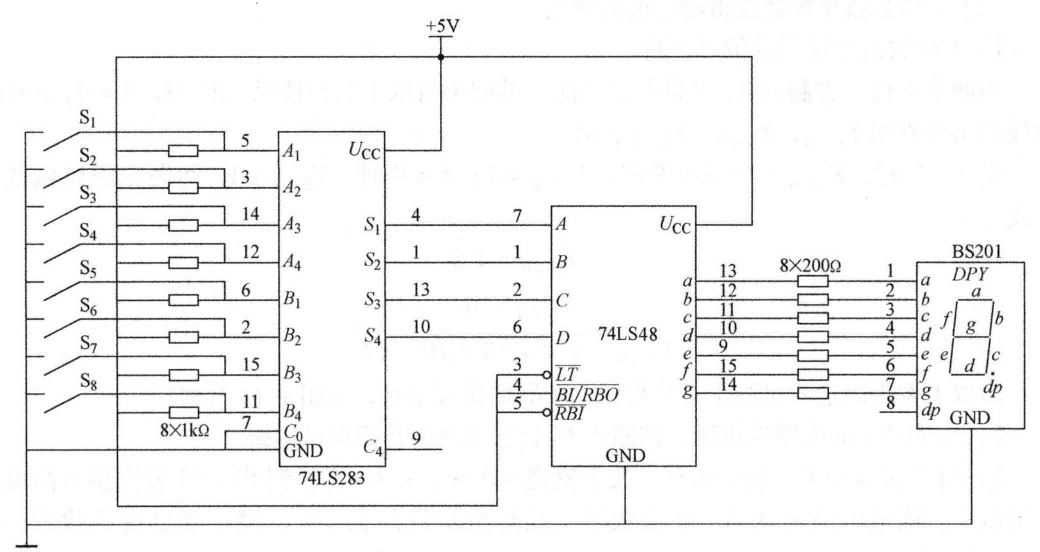

图 4-15　4 位二进制数加法数码显示电路

发光二极管（LED）4 只。

1kΩ 电阻 8 个，200Ω 电阻 8 个。

开关 8 个。

4.4.2　项目制作

1. 元器件检测

集成 4 位二进制超前进位加法器 74LS283 的测试电路如图 4-16 所示，逻辑开关通断的不同组合，实现输入不同的 4 位二进制数 $A_3A_2A_1A_0$、$B_3B_2B_1B_0$，输出其和 $S_4S_3S_2S_1$，观察发光二极管的发光和熄灭情况，灯亮为 1，灯灭为 0。将测试结果与理论分析进行对比，看是否一致，以确定 74LS283 功能是否正常。

电路中其他元器件的检测，与前面项目中的检测方法相同。

2. 电路安装

1）将检测合格的元器件按照图 4-15 所示电路连接安装在面包板上，也可以焊接在万能电路板上。

2）在插接集成电路时，应先校准两排引脚，使之与底板上插孔对应，轻轻用力将电路插上，在确定引脚与插孔吻合后，再稍用力将其插紧，以免将集成电路的引脚弯曲、折断或使接触不良。

3）导线应粗细适当，一般选取直径为 0.6 ~ 0.8mm 的单股导线，最好用不同色线以区分不同用途，如电源线用红色，接地线用黑色。

4）布线应有次序地进行，随意乱接容易造成漏接或接错，较好的方法是，首先接好固定电平点，如电源线、地线、门电路闲置输入端、触发器异步置位复位端等，其次，按信号源的顺序从输入到输出依次布线。

5）连线应避免过长，避免从集成元器件上方跨越，避免多次的重叠交错，以利于布线、更换元器件以及故障检查和排除。

6）电路布线应整齐、美观、牢固。水平导线应尽量紧贴底板，竖直方向的导线可沿边

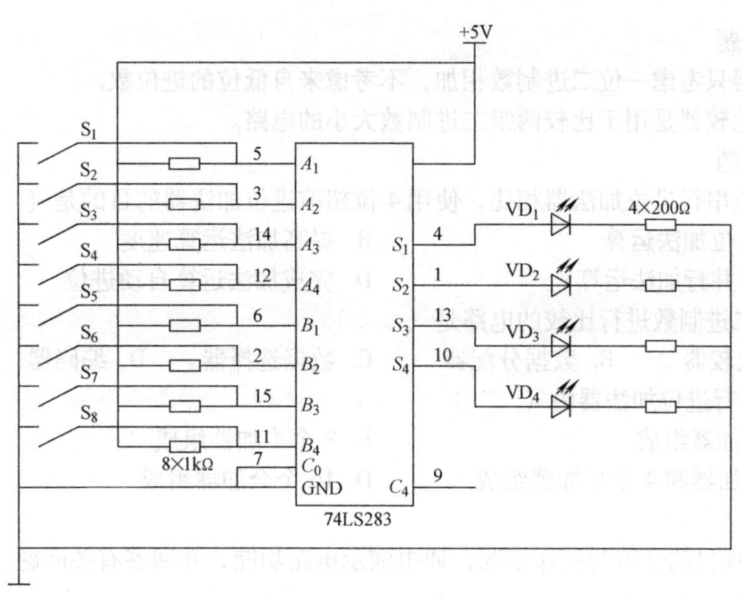

图4-16　74LS283 的测试电路

框四角敷设，导线转弯时的弯曲半径不要过小。

7）安装过程要细心，防止导线绝缘层被损伤，不要让线头、螺钉、垫圈等异物落入安装电路中，以免造成短路或漏电。

8）在完成电路安装后，要仔细检查电路连接，确认无误后方可接通电源。

3. 电路调试

当按下逻辑开关 $S_1 \sim S_8$ 时，74LS283 的输入端实现输入不同的 4 位二进制数 $A_3A_2A_1A_0$、$B_3B_2B_1B_0$。如果电路正常工作，数码管就将依次显示 $A_3A_2A_1A_0$、$B_3B_2B_1B_0$ 和数输出；如果电路不能正确显示，那么电路就存在故障。

4. 故障分析与排除

电路通常有以下几种故障现象，即通电后，按下逻辑电平开关，数码管没有显示，或数码管显示不正确，或数码管显示不稳定。

一般可从以下几点查找故障。

1）查电源。电源电压是否为 +5V，每个芯片是否都接上，各接地点是否可靠接地。

2）查逻辑开关。若电源正常，则应查看逻辑开关是否接错，逻辑开关是否正常。

3）查 74LS283。在前面检查无误后，逐个按下逻辑开关，查看编码器输出是否正确。

4）查 74LS48。查看数码管是否能正常显示，若显示不正确，则应查看与数码管的连接是否正常。

4.5　项目评价

1. 理论测试

（1）填空题

1）全加器有 3 个输入端，它们分别为________、________和________；输出端有两个，分别为________和________。

2）数值比较器的功能是__________，当输入 $A = 1111$ 和 $B = 1101$ 时，则它们比较的结果为______________。

（2）判断题

1）半加器只考虑一位二进制数相加，不考虑来自低位的进位数。（　　）

2）数值比较器是用于比较两组二进制数大小的电路。（　　）

（3）选择题

1）与4位串行进位加法器相比，使用4位超前进位加法器的目的是（　　）。

A. 完成4位加法运算　　B. 提高加法运算速度

C. 完成串并行加法运算　　D. 完成加法运算自动进位

2）能对二进制数进行比较的电路是（　　）。

A. 数值比较器　　B. 数据分配器　　C. 数据选择器　　D. 编码器

3）8位串行进位加法器由（　　）。

A. 8个全加器组成　　B. 8个半加器组成

C. 4个全加器和4个半加器组成　　D. 16个全加器组成

2. 项目功能测试

分组汇报项目的学习与制作情况，通电演示电路功能，并回答有关问题。

3. 项目评价标准

项目评价表体现了项目评价标准及分值分配参考标准，如表4-7所示。

表4-7　项目评价表

项目	内容	分值	考核要求	扣分标准	评价主体			得分
					教师 60%	学生		
						自评 20%	互评 20%	
学习态度	1. 学习积极性 2. 遵守纪律 3. 安全操作规程	10	积极参加学习，遵守安全操作规程和劳动纪律，团结协作，有敬业精神	违反操作规程扣10分，其余不达标酌情扣分				
理论知识测试	项目相关知识点	20	能够掌握项目的相关理论知识	理论测试折合分值				
元器件识别与检测	1. 元器件识别 2. 元器件逻辑功能检测	20	能正确识别元器件；会检测逻辑功能	不能识别元器件，每个扣1分；不会检测逻辑功能，每个扣1分				
电路制作	按电路设计装接	20	电路装接符合工艺标准，布局规范，走线美观	电路装接不规范，每处扣1分；电路接错每处扣5分				
电路测试	1. 电路静态测试 2. 电路动态测试	30	电路无短路、断路现象。能正确显示电路功能	电路有短路、断路现象，每处扣10分；不能正确显示逻辑功能，每处扣5分				
合计								
注：各项配分扣完为止								

4.6 项目拓展

4.6.1 4位二进制数的加法/减法器

加法器也可以用于减法运算，其方法是用被加数加上减数的补码，设两个4位二进制数为$A=A_3A_2A_1A_0$和$B=B_3B_2B_1B_0$，则

$$A-B=A_3A_2A_1A_0-B_3B_2B_1B_0=A_3A_2A_1A_0+\overline{B_3}\,\overline{B_2}\,\overline{B_1}\,\overline{B_0}+1=A+[B]_{补}$$

如$A=1101$，$B=0110$，则$A+[B]_{补}$与$A-B$的运算结果为

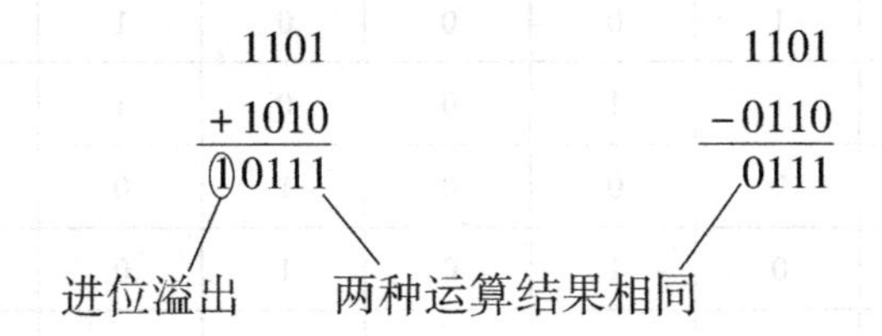

两个正数的加法/减法运算可由图4-17所示的4位二进制的加法/减法器电路完成，图中将进位输入端C_{0-1}作为加法/减法控制变量。当$C_{0-1}=0$时，$B\oplus0=B$，电路执行$A+B$加法运算；当$C_{0-1}=1$时，$B\oplus1=\overline{B}$，电路执行$A-B$减法运算。

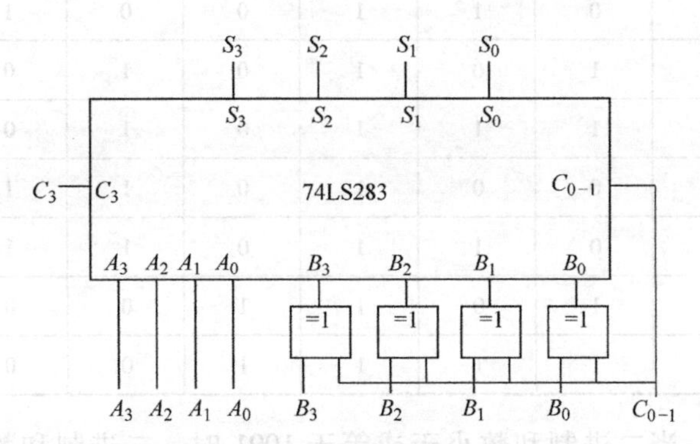

图4-17　4位二进制数的加法/减法器

4.6.2 1位二-十进制加法器

如果要求直接以十进制数进行算术运算，其输入是十进制的8421BCD码形式，输出也是十进制8421BCD码，这样可省去二进制与十进制之间的转换。

二进制加法器的输入是二进制数，输出也是二进制数。如果将两个8421BCD码十进制数输入到一个4位二进制加法器，则加法器的输出将是一个从0～19范围内的二进制和数，如表4-8的左边一栏所示，显然这些和数不是所要求的8421BCD码输出形式，要求的8421BCD码输出形式如表4-8的中间一栏所示。

表 4-8 8421BCD 码加法运算

二进制和数					8421BCD 码和数					十进制数
C_3	S_3	S_2	S_1	S_0	C	S_3	S_2	S_1	S_0	
0	0	0	0	0	0	0	0	0	0	0
0	0	0	0	1	0	0	0	0	1	1
0	0	0	1	0	0	0	0	1	0	2
0	0	0	1	1	0	0	0	1	1	3
0	0	1	0	0	0	0	1	0	0	4
0	0	1	0	1	0	0	1	0	1	5
0	0	1	1	0	0	0	1	1	0	6
0	0	1	1	1	0	0	1	1	1	7
0	1	0	0	0	0	1	0	0	0	8
0	1	0	0	1	0	1	0	0	1	9
0	1	0	1	0	1	0	0	0	0	10
0	1	0	1	1	1	0	0	0	1	11
0	1	1	0	0	1	0	0	1	0	12
0	1	1	0	1	1	0	0	1	1	13
0	1	1	1	0	1	0	1	0	0	14
0	1	1	1	1	1	0	1	0	1	15
1	0	0	0	0	1	0	1	1	0	16
1	0	0	0	1	1	0	1	1	1	17
1	0	0	1	0	1	1	0	0	0	18
1	0	0	1	1	1	1	0	0	1	19

分析表 4-8 可知，当二进制和数小于或等于 1001 时，二进制和数等于 8421BCD 码和数；当二进制和数大于 1001 时，二进制和数不等于 8421BCD 码和数，需要加以校正。校正的方法是将二进制和数加上 0110，就可以得到正确的 8421BCD 码和数，并产生进位输出。所以，进行二 - 十进制数码加法运算需分两步进行：第一步按二进制运算规则进行运算；第二步对运算结果进行判断，若和数大于 1001，则电路自动对和数加上 0110，并在组间产生进位，否则即为最后运算结果。所以一个 1 位二 - 十进制加法器应由两个 4 位二进制加法器和一个加 0110 的校正网络组成。

进一步分析表 4-8，可找出校正条件的逻辑表达式。显然，在二进制和数具有进位输出，即 $C_3=1$ 时，需加以校正；当和数出现 1010 ~ 1111 这 6 种代码之一时，也需要进行校正。所以，校正条件的逻辑表达式为

$$C = C_3 + S_3S_2 + S_3S_1$$

由此得到 1 位二 - 十进制加法器的逻辑图，如图 4-18 所示。

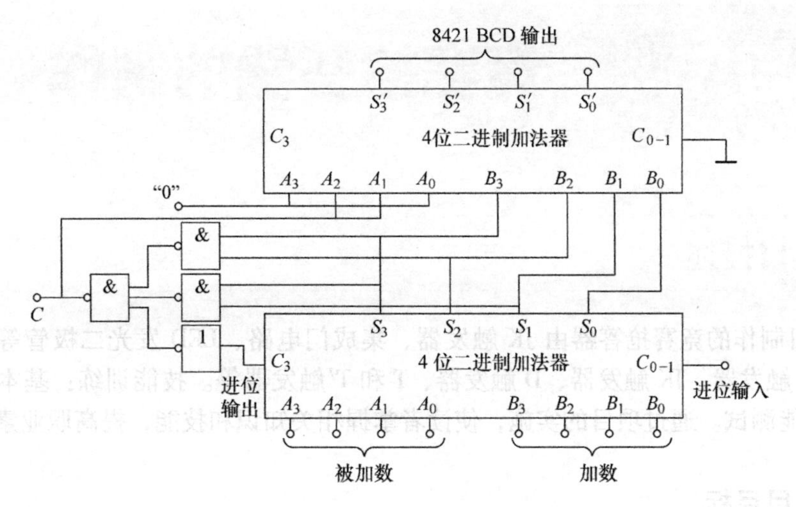

图 4-18　1 位二－十进制加法器的逻辑图

练习与提高

1. 半加器和全加器有何区别？
2. 写出半加器和全加器 S 和 CO 的逻辑表达式，并分别画出其电路逻辑符号。
3. 串行进位加法器和超前进位加法器各有什么优缺点？
4. 超前进位加法器和串行进位加法器相比，为什么其运算速度高？
5. 什么是数值比较器？74LS85 的 3 个级联输入端 $I_{A>B}$、$I_{A<B}$、$I_{A=B}$ 在何时起作用？

项目5　竞赛抢答器的制作

5.1　项目描述

本项目制作的竞赛抢答器由 JK 触发器、集成门电路、LED 发光二极管等组成，相关知识点：RS 触发器、JK 触发器、D 触发器、T 和 T′触发器等。技能训练：基本门电路构成的触发器功能测试。通过项目的实施，使读者掌握相关知识和技能，提高职业素养。

5.1.1　项目目标

1. 知识目标

1）掌握 RS 触发器的结构、工作原理及逻辑功能。

2）掌握 JK 触发器的结构、工作原理及逻辑功能。

3）掌握 D 触发器的结构、工作原理及逻辑功能。

4）掌握 T 和 T′触发器的结构、工作原理及逻辑功能。

2. 技能目标

1）熟悉触发器的功能测试方法及应用。

2）掌握集成触发器的识别、功能及测试方法。

3）完成 4 人智力竞赛抢答器的制作。

3. 职业素养

1）严谨的思维习惯、认真的科学态度和良好的学习方法。

2）遵守纪律和安全操作规程，训练积极，具有敬业精神。

3）具有团队意识，建立相互配合、协作和良好的人际关系。

4）具有创新意识，形成良好的职业道德。

5.1.2　项目说明

在一些娱乐项目、竞赛等活动中，经常用到抢答器。抢答器的基本功能就是能鉴别出首先发出抢答信号的选手，故抢答器也称为第一信号鉴别器。

1. 项目要求

用集成触发器和与非门等元器件制作一个 4 人竞赛抢答电路。要求第一个按下抢答按钮者，其相应的发光二极管发光，表示此人抢答成功；而紧随其后的其他开关再被按下均无效，且指示灯保持第一个开关按下时所对应的状态不变；电路具有复原功能，电路复原后可以进行下一轮抢答。

2. 项目实施引导

1）小组制订工作计划。

2）熟悉触发器组成的智力抢答电路。

3）备齐电路所需元器件，并进行检测。

4）画出竞赛抢答电路的安装布线图。

5）根据电路布线图，完成抢答电路的安装。

6）完成抢答电路的功能检测和故障排除。

7）通过小组讨论，完成电路的详细分析，编写项目实训报告。

5.2 项目资讯

5.2.1 触发器概述

5.2.1　触发器概述

在数字系统中，除了需要各种逻辑运算电路外，还需要有能保存运算结果的逻辑元器件，这就需要具有记忆功能的电路，而触发器就具有这样的功能。

1. 触发器的概念

触发器由逻辑门和反馈电路组成，能够存储和记忆1位二进制数。触发器电路有两个互补的输出端，用 Q 和$\overline{Q}$表示。触发器的特点如下。

1）触发器具有两个能自保持的稳定状态。在没有外加输入信号触发时，触发器保持稳定状态不变。通常用输出端 Q 的状态来表示触发器的状态。$Q=0$，称为触发器处于0态；$Q=1$，称为触发器处于1态。

2）在外加输入信号触发时，触发器可以从一种稳定状态翻转成另一种状态。为了区分触发信号作用前、作用后的触发器状态，通常把触发信号作用前的触发器状态称为初态或者现态（也有称为原态的），用 Q^n表示；把触发信号作用后的触发器状态称为次态，用 Q^{n+1}表示。

触发器的逻辑功能用特性表、激励表（又称为驱动表）、特性方程、状态转换图和波形图（又称为时序图）来描述。

2. 触发器的类别

按照逻辑功能的不同，可将触发器分为RS触发器、JK触发器、D触发器、T和T′触发器。

按触发方式不同，可将触发器分为电平触发器、边沿触发器和主从触发器等。

按照电路结构形式的不同，可将触发器分为基本触发器和时钟触发器。基本触发器是指基本RS触发器。时钟触发器包括同步RS触发器、主从结构触发器和边沿触发器。

按照构成的元器件不同，还可分为TTL触发器和CMOS触发器。

5.2.2 RS触发器

5.2.2　RS触发器

1. 基本RS触发器

（1）基本RS触发器的电路结构

由两个与非门交叉耦合反馈构成基本RS触发器。图5-1所示为其逻辑图和逻辑符号。$\overline{S}$和$\overline{R}$为信号输入端，低电平有效；Q 和$\overline{Q}$为互补输出端。

(2) 逻辑功能

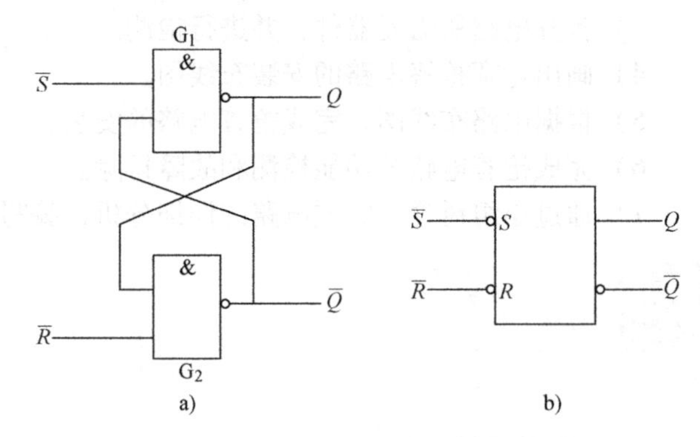

图 5-1 基本 RS 触发器的逻辑图和逻辑符号
a) 逻辑图 b) 逻辑符号

1) 若$\overline{R}=1$、$\overline{S}=1$，则触发器保持稳定状态不变。若触发器初态为 $Q=0$、$\overline{Q}=1$，则触发器自锁稳定为 0 态；若触发器初态为 $Q=1$、$\overline{Q}=0$，则触发器同样可以自锁稳定为 1 态。

2) $\overline{R}=1$、$\overline{S}=0$，触发器被置 1。因$\overline{S}=0$，G_1输出 $Q=1$，这时 G_2输入都为高电平 1，输出$\overline{Q}=0$，故触发器被置 1。使触发器处于 1 态的输入端$\overline{S}$称为置 1 端。

3) $\overline{R}=0$、$\overline{S}=1$，触发器被置 0。因$\overline{R}=0$，G_2输出$\overline{Q}=1$，这时 G_1输入都为高电平 1，输出 $Q=0$，故触发器被置 0。使触发器处于 0 态的输入端$\overline{R}$称为置 0 端。

4) $\overline{R}=0$、$\overline{S}=0$，触发器状态不定。这时触发器输出 $Q=\overline{Q}=1$，这既不是 1 态，也不是 0 态。而在$\overline{R}$和$\overline{S}$同时由 0 变为 1 时，由于 G_1 和 G_2 电气性能的差异，其输出状态无法预知，所以可能是 0 态，也可能是 1 态。这种情况是不允许的。为了保证基本 RS 触发器能正常工作，不出现$\overline{R}$和$\overline{S}$同时为 0 情况，就要求$\overline{R}+\overline{S}=1$ 或 $RS=0$。

(3) 特性表

触发器次态 Q^{n+1}与输入信号和电路原有状态（现态 Q^n）之间关系的真值表，称为特性表。根据基本 RS 触发器的逻辑功能，基本 RS 触发器的特性表如表 5-1 所示。

表 5-1 基本 RS 触发器的特性表

$\overline{R}$	$\overline{S}$	Q^n	Q^{n+1}	说明
0	0	0	×	不允许
0	0	1	×	
0	1	0	0	置 0
0	1	1	0	
1	0	0	1	置 1
1	0	1	1	
1	1	0	0	保持
1	1	1	1	

(4) 特性方程

触发器次态 Q^{n+1}与输入$\overline{R}$、$\overline{S}$及现态 Q^n之间关系的逻辑表达式，称为特性方程。

根据表 5-1 可画出如图 5-2 所示的基本 RS 触发器 Q^{n+1}的卡诺图。由此可求得它的特性方程为

$$\begin{cases}Q^{n+1}=S+\overline{R}Q^n \\ RS=0\text{（约束条件）}\end{cases} \qquad (5\text{-}1)$$

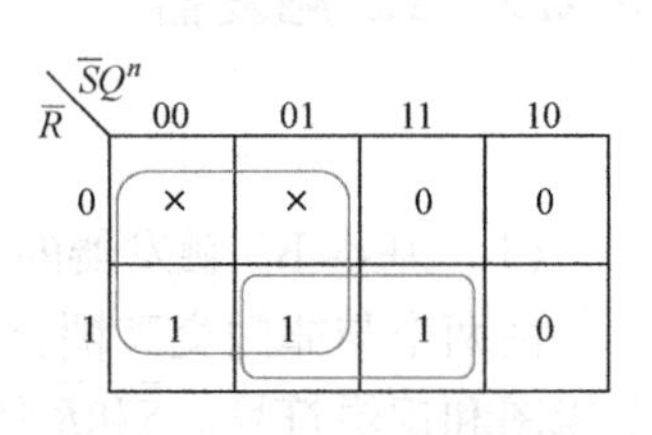

图 5-2 基本 RS 触发器 Q^{n+1}的卡诺图

2. 同步 RS 触发器

在数字系统中，为了协调一致地工作，常常要求触发器在同一时刻动作，为此，必须采用同步脉冲，使这些触发器在同步脉冲作用下，根据输入信号同时改变状态；而在没有同步脉冲输入时，触发器保持原状态不变。这个同步脉冲称为时钟脉冲 CP。具有时钟脉冲的 RS 触发器称为时钟 RS 触发器，又称为同步 RS 触发器。

（1）电路组成

同步 RS 触发器是在基本 RS 触发器的基础上增加了两个由时钟脉冲 CP 控制的门电路 G_3、G_4后组成的，其逻辑图和逻辑符号如图 5-3 所示。图中 CP 为时钟脉冲输入端（简称为钟控端 CP），R 和 S 为信号输入端。

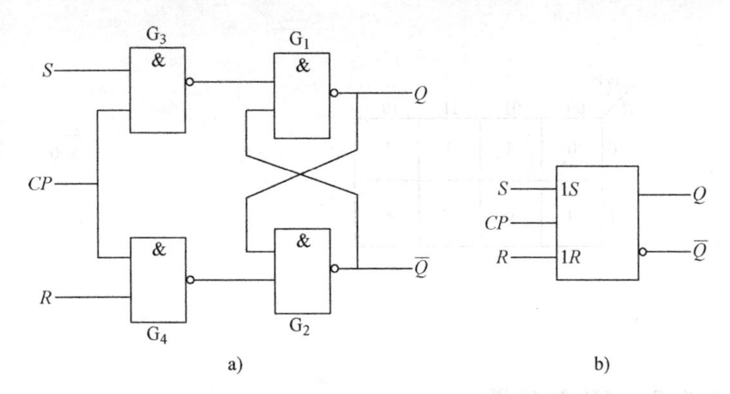

图 5-3　同步 RS 触发器的逻辑图和逻辑符号

a）逻辑图　b）逻辑符号

（2）逻辑功能

当 $CP=0$ 时，G_3、G_4被封锁，都输出 1，这时，不管 R 端和 S 端的信号如何变化，触发器的状态都保持不变，即 $Q^{n+1}=Q^n$。

当 $CP=1$ 时，G_3、G_4解除封锁，R、S 端的输入信号才能通过这两个门使基本 RS 触发器的状态翻转，其输出状态仍由 R、S 端的输入信号和电路的原有状态 Q^n决定。同步 RS 触发器的特性表如表 5-2 所示。

表 5-2　同步 RS 触发器的特性表

R	S	Q^n	Q^{n+1}	说明
0	0	0	0	保持
0	0	1	1	
0	1	0	1	置 1
0	1	1	1	
1	0	0	0	置 0
1	0	1	0	
1	1	0	×	状态不定
1	1	1	×	

由表可看出，在 $R=S=1$ 时，触发器的输出状态不定，为避免出现这种情况，应使 $RS=0$。

由上述分析可看出，在同步 RS 触发器中，R、S 端的输入信号决定了电路翻转到什么状态，而时钟脉冲 CP 则决定了电路翻转的时刻，这样便实现了对电路翻转时刻的控制。

（3）特性方程

根据表 5-2 可画出同步 RS 触发器 Q^{n+1}的卡诺图，如图 5-4 所示。

由该图可得同步 RS 触发器的特性方程为

$$\begin{cases} Q^{n+1}=S+\overline{R}Q^n \text{（}CP=1\text{ 时有效）} \\ RS=0\text{（约束条件）} \end{cases} \tag{5-2}$$

（4）状态转换图

触发器的逻辑功能还可以用状态转换图来描述。它表示触发器从一个状态变化到另一个状态或保持原状态不变时，对输入信号提出的要求。图 5-5 所示的同步 RS 触发器的状态转换图是根据表 5-2 画出来的。图中的两个圆圈分别表示触发器的两个稳定状态，箭头表示在输入时钟信号 CP 作用下状态转换的情况，箭头线旁标注的 R、S 值表示触发器的转换条件。

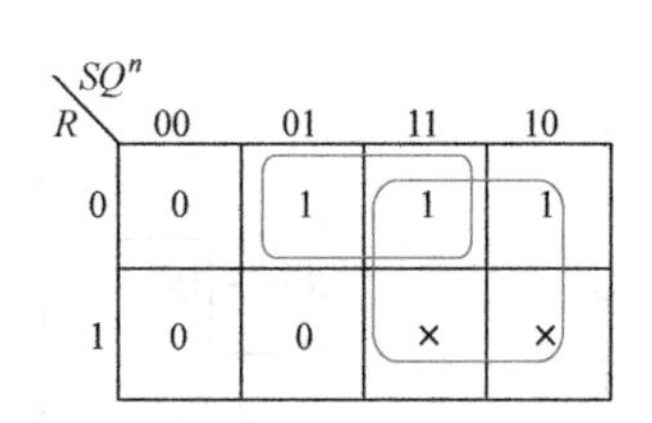

R \ SQ^n	00	01	11	10
0	0	1	1	1
1	0	0	×	×

图 5-4 同步 RS 触发器 Q^{n+1} 的卡诺图

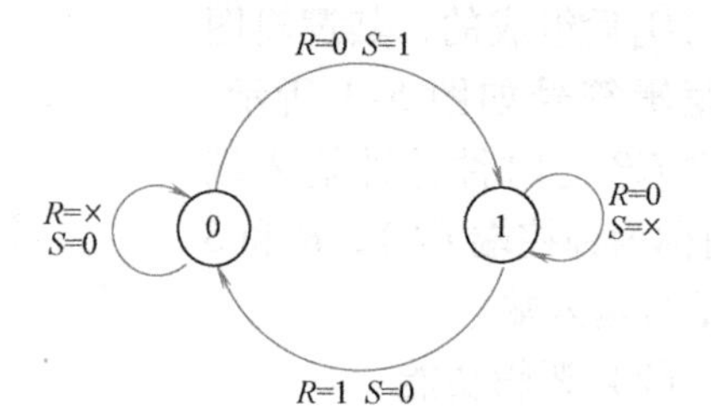

图 5-5 同步 RS 触发器的状态转换图

5.2.3 JK 触发器

5.2.3 JK 触发器

1. 同步 JK 触发器

（1）电路结构

克服同步 RS 触发器在 $R=S=1$ 时出现不定状态的另一种方法是将触发器输出端 Q 和 $\overline{Q}$ 的状态反馈到输入端，这样，G_3 和 G_4 的输出就不会同时出现 0，从而避免了不定状态的出现。同步 JK 触发器的逻辑图和逻辑符号如图 5-6所示。

（2）逻辑功能

当 $CP=0$ 时，G_3、G_4 被封锁，都输出为 1，触发器保持原状态不变；当 $CP=1$ 时，G_3、G_4 解除封锁，输入 J、K 端的信号可控制触发器的状态。

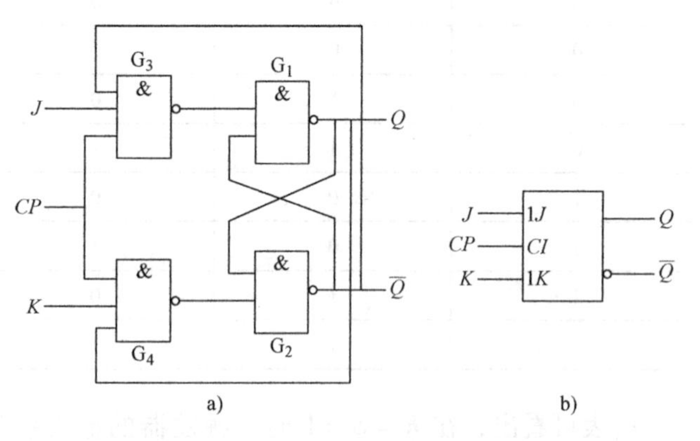

图 5-6 同步 JK 触发器的逻辑图和逻辑符号
a）逻辑图 b）逻辑符号

1）当 $J=K=0$ 时，G_3 和 G_4 都输出 1，触发器保持原状态不变，即 $Q^{n+1}=Q^n$。

2）当 $J=1$、$K=0$ 时，若触发器为 $Q^n=0$、$\overline{Q^n}=1$ 的 0 态，则在 $CP=1$ 时，G_3 输入全 1，输出为 0，G_1 输出 $Q^{n+1}=1$。由于 $K=0$，G_4 输出 1，这时 G_2 输入全 1，所以输出 $\overline{Q^{n+1}}=0$。触发器翻转到 1 态，即 $Q^{n+1}=1$。

若触发器为 $Q^n=1$、$\overline{Q^n}=0$ 的 1 态，则在 $CP=1$ 时，G_3 和 G_4 的输入分别为 $\overline{Q^n}=0$ 和 $K=$

0，这两个门都能输出1，触发器保持原来的1态不变，即 $Q^{n+1}=Q^n$。

可见，在 $J=1$、$K=0$ 时，不论触发器原来在什么状态，在 CP 脉冲由0变为1后，触发器都翻转到与 J 相同的1态。

3）当 $J=0$、$K=1$ 时，用同样的方法分析可知，在 CP 脉冲由0变为1后，触发器翻到0状态，即翻转到与 J 相同的0态。

4）当 $J=K=1$ 时，在 CP 由0变1后，触发器的状态由 Q 和 $\overline{Q}$ 端的反馈信号决定。若触发器的状态为 $Q^n=0$、$\overline{Q^n}=1$，则在 $CP=1$ 时，G_4 输入有 $Q^n=0$，输出为1，G_3 输入有 $\overline{Q^n}=1$、$J=1$，即输入全1，输出为0。因此，G_1 输出 $Q^{n+1}=1$，G_2 输入全1，输出 $\overline{Q^{n+1}}=0$，触发器翻转到1状态，与原来的状态相反。

若触发器的状态为 $Q^n=1$、$\overline{Q^n}=0$，在 $CP=1$ 时，G_4 输入全1，则输出为0。G_3 输入有 $\overline{Q^n}=0$，输出为1，因此，G_2 输出 $\overline{Q^{n+1}}=1$，G_1 输入全1，输出 $Q^{n+1}=0$，触发器翻转到0态。

可见，在 $J=K=1$ 时，每输入一个时钟脉冲 CP，触发器的状态就变化一次，电路处于计数状态，这时 $Q^{n+1}=\overline{Q^n}$。

由此可列出同步JK触发器的特性表，如表5-3所示。

表5-3 同步JK触发器的特性表

J	K	Q^n	Q^{n+1}	说明
0	0	0	0	保持
0	0	1	1	
0	1	0	0	置0
0	1	1	0	
1	0	0	1	置1
1	0	1	1	
1	1	0	1	翻转
1	1	1	0	

由上述分析可知，同步JK触发器的逻辑功能如下：在 CP 由0变为1后，当 J 和 K 输入状态不同时，触发器翻转到与 J 相同的状态，即具有置0和置1功能；当 $J=K=0$ 时，触发器保持原状态不变；当 $J=K=1$ 时，触发器具有翻转功能。在 $CP=1$ 由1变0后，触发器保持原状态不变。

（3）特性方程

根据表5-3可画出如图5-7所示的同步JK触发器 Q^{n+1} 的卡诺图。由该图可得同步JK触发器的特性方程为

$$Q^{n+1}=J\overline{Q^n}+\overline{K}Q^n\ （CP=1\ 期间有效）\qquad (5\text{-}3)$$

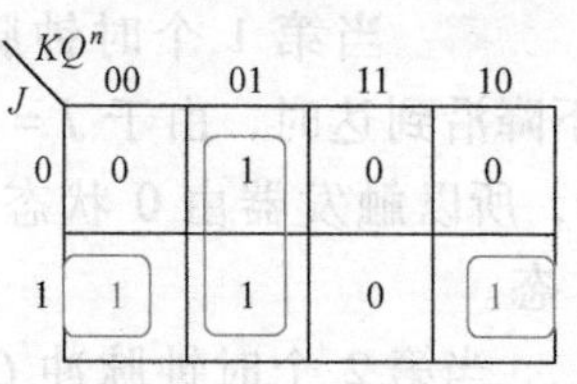

图5-7 同步JK触发器 Q^{n+1} 的卡诺图

（4）驱动表

根据表5-3可列出在 $CP=1$ 时同步JK触发器的驱动表，如表5-4所示。

表 5-4 同步 JK 触发器的驱动表

Q^n	$\longrightarrow$	Q^{n+1}	J	K
0		0	0	×
0		1	1	×
1		0	×	1
1		1	×	0

（5）根据表 5-3，可画出图 5-8 所示的同步 JK 触发器的状态转换图。

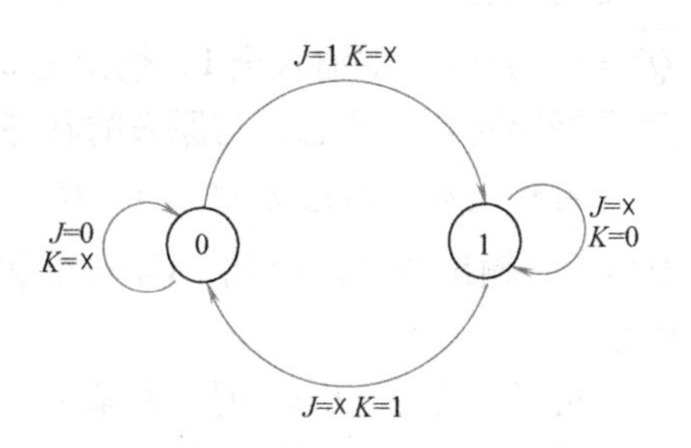

图 5-8 同步 JK 触发器的状态转换图

2. 边沿 JK 触发器

同步触发器在 $CP=1$ 期间接收输入信号，若输入信号在此期间发生多次变化，则其输出状态也会随之发生翻转，这种现象称为触发器的空翻。空翻现象限制了同步触发器的应用，为此设计了边沿触发器。

边沿触发器只能在时钟脉冲 CP 上升沿（或下降沿）时刻接收输入信号，因此，电路状态只能在 CP 上升沿（或下降沿）时刻翻转。在 CP 的其他时间内，电路状态不会发生变化，这样就提高了触发器工作的可靠性和抗干扰能力，防止了空翻现象。

（1）逻辑功能

图 5-9 为边沿 JK 触发器的逻辑符号，J、K 为信号输入端，框内“ > ”左边加小圆圈“∘”表示逻辑非的动态输入，它实际上表示用时钟脉冲 CP 的下降沿触发。边沿 JK 触发器的逻辑功能和前面介绍的同步 JK 触发器的功能相同，因此，它的特性表、驱动表和特性方程也相同。但边沿 JK 触发器只有在 CP 脉冲下降沿到达时才有效，它的特征方程为

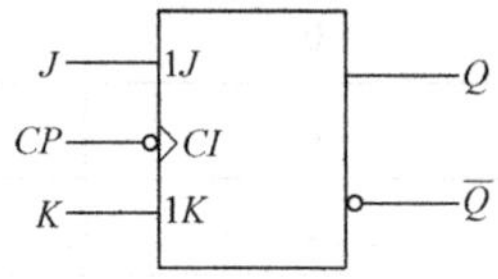

图 5-9 边沿 JK 触发器的逻辑符号

$$Q^{n+1}=J\overline{Q^n}+\overline{K}Q^n \text{（CP 下降沿到达时有效）} \qquad (5\text{-}4)$$

（2）工作情况

下面以实例说明 JK 触发器的工作情况。

【例 5-1】 图 5-10 所示为下降沿触发边沿 JK 触发器 CP、J、K 端的输入电压波形。试画出输出 Q 端的电压波形。设触发器的初始状态为 $Q=0$。

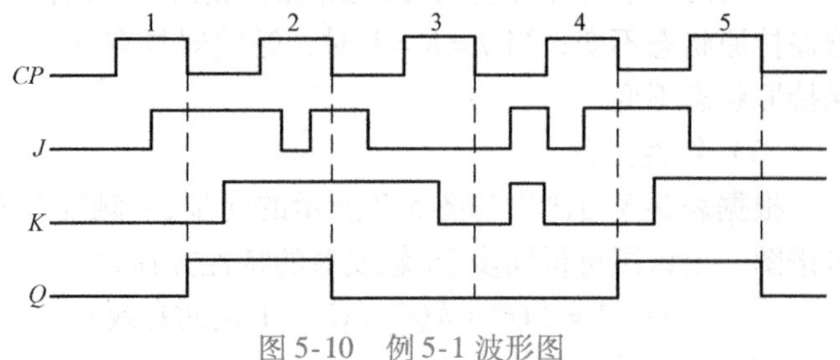

图 5-10 例 5-1 波形图

解：当第 1 个时钟脉冲 CP 下降沿到达时，由于 $J=1$、$K=0$，所以触发器由 0 状态翻转到 1 态。

当第 2 个时钟脉冲 CP 下降沿到达时，由于 $J=K=1$，所以触发器由 1 态翻转到 0 态。

当第 3 个时钟脉冲 CP 下降沿到达时，由于 $J=K=0$，所以触发器保持原来的 0 态不变。

当第 4 个时钟脉冲 CP 下降沿到达时，由于 $J=1$、$K=0$，所以触发器由 0 态翻转到 1 态。

当第5个时钟脉冲 CP 下降沿到达时，由于 $J=0$、$K=1$，所以触发器由1态翻转到0态。

由此分析可得如下结论。

1）边沿JK触发器用时钟脉冲 CP 下降沿触发，这时电路才会接收 J、K 端的触发信号并改变状态，而在 CP 为其他值时，不管 J、K 为何值，电路状态均不会被改变。

2）在一个时钟脉冲 CP 的作用时间内，只有一个下降沿，电路最多只改变一次状态。因此，电路没有空翻问题。

3. 集成JK触发器

集成JK触发器常用的芯片有74LS112和CC4027。74LS112属TTL电路，是下降边沿触发的双JK触发器；CC4027属CMOS电路，是上升边沿触发的双JK触发器。JK触发器74LS112和CC4027芯片的引脚排列图如图5-11所示。

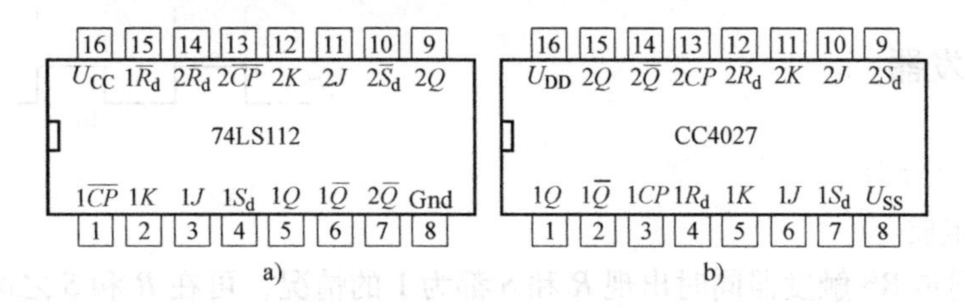

图5-11　JK触发器74LS112和CC4027芯片的引脚排列图

a）74LS112引脚排列图　b）CC4027引脚排列图

JK触发器74LS112芯片的逻辑符号图如图5-12所示。74LS112芯片双JK触发器的每个集成芯片包含两个具有复位、置位端的下降沿触发的JK触发器，常用于缓冲触发器、计数器和移位寄存器电路中，J、K 为输入端，Q、$\overline{Q}$ 为输出端，CP 为时钟脉冲信号输入端，逻辑符号图中 CP 引线上端的“>”表示边沿触发，无此符号表示电位触发；当 CP 脉冲引线端既有符号又有小圆圈时，表示触发器状态发生在时钟脉冲下降沿到来时刻；当只有符号没有小圆圈时，表示触发器状态发生在时钟脉冲上升沿到来时刻。$\overline{S}_D$ 为直接置1端，$\overline{R}_D$ 为置0端，$\overline{S}_D$、$\overline{R}_D$ 引线端的小圆圈表示低电平有效。

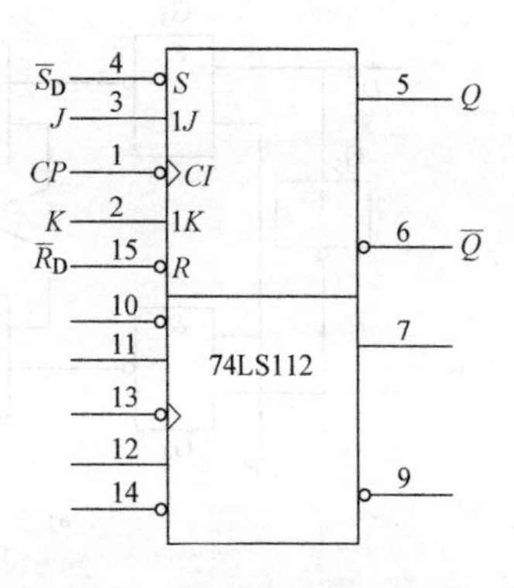

图5-12　JK触发器74LS112芯片的逻辑符号图

表5-5所示为JK触发器74LS112芯片的逻辑功能特性表。

表5-5　JK触发器74LS112芯片的逻辑功能特性表

$\overline{R}_D$	$\overline{S}_D$	CP	J	K	Q^{n+1}	功能
0	0	×	×	×	不定	不允许
0	1	×	×	×	0	直接置0
1	0	×	×	×	1	直接置1
1	1	↓	0	0	Q^n	保持
1	1	↓	0	1	0	置0
1	1	↓	1	0	1	置1

（续）

$\overline{R}_D$	$\overline{S}_D$	CP	J	K	Q^{n+1}	功能
1	1	↓	1	1	$\overline{Q}^n$	翻转
1	1	↑	×	×	Q^n	不变

【例 5-2】 已知边沿型 JK 触发器 CP、J、K 输入波形如图 5-13a 所示。试分别按上升沿触发和下降沿触发画出其输出端 Q'和 Q''的波形（设 Q 初态为 0）。

解：按上升沿触发和下降沿触发的输出端波形如图 5-13b 所示。

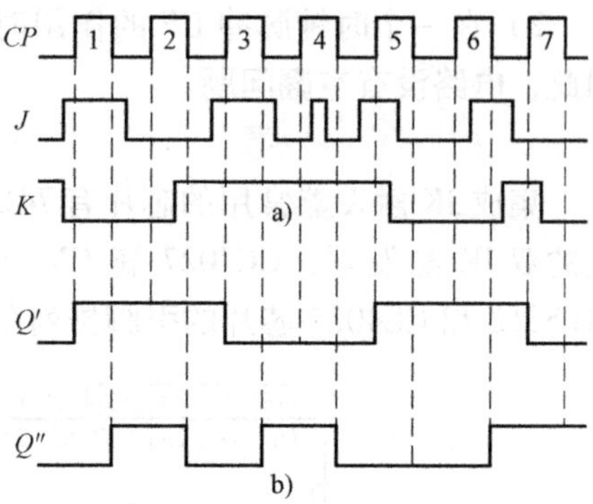

图 5-13 例 5-2 的波形图

5.2.4 D 触发器

1. 同步 D 触发器

（1）电路组成

为了避免同步 RS 触发器同时出现 R 和 S 都为 1 的情况，可在 R 和 S 之间接入非门 G_5，如图 5-14a 所示。这种单端输入的触发器称为 D 触发器。图 5-14b 所示为逻辑符号，D 为信号输入端。

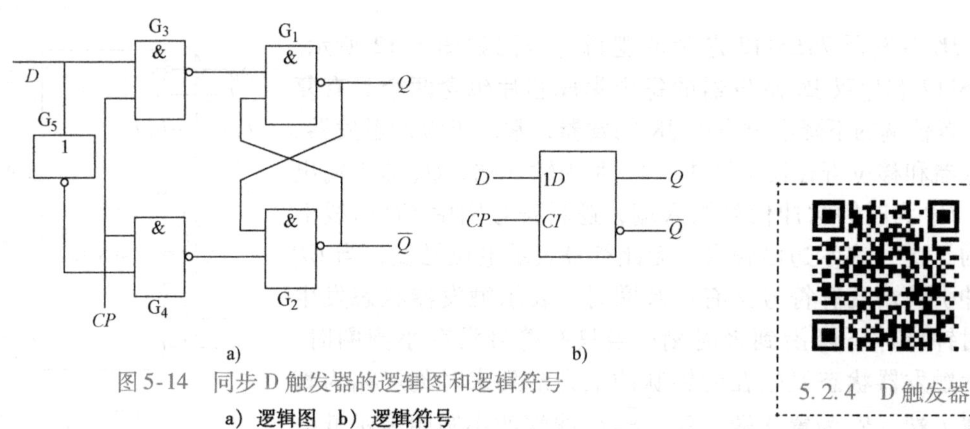

图 5-14 同步 D 触发器的逻辑图和逻辑符号

a）逻辑图 b）逻辑符号

（2）逻辑功能

在 $CP=0$ 时，G_3、G_4被封锁，都输出 1，触发器保持原状态不变，不受 D 端输入信号的控制。

在 $CP=1$ 时，G_3、G_4解除封锁，可接收 D 端输入信号。如果 $D=1$ 时，$\overline{D}=0$，触发器就翻到 1 态，即 $Q^{n+1}=1$；如果 $D=0$ 时，$\overline{D}=1$，触发器就翻到 0 态，即 $Q^{n+1}=0$。由此可列出表 5-6 所示的同步 D 触发器的特性表。

表 5-6 同步 D 触发器的特性表

D	Q^n	Q^{n+1}	说明
0	0	0	输出状态与 D 相同
0	1	0	输出状态与 D 相同
1	0	1	输出状态与 D 相同
1	1	1	输出状态与 D 相同

由以上分析可知，同步D触发器的逻辑功能如下：在 CP 由0变为1后，触发器的状态翻转到与 D 相同的状态，在 CP 由1变为0后，触发器保持原状态不变。

（3）特性方程

根据表5-6可画出同步D触发器 Q^{n+1} 的卡诺图，如图5-15所示。由该图可得特性方程

$$Q^{n+1}=D \quad (CP=1\text{ 期间有效}) \qquad (5\text{-}5)$$

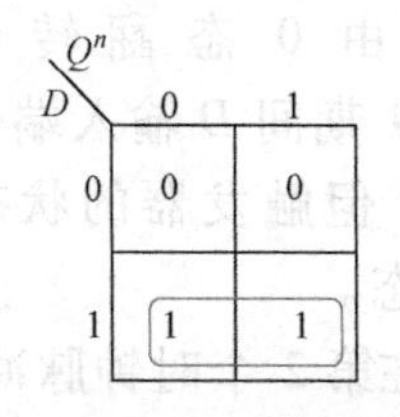

图5-15　同步D触发器 Q^{n+1} 的卡诺图

（4）驱动表

根据表5-6所示，可列出表5-7所示的在 $CP=1$ 时的同步D触发器的驱动表。

表5-7　同步D触发器的驱动表

Q^n	⟶	Q^{n+1}	D	Q^n	⟶	Q^{n+1}	D
0		0	0	1		0	0
0		1	1	1		1	1

（5）状态转换图

根据表5-6可画出图5-16所示的同步D触发器的状态转换图。

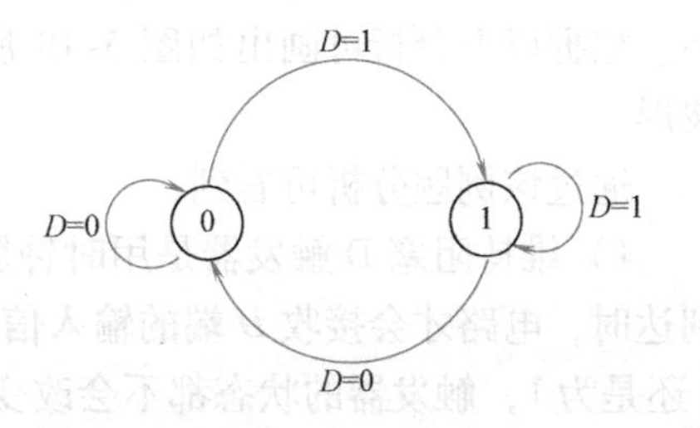

图5-16　同步D触发器的状态转换图

2. 边沿D触发器

同步触发器在 $CP=1$ 期间接收输入信号，如果输入信号在此期间发生多次变化，其输出状态也就会随之发生翻转，即出现了触发器的空翻。空翻现象限制了同步触发器的应用。D触发器的空翻现象如图5-17所示。

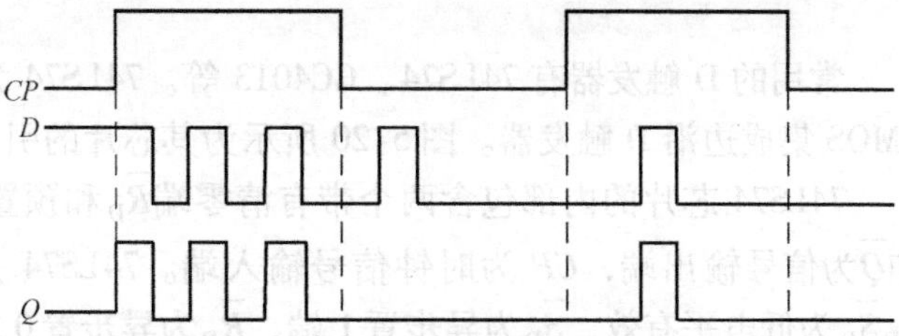

图5-17　D触发器的空翻现象

边沿触发器只能在时钟脉冲 CP 上升沿（或下降沿）时刻接收输入信号，因此，电路状态只能在 CP 上升沿（或下降沿）时刻翻转。在 CP 的其他时间内，电路状态不会发生变化，这样就提高了触发器工作的可靠性和抗干扰能力。边沿触发器没有空翻现象。

边沿D触发器的逻辑功能如下。

边沿D触发器也叫作维持阻塞D触发器，其逻辑符号如图5-18所示。D 为信号输入端，框内“>”表示动态输入，它表明用时钟脉冲 CP 的上升沿触发。它的逻辑功能和前面介绍的同步D触发器相同，因此，它们的特性表、驱动表和特性方程也都相同，但边沿D触发器只有在 CP 上升沿到达时才有效。它的特性方程如下，即

$$Q^{n+1}=D\ (CP\text{ 上升沿到达时刻有效}) \qquad (5\text{-}6)$$

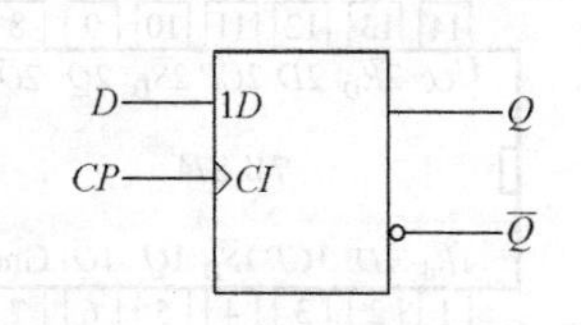

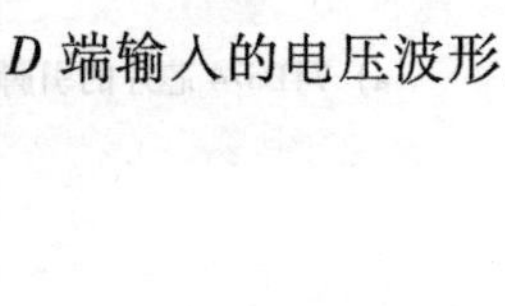

图5-18　边沿D触发器的逻辑符号

下面举例说明维持阻塞D触发器的工作情况。

【例5-3】　图5-19所示为维持阻塞D触发器的时钟脉冲 CP 和 D 端输入的电压波形。试画出触发器输出 Q 和 $\overline{Q}$ 的波形。设触发器的初始状态为 $Q=0$。

解： 在第1个时钟脉冲 CP 上升沿到达时，D 端输入信号为1，所以触发器由0态翻转到1态。而在 $CP=1$ 期间 D 输入端信号虽然由1变为0，但触发器的状态不改变，仍保持1态。

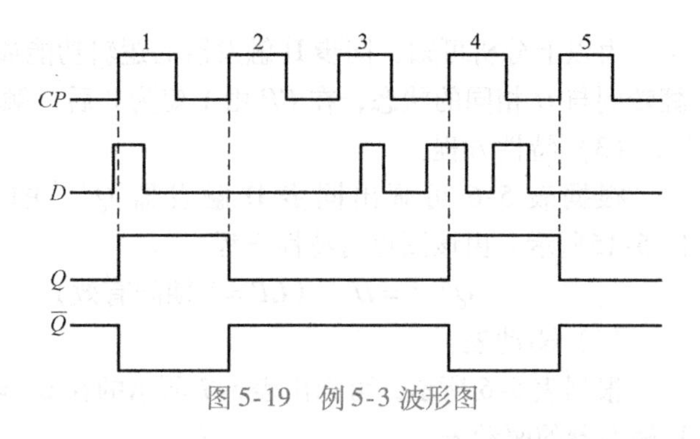

图5-19 例5-3波形图

在第2个时钟脉冲 CP 上升沿到达时，D 端输入信号为0，触发器由1态翻转到0态。

在第3个时钟脉冲 CP 上升沿到达时，D 端输入信号仍为0，触发器0态保持不变。在 $CP=1$ 期间，D 虽然出现了一个正脉冲，但触发器的状态不会改变。

在第4个时钟脉冲 CP 上升沿到达时，D 端输入信号为1，所以触发器由0态翻转到1态。在 $CP=1$ 期间，D 虽然出现了一个负脉冲，但这时触发器的状态同样不会改变。

在第5个时钟脉冲 CP 上升沿到达时，D 端输入信号为0，这时，触发器由1态翻转到0态。根据以上分析可画出如图5-19所示的输出端 Q 的波形，输出端 $\overline{Q}$ 的波形为 Q 的反相波形。

通过该例题分析可看到：

1）维持阻塞D触发器是用时钟脉冲 CP 上升沿触发的，也就是说，只有在 CP 上升沿到达时，电路才会接收 D 端的输入信号而改变状态，而在 CP 为其他值时，不管 D 端输入为0还是为1，触发器的状态都不会改变。

2）在一个时钟脉冲 CP 作用时间内，只有一个上升沿，电路状态最多只改变一次，因此，它不存在空翻问题。

3. 集成D触发器

常用的D触发器有74LS74、CC4013等。74LS74为TTL集成边沿D触发器，CC4013为CMOS集成边沿D触发器。图5-20所示为其芯片的引脚排列图。

74LS74芯片的内部包含两个带有清零端 $\overline{R}_D$ 和预置端 $\overline{S}_D$ 的触发器，D 为信号输入端，Q 和 $\overline{Q}$ 为信号输出端，CP 为时钟信号输入端。74LS74是 CP 脉冲上升沿触发，异步输入端 $\overline{R}_D\overline{S}_D$ 为低电平有效，$\overline{S}_D$ 为异步置1端，$\overline{R}_D$ 为异步置0端。集成D触发器74LS74芯片的逻辑符号图如图5-21所示。

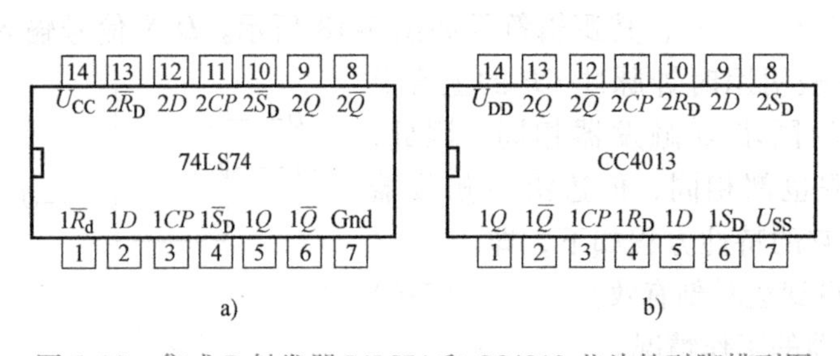

图5-20 集成D触发器74LS74和CC4013芯片的引脚排列图
a）74LS74芯片的引脚排列图 b）CC4013芯片的引脚排列图

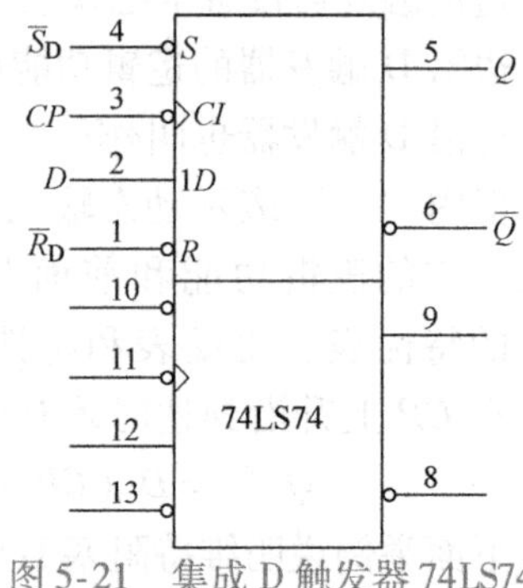

图5-21 集成D触发器74LS74芯片的逻辑符号图

表 5-8 为集成 D 触发器 74LS74 芯片的逻辑功能表。

表 5-8　集成 D 触发器 74LS74 芯片的逻辑功能表

$\overline{R}_D$	$\overline{S}_D$	*CP*	*D*	Q^{n+1}	功能
0	0	×	×	不定	不允许
0	1	×	×	0	异步置 0
1	0	×	×	1	异步置 1
1	1	↑	0	0	置 0
1	1	↑	1	1	置 1
1	1	↓	×	Q^n	不变

5.2.5　T 触发器和 T′触发器

T 触发器是指根据 T 的输入信号不同，在时钟脉冲 *CP* 的作用下具有翻转和保持功能的电路，其逻辑符号图如图 5-22 所示。

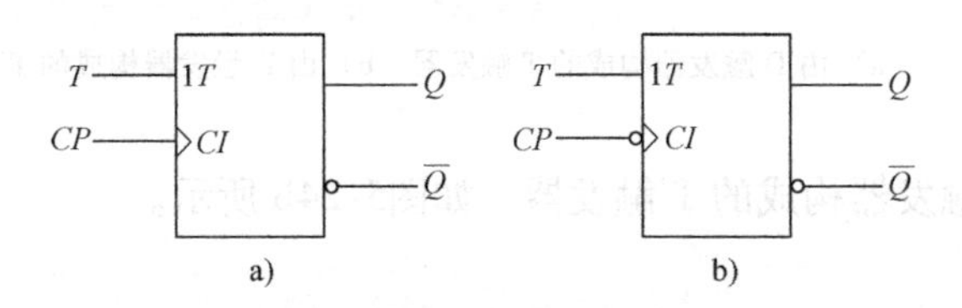

图 5-22　T 触发器的逻辑符号图
a）上升沿触发　b）下降沿触发

5.2.5　T 触发器和 T′触发器

T′触发器则是指每输入一个时钟脉冲 *CP* 引起状态变化一次的电路，它实际上具有 T 触发器的翻转功能。

T 触发器和 T′触发器主要由 JK 触发器或 D 触发器构成。

1. 由 JK 触发器构成的 T 触发器和 T′触发器

（1）由 JK 触发器构成的 T 触发器

将 JK 触发器的 *J* 和 *K* 相连作为 *T* 输入端，便构成了 T 触发器，如图 5-23a 所示。

将 *T* 代入 JK 触发器特性方程中的 *J* 和 *K*，便得到了 T 触发器的特性方程，即

$$Q^{n+1}=T\overline{Q^n}+\overline{T}Q^n \qquad (5\text{-}7)$$

当 $T=1$ 时，每输入一个时钟脉冲 *CP*，触发器的状态变化一次，即具有翻转功能；当 $T=0$、输入时钟脉冲 *CP* 时，触发器状态保持不变，即具有保持功能。T 触发器常用来组成计数器。

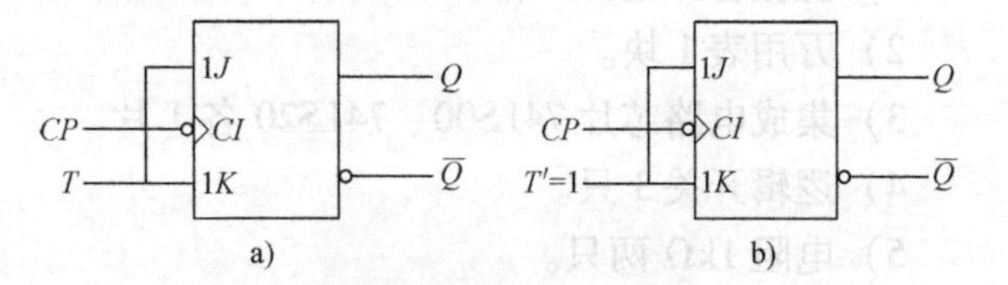

图 5-23　由 JK 触发器构成的 T 触发器和 T′触发器
a）由 JK 触发器构成的 T 触发器
b）由 JK 触发器构成的 T′触发器

（2）由 JK 触发器构成的 T′触发器

将 JK 触发器的 *J* 和 *K* 相连作为 T′的输入端，并接高电平 1，便构成了 T′触发器，如图 5-23b所示。

T′触发器实际上是 T 触发器输入 $T=1$ 时的一个特例。将 $T=1$ 代入 JK 触发器特性方程，

便得到T′触发器的特性方程，即

$$Q^{n+1}=\overline{Q^n} \tag{5-8}$$

2. 由D触发器构成的T触发器和T′触发器

(1) 由D触发器构成的T触发器

已知T触发器的特性方程 $Q^{n+1}=T\overline{Q^n}+\overline{T}Q^n$，D触发器的特性方程 $Q^{n+1}=D$，若使这两个特性方程相等，则得

$$Q^{n+1}=D=T\overline{Q^n}+\overline{T}Q^n=T\oplus Q^n \tag{5-9}$$

根据式(5-9)，可画出由D触发器构成的T触发器，如图5-24a所示。

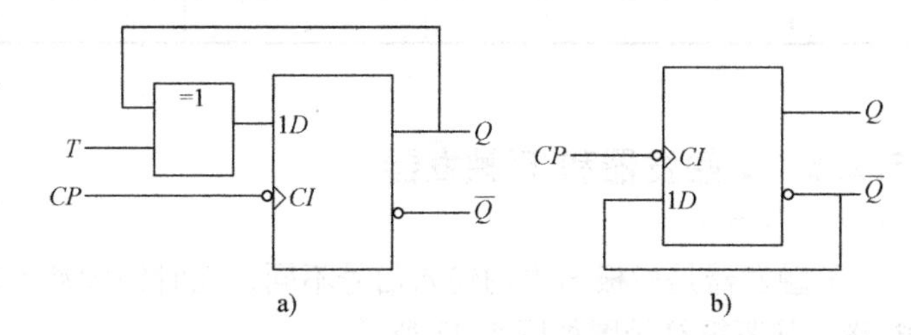

图5-24 由D触发器构成的T触发器和T′触发器
a) 由D触发器构成的T触发器 b) 由D触发器构成的T′触发器

(2) 由D触发器构成的T′触发器

将 $T=1$ 代入式(5-9) 中，便得由D触发器构成的T′触发器的特性方程

$$Q^{n+1}=D=\overline{Q^n} \tag{5-10}$$

根据式(5-10)，可画出由D触发器构成的T′触发器，如图5-24b所示。

5.3 技能训练

5.3.1 触发器逻辑功能实验测试

1. 训练目的

1) 掌握基本门电路构成触发器的方法。

2) 掌握触发器功能分析及测试方法。

2. 训练器材

1) 直流稳压电源1台。

2) 万用表1块。

3) 集成电路芯片74LS00、74LS20各1片。

4) 逻辑开关3只。

5) 电阻1kΩ两只。

3. 训练内容与步骤

(1) 验证基本RS触发器的逻辑功能

1) 测试电路。由74LS00构成的基本RS触发器的测试电路如图5-25所示。

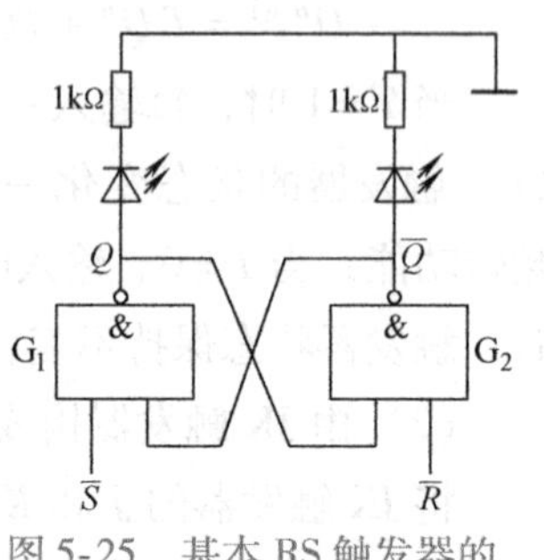

图5-25 基本RS触发器的测试电路

2) 连接电路。按图连接电路，在确认连接正确后，接通电源（+5V），将输入端 $\overline{R}$、$\overline{S}$ 分别输入高低电平，用万用表测量输出电压。

3) 将测量结果填入表5-9中。

表 5-9　基本 RS 触发器功能测试表

$\overline{R}$	$\overline{S}$	Q^n	Q^{n+1}
0	0	0	
0	0	1	
0	1	0	
0	1	1	
1	0	0	
1	0	1	
1	1	0	
1	1	1	

4）根据测试结果，分析逻辑功能。

（2）D 触发器逻辑功能测试

1）测试电路。由 74LS00 构成的 D 触发器功能测试电路如图 5-26 所示。

2）连接电路。按图 5-26 所示连接电路，在确认连接正确后，接通电源（+5V），分别在 $CP=0$ 和 $CP=1$ 时，在输入端 D 输入低电平和高电平，输出端接电平指示灯，并用万用表测量输出电压。

3）将测量结果填入表 5-10 中。

表 5-10　D 触发器功能测试表

CP	D	Q^n	Q^{n+1}
0	0	0	
0	0	1	
0	1	0	
0	1	1	
1	0	0	
1	0	1	
1	1	0	
1	1	1	

4）根据测试结果，分析 D 触发器的逻辑功能。

（3）JK 触发器功能测试

1）测试电路。由 74LS00、74LS20 构成的同步 JK 触发器的测试电路如图 5-27 所示。

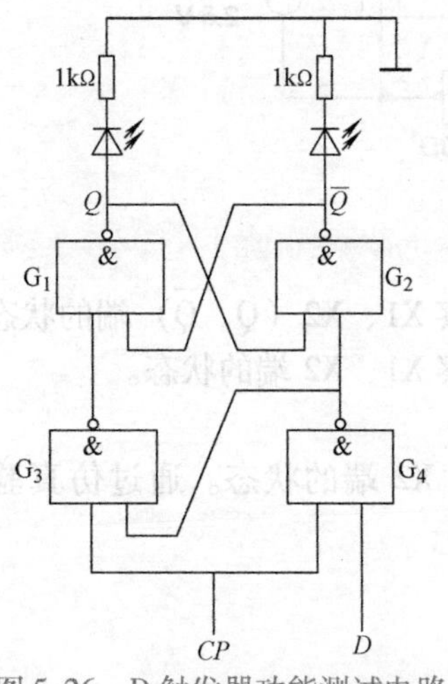

图 5-26　D 触发器功能测试电路

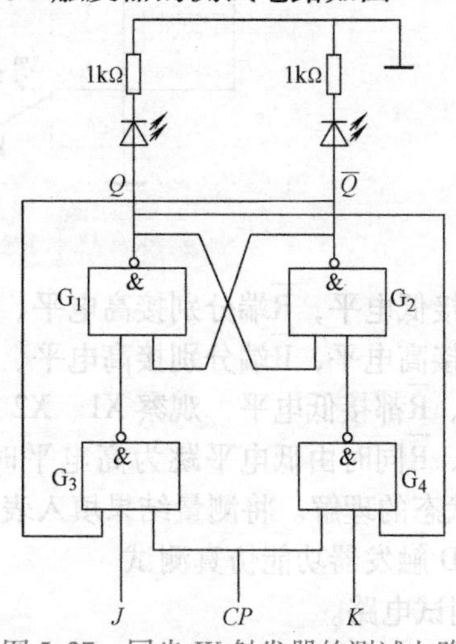

图 5-27　同步 JK 触发器的测试电路

2）连接电路。按图5-27所示连接电路，在确认连接正确后，接通电源（+5V），分别在 $CP=0$ 和 $CP=1$ 时，在输入端 J、K 输入低电平和高电平，输出端接电平指示灯，并用万用表测量输出电压。

3）将测量结果填入表5-11中。

表5-11 JK触发器功能测试表

CP	J	K	Q^n	Q^{n+1}
0	0	0	0	
0	0	0	1	
0	0	1	0	
0	0	1	1	
1	1	0	0	
1	1	0	1	
1	1	1	0	
1	1	1	1	

4）根据测试结果，分析JK触发器的逻辑功能。

5.3.2 触发器逻辑功能仿真测试

1. 训练目的

掌握基本RS触发器、D触发器、JK触发器逻辑功能仿真测试方法。

2. 仿真测试

（1）基本RS触发器逻辑功能仿真测试

1）测试电路。

由74LS00构成的基本RS触发器逻辑功能仿真测试电路如图5-28所示。

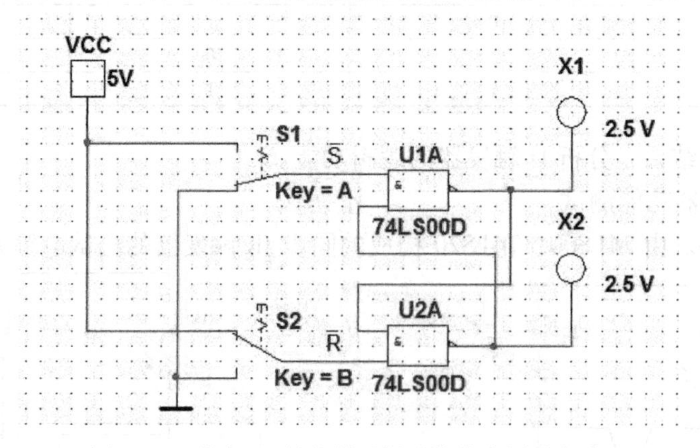

图5-28 基本RS触发器逻辑功能仿真测试电路

2）$\overline{S}$接低电平，$\overline{R}$端分别接高电平、低电平，观察X1、X2（Q、$\overline{Q}$）端的状态。

3）$\overline{S}$接高电平，$\overline{R}$端分别接高电平、低电平，观察X1、X2端的状态。

4）$\overline{S}$、$\overline{R}$都接低电平，观察X1、X2端的状态。

5）$\overline{S}$、$\overline{R}$同时由低电平跳为高电平时，观察X1、X2端的状态。通过仿真验证加深对“不定”状态的理解。将测量结果填入表5-9中。

（2）D触发器功能仿真测试

1）测试电路。

D触发器逻辑功能仿真测试电路如图5-29所示。

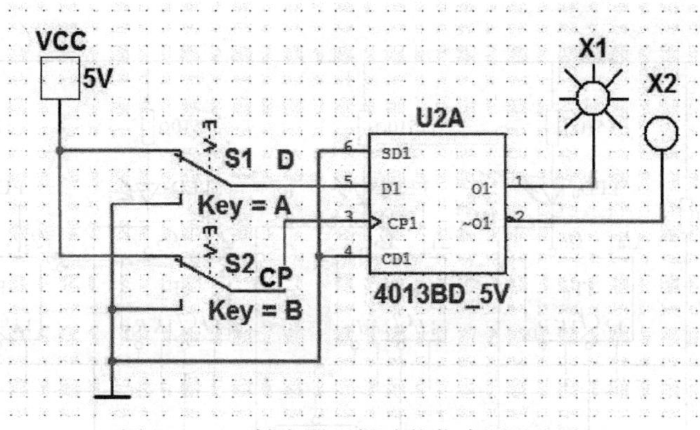

图 5-29 D 触发器逻辑功能仿真测试电路

2）单击仿真开关，激活电路，时钟的上升沿用开关 S2 的状态模拟，观察 X1、X2 的明暗变化，验证 D 触发器的逻辑功能。

3）按照表 5-10 中数据测试电路并将测量结果填入表中。

（3）JK 触发器逻辑功能仿真测试

1）测试电路。

JK 触发器逻辑功能仿真测试电路如图 5-30 所示。

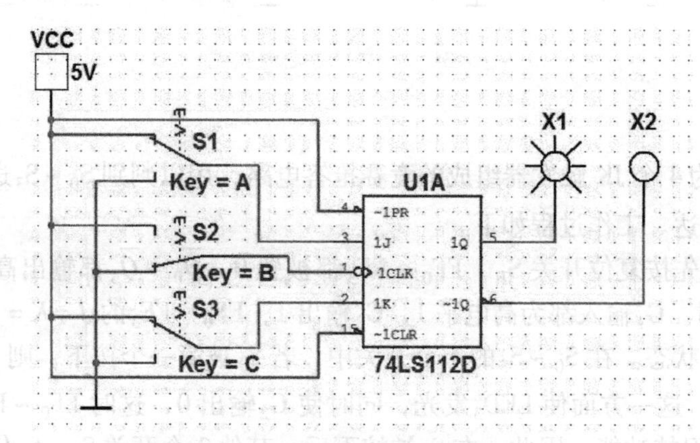

图 5-30 JK 触发器逻辑功能仿真测试电路

2）打开仿真开关，启动仿真，分别按下键盘 <A>、<B>、<C> 键，可改变 S1、S2、S3 的开关连接，使触发电路的 J、K、CP 分别接高电平、低电平，观察逻辑探头 X1、X2 的明暗变化。

3）按表 5-11 数据测试 JK 触发器的逻辑功能。

5.4 项目实施

5.4.1 项目分析

1. 项目参考电路

本设计有多种设计方案，竞赛抢答器电路图如图 5-31 所示。

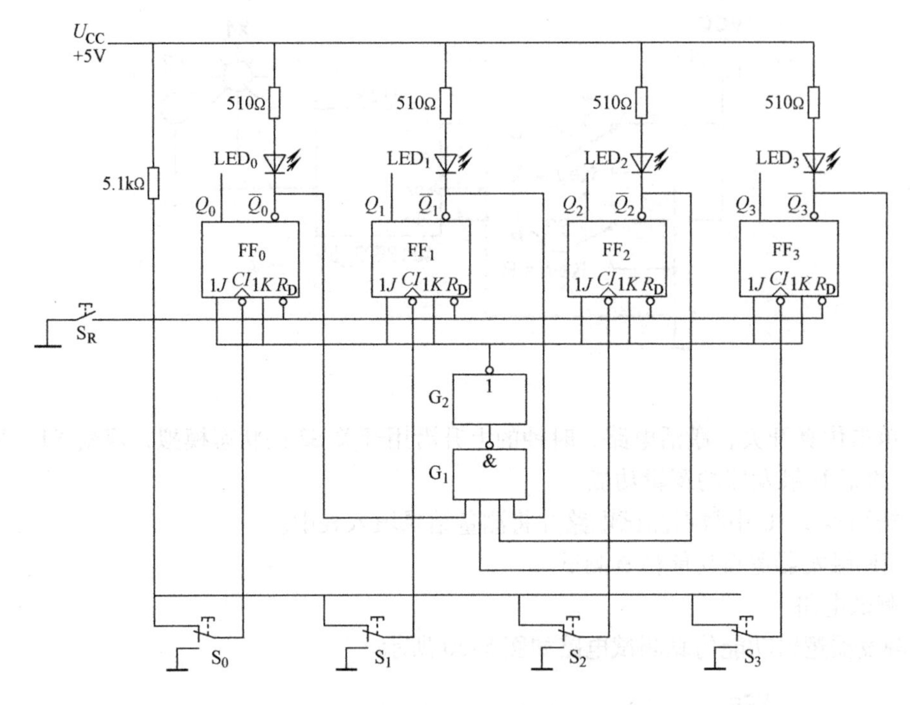

图 5-31 竞赛抢答器电路图

2. 电路分析

图 5-31 所示为 4 个 JK 触发器组成的竞赛抢答电路，用以判别 $S_0 \sim S_3$ 送入的 4 个信号中哪一个信号最先到达。工作过程如下。

开始工作前，先按复位开关 S_R，$FF_0 \sim FF_3$ 都被置 0，$\overline{Q}_0 \sim \overline{Q}_3$ 都输出高电平 1，$LED_0 \sim LED_3$ 不发光。这时，G_1 输入都为高电平 1，G_2 输出 1，$FF_0 \sim FF_3$ 的 $J=K=1$，这时 4 个触发器均处于接收信号状态。在 $S_0 \sim S_3$ 的 4 个开关中，若 S_3 被第一个按下，则 FF_3 首先由 0 态翻转到 1 态，$\overline{Q}_3=0$，这一方面使 LED_3 发光，同时使 G_2 输出 0，这时 $FF_0 \sim FF_3$ 的 J 和 K 都为低电平 0，都执行保持功能。因此，在 S_3 被按下后，其他 3 个开关 $S_0 \sim S_2$ 任何一个再被按下时，$FF_0 \sim FF_2$ 的状态均不会改变，仍为 0 态，$LED_0 \sim LED_2$ 也不会亮，所以，根据发光二极管的发光可以判断开关 S_3 第一个被按下。

若要重复进行第一信号判别时，则应在每次进行判别前先按复位开关 S_R，使 $FF_0 \sim FF_3$ 处于接收状态。

3. 电路元器件型号及参数

1）集成门电路芯片 74LS112、74LS20 各 1 片。

2）发光二极管 3124D（绿）各 4 只。

3）二极管 IN4148 两只。

4）5.1kΩ 电阻 1 个、510Ω 电阻 4 个。

5）开关 5 个。

5.4.2 项目制作

1. 元器件检测

JK 触发器 74LS112 逻辑功能测试如下所述。

1）74LS112 的外引线排列图如图 5-32 所示。电源电压取 +5V。

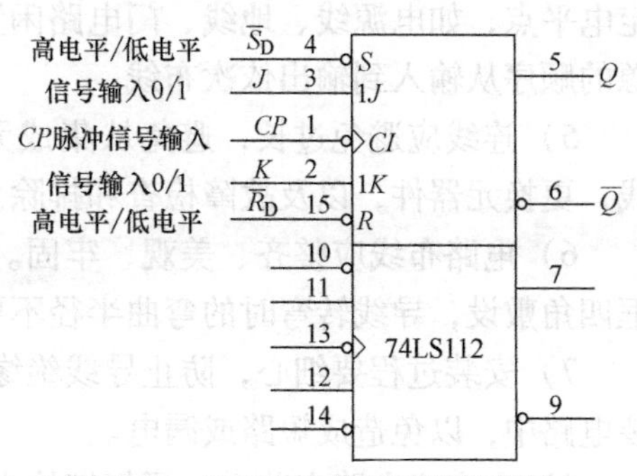

图 5-32 74LS112 的外引线排列图

2）$\overline{R}_D$、$\overline{S}_D$ 功能测试。接通电源，$U_{CC}=+5V$，$\overline{R}_D$ 和 $\overline{S}_D$ 接逻辑开关，CP 和 J、K 接高电平或低电平，根据表 5-12 所示要求测量 Q 和 $\overline{Q}$ 端（接发光二极管 LED），并将数据填入表中。

表 5-12 74LS112 的置 0 和置 1 功能

$\overline{R}_D$	$\overline{S}_D$	Q	$\overline{Q}$
0	1		
1	0		

3）74LS112 逻辑功能测试。将 $\overline{R}_D$、$\overline{S}_D$ 接高电平 1，J、K 和 CP 端分别接高、低电平，根据表 5-13 所示要求测试 74LS112 的输出状态。

表 5-13 测试 74LS112 的输出状态

$\overline{R}_D$	$\overline{S}_D$	CP	J	K	Q^n	Q^{n+1}
1	1	0→1	0	0	0	
1	1	1→0	0	0	1	
1	1	0→1	0	1	0	
1	1	1→0	0	1	1	
1	1	0→1	1	0	0	
1	1	1→0	1	0	1	
1	1	0→1	1	1	0	
1	1	1→0	1	1	1	

集成门电路芯片 74LS20 为两个 4 端输入与非门，采用技能训练中逻辑门电路的测试方法对集成芯片测试。

通过逻辑电平测试发光二极管，当高电平时，LED 发光；当低电平时，LED 熄灭。

用万用表电阻档测试二极管的正反向电阻，正向电阻小，反向电阻大，二极管正常。

2. 电路安装

1）将检测合格的元器件按照图 5-31 所示电路连接安装在面包板上，也可以焊接在万能电路板上。

2）在插接集成电路时，应先校准两排引脚，使之与底板上插孔对应，轻轻用力将电路插上，在确定引脚与插孔吻合后，再稍用力将其插紧，以免将集成电路的引脚弯曲、折断或使接触不良。

3）导线应粗细适当，一般选取直径为0.6～0.8mm的单股导线，最好用不同色线以区分不同用途，如电源线用红色，接地线用黑色。

4）布线应有次序地进行，随意乱接容易造成漏接或接错，较好的方法是，首先接好固定电平点，如电源线、地线、门电路闲置输入端、触发器异步置位复位端等，其次，按信号源的顺序从输入到输出依次布线。

5）连线应避免过长，避免从集成元器件上方跨越，避免多次的重叠交错，以利于布线，更换元器件，以及故障检查和排除。

6）电路布线应整齐、美观、牢固。水平导线应尽量紧贴底板，竖直方向的导线可沿边框四角敷设，导线转弯时的弯曲半径不要过小。

7）安装过程要细心，防止导线绝缘层被损伤，不要让线头、螺钉、垫圈等异物落入安装电路中，以免造成短路或漏电。

8）在完成电路安装后，要仔细检查电路连接，确认无误后方可接通电源。

3. 电路调试

1）通电后，在按下清零开关S_R后，所有指示灯灭。

2）分别按S_0、S_1、S_2、S_3，观察对应指示灯是否被点亮。

3）当其中某一指示灯被点亮时，再按其他按钮，正常情况下其他指示灯不亮。如另有指示灯亮，就说明电路存在故障。

4. 故障分析与排除

竞赛抢答器电路产生的故障主要有元器件接触不良或损坏、集成芯片连接错误或损坏以及布线错误等。

通电后，当分别按S_0、S_1、S_2、S_3时，对应指示灯应被点亮；如不亮，则说明所对应线路存在故障，可先检查按钮是否接触不良或损坏；如按钮正常，查74LS20是否正常，与触发器连接是否断开，74LS112是否正常；如上述元器件及连接都正常，则应检查LED与电源连接是否正常，LED灯与限流电阻连接是否正常，限流电阻是否断路；如以上都正常，则说明LED灯损坏。通电后，在按下清零开关S_R后，所有指示应灯灭。如指示灯亮，则说明集成电路74LS112损坏。

5.5 项目评价

1. 理论测试

(1) 填空题

1）触发器具有__________稳定状态，在外信号作用下_______________________可相互转换。

2）边沿JK触发器具有______、________、________、_________功能，其特征方程为____________。

3）维持阻塞D触发器具有______和______功能，其特征方程为________。如将输入端D和输出端$\overline{Q}$相连，则D触发器处于__________状态。

4）一个基本RS触发器在正常工作时，若它的约束条件是$\overline{R}+\overline{S}=1$，则它不允许输入$\overline{S}=$______且$\overline{R}=$______的信号。

5）在一个CP脉冲作用下，引起触发器两次或多次翻转的现象称为触发器的______，触发方式为______式或________式的触发器不会出现这种现象。

（2）判断题

1）RS 触发器的约束条件为 $RS=0$。表示不允许出现 $R=S=1$ 的输入。　（　　）

2）主从 JK 触发器、边沿 JK 触发器和同步 JK 触发器的逻辑功能完全相同。　（　　）

3）对边沿 JK 触发器，在 CP 为高电平期间，当 $J=K=1$ 时，状态会翻转一次。　（　　）

4）若要实现一个可暂停的一位二进制计数器，控制信号 $A=0$ 计数，$A=1$ 保持，可选用 T 触发器，且令 $T=A$。　（　　）

5）同步 D 触发器在 $CP=1$ 期间，当 D 端输入信号变化时，对输出 Q 端没有影响。　（　　）

（3）选择题

1）存储 8 位二进制信息要（　　）个触发器。

A. 2　　B. 3　　C. 4　　D. 8

2）对于 JK 触发器，若 $J=K$，则可完成（　　）触发器的逻辑功能。

A. RS　　B. D　　C. T　　D. T′

3）欲使 JK 触发器按 $Q^{n+1}=Q^n$ 工作，可使 JK 触发器的输入端（　　）。

A. $J=K=0$　　B. $J=Q$，$K=\overline{Q}$　　C. $J=\overline{Q}$，$K=Q$

D. $J=Q$，$K=0$　　E. $J=0$，$K=\overline{Q}$

4）欲使 D 触发器按 $Q^{n+1}=\overline{Q}^n$ 工作，应使输入 $D=$（　　）。

A. 0　　B. 1　　C. Q　　D. $\overline{Q}$

5）为实现将 JK 触发器转换为 D 触发器，应使（　　）。

A. $J=D$，$K=\overline{D}$　　B. $K=D$，$J=\overline{D}$　　C. $J=K=D$　　D. $J=K=\overline{D}$

2. 项目功能测试

分组汇报项目的学习与制作情况，通电演示电路功能，并回答有关问题。

3. 项目评价标准

项目评价表体现了项目评价标准及分值分配参考标准，如表 5-14 所示。

表 5-14　项目评价表

项目	内容	分值	考核要求	扣分标准	评价主体			得分
					教师 60%	学生 自评 20%	学生 互评 20%	
学习态度	1. 学习积极性 2. 遵守纪律 3. 安全操作规程	10	积极参加学习，遵守安全操作规程和劳动纪律，团结协作，有敬业精神	违反操作规程扣 10 分，其余不达标酌情扣分				
理论知识测试	项目相关知识点	20	能够掌握项目的相关理论知识	理论测试折合分值				
元器件识别与检测	1. 元器件识别 2. 元器件逻辑功能检测	20	能正确识别元器件；会检测逻辑功能	不能识别元器件，每个扣 1 分；不会检测逻辑功能，每个扣 1 分				

（续）

项目	内容	分值	考核要求	扣分标准	评价主体			得分
					教师 60%	学生		
						自评 20%	互评 20%	
电路制作	按电路设计装接	20	电路装接符合工艺标准，布局规范，走线美观	电路装接不规范，每处扣1分；电路接错每处扣5分				
电路测试	1. 电路静态测试 2. 电路动态测试	30	电路无短路、断路现象。能正确显示电路功能	电路有短路、断路现象，每处扣10分；不能正确显示逻辑功能，每处扣5分				
合计								
注：各项配分扣完为止								

5.6 项目拓展

5.6.1 由D触发器制作的竞赛抢答器

由D触发器制作的竞赛抢答器电路如图5-33所示，图中S_1、S_2、S_3、S_4为4路抢答操作按钮。任何一个人先将某一按钮按下，则与其对应的发光二极管（指示灯）被点亮，表示此人抢答成功；而紧随其后的其他开关再被按下均无效，指示灯仍保持第一个开关按下时所对应的状态不变。S_5为主持人控制的复位操作按钮，当S_5被按下时抢答器电路清零，松开后则允许抢答。

该电路由集成D触发器74LS175、双4输入与非门74LS20，四2输入与非门74LS00及由555芯片构成的脉冲触发电路组成。74LS175集成芯片内部包含4个上升沿触发的D触发器，其逻辑功能与74LS74一样，74LS175引脚排列图如图5-34所示。$\overline{CR}$为清零端子，低电平有效。

电路的工作过程如下。

准备阶段：主持人将电路清零，即$\overline{CR}=0$，此时，74LS175的输出$Q_1\sim Q_4$均为低电平，LED发光二极管不亮。同时，$\overline{Q_1}\,\overline{Q_2}\,\overline{Q_3}\,\overline{Q_4}=1111$，$G_1$输出为低电平，蜂鸣器也不发出声音。$G_4$（封锁门）门的输入端A为高电平，$G_4$门打开使触发器获得时钟脉冲信号，电路处于允许抢答状态。

开始抢答：例如S_1被按下，D_1输入端变为高电平，在时钟脉冲CP_2的触发作用下，Q_1变为高电平，对应的二极管点亮；同时，$\overline{Q_1}\,\overline{Q_2}\,\overline{Q_3}\,\overline{Q_4}=0111$，使$G_1$输出为高电平，蜂鸣器发出声音。$G_1$门经$G_2$门反相后，即$G_4$门的输入端A为低电平，$G_4$门关闭使触发器触发脉冲

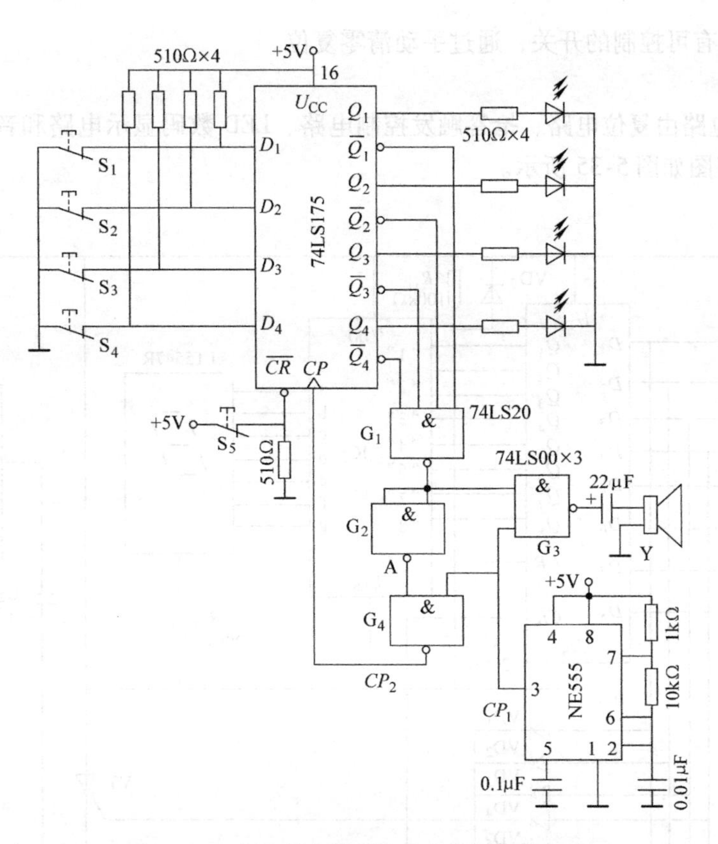

图 5-33　由 D 触发器制作的竞赛抢答器电路

CP_1 被封锁，于是，触发器的输入时钟脉冲 $CP_2=1$（无脉冲信号），此时 74LS175 的输出保持原来的状态不变，其他抢答者再按下按钮也不起作用。

如要清零，则由主持人按 S_5 按钮（清零）完成，为下一次抢答做好准备。

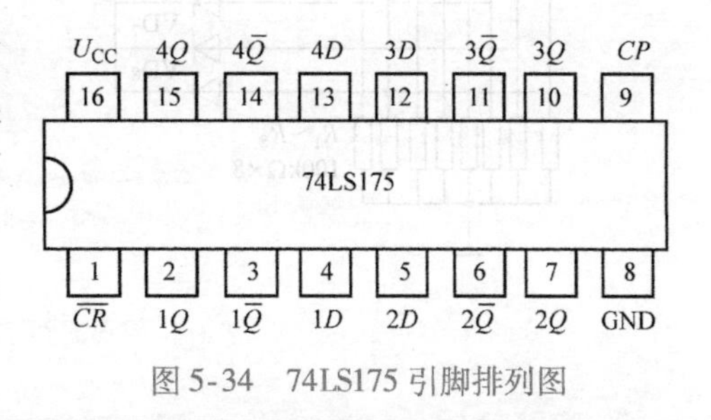

图 5-34　74LS175 引脚排列图

5.6.2　8 路竞赛抢答器电路

采用 D 触发器数字集成电路制成的数字显示 8 路抢答器，它利用数字集成电路的锁存特性，在单向晶闸管的控制下，实现优先抢答、音响提示和数字显示等功能，要求如下：

1）设计一个可供 8 名选手参加比赛的 8 路数字显示抢答器。他们的编号分别为 1、2、3……，各用一个抢答按钮，编号与参赛者的号码一一对应，此外还有一个按钮给主持人用来清零。

2）抢答器具有数据锁存功能，并将锁存的数据用 LED 数码管显示出来。在主持人将系统清零后，若有参赛者按动按钮，数码管立即显示出最先动作的选手的编号，也可同时用蜂鸣器发出间歇声响，并保持到主持人清零以后。

3）抢答器对抢答选手动作的先后有很强的分辨能力，即使他们的动作仅相差几毫秒，也能分辨出先动作的选手。

4）主持人有可控制的开关，通过手动清零复位。

1. 参考电路

该抢答器电路由复位电路、抢答触发控制电路、LED数码显示电路和音频电路等组成，8路抢答器电路图如图5-35所示。

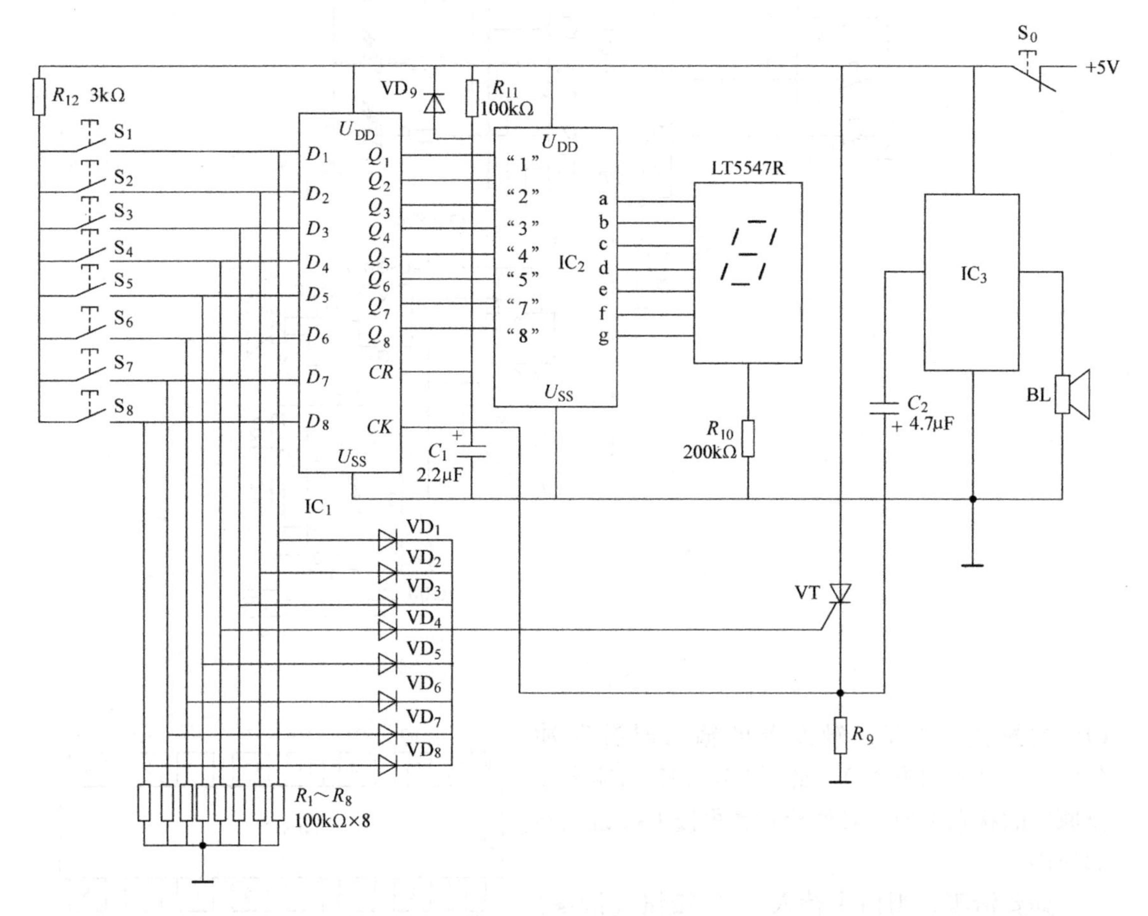

图5-35　8路抢答器电路图

2. 电路分析

复位电路由复位按钮S_0、二极管VD_9、电阻器R_{11}和电容器C_1组成。抢答触发控制电路由抢答按钮S_1～S_8，电阻器R_1～R_8，隔离二极管VD_1～VD_8，触发器集成电路IC_1（74LS273）和晶闸管VT等组成。

LED数码显示电路由LED显示驱动集成电路IC_2和LED数码显示器等组成。IC_2为CH233，它能实现二进制数码转换成十进制数码，该集成电路输出电流大，可直接驱动数码管。

音频电路由电容器C_2、扬声器BL和音乐集成电路IC_3（选用KD型“叮咚”音乐集成电路作为音响提示电路）等组成。

接通电源后，复位电路产生复位电压并加至IC_1的CR端，使IC_1清零复位。在未按动抢答按钮S_1～S_8时，IC_1的8个输入端（D_1～D_8）和8个输出端（Q_1～Q_8）均为低电平，晶闸管VT处于截止状态，LED数码显示器无显示，扬声器BL无声音。

当按动抢答按钮 S_1 ~ S_8 中某一开关时，与该开关相接的隔离二极管将导通，使 VT 导通，其阴极变为高电平。一方面通过 C_2 触发音乐集成电路 IC_3，使其工作，驱动扬声器 BL 发出“叮咚”声；另一方面使 IC_1 的 CK 端，由低电平变为高电平，使 IC_1 内相应的触发器动作，相应的输出端输出高电平并被锁存。此高电平经 IC_2 译码处理后，驱动 LED 数码显示器显示相应的数字。若按动按钮 S_8，则 IC_1 的 D_8 和 Q_8 端均变为高电平，LED 数码显示器显示数字“8”。

一旦电路被触发工作后，再按其他各抢答开关时，均无法使 IC_1 的输出数据再发生改变，LED 数码显示器中显示的数字也不会变化，扬声器 BL 也不会发声，从而实现了优先抢答。只有在主持人按动复位按钮 S_0 后，电路将自动复位，LED 数码显示器上的数字消失，才能进行下一轮抢答。

3. 电路安装与调试

将检测合格的元器件按照图 5-35 所示电路连接，确认无误后再接入电源。通电后，按下清零开关 S_0 后，数码管不显示。分别按下 S_1 ~ S_8 各键，观察数码管显示是否与编号对应，扬声器 BL 发出“叮咚”声。当数码管显示某一数码时，再按其他键，正常情况下应无效。

练习与提高

1. 已知基本 RS 触发器的两输入端 $\overline{S}$ 和 $\overline{R}$ 的波形如图 5-36 所示，试画出在初始状态分别为 0 和 1 两种情况下，输出端 Q 的波形图。

2. 已知同步 RS 触发器的初态为 0，当 S、R 和 CP 端有如图 5-37 所示的波形时，试画出输出端 Q 的波形图。

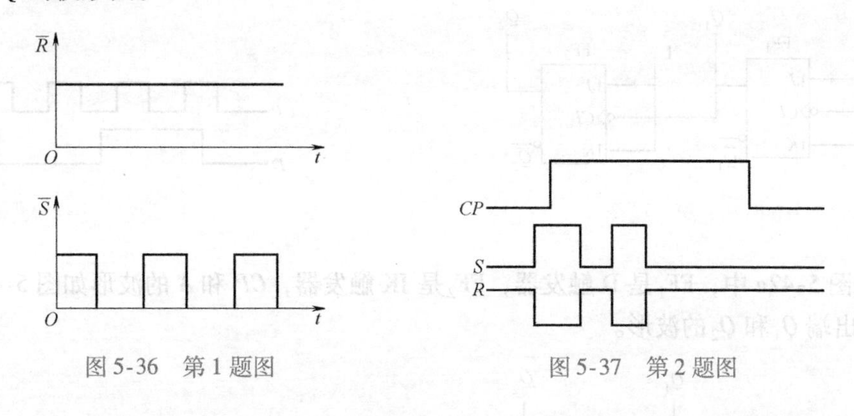

图 5-36　第 1 题图　　　图 5-37　第 2 题图

3. 已知上升沿触发的边沿 JK 触发器的输入端 CP、J 和 K 的波形如图 5-38 所示。试画出当初始状态为 0 时，输出端 Q 的波形图。

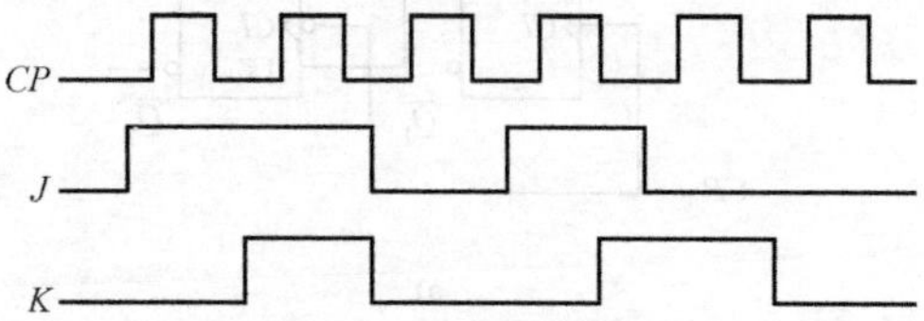

CP
J
K

图 5-38　第 3 题图

4. 已知如图 5-39 所示的各触发器，它的输入脉冲 CP 的波形如图 5-39g 所示。当初始状态均为 1 时，试画出各触发器输出 Q 端和 $\overline{Q}$ 端的波形。

5. 已知如图 5-40 所示的边沿 JK 触发器，CP 为它的输入端波形。当各触发器的初始状态均为 1 时，试画出输出端 Q_1 和 Q_2 的波形图。若时钟脉冲 CP 的频率为 200Hz，求 Q_1 和 Q_2 波形的频率各为多少？

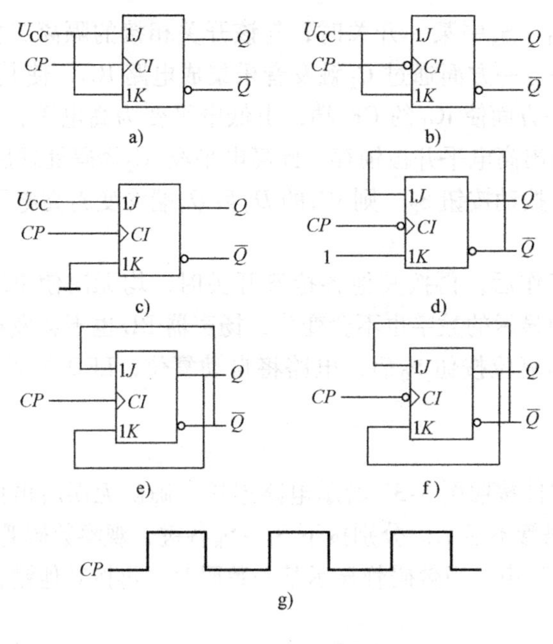

图 5-39 第 4 题图

6. 已知维持阻塞 D 触发器波形的输入波形如图 5-41 所示，若为上升沿触发，初态 $Q=0$。试画出输出端 Q 和 $\overline{Q}$ 的波形。

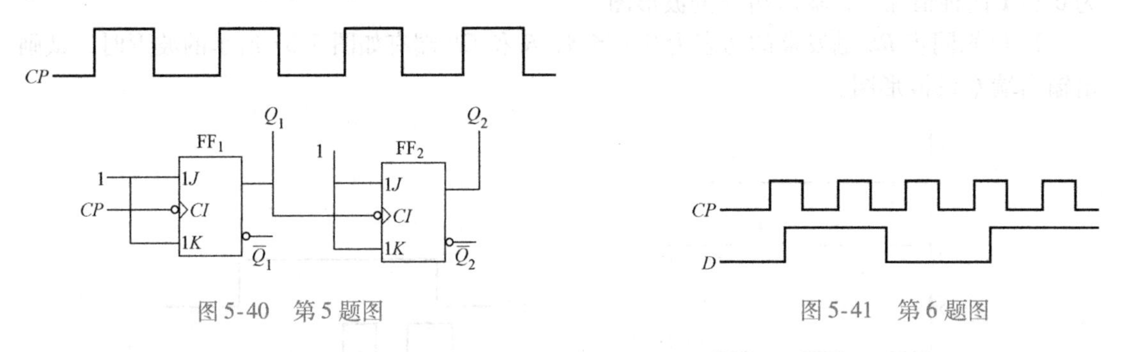

图 5-40 第 5 题图

图 5-41 第 6 题图

7. 在图 5-42a 中，FF_1是 D 触发器，FF_2是 JK 触发器，CP 和 A 的波形如图 5-42b 所示。试画出输出端 Q_1和 Q_2的波形。

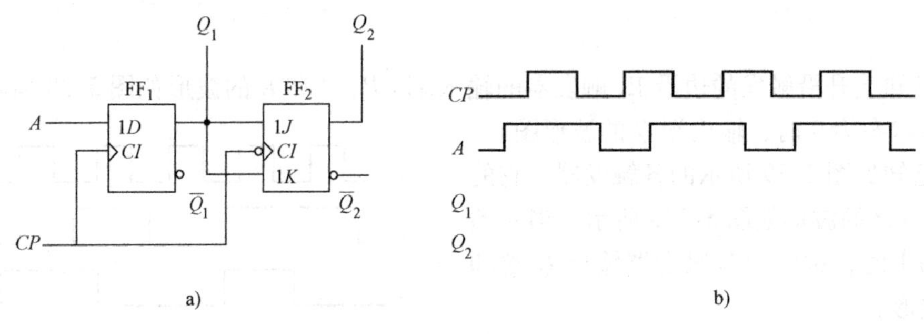

图 5-42 第 7 题图

8. 设图 5-43 所示各触发器的初始状态均为 0。试画出在 CP 脉冲作用下 Q 端的波形。

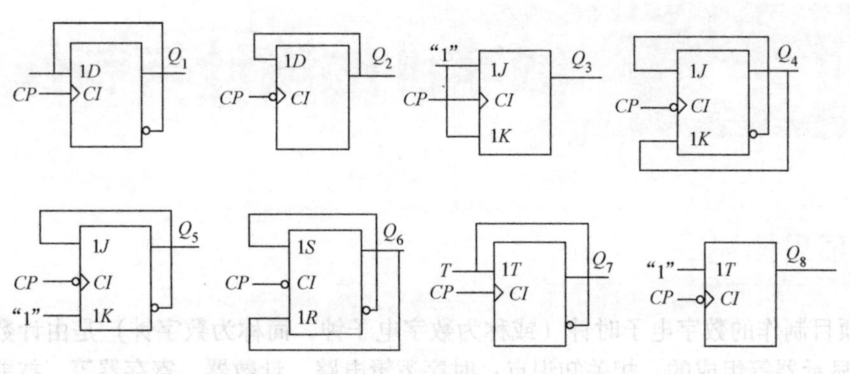

图 5-43　第 8 题图

9. 电路如图 5-44 所示，设 Q_1、Q_2 的初始态均为 0。试画出在 CP 作用下，Q_1 和 Q_2 的波形，要求画出 5 个脉冲周期。

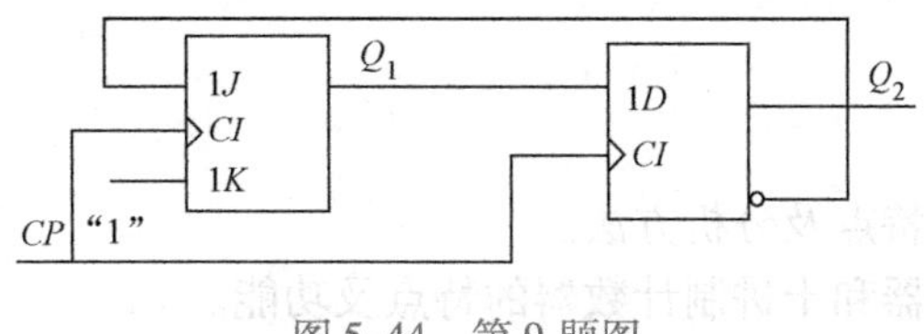

图 5-44　第 9 题图

项目6　数字钟的设计与制作

6.1　项目描述

本项目制作的数字电子时钟（或称为数字电子钟，简称为数字钟）是由计数器、分频器、译码显示器等组成的。相关知识点：时序逻辑电路、计数器、寄存器等。技能训练：集成计数器功能及应用测试等。通过项目的实施，使读者掌握相关知识和技能，提高职业素养。

6.1.1　项目目标

1. 知识目标

1）掌握时序电路的特点及分析方法。

2）掌握二进制计数器和十进制计数器的特点及功能。

3）掌握任意进制计数器构成的方法。

4）掌握数字钟电路的组成及工作原理。

2. 技能目标

1）掌握常用的集成二进制和十进制计数器产品的功能。

2）能识别常用集成计数器，会测试常用集成计数器的功能。

3）能用集成计数器设计任意进制计数器。

4）能完成数字钟电路的安装、调试。

3. 职业素养

1）严谨的思维习惯、认真的科学态度和良好的学习方法。

2）遵守纪律和安全操作规程，训练积极，具有敬业精神。

3）具有团队意识，建立相互配合、协作和良好的人际关系。

4）具有创新意识，形成良好的职业道德。

6.1.2　项目说明

数字钟是采用数字电路显示“时、分、秒”数字的计时装置。与传统的机械钟相比，它具有走时准确、显示直观、无机械传动等优点，得到广泛应用。

1. 项目要求

项目制作的数字钟要求信号发生电路产生稳定的秒脉冲信号，作为数字钟的计时基准；具有“时、分、秒”的十进制数字显示；小时计时以一昼夜为一个周期（即二十四进制），分和秒计时为六十进制；具有校时功能，可在任何时候将其调至标准时间或者指定时间。

2. 项目实施引导

1）小组制订工作计划。

2）熟悉数字钟电路的组成。

3）备齐电路所需元器件，并进行检测。

4）画出数字钟电路的安装布线图。

5）根据电路布线图，安装数字钟电路。

6）完成数字钟电路的功能检测和故障排除。

7）通过小组讨论，完成电路的详细分析，编写项目实训报告。

6.2 项目资讯

6.2.1 时序逻辑电路的分析

1. 概述

（1）时序逻辑电路的特点

6.2.1 时序逻辑电路的分析

时序逻辑电路简称为时序电路，它主要由存储电路和组合电路两部分组成。时序电路的结构框图如图6-1所示。在组合逻辑电路中，当输入信号发生变化时，输出信号也立刻随之响应，即在任何一个时刻的输出信号仅取决于当时的输入信号；而在时序电路中，任何时刻的输出信号不仅取决于当时的输入信号，而且还取决于电路原来的工作状态，即与以前的输入信号也有关。

（2）时序逻辑电路的分类

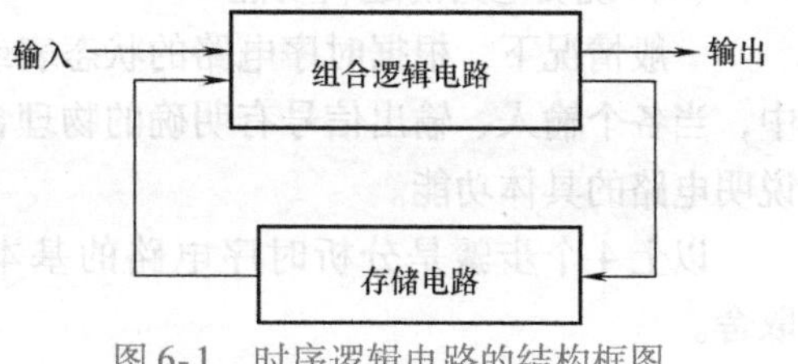

图6-1 时序逻辑电路的结构框图

1）按触发时间分类。时序电路按各触发器接收时钟信号的不同，可分为同步时序电路和异步时序电路。在同步时序电路中，各触发器由统一的时钟信号控制，并在同一脉冲作用下发生状态变化；异步时序电路则无统一的时钟信号，各存储单元状态的变化不是同时发生的，因此状态转换有先有后。

2）按逻辑功能分类。时序电路可按逻辑功能的不同划分为计数器、寄存器、脉冲发生器等。在实际应用中，时序电路是千变万化的，这里提到的是几种比较典型的电路。

3）按输出信号的特性分类。时序电路可按输出信号的特性分为米利型和穆尔型。米利型时序电路的输出不仅取决于存储电路的状态，而且取决于电路的输入变量；穆尔型时序电路的输出仅取决于存储电路的现态。可见，穆尔型时序电路是米利型时序电路的一种特例。

（3）时序逻辑电路功能的描述方法

时序电路功能的描述方法一般有以下几种。

1）逻辑表达式。根据时序电路的结构图，可写出时序电路的驱动方程、状态方程和输出方程。从理论上说，有了这3个表达式，时序电路的逻辑功能就被唯一地确定了，所以逻辑表达式可以描述时序电路的逻辑功能。

2）状态转换表。时序电路的输出 Y、次态 Q^{n+1} 与输入 X、现态 Q^n 之间对应取值关系的表格称为状态转换表，简称为状态表。

3）状态转换图。状态转换图简称为状态图，它是反映时序电路状态转换规律及相应输入/输出取值情况的几何图形。电路的状态用圆圈表示（圆圈也可以不画出），状态转换用箭头表示，每个箭头旁标出转换的输入条件和相应的电路输出。

4）时序波形图。时序波形图简称为时序图。它直观地表达了输入信号、输出信号及电路的状态等取值在时间上的关系，以便于用实验方法检查时序电路的功能。

上述4种描述方法，从不同侧面突出了时序电路逻辑功能的特点，它们本质上是相通的，可以互相转换。在实际分析和设计中，可以根据具体情况选用。

2. 时序逻辑电路的分析

分析时序电路一般按以下步骤进行。

（1）写出电路的方程组

1）时钟方程。根据给定时序电路图的触发脉冲，写出各触发器的时钟方程。在同步时序电路中，因为各触发器接的是同一个触发脉冲，所以时钟方程可以不写。

2）驱动方程。各个触发器输入端信号的逻辑表达式。

3）状态方程。将驱动方程代入相应触发器的特征方程，得到一组反映各触发器次态的方程式，即为时序电路的状态方程。

（2）列出状态表

由时序电路的状态方程和输出方程，列出该时序电路的状态表。要注意的是，触发器的次态方程只有在满足时钟条件时才会有效，否则，电路将保持原来的状态不变。

（3）画状态转换图和时序波形图

可由状态表画出状态转换图，再由状态转换图（或状态表）画出时序波形图。

（4）说明电路的逻辑功能

一般情况下，根据时序电路的状态表或状态图就可以反映出电路的功能。但在实际应用中，当各个输入、输出信号有明确的物理含义时，常需要结合这些信号的物理含义，进一步说明电路的具体功能。

以上4个步骤是分析时序电路的基本步骤，在实际应用中，可以根据具体情况加以取舍。

【例6-1】 试分析如图6-2所示的同步逻辑电路的逻辑功能。

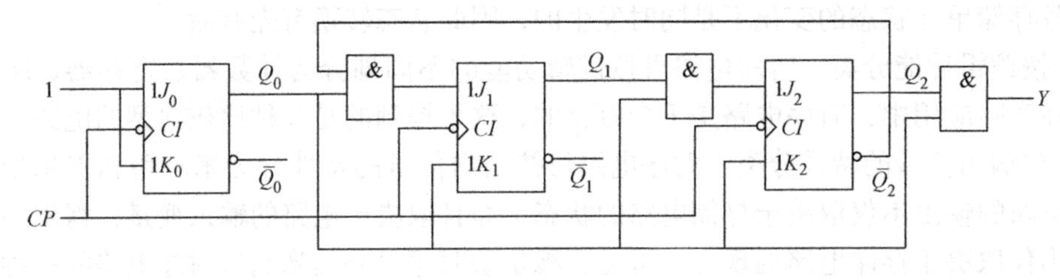

图6-2 例6-1电路图

解：各触发器时钟端接在同一个时钟脉冲 CP 上，为同步时序逻辑电路。

1）写出输出方程、驱动方程和状态方程。

输出方程 $Y=Q_2^nQ_0^n$

驱动方程 $J_0=K_0=1$

$J_1=\overline{Q_2^n}Q_0^n \qquad K_1=Q_0^n$

$J_2=Q_1^nQ_0^n \qquad K_2=Q_0^n$

状态方程　$Q_0^{n+1} = J_0\overline{Q_0^n} + \overline{K_0}Q_0^n = \overline{Q_0^n}$

$Q_1^{n+1} = J_1\overline{Q_1^n} + \overline{K_1}Q_1^n = \overline{Q_2^n}Q_0^n\overline{Q_1^n} + \overline{Q_0^n}Q_1^n$

$Q_2^{n+1} = J_2\overline{Q_2^n} + \overline{K_2}Q_2^n = Q_1^nQ_0^n\overline{Q_2^n} + \overline{Q_0^n}Q_2^n$

2）列出状态转换真值表，见表6-1。

表6-1　状态转换真值表

现态			次态			输出
Q_2^n	Q_1^n	Q_0^n	Q_2^{n+1}	Q_1^{n+1}	Q_0^{n+1}	Y
0	0	0	0	0	1	0
0	0	1	0	1	0	0
0	1	0	0	1	1	0
0	1	1	1	0	0	0
1	0	0	1	0	1	0
1	0	1	0	0	0	1
1	1	0	1	1	1	0
1	1	1	0	0	0	1

3）时序图。画出例6-1时序图，如图6-3所示。

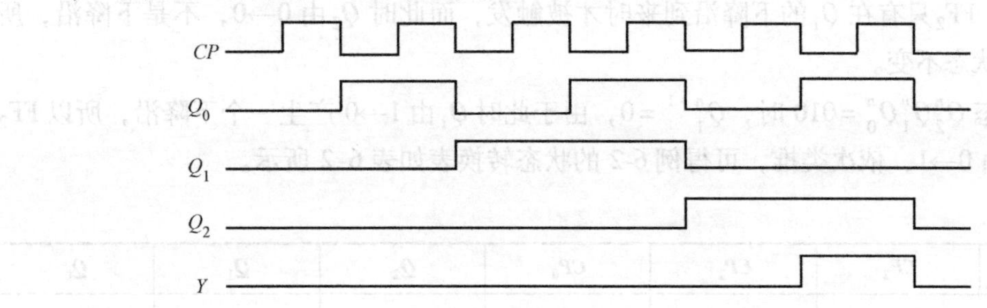

图6-3　例6-1时序图

4）根据表6-1所示画状态图，如图6-4所示。

5）功能描述。由图6-4所示可见，主循环的状态数为6，且110、111这两个状态在CP的作用下最终也能进入主循环，具有自启动能力。所以图6-2所示的电路是同步自启动六进制加法计数器。

【例6-2】　试分析图6-5所示电路的逻辑功能。

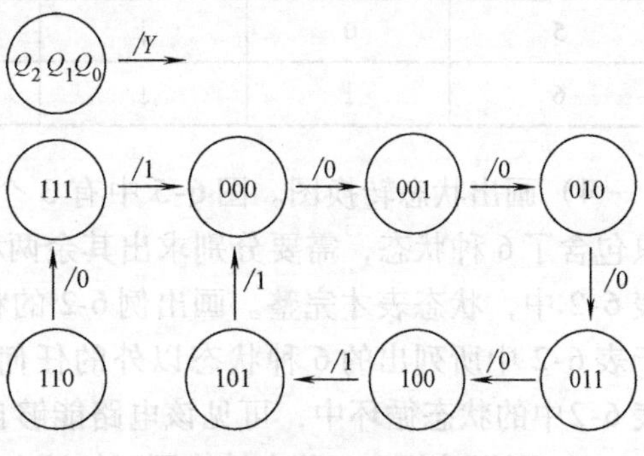

解：本题为异步时序逻辑电路。

1）写出该电路的方程组。

时钟方程　$CP_0 = CP_1 = CP \quad CP_2 = Q_1^n$

驱动方程　$J_0 = \overline{Q_1^n} \quad K_0 = 1$

$J_1 = Q_0^n \quad K_1 = 1$

$J_2 = K_2 = 1$

图6-4　例6-1状态图

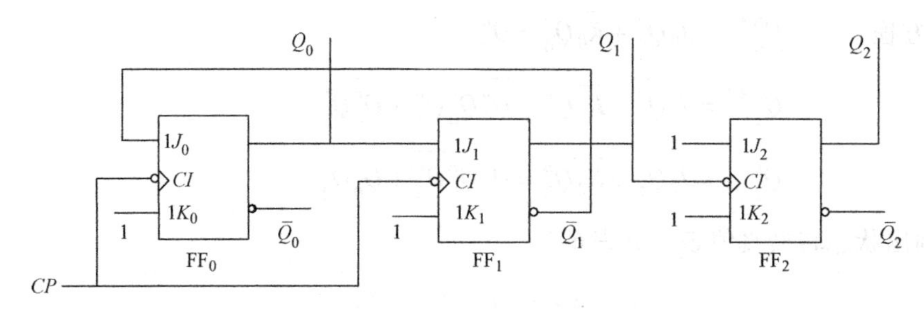

图 6-5　例 6-2 电路图

2）写出状态方程。将各驱动方程分别代入 JK 触发器的特征方程后，得到电路的状态方程，即

$$Q_0^{n+1} = J_0\overline{Q_0^n} + \overline{K_0}Q_0^n = \overline{Q_1^n}\,\overline{Q_0^n}$$

同理可得

$$Q_1^{n+1} = \overline{Q_1^n}Q_0^n$$
$$Q_2^{n+1} = \overline{Q_2^n}$$

3）进行计算，列出状态表。各触发器仅在其时钟脉冲的下降沿动作，其余时刻均处于保持状态，在列状态表时必须注意：

① 当现态 $Q_2^nQ_1^nQ_0^n = 000$ 时，代入 Q_0 及 Q_1 的状态方程中，可知在 CP 作用下，$Q_0^{n+1} = 1$，$Q_1^{n+1} = 0$。FF_2 只有在 Q_1 的下降沿到来时才被触发，而此时 Q_2 由 0→0，不是下降沿，所以 Q_2 保持原状态不变。

② 当现态 $Q_2^nQ_1^nQ_0^n = 010$ 时，$Q_1^{n+1} = 0$，由于此时 Q_1 由 1→0 产生一个下降沿，所以 FF_2 被触发，Q_2 由 0→1，依次类推，可得例 6-2 的状态转换表如表 6-2 所示。

表 6-2　例 6-2 的状态转换表

序号	CP_2	CP_1	CP_0	Q_2	Q_1	Q_0
0	0	0	0	0	0	0
1	0	↓	↓	0	0	1
2	0	↓	↓	0	1	0
3	↓	↓	↓	1	0	0
4	0	↓	↓	1	0	1
5	0	↓	↓	1	1	0
6	↓	↓	↓	0	0	0

4）画出状态转换图。图 6-5 中有 3 个触发器，它们的状态组合有 8 种，而表 6-2 中只包含了 6 种状态，需要分别求出其余两种状态下的输出和次态，将这些计算结果补充到表 6-2 中，状态表才完整。画出例 6-2 的状态转换图如图 6-6 所示。由图可知，当电路处于表 6-2 中所列出的 6 种状态以外的任何一种状态时，都会在时钟信号作用下最终进入表 6-2 中的状态循环中，可见该电路能够自启动。

5）逻辑功能。由状态转换图可知该电路是一个能自启动的异步六进制计数器。

异步时序电路的分析方法与同步时序电路的分析方法有所不同。由于异步时序电路中各触发器没有统一的时钟，各触发器的状态转换并不是同时发生的，触发器只有在它所要求的时钟脉冲触发沿到来时才可能翻转，才需要计算触发器的次态，否则触发器保持原状态不变，所以在分析异步时序电路时，必须写出各触发器的时钟方程，写状态方程时必须加上有效时钟条件。可见，分析异步时序电路要比分析同步时序电路复杂。

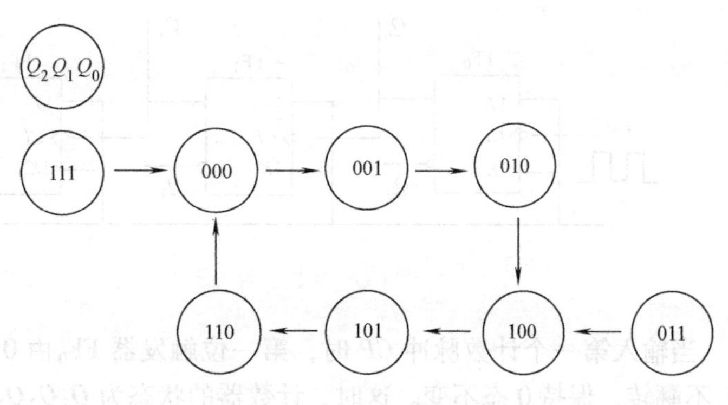

图6-6　例6-2的状态转换图

6.2.2　计数器

用以统计输入计数脉冲 CP 个数的电路称为计数器。它主要由触发器组成。计数器是最常见的时序电路，常用于计数、分频、定时及产生数字系统的时钟脉冲等。

6.2.2　计数器

计数器所能记忆的时钟脉冲个数（容量）称为计数器的模，用 M 表示。如 $M=6$ 计数器，又称为六进制计数器，所以计数器的模实际上是计数电路的有效状态数。

计数器种类很多，特点各异，主要分类如下。

1）按照触发器是否同时翻转，可分为同步计数器和异步计数器。

2）按照计数顺序的增、减，可分为加计数器、减计数器。对计数顺序可增、可减的计数器称为可逆计数器。

3）按计数进制分为二进制计数器、十进制计数器和任意进制计数器。

- 二进制计数器。按二进制运算规律进行计数的电路称为二进制计数器。
- 十进制计数器。按十进制运算规律进行计数的电路称为十进制计数器。
- 任意进制计数器。二进制计数器和十进制计数器之外的其他进制计数器统称为任意进制计数器。如五进制计数器和六十进制计数器等。

1. 二进制计数器

由于二进制只有0和1两种数码，而双稳态触发器又具有0和1两种状态，所以用 n 个触发器可以表示 n 位二进制数，其逻辑电路即为 n 位二进制计数器。

（1）异步二进制计数器

异步计数器各触发器的状态转换与时钟脉冲是异步工作的，即当脉冲到来时，各触发器的状态不是同时翻转，而是从低位到高位依次改变状态。因此，异步计数器又称为串行进位计数器。

1）异步二进制加法计数器。图6-7所示为由JK触发器组成的4位异步二进制加法计数器的逻辑图。图中JK触发器都接成T′触发器，用计数脉冲 CP 的下降沿触发。设计数器的初始状态为 $Q_3Q_2Q_1Q_0=0000$，工作原理如下。

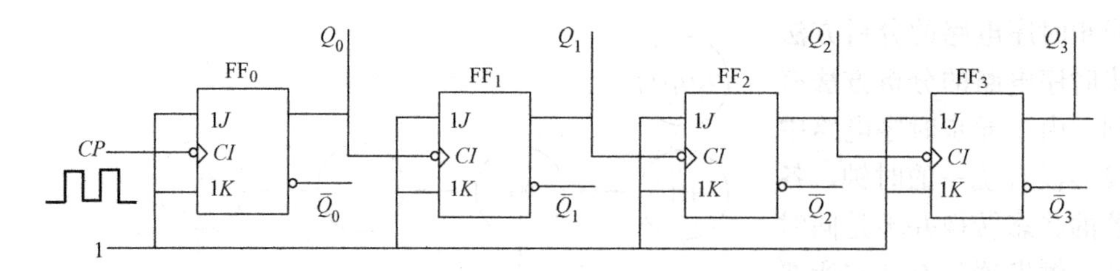

图 6-7 4 位异步二进制加法计数器的逻辑图

当输入第一个计数脉冲 CP 时，第一位触发器 FF_0 由 0 态翻到 1 态，Q_0端输出正跃变，FF_1不翻转，保持 0 态不变。这时，计数器的状态为 $Q_3Q_2Q_1Q_0=0001$。

当输入第二个计数脉冲 CP 时，FF_0由 1 态翻到 0 态，Q_0端输出负跃变，FF_1则由 0 态翻转到 1 态，FF_2保持 0 态不变。这时，计数器的状态为 $Q_3Q_2Q_1Q_0=0010$。

当连续输入计数脉冲 CP 时，根据上述计数规律，只要低位触发器由 1 态翻转到 0 态，相邻高位触发器的状态就会改变。4 位二进制加法计数器的状态转换顺序如表 6-3 所示。由该表可以看出，当输入第 16 个计数脉冲 CP 时，4 个触发器都返回到初始的 $Q_3Q_2Q_1Q_0=0000$ 状态。同时，计数器 Q_3输出一个负跃变的进位信号。从第 17 个计数脉冲 CP 开始，计数器又开始了新的计数循环，可见图 6-7 所示的电路为十六进制计数器。

表 6-3 4 位二进制加法计数器的状态转换顺序表

计数顺序	计数状态			
	Q_3	Q_2	Q_1	Q_0
0	0	0	0	0
1	0	0	0	1
2	0	0	1	0
3	0	0	1	1
4	0	1	0	0
5	0	1	0	1
6	0	1	1	0
7	0	1	1	1
8	1	0	0	0
9	1	0	0	1
10	1	0	1	0
11	1	0	1	1
12	1	1	0	0
13	1	1	0	1
14	1	1	1	0
15	1	1	1	1
16	0	0	0	0

图 6-8 所示为 4 位二进制加法计数器的工作波形图。由该图可看出，输入的计数脉冲每经一级触发器，其周期增加一倍，即频率降低一半。所以，图 6-7 所示的计数器又是一个十六分频器。

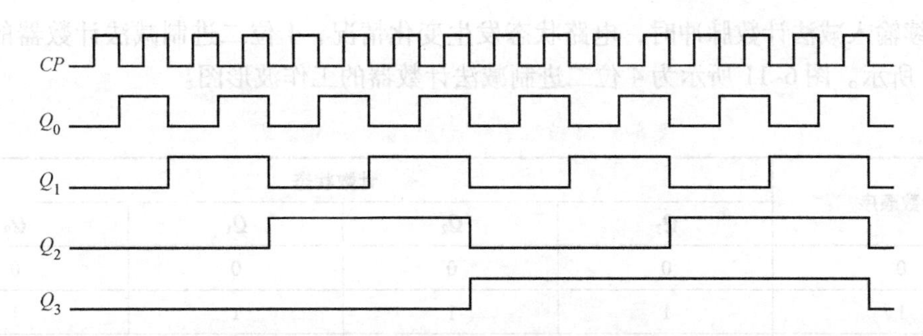

图 6-8　4 位二进制加法计数器的工作波形图

若是上升沿触发的触发器，则只能由低位的$\overline{Q}$端提供该位的时钟信号。图 6-9 所示为由 4 个 D 触发器构成的上升沿触发的 4 位异步二进制加法计数器。其工作原理请读者自行分析。

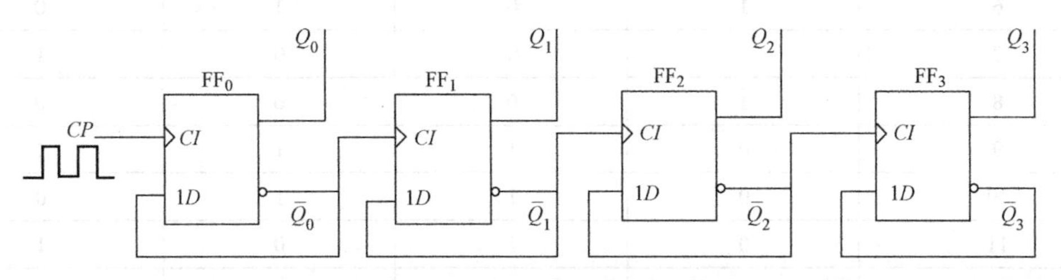

图 6-9　4 位异步二进制加法计数器

2）异步二进制减法计数器。异步二进制减法计数是递增计数器的逆过程，根据二进制计数器的减法运算规则，即 1 − 1 = 0，0 − 1 不够，向高位借 1 作 2，这时可视为(1) 0 − 1 = 1。如二进制数 0000 − 1 时，可视为（1）0000 − 1 = 1111；1111 − 1 = 1110，其余减法运算依次类推。由以上讨论可知，4 位二进制减法计数器实现减法运算的关键是在输入第一个减法计数脉冲后，计数器的状态应由 0000 翻转到 1111。

图 6-10 所示为由 JK 触发器组成的 4 位二进制减法计数器的逻辑图。$FF_0 \sim FF_3$都为 T′触发器，负跃变触发。为了能实现向相邻高位触发器输出错位信号，要求低位触发器在由 0 态变为 1 态时，能使高位触发器的状态翻转，因此低位触发器应从$\overline{Q}$端输出错位信号。

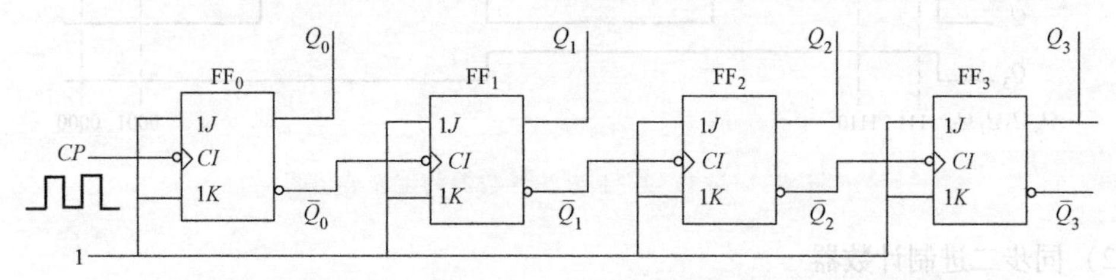

图 6-10　由 JK 触发器组成的 4 位二进制减法计数器的逻辑图

设电路在进行减法计数前，计数器的状态为 $Q_3Q_2Q_1Q_0$ = 0000，它的工作原理如下。

当 CP 脉冲输入第一个减法计数脉冲时，FF_0 由 0 态翻转到 1 态，$\overline{Q}$输出一个负跃变的借位信号，使 FF_1 由 0 态翻转到 1 态，$\overline{Q_1}$输出负跃变的错位信号，使 FF_2 由 0 态翻转到 1 态。

同理，FF_3也由 0 态翻转到 1 态，$\overline{Q_3}$输出一个负跃变的错位信号，使计数器翻转到 $Q_3Q_2Q_1Q_0$ = 1111。当 CP 端输入第二个减法计数脉冲时，计数器的状态为 $Q_3Q_2Q_1Q_0$ = 1110。当

CP 端连续输入减法计数脉冲时，电路状态发生变化情况，4 位二进制减法计数器的状态表如表 6-4 所示。图 6-11 所示为 4 位二进制减法计数器的工作波形图。

表 6-4 4 位二进制减法计数器的状态表

计数顺序	计数状态			
	Q_3	Q_2	Q_1	Q_0
0	0	0	0	0
1	1	1	1	1
2	1	1	1	0
3	1	1	0	1
4	1	1	0	0
5	1	0	1	1
6	1	0	1	0
7	1	0	0	1
8	1	0	0	0
9	0	1	1	1
10	0	1	1	0
11	0	1	0	1
12	0	1	0	0
13	0	0	1	1
14	0	0	1	0
15	0	0	0	1
16	0	0	0	0

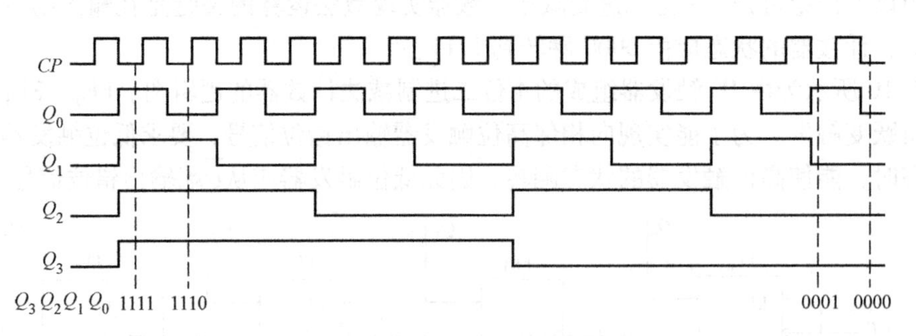

图 6-11 4 位二进制减法计数器的工作波形图

（2）同步二进制计数器

异步计数器中各触发器之间是串行进位的，它的进位（或借位）信号是逐级传递的，因而使计数速度受到限制，工作频率不能太高。而同步计数器中各触发器同时受到时钟脉冲的触发，各个触发器的翻转与时钟同步，工作速度较快，工作频率较高。因此，同步触发器又称为并行进位计数器。

1）同步二进制加法计数器。用 JK 触发器组成的同步 3 位二进制加法计数器如图 6-12 所示。表 6-5 是同步 3 位二进制加法计数器的状态表。由表可见，当来 1 个时钟脉冲 CP 时，Q_0就翻转 1 次，而且要在 Q_0为 1 态时翻转，Q_2要在 Q_1和 Q_0都为 1 态时翻转。

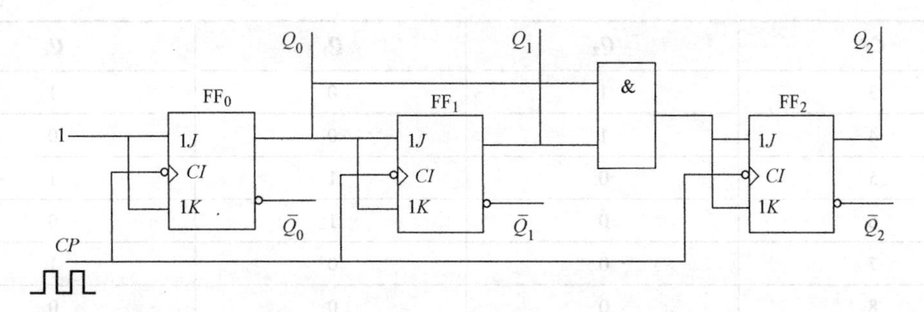

图 6-12　同步 3 位二进制加法计数器

表 6-5　同步 3 位二进制加法计数器的状态表

CP	Q_2	Q_1	Q_0
0	0	0	0
1	0	0	1
2	0	1	0
3	0	1	1
4	1	0	0
5	1	0	1
6	1	1	0
7	1	1	1
8	0	0	0

2）同步二进制减法计数器。图 6-13 所示为同步 3 位二进制减法计数器。表 6-6 是对应的状态表。

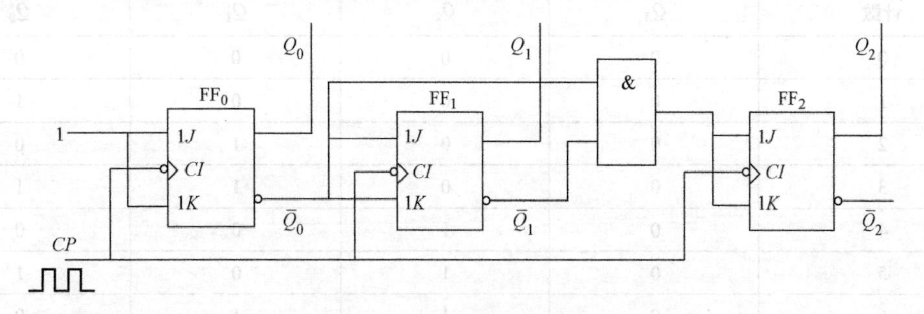

图 6-13　同步 3 位二进制减法计数器

表 6-6　同步 3 位二进制减法计数器的状态表

CP	Q_2	Q_1	Q_0
0	0	0	0
1	1	1	1
2	1	1	0

（续）

CP	Q_2	Q_1	Q_0
3	1	0	1
4	1	0	0
5	0	1	1
6	0	1	0
7	0	0	1
8	0	0	0

2. 十进制计数器

(1) 异步十进制加法计数器

异步十进制加法计数器是在4位异步二进制加法计数器的基础上加以修改，使计数器在计数过程中跳过1010～1111这6个状态而得到的。

图6-14所示电路是异步8421BCD码十进制加法计数器的典型电路。利用异步时序电路的分析方法可以分析其逻辑功能。异步8421BCD码十进制加法计数器的状态表如表6-7所示。

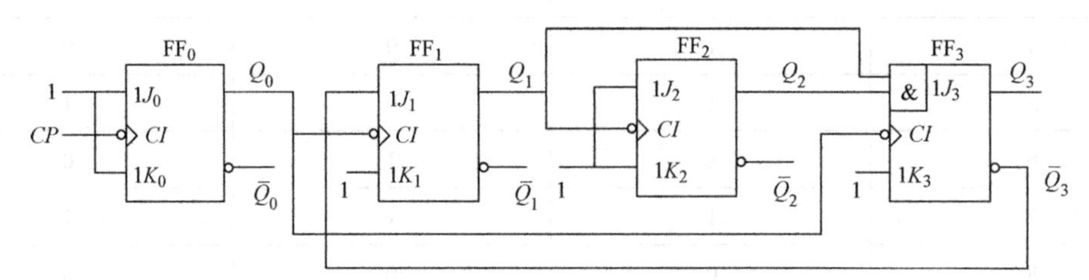

图6-14 异步8421BCD码十进制加法计数器的典型电路

表6-7 异步8421BCD码十进制加法计数器的状态表

计数	Q_3	Q_2	Q_1	Q_0
0	0	0	0	0
1	0	0	0	1
2	0	0	1	0
3	0	0	1	1
4	0	1	0	0
5	0	1	0	1
6	0	1	1	0
7	0	1	1	1
8	1	0	0	0
9	1	0	0	1
10	1	0	1	0

异步8421BCD码十进制加法计数器状态图如图6-15所示。异步8421BCD码十进制加法计数器时序图如图6-16所示。

(2) 同步十进制加法计数器

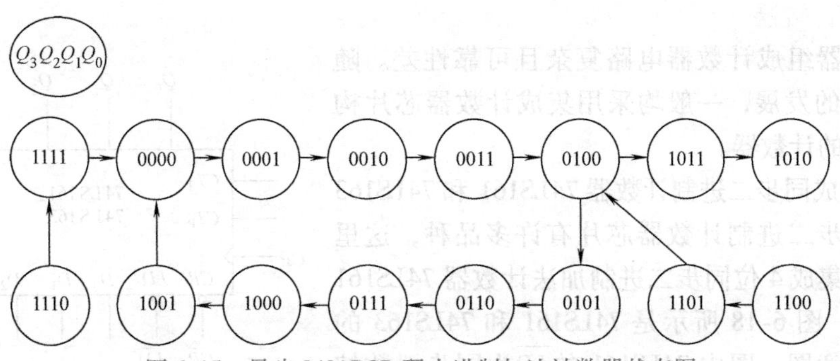

图 6-15　异步 8421BCD 码十进制加法计数器状态图

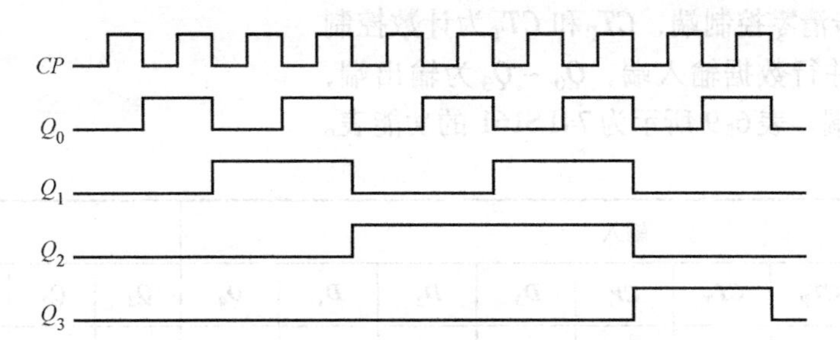

图 6-16　异步 8421BCD 码十进制加法计数器时序图

图 6-17 所示为由 JK 触发器组成的 8421BCD 码同步十进制加法计数器的逻辑图，用下降沿触发。它的状态转换表如表 6-8 所示。

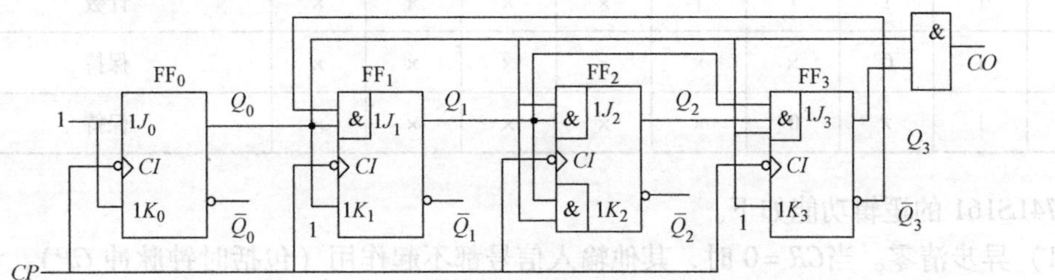

图 6-17　8421BCD 码同步十进制加法计数器的逻辑图

表 6-8　8421BCD 码同步十进制加法计数器的状态转换表

计数脉冲序号	现态				次态				输出
	Q_3^n	Q_2^n	Q_1^n	Q_0^n	Q_3^{n+1}	Q_2^{n+1}	Q_1^{n+1}	Q_0^{n+1}	CO
0	0	0	0	0	0	0	0	1	0
1	0	0	0	1	0	0	1	0	0
2	0	0	1	0	0	0	1	1	0
3	0	0	1	1	0	1	0	0	0
4	0	1	0	0	0	1	0	1	0
5	0	1	0	1	0	1	1	0	0
6	0	1	1	0	0	1	1	1	0
7	0	1	1	1	1	0	0	0	0
8	1	0	0	0	0	1	0	1	0
9	0	1	0	1	1	0	1	0	1

3. 集成计数器

用触发器组成计数器电路复杂且可靠性差。随着电子技术的发展，一般均采用集成计数器芯片构成各种功能的计数器。

（1）集成同步二进制计数器74LS161和74LS163

集成同步二进制计数器芯片有许多品种，这里介绍常用的集成4位同步二进制加法计数器74LS161和74LS163。图6-18所示是74LS161和74LS163的逻辑功能示意图。图中74LS161的$\overline{LD}$为同步置数控制端，$\overline{CR}$为异步清零控制端，CT_P和CT_T为计数控制端，$D_0 \sim D_3$为并行数据输入端，$Q_0 \sim Q_3$为输出端，CO为进位输出端。表6-9所示为74LS161的功能表。

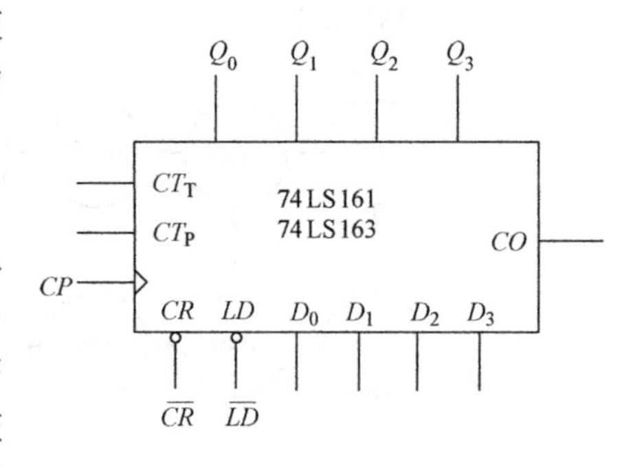

图6-18 74LS161和74LS163的逻辑功能示意图

表6-9 74LS161的功能表

输入									输出				
$\overline{CR}$	$\overline{LD}$	CT_P	CT_T	CP	D_3	D_2	D_1	D_0	Q_3	Q_2	Q_1	Q_0	CO
0	×	×	×	×	×	×	×	×	0	0	0	0	0
1	0	×	×	↑	d_3	d_2	d_1	d_0	d_3	d_2	d_1	d_0	
1	1	1	1	↑	×	×	×	×	计数				
1	1	0	×	×	×	×	×	×	保持				
1	1	×	0	×	×	×	×	×	保持				0

74LS161的逻辑功能如下。

1）异步清零。当$\overline{CR}=0$时，其他输入信号都不起作用（包括时钟脉冲CP），计数器输出将被直接置零，称为异步清零。

2）同步并行预置数。在$\overline{CR}=1$、$\overline{LD}=0$时，在时钟脉冲CP的上升沿作用下，$D_3 \sim D_0$输入端的数据分别被$Q_3 \sim Q_0$接收。由于计数器必须在CP上升沿来到后才接收数据，所以称为同步并行预置数操作。

3）计数。当$\overline{CR}=\overline{LD}=CT_P=CT_T=1$、$CP$端输入计数脉冲时，计数器进行二进制加法计数，这时进位输出$CO=Q_3Q_2Q_1Q_0$。

4）保持。在$\overline{CR}=\overline{LD}=1$的条件下，且$CT_P$和$CT_T$中有1个为0时，不管有无$CP$作用，计数器都将保持原有状态不变（停止计数）。需要说明的是，当$CT_P=0$、$CT_T=1$时，进位输出$CO=Q_3Q_2Q_1Q_0$也保持不变；而当$CT_T=0$时，不管CT_P状态如何，进位输出$CO=0$。

74LS163的功能表如表6-10所示。由该表可以看出，74LS163为同步清零，这就是说，在同步清零控制端$\overline{CR}$为低电平时，计数器并不被清零，还需要再输入1个计数脉冲CP的上升沿后才能被清零。而74LS161则为异步清零，这是74LS163和74LS161的主要区别，它们的其他功能完全相同。

表 6-10　74LS163 的功能表

输入									输出				
$\overline{CR}$	$\overline{LD}$	CT_P	CT_T	CP	D_3	D_2	D_1	D_0	Q_3	Q_2	Q_1	Q_0	CO
0	×	×	×	↑	×	×	×	×	0	0	0	0	0
1	0	×	×	↑	d_3	d_2	d_1	d_0	d_3	d_2	d_1	d_0	
1	1	1	1	↑	×	×	×	×	计数				
1	1	0	×	×	×	×	×	×	保持				
1	1	×	0	×	×	×	×	×	保持				0

（2）集成同步十进制计数器 74LS160 和 74LS162

图 6-19 所示为集成同步十进制加法计数器 74LS160 和 74LS162 的逻辑功能示意图。图中$\overline{LD}$为同步置数控制端，$\overline{CR}$为异步清零控制端，CT_P和CT_T为计数控制端，$D_0\sim D_3$为并行数据输入端，CO为进位输出端。表 6-11 所示为 74LS160 的功能表。

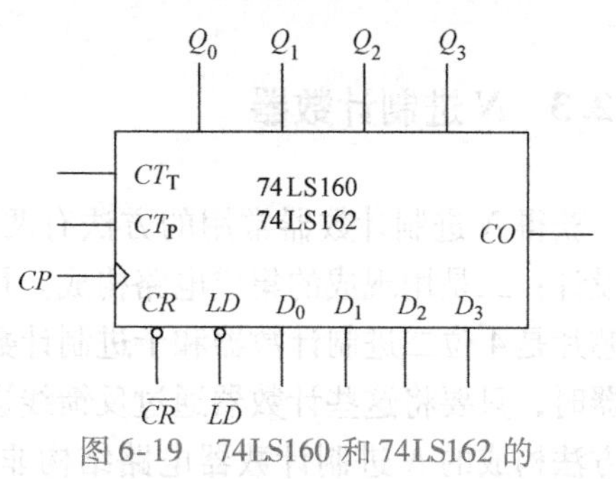

图 6-19　74LS160 和 74LS162 的逻辑功能示意图

表 6-11　74LS160 的功能表

输入									输出				
$\overline{CR}$	$\overline{LD}$	CT_P	CT_T	CP	D_3	D_2	D_1	D_0	Q_3	Q_2	Q_1	Q_0	CO
0	×	×	×	×	×	×	×	×	0	0	0	0	0
1	0	×	×	↑	d_3	d_2	d_1	d_0	d_3	d_2	d_1	d_0	
1	1	1	1	↑	×	×	×	×	计数				
1	1	0	×	×	×	×	×	×	保持				
1	1	×	0	×	×	×	×	×	保持				0

由表 6-11 可知，74LS160 主要有如下功能。

1）异步清零功能。当$\overline{CR}=0$时，无论 CP 和其他输入端有无信号输入，计数器都被清零，这时 $Q_3Q_2Q_1Q_0=0000$。

2）同步并行置数功能。当$\overline{CR}=1$、$\overline{LD}=0$时，在输入时钟脉冲 CP 上升沿的作用下，$D_3\sim D_0$端并行输入数据 $d_3\sim d_0$被置入计数器相应的触发器中，这时，$Q_3Q_2Q_1Q_0=d_3d_2d_1d_0$。

3）计数功能。当$\overline{CR}=\overline{LD}=CT_P=CT_T=1$、在 CP 端输入计数脉冲时，计数器按照 8421BCD 码的规律进行十进制加法计数。

4）保持功能。当$\overline{CR}=\overline{LD}=1$，且 CT_P、CT_T中有 0 时，计数器保持原来的状态不变。在计数器执行保持功能时，若 $CT_P=0$、$CT_T=1$，则 $CO=CT_TQ_3Q_0=Q_3Q_0$；若 $CT_P=1$、$CT_T=0$，则 $CO=CT_TQ_3Q_0=0$。

图 6-19 所示也是集成同步十进制加法计数器 74LS162 的逻辑功能示意图。74LS162 的功能如表 6-12 所示。由该表可看出，与 74LS160 相比，74LS162 除为同步清零外，其余功能都与 74LS160 相同。

表 6-12 74LS162 的功能表

输入									输出				
$\overline{CR}$	$\overline{LD}$	CT_P	CT_T	CP	D_3	D_2	D_1	D_0	Q_3	Q_2	Q_1	Q_0	CO
0	×	×	×	↑	×	×	×	×	0	0	0	0	0
1	0	×	×	↑	d_3	d_2	d_1	d_0	d_3	d_2	d_1	d_0	
1	1	1	1	↑	×	×	×	×	计数				
1	1	0	×	×	×	×	×	×	保持				
1	1	×	0	×	×	×	×	×	保持				0

6.2.3 *N* 进制计数器

获得 *N* 进制计数器常用的方法有两种：一是用触发器和门电路进行设计；二是用现成的集成电路构成。目前大量生产和销售的计数器集成芯片是 4 位二进制计数器和十进制计数器，当需要用其他任意进制计数器时，只要将这些计数器通过反馈线进行不同的连接就可实现。用这种方法构成的 *N* 进制计数器电路结构非常简单，因此在实际应用中被广泛采用。

6.2.3 N 进制计数器

1. 反馈清零法

在计数过程中，将某个中间状态反馈到清零端，强行使计数器返回到 0，再重新开始计数，可构成比原集成计数器模小的任意进制计数器。反馈清零法适用于有清零输入的集成计数器，可分为异步清零和同步清零两种方法。

（1）异步清零法

在异步清零端有效时，不受时钟脉冲及任何信号影响，直接使计数器清零，因而可采用瞬时过渡状态作为清零信号。

【例 6-3】 用 74LS161 构成十一进制计数器。

解：由题意 $N=11$，而 74LS161 的计数过程中有 16 个状态，多了 5 个状态，此时只需设法跳过 5 个状态即可。

由图 6-20 所示的用 74LS161 构成的十一进制计数器可知，74LS161 从 0000 状态开始计数，当输入第 11 个 *CP* 脉冲（上升沿）时，输出为 1011，通过与非门译码后，反馈给异步清零 $\overline{CR}$ 端一个清零信号，立即使 $Q_3Q_2Q_1Q_0=0000$。接着 $\overline{CR}$ 端的清零信号也随之消失，74LS161 从 0000 状态开始新的计数周期。需要注意的是，此电路一进入 1011 状态后，就会立即被置成 0000 状态，即 1011 状态仅在极短的瞬间出现，因此称为过渡状态。用 74LS161 构成的十一进制计数器状态图如图 6-21 所示。

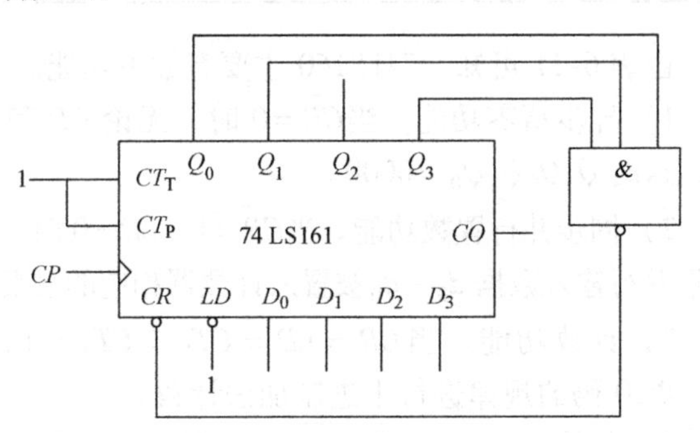

图 6-20 用 74LS161 构成的十一进制计数器

（2）同步清零法

同步清零法必须在清零信号有效时，再来 1 个 *CP* 时钟脉冲触发沿，才能使触发器清零。例如，用 74LS163 构成的同步清零十一进制计数器如图 6-22 所示。该计数器的反馈清零信号为 1010，与电路图中反馈清零信号 1011 不同，用 74LS163 构成的同步清零十一进制计数器状态图如图 6-23所示。

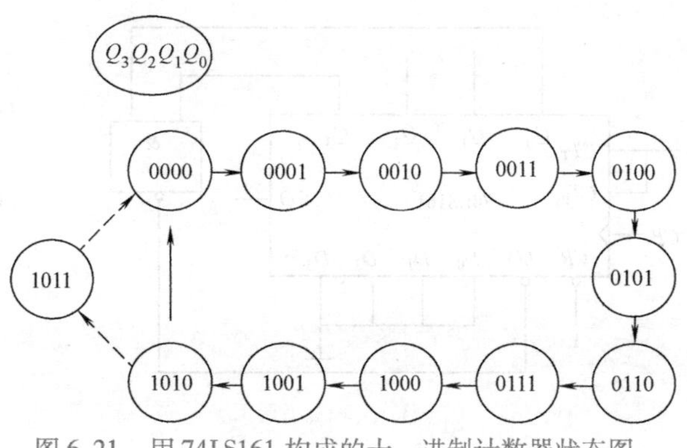

图 6-21　用 74LS161 构成的十一进制计数器状态图

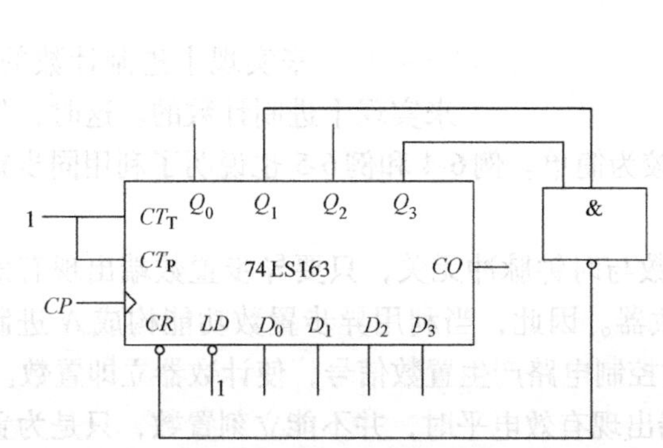

图 6-22　用 74LS163 构成的同步清零十一进制计数器

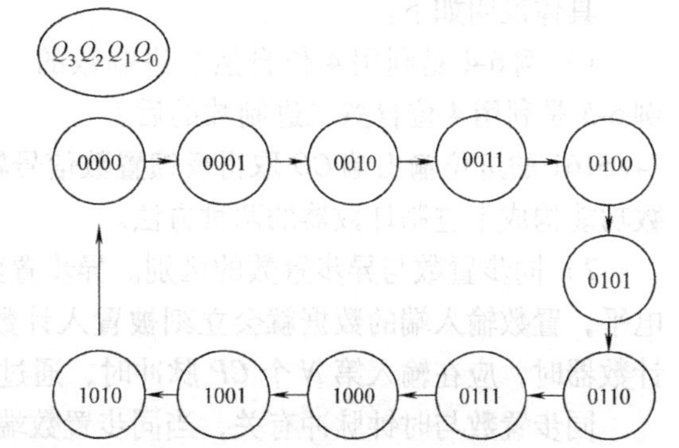

图 6-23　用 74LS163 构成的同步清零十一进制计数器状态图

2. 反馈置数法

反馈置数法适用于具有预置数功能的集成计数器，对于具有同步置数功能的计数器，则与同步清零法类似，即同步置数输入端获得置数有效信号后，计数器不能立刻置数，而是在下一个 *CP* 脉冲作用后，计数器才会被置数。

对于具有异步置数功能的计数器，只要满足置数信号（不需要脉冲 *CP* 作用），就可立即置数，因此异步反馈置数法仍需瞬时过渡状态作为置数信号。

【例6-4】　试用 74LS161 同步置数功能构成十进制计数器。

解：由于 74LS161 的同步置数控制端获得低电平的置数信号时，并行输入数据输入端 $D_0 \sim D_3$输入的数据并不能被置入计数器，还需再来 1 个计数脉冲 *CP* 后，$D_0 \sim D_3$端输入的数据才被置入计数器，因此，其构成十进制计数器的方法与同步清零法基本相同。写出 $S_{10\text{-}1} = S_9$的二进制代码，$S_9 = 1001$。画出逻辑图如图 6-24 所示。

【例 6-5】　试用 74LS161 的同步置数功能构成一个十进制计数器，其状态在 0110 ~ 1111 间循环。

解：由于计数器的计数起始状态 $Q_3Q_2Q_1Q_0 = 0110$，因此，并行数据输入端应接入计数起始数据，即取 $D_3D_2D_1D_0 = 0110$。当输入第 9 个计数脉冲 *CP* 时，计数器的输出状态为 $Q_3Q_2Q_1Q_0 = 1111$，这时，进位信号（$CO = 1$）通过反相器将输出低电平 0 加到同步置数控制端。当输入第 10 个计数脉冲时，计数器便回到初始的预置状态，即 $Q_3Q_2Q_1Q_0 = 0110$，从而实现了十进制计数。利用进位输出 *CO* 端构成的十进制计数器如图 6-25 所示。

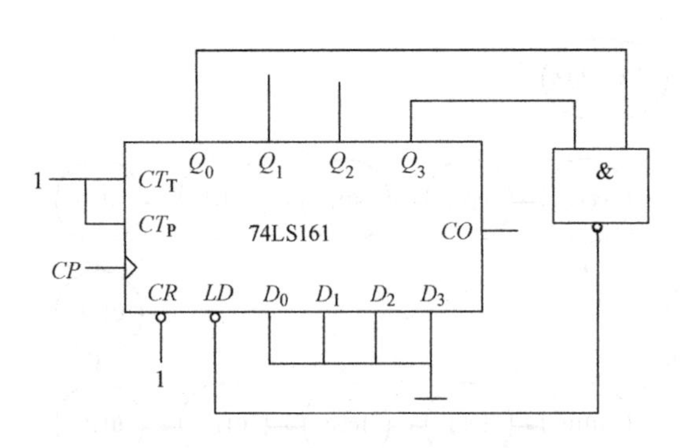

图 6-24 用 74LS161 同步置数功能构成的十进制计数器逻辑图

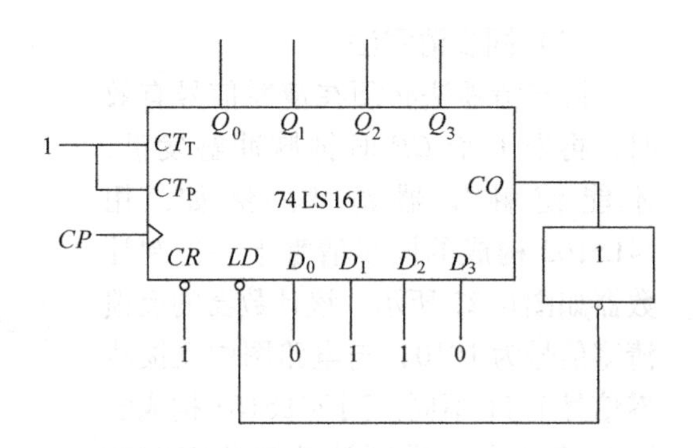

图 6-25 利用进位输出 CO 端构成的十进制计数器

具体说明如下。

1）例 6-4 是利用 4 位自然二进制数的前 10 个状态 0000 ~ 1001 来实现十进制计数的，例 6-5 是利用 4 位自然二进制数的后 10 个状态 0110 ~ 1111 来实现十进制计数的。这时，从 74LS161 的进位输出端 CO 取得反馈置数信号较为简单。例 6-4 和例 6-5 也说明了利用同步置数功能构成十进制计数器的两种方法。

2）同步置数与异步置数的区别。异步置数与时钟脉冲无关，只要异步置数端出现有效电平，置数输入端的数据就会立刻被置入计数器。因此，当利用异步置数功能构成 N 进制计数器时，应在输入第 N 个 CP 脉冲时，通过控制电路产生置数信号，使计数器立即置数。

同步置数与时钟脉冲有关，当同步置数端出现有效电平时，并不能立刻置数，只是为置数创造了条件，需再输入 1 个 CP 脉冲才能进行置数。因此，当利用同步置数功能构成 N 进制计数器时，应在输入第（$N-1$）个 CP 脉冲时，通过控制电路产生置数信号，这样，在输入第 N 个 CP 脉冲时，计数器才被置数。

3）反馈清零法和反馈置数法的主要区别。反馈清零法将反馈控制信号加至清零端 $\overline{CR}$ 上，而反馈置数法则将反馈控制信号加至置数端 LD 上，且必须给置数输入端 $D_3 \sim D_0$ 加上计数起始状态值。反馈清零法构成计数器的初值一定是 0，而反馈置数法的初值可以是 0，也可以不是 0。

3. 级联法

级联就是把两个以上的集成计数器连接起来，从而获得任意进制的计数器。例如，可把一个 N_1 进制计数器和一个 N_2 进制计数器串联起来构成 $N=N_1N_2$ 进制的计数器。

图 6-26 所示为由两片 74LS160 级联成一百进制的同步加法计数器。由图可以看出，低位片 74LS160（1）在计到 9 以前，其进位输出 $CO=0$，高位片 74LS160（2）的 $CT_T=0$，保持原状态不变。当低位片计到 9 时，其输出 $CO=1$，即高位片的 $CT_T=1$，这时，高位片才能接收 CP 的计数脉冲。所以，当输入第 10 个计数脉冲时，低位片回到 0 态，同时，使高位片加 1。显然，电路为一百进制计数器。

图 6-27 所示为由两片 74LS161 级联成五十进制的计数器。十进制数对应的二进制数为 0011 0010，当计数器计到 50 时，计数器的状态为 $Q_3'Q_2'Q_1'Q_0'Q_3Q_2Q_1Q_0=00110010$，所以，当 74LS161（2）计到 0011、74LS161（1）计到 0010 时，通过与非门控制使两片同时清零，实现从 0000 0000 到 0011 0001 的五十进制计数。在此电路工作中，0011 0010 状态会瞬间出现，但不属于计数器的有效状态。

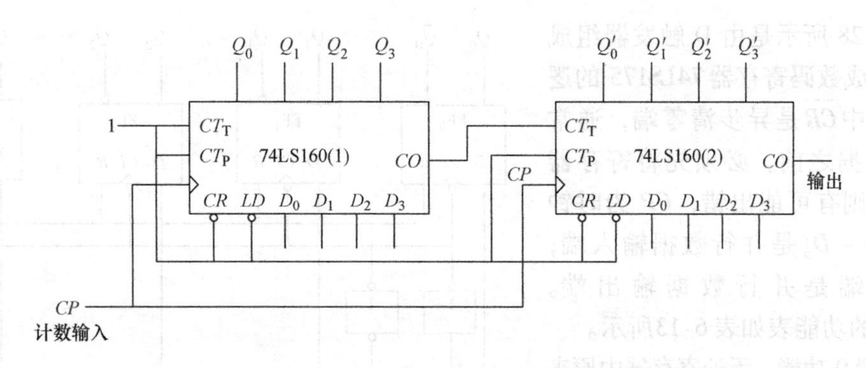

图 6-26 由两片 74LS160 级联成一百进制的同步加法计数器

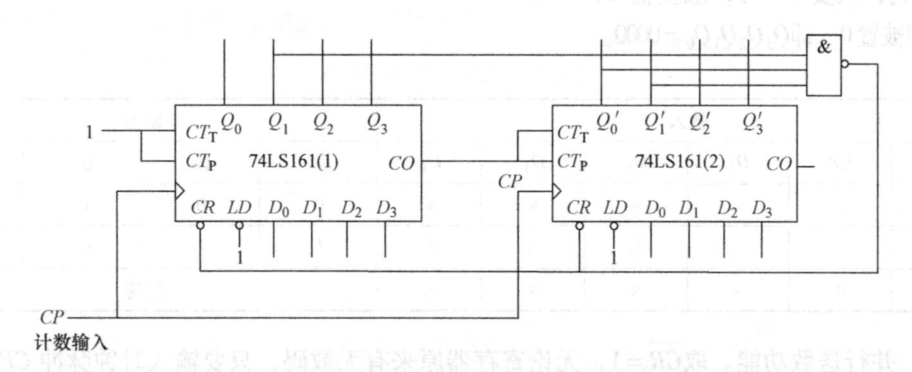

图 6-27 由两片 74LS161 级联成五十进制的计数器

6.2.4 寄存器

在计算机和数字仪表中，常常需要把一些数码或运算结果暂时储存起来，然后根据需要取出来进行处理或运算。用来暂时存放数据、指令和运算结果的数字逻辑部件称为寄存器。几乎在所有的数字系统中都要用到寄存器。由于1个触发器能寄存1位二进制代码0或1，所以N位寄存器用N个触发器组成。常用的有4位、8位、16位寄存器。

6.2.4 寄存器

寄存器存入数码的方式有并行和串行两种。并行方式是将各位数码从对应位同时输入到寄存器中；串行方式是将数码从一个输入端逐位输入到寄存器中。从寄存器取出数码的方式也有并行和串行两种。在并行方式中，被取出的数码在对应的输出端同时出现；在串行方式中，被取出的数码在一个输出端逐位输出。

并行方式与串行方式相比较，并行存取方式的速度比串行方式快得多，但所用的数据线将比串行方式多。

寄存器按功能可以分为数码寄存器和移位寄存器。

1. 数码寄存器

数码寄存器只供暂时存放数码，可以根据需要将存放的数码随时取出参加运算或者进行数据处理。寄存器是由触发器构成的，对于触发器的选择只要求它们具有置1、置0的功能即可。

无论是用同步结构的RS触发器和主从结构的触发器，还是用边沿触发结构的触发器，都可以组成寄存器。

图6-28所示是由D触发器组成的4位集成数码寄存器74LS175的逻辑图。其中$\overline{CR}$是异步清零端，通常在存储数据之前，必须先将寄存器清零，否则有可能出错；CP为时钟脉冲；D_0 ~ D_3是并行数据输入端；Q_0 ~ Q_3端是并行数据输出端。74LS175的功能表如表6-13所示。

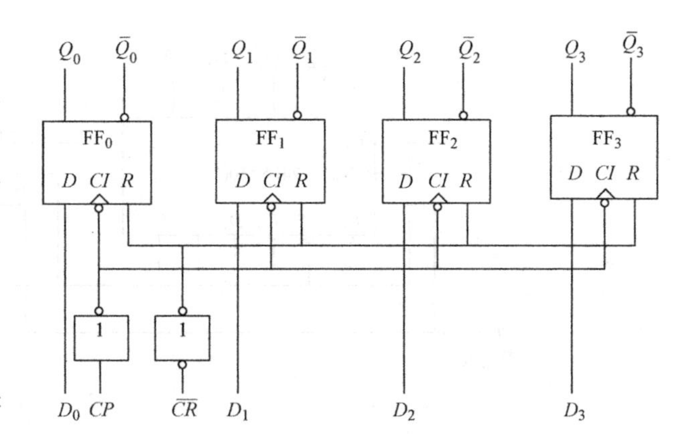

图6-28　4位集成数码寄存器74LS175的逻辑图

1）置0功能。无论寄存器中原来有无数码，只要$\overline{CR}=0$，触发器FF_0 ~ FF_3就都被置0，即$Q_3Q_2Q_1Q_0=0000$。

表6-13　74LS175的功能表

输入						输出			
$\overline{CR}$	CP	D_3	D_2	D_1	D_0	Q_3	Q_2	Q_1	Q_0
0	×	×	×	×	×	0	0	0	0
1	↑	d_3	d_2	d_1	d_0	d_3	d_2	d_1	d_0
1	0	×	×	×	×	保持			

2）并行送数功能。取$\overline{CR}=1$，无论寄存器原来有无数码，只要输入时钟脉冲CP的上升沿，并行数据输入端D_3 ~ D_0输入的数据d_3 ~ d_0就都被置入4个D触发器FF_0 ~ FF_3中，这时$Q_3Q_2Q_1Q_0=d_3d_2d_1d_0$，由$Q_3$、$Q_2$、$Q_1$、$Q_0$并行输出数据。

3）保持功能。当$\overline{CR}=1$、$CP=0$时，寄存器中寄存的数码保持不变，即FF_0 ~ FF_3的状态保持不变。

2. 移位寄存器

移位寄存器是一类应用很广的时序逻辑电路。移位寄存器不仅能寄存数码，而且还能根据要求，在移位时钟脉冲作用下，将数码逐位左移或者右移。

移位寄存器的移位方向分为单向移位和双向移位。单向移位寄存器有左移移位寄存器、右移移位寄存器之分；双向移位寄存器又称为可逆移位寄存器，在门电路的控制下，既可左移又可右移。

（1）单向移位寄存器

将若干个触发器串接即可构成单向移位寄存器。由3个D触发器连接组成的右移移位寄存器如图6-29所示。

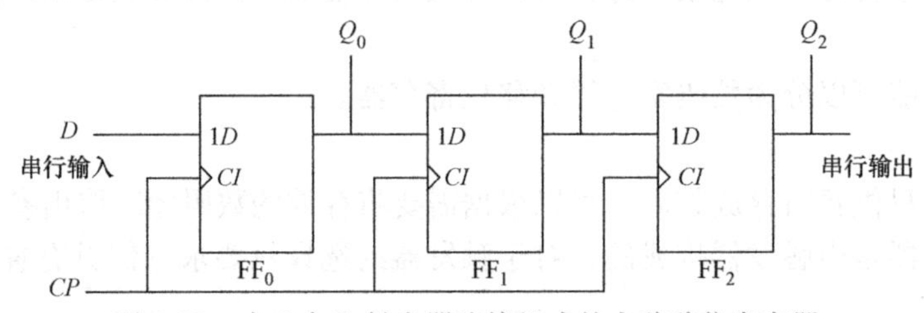

图6-29　由3个D触发器连接组成的右移移位寄存器

由图可得

$$Q_0^{n+1}=D_0,\ Q_1^{n+1}=Q_0^n,\ Q_2^{n+1}=Q_1^n$$

假设移位寄存器的初始状态 $Q_2Q_1Q_0=000$，串行输入数据 $D=101$ 从低位 Q_0 到高位 Q_2 依次输入。当输入第一个数码时，$D_0=1$，$D_1=Q_0=0$，$D_2=Q_1=0$，所以，当第一个移位脉冲到来后 $Q_2Q_1Q_0=001$，即第一个数码 1 存入 FF_0 中，其原来的状态 0 移入 FF_1 中，数码右移了 1 位。依次类推，在第 4 个移位脉冲到来后，$Q_2Q_1Q_0=101$，3 位串行数码全部移入寄存器中。若从 3 个触发器的 Q 端得到并行的数码输出，则这种工作方式称为串行输入/并行输出方式；若再经过 3 个 CP 移位脉冲，则所存的数码逐位从 Q_2 端输出，就构成了串行输入/串行输出的工作方式。右移移位寄存器的工作过程示意图如图 6-30 所示。

（2）双向移位寄存器

在计算机中，经常使用的移位寄存器需要同时具有左移位和右移位的功能，即双向移位寄存器。它在一般移位寄存器的基础上加上左、右移位控制信号：右移串行输入，左移串行输入。在左移位或右移位控制信号取 0 或 1 的两种不同情况下，当 CP 作用时，电路即可实现左移功能或右移功能。

图 6-31 所示为 4 位双向移位寄存器 74LS194 的逻辑功能图。图中 $\overline{CR}$ 为清零端，D_0 ~ D_3 为并行数码输入端，D_R 为右移串行数码输入端，D_L 为左移串行数码输入端，M_0 和 M_1 为工作方式控制端，Q_0 ~ Q_3 为并行数码输出端，CP 为移位脉冲输入端。74LS194 的功能表如表 6-14 所示。

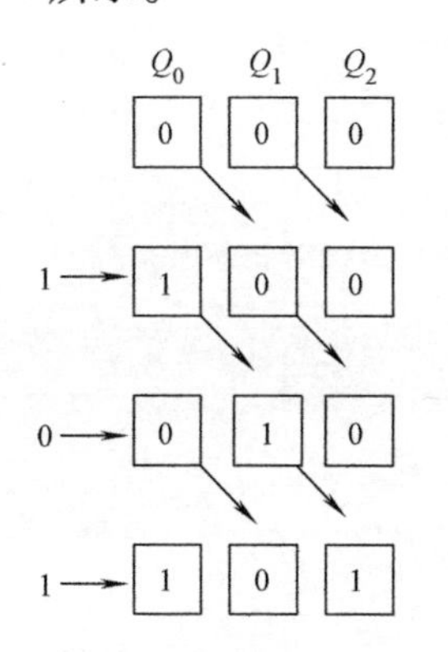

图 6-30　右移移位寄存器的工作过程示意图

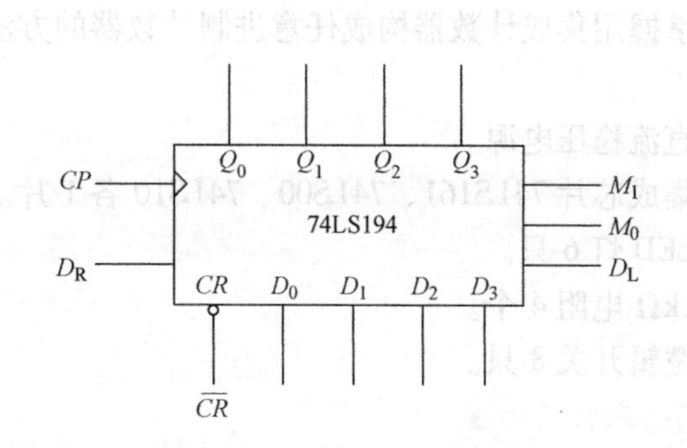

图 6-31　4 位双向移位寄存器 74LS194 的逻辑功能图

表 6-14　74LS194 的功能表

输入										输出				说明
$\overline{CR}$	M_1	M_0	CP	D_L	D_R	D_0	D_1	D_2	D_3	Q_0	Q_1	Q_2	Q_3	
0	×	×	×	×	×	×	×	×	×	0	0	0	0	清零
1	×	×	0	×	×	×	×	×	×	保持				
1	1	1	↑	×	×	d_0	d_1	d_2	d_3	d_0	d_1	d_2	d_3	并行置数
1	0	1	↑	×	1	×	×	×	×	1	Q_0	Q_1	Q_2	右移输入 1
1	0	1	↑	×	0	×	×	×	×	0	Q_0	Q_1	Q_2	右移输入 0
1	1	0	↑	1	×	×	×	×	×	Q_1	Q_2	Q_3	1	左移输入 1
1	1	0	↑	0	×	×	×	×	×	Q_1	Q_2	Q_3	0	左移输入 0
1	0	0	×	×	×	×	×	×	×	保持				

由表6-14可知，4位双向移位寄存器74LS194具有如下功能。

1）清零功能。当$\overline{CR}=0$时，移位寄存器清零，$Q_0 \sim Q_3$都为0状态，与时钟脉冲的有无没有关系，为异步清零。

2）保持功能。当$\overline{CR}=1$、$CP=0$或$\overline{CR}=1$、$M_1M_0=00$时，移位寄存器保持状态不变。

3）并行送数功能。当$\overline{CR}=1$、$M_1M_0=11$时，在CP的上升沿作用下，使$D_0 \sim D_3$输入的数码$d_1 \sim d_3$并行送入寄存器，$Q_0Q_1Q_2Q_3=d_0d_1d_2d_3$，是同步并行送数。

4）右移串行送数功能。当$\overline{CR}=1$、$M_1M_0=01$时，在CP的上升沿作用下，执行右移功能，D_R端输入的数码依次送入寄存器。

5）左移串行送数功能。当$\overline{CR}=1$、$M_1M_0=10$时，在CP的上升沿作用下，执行左移功能，D_L端输入的数码依次送入寄存器。

6.3 技能训练

6.3.1 集成计数器功能及应用实验测试

1. 训练目的

1）熟悉集成计数器的功能及测试方法。

2）掌握用集成计数器构成任意进制计数器的方法。

2. 训练器材

1）直流稳压电源。

2）集成芯片74LS161、74LS00、74LS10各1片。

3）LED灯6只。

4）1kΩ电阻4个。

5）逻辑开关8只。

3. 训练内容与步骤

（1）集成芯片74LS161功能测试

1）按如图6-32所示的74LS161功能测试电路接好电路。

2）检查电路接线无误后，接通电源。

3）$\overline{CR}$异步清零测试。将$\overline{CR}$置低电平，即$\overline{CR}=0$，改变$\overline{LD}$、CT_P、CT_T和CP的状态，观察$Q_3 \sim Q_0$端LED灯发光情况的变化，LED灯亮为1，将数据记录在表6-15中。

4）同步并行预置数测试。将$\overline{CR}$置高电平，$\overline{LD}$置低电平，即$\overline{CR}=1$，$\overline{LD}=0$，时钟脉冲CP变化一个周期，即由高电平变为低电平，再由低电平变为高电平。改变$D_3 \sim D_0$输入端的逻辑电平，观察输出端$Q_3 \sim Q_0$的LED灯变化。将数据记录在表6-15中。

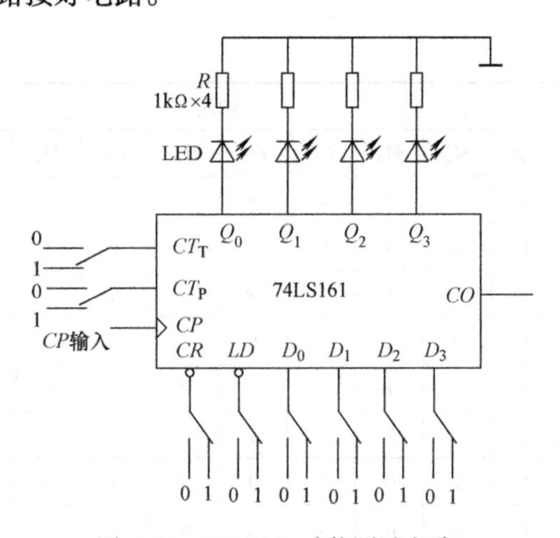

图6-32 74LS161功能测试电路

5）计数功能测试。当$\overline{CR}=\overline{LD}=CT_P=CT_T=1$时，观察随着 CP 端脉冲和输出端 $Q_3\sim Q_0$ 的 LED 灯的变化，将数据在记录在表 6-15 中。

6）保持功能测试。将$\overline{CR}=\overline{LD}=1$，且 CT_P和 CT_T置 01、10 数据，观察随着 CP 端脉冲的变化输出端 $Q_3\sim Q_0$的 LED 灯的变化，将数据记录在表 6-15 中。

表 6-15　74LS161 的功能测试数据

输入									输出				
$\overline{CR}$	$\overline{LD}$	CT_P	CT_T	CP	D_3	D_2	D_1	D_0	Q_3	Q_2	Q_1	Q_0	CO
0	×	×	×	×	×	×	×	×	0	0	0	0	0
1	0	×	×	↑	d_3	d_2	d_1	d_0	d_3	d_2	d_1	d_0	
1	1	1	1	↑	×	×	×	×	计数				
1	1	0	×	×	×	×	×	×	保持				
1	1	×	0	×	×	×	×	×	保持				0

（2）74LS161 构成十二进制计数器

1）分别按图 6-33 和图 6-34 所示连接电路。

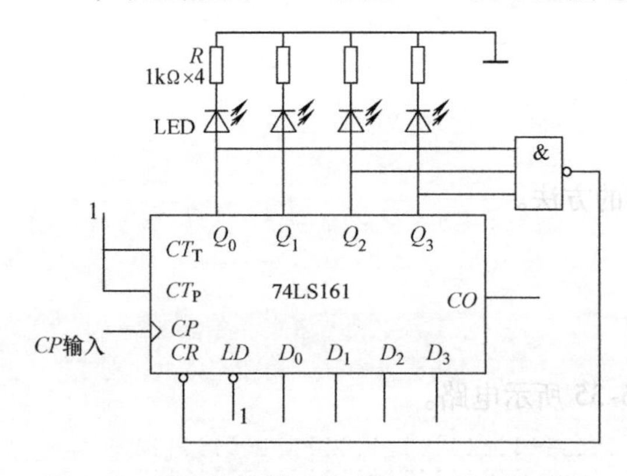

图 6-33　用反馈清零法构成的十二进制计数器

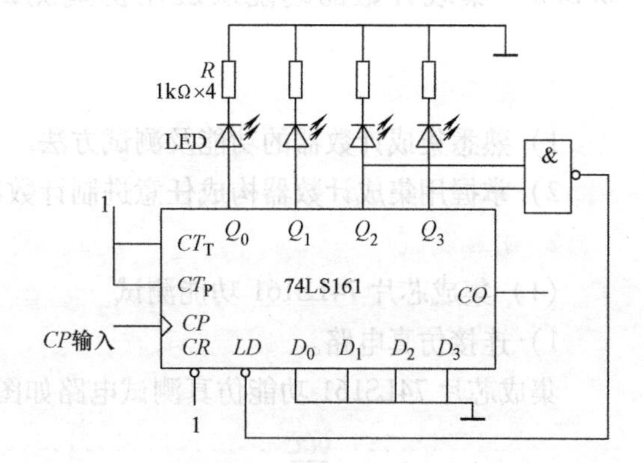

图 6-34　用反馈置数法构成的十二进制计数器

2）检查电路接线无误后，接通电源。

3）依次从 CP 端输入触发脉冲（上升沿，0→1），观察随着 CP 端脉冲的变化输出端 $Q_3\sim Q_0$的 LED 灯的变化，将数据记录在表 6-16 中。

表 6-16　用 74LS161 构成十二进制计数器的测试数据

CP	Q_3	Q_2	Q_1	Q_0
0				
1				
2				
3				
4				
5				
6				
7				

（续）

CP	Q_3	Q_2	Q_1	Q_0
8				
9				
10				
11				
12				
13				
14				
15				

（3）测试结论

根据测试数据，给出测试结论。

（4）思考题

1）为什么图6-33所示是计数到1100反馈，而图6-34所示是计数到1011反馈？

2）为什么图6-34所示中$D_3 \sim D_0$接地，而图6-33所示中$D_3 \sim D_0$不接地？

6.3.2 集成计数器功能及应用仿真测试

1. 训练目的

1）熟悉集成计数器的功能及测试方法。

2）掌握用集成计数器构成任意进制计数器的方法。

2. 仿真测试

（1）集成芯片74LS161功能测试

1）连接仿真电路。

集成芯片74LS161功能仿真测试电路如图6-35所示电路。

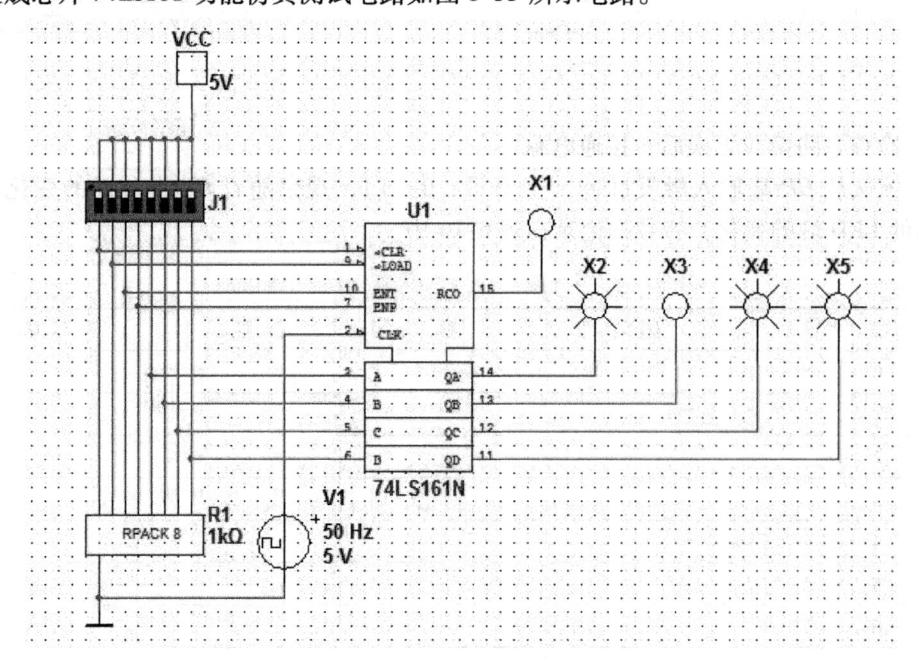

图6-35 74LS161功能仿真测试电路

2）启动仿真，按下逻辑电平开关，按表6-15所示的数据测试74LS161的功能。

（2）反馈清零法构成十进制计数器

1）连接仿真电路。

用异步清零端$\overline{CR}$归零方法实现，在电路工作区编辑如图6-36所示电路。

2）启动仿真，可以看到计数器从0～9计数并通过数码管显示。

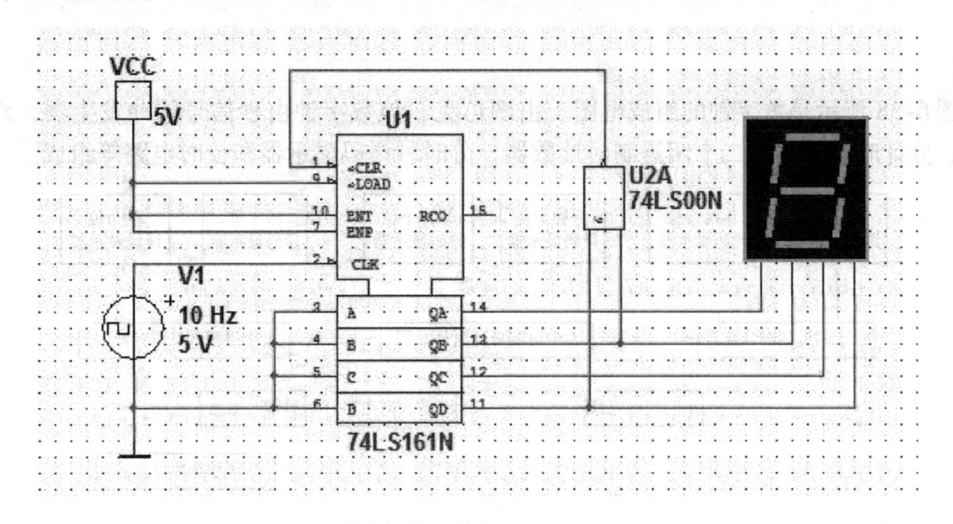

图6-36　反馈清零法构成十进制计数器

（3）反馈置数法构成十进制计数器

1）用同步置数端$\overline{LD}$归零方法实现，编辑仿真电路如图6-37所示。

2）启动仿真，可以看到计数器从0～9进行计数并通过数码管显示。

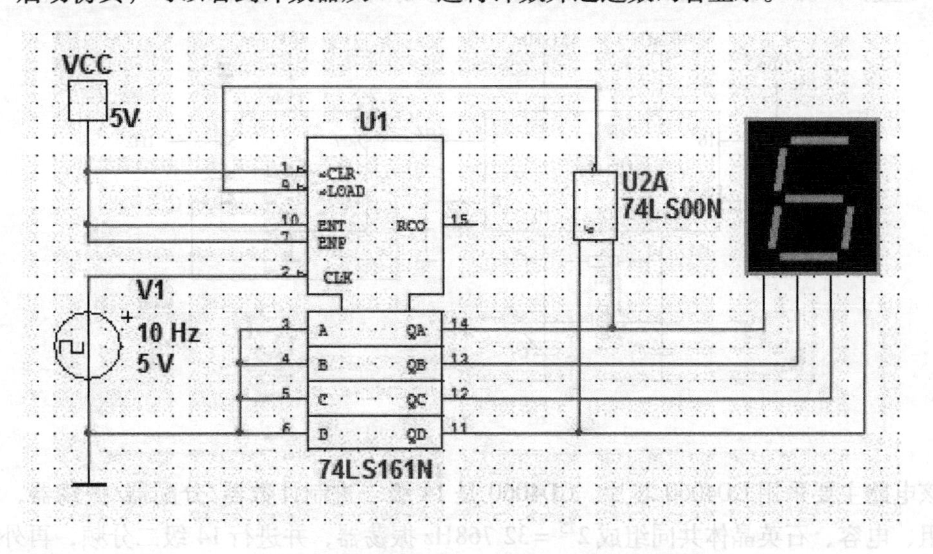

图6-37　反馈置数法构成十进制计数器

6.4 项目实施

6.4.1 项目分析

1. 电路组成

图6-38所示是数字钟的组成框图。由图可见，该数字钟由秒信号脉冲发生器，六十进制秒、分计时计数器，二十四进制时计数器，分时秒译码显示器和校时电路等组成。

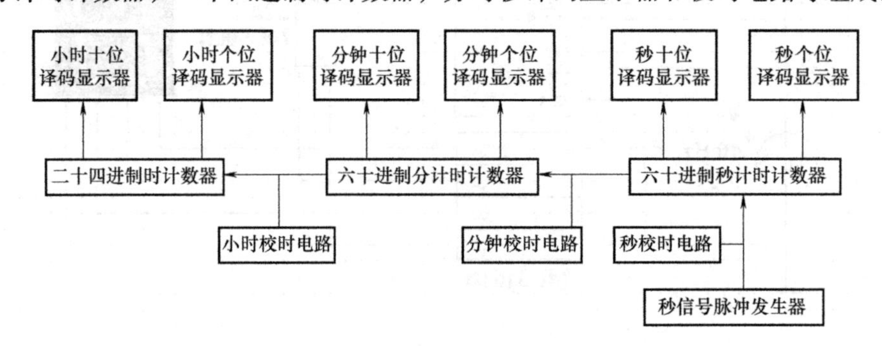

图6-38 数字钟的组成框图

2. 电路原理

(1) 秒信号发生电路

秒信号发生电路产生1Hz的时间基准信号，数字钟大多采用32768(2^{15})Hz石英晶体振荡器，经过15级二分频，获得1Hz的秒脉冲。秒脉冲发生器电路如图6-39所示。

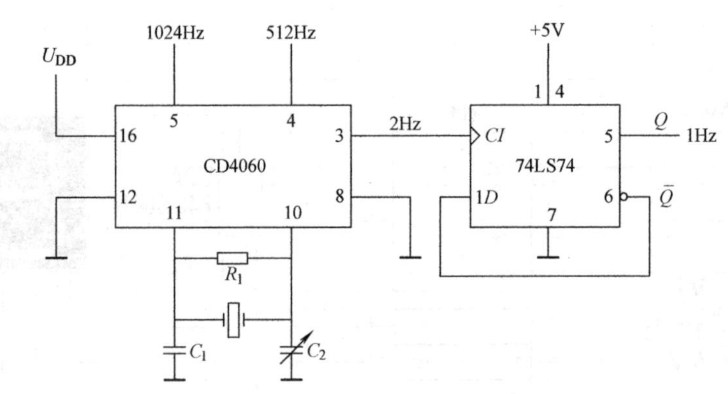

图6-39 秒脉冲发生器电路

该电路主要采用CD4060芯片。CD4060是14级二进制计数器/分配器/振荡器，它与外接电阻、电容、石英晶体共同组成2^{15}=32 768Hz振荡器，并进行14级二分频，再外加一级D触发器（74LS74）二分频，输出1Hz的时基秒信号。

CD4060的引脚排列如图6-39所示。R_1是直流负反馈电阻，可使CD4060内非门电路工作在电压传输特性的过渡区，即线性放大区。R_1的阻值可在几兆欧到几十兆欧之间选择，一般取22MΩ，C_1、C_2起稳定振荡频率的作用。其中，C_2是微调电容，可将振荡器的频率调整到精确值。

（2）计数器电路

计数器的秒、分、时的计数均由集成电路 74LS160 实现，其中，秒、分为六十进制，时为二十四进制。

1）秒、分六十进制计数器。秒、分计数器完全相同，将一片 74LS160 设计成十进制加法计数器，另一片设计成六进制加法计数器。当计数到 59 时，再来一个脉冲变成 00，然后再重新开始计数。六十进制计数器如图 6-40 所示。

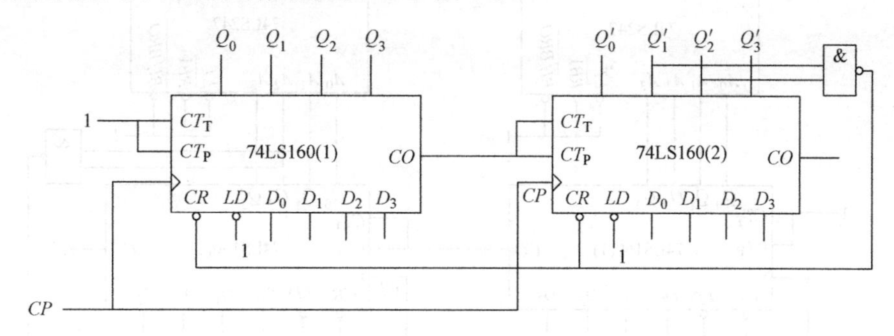

图 6-40　六十进制计数器

2）时进制数为二十四进制计数器。二十四进制计数器如图 6-41 所示。

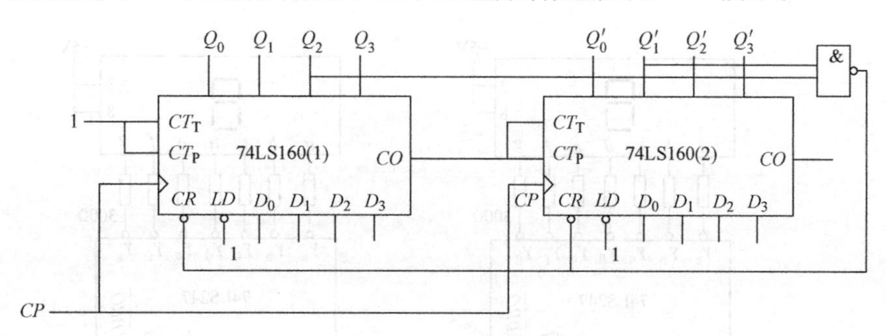

图 6-41　二十四进制计数器

（3）译码和显示电路

译码和显示电路采用共阳极 LED 数码管 SM4105 和译码器 74LS247。为了限制数码管的导通电流，在 74LS247 的输出与数码管的输入端之间应串联限流电阻。秒、分计数显示电路如图 6-42 所示。时计数显示电路如图 6-43 所示。

（4）校正电路

1）秒校正电路。秒校正信号取自 CD4060 的 3 脚，是对石英晶体进行 14 级二分频、2Hz 的脉冲信号。S_1 接到 2 端，2 端输出 2Hz 的脉冲，比秒脉冲计数时快一倍，待秒显示与实际时间相同时，迅速将 S_1 接 1 端，进入正常秒计时。

2）分校正电路。将 S_2 接到 2 端（+5V），秒基准脉冲能通过与非门 G_6、G_7 直接加到分个位计数器的 CP 端，待分显示与实际时间相符时，迅速将 S_2 拨向 1 端，转入正常分计时。分校正电路如图 6-44a 所示。

3）时校正电路。将 S_3 接到 2 端（+5V），秒基准脉冲能通过与非门 G_4、G_5 直接加到时个位计数器的 CP 端，待分显示与实际时间相符时，迅速将 S_3 拨向 1 端，转入正常时计时。时校正电路如图 6-44b 所示。

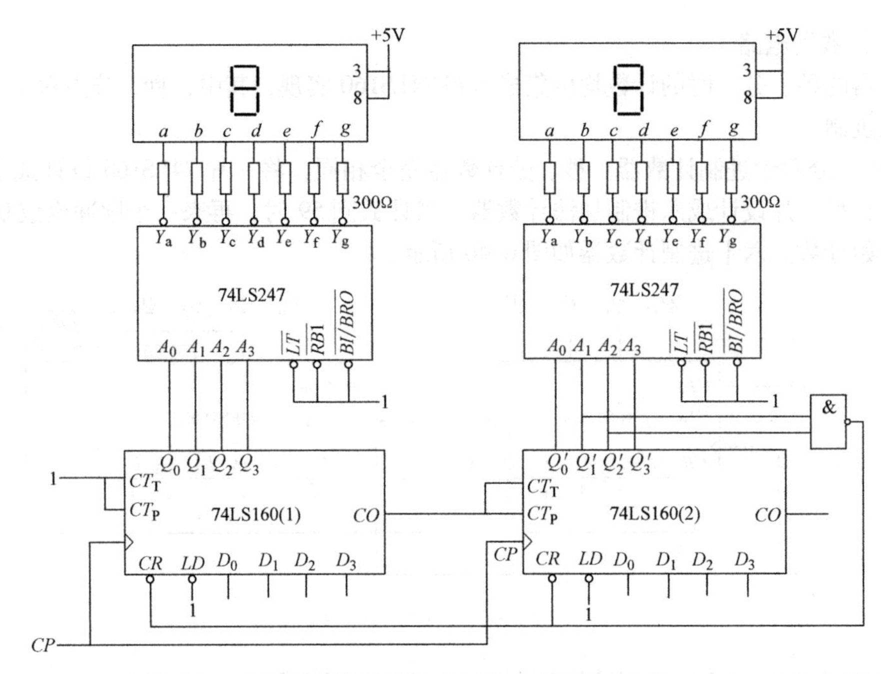

图 6-42　秒、分计数显示电路

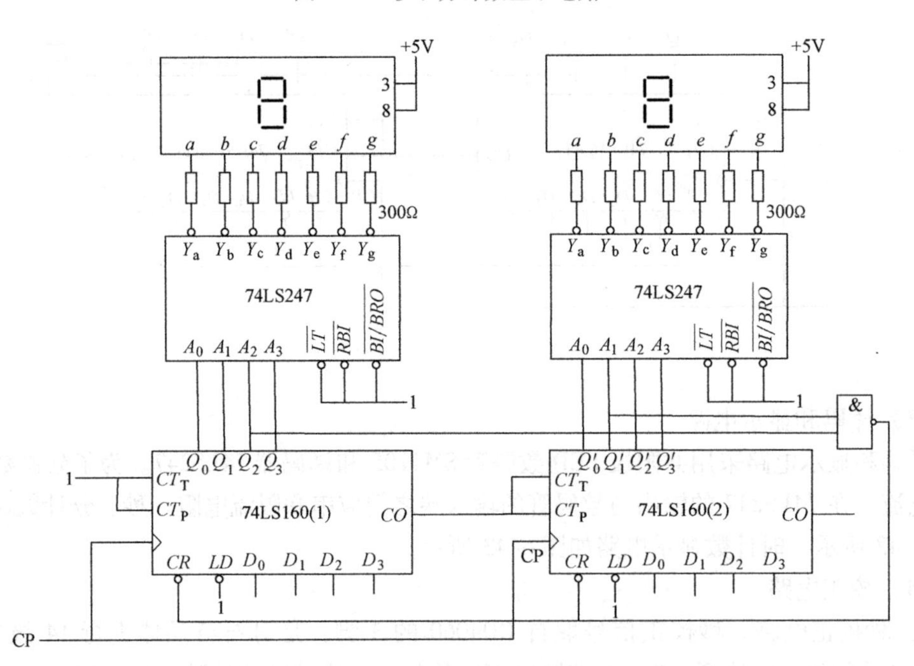

图 6-43　时计数显示电路

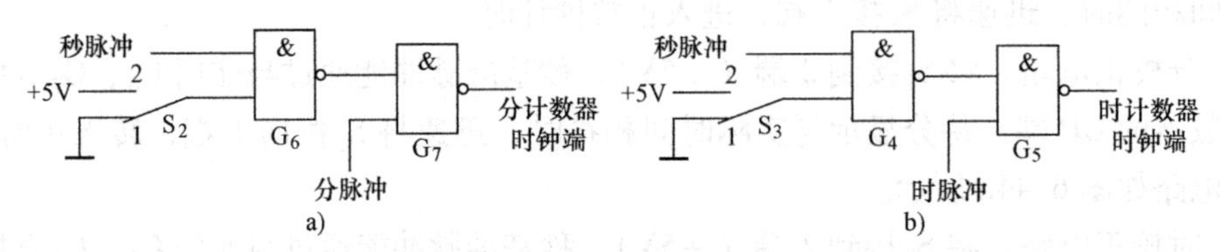

图 6-44　分、时校正电路

a）分校正电路　b）时校正电路

（5）元器件的选取

集成电路 $IC_1 \sim IC_6$ 选取 74LS247，$IC_7 \sim IC_{12}$ 选取十进制计数器 74LS160，IC_{13}、IC_{14} 选取 2 输入端 4 与非门 74LS00，IC15 选取 CMOS 集成芯片 CD4060，IC_{16} 选取 74LS74。数码显示管选取共阳极数码管 SM4105。晶振选取振荡频率为 32 768Hz 的石英晶体。

电容 C_1 选取瓷片电容 22pF/63V，C_2 选取可微调瓷片电容 30pF/63V。电阻 R_1 选取 22MΩ，数码管限流电阻选取 $R=300\Omega$。

元器件型号和数量如表 6-17 所示。

表 6-17　元器件型号和数量

元器件类型	型号	数量
IC 芯片	CD4060	1
IC 芯片	74LS160	6
IC 芯片	74LS74	1
IC 芯片	74LS247	6
IC 芯片	74LS00	2
数码管	SM4105	6
晶振	32 768Hz	1
电阻	300Ω	44
电阻	22MΩ	1
电容	22pF/63V	1
电容	30pF/63V	1
开关	单刀双掷	2
面包板		1
导线		若干

6.4.2　项目制作

（1）元器件的检测

1）电阻、电容的检测。使用万用表欧姆档根据测量阻值的方法判断其好坏。

2）数字集成电路的检测。安装之前，先用万用表进行非在路检测，正常情况下，集成电路的任一引脚与其接地脚之间的阻值不应为 0Ω 或无穷大（空脚除外），且大多数情况下具有不对称电阻，即正反向电阻值不相等。具体检测方法是，当测量正向电阻时，用万用表 $R\times1\text{k}\Omega$ 或 $R\times100\Omega$、$R\times10\Omega$ 档，先让红表笔接集成电路的接地脚，且在测量过程中不变，然后，利用黑表笔从第一脚开始，按顺序依次测量出对应的电阻值，如果某一引脚与接地之间存在短路阻值为 0Ω 或无穷大，或者其正反向电阻相同，就说明该引脚与接地之间存在有短路、开路或击穿等故障；当测量反向电阻时，将万用表的红黑表笔对调后再进行测量。集成电路引脚的正反向阻值可查阅相关资料。

3）晶体振荡器和分频电路检测。用示波器测量晶体振荡器的输出信号波形和频率是否正常，晶体振荡器的输出频率是 32768Hz。

（2）连接电路

1）按图 6-45 所示连接秒信号发生电路。

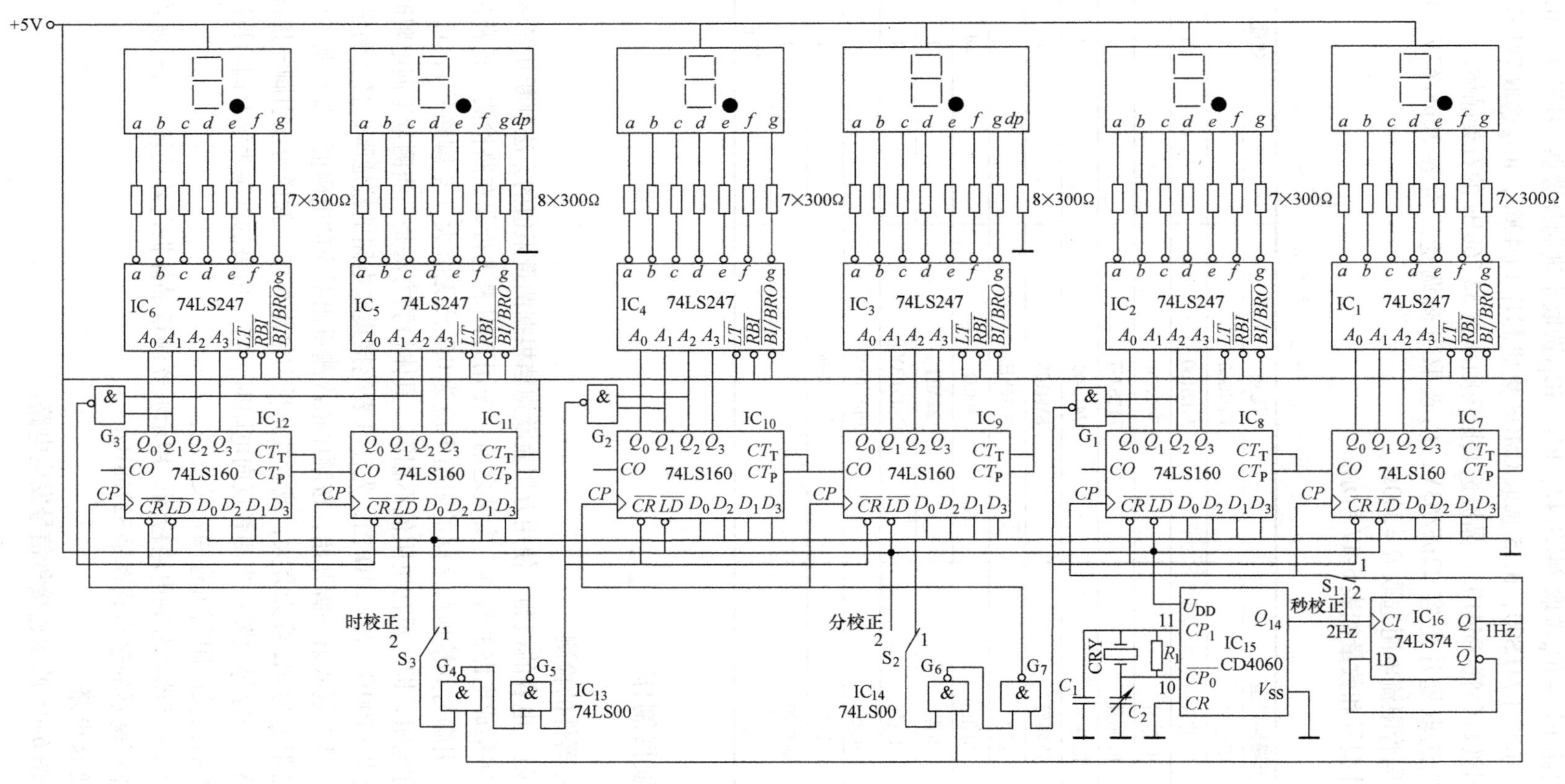

+5V
7×300Ω
8×300Ω
IC6 74LS247
IC5 74LS247
IC4 74LS247
IC3 74LS247
IC2 74LS247
IC1 74LS247
IC12 74LS160
IC11 74LS160
IC10 74LS160
IC9 74LS160
IC8 74LS160
IC7 74LS160
G1
G2
G3
时校正
S3
G4
G5
IC13
74LS00
分校正
S2
G6
G7
IC14
74LS00
CRY
R1
C1
C2
IC15
CD4060
秒校正
S1
2Hz
IC16
74LS74
1Hz

图 6-45 数字钟电路图

2）按图6-45所示连接分、秒显示电路。

3）按图6-45所示连接时显示电路。

4）按图6-45所示连接秒、分、时校正电路。

5）将秒信号发生器和分、秒、时计数显示电路及秒、分、时校正电路连接起来，构成数字钟电路，如图6-45所示。

连接时，插装集成电路芯片要认清方向，找准第1引脚，所有IC的插入方向应保持一致。元器件的连接应去除元器件引脚氧化层。为方便检查电路，导线应选用不同的颜色，一般习惯是正电源用红线，负电源用蓝线，地线用黑线，信号线用其他颜色的线。电路要布局合理，整齐美观，便于调试和检测故障。

（3）电路调试

电路调试前要仔细检查电路连接是否正确，用万用表检查电路是否有短接或接触不良等现象，确定电路无误后再接通电源，逐级调试。

1）秒信号发生电路的调试。测量晶体振荡器的输出频率，调节微调电容 C_2，使振荡器频率为32768Hz，再测CD4060的 Q_4、Q_5 和 Q_6 等引脚的输出频率，检查CD4060是否正常。

2）计数器的调试。将秒信号脉冲送入秒计数器中，检查秒个位、十位是否按10s、60s进位。采用同样的方法测量分计数器和时计数器。

3）译码显示电路的调试。观察在1Hz的秒信号作用下数码管的显示情况。

4）校正电路的调试。在调试好时、分、秒计数器后，通过校正开关，依次校准秒、分、时，使数字钟正常走时。

6.5 项目评价

1. 理论测试

（1）填空题

1）对于时序逻辑电路来说，某时刻电路的输出状态不仅取决于该时刻的________，而且取决于电路的________。因此，时序逻辑电路具有________性。

2）时序逻辑电路由________电路和________电路两部分组成，________电路必不可少。

3）计数器按进制可分为________进制计数器、________进制计数器和________进制计数器。

4）集成计数器的清零方式可分为________和________；置数方式可分为________和________。

5）一个4位二进制加法计数器的起始计数状态为 $Q_3Q_2Q_1Q_0=1010$。当最低位接收到4个计数脉冲时，输出的状态为 $Q_3Q_2Q_1Q_0$________。

（2）判断题

1）同步时序电路具有统一的时钟 CP 控制。（ ）

2）十进制计数器由10个触发器组成。（ ）

3）异步计数器的计数速度最快。（ ）

4）4位二进制计数器也是一个十六分频电路。（ ）

5）双向移位寄存器可同时实现左移和右移功能。（ ）

(3) 选择题

1) 同步计数器与异步计数器比较，同步计数器的显著优点是（　　）。

A. 工作速度高　　B. 触发器利用率高

C. 电路简单　　D. 不受时钟 CP 控制

2) 把一个五进制计数器与一个四进制计数器串联可得到（　　）进制计数器。

A. 四　　B. 五　　C. 九　　D. 二十

3) 对于一个 8 位移位寄存器，在串行输入时经（　　）个脉冲后，8 位数码全部移入寄存器中。

A. 1　　B. 2　　C. 4　　D. 8

4) 一个 1 位 8421BCD 码计数器至少需要（　　）个触发器。

A. 3　　B. 4　　C. 5　　D. 10

5) 加/减计数器的功能是（　　）。

A. 既能进行加法计数又能进行减法计数

B. 加法计数和减法计数同时进行

C. 既能进行二进制计数又能进行十进制计数

D. 既能进行同步计数又能进行异步计数

2. 项目功能测试

分组汇报项目的学习与制作情况，通电演示电路功能，并回答有关问题。

3. 项目评价标准

项目评价表体现了项目评价的标准及分值分配参考标准，如表 6-18 所示。

表 6-18　项目评价表

项目	内容	分值	考核要求	扣分标准	评价主体			得分
					教师 60%	学生		
						自评 20%	互评 20%	
学习态度	1. 学习积极性 2. 遵守纪律 3. 安全操作规程	10	积极参加学习，遵守安全操作规程和劳动纪律，团结协作，有敬业精神	违反操作规程扣 10 分，其余不达标酌情扣分				
理论知识测试	项目相关知识点	20	能够掌握项目的相关理论知识	理论测试折合分值				
元器件识别与检测	1. 元器件识别 2. 元器件逻辑功能检测	20	能正确识别元器件；会检测逻辑功能	不能识别元器件，每个扣 1 分；不会检测逻辑功能，每个扣 1 分				
电路制作	按电路设计装接	20	电路装接符合工艺标准，布局规范，走线美观	电路装接不规范，每处扣 1 分；电路接错每处扣 5 分				

（续）

项目	内容	分值	考核要求	扣分标准	评价主体			得分
					教师 60%	学生		
						自评 20%	互评 20%	
电路测试	1. 电路静态测试 2. 电路动态测试	30	电路无短路、断路现象。能正确显示电路功能	电路有短路、断路现象，每处扣10分；不能正确显示逻辑功能，每处扣5分				
合计								
			注：各项配分扣完为止					

6.6 项目拓展

6.6.1 30s倒计时器

图6-46所示为30s倒计时器电路，主要完成从30s减计时（倒计时）到0，并通过译码器和数码显示器显示相应的数字。

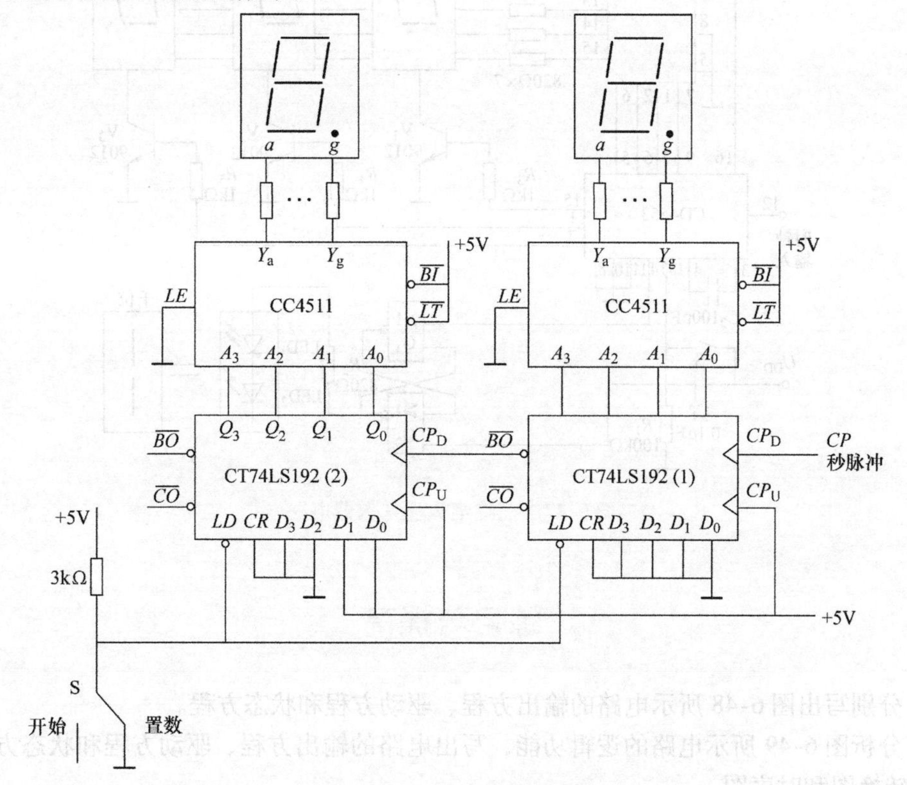

图6-46 30s倒计时器电路

由图可知，十位计数器74LS192（2）的 $D_3D_2D_1D_0$ = 0011（3），个位计数器74LS192（1）的 $D_3D_2D_1D_0$ =0000（0），减计数脉冲 CP 由个位计数器的 CP_D端输入，其周期为1s（又称为秒脉冲）。

当控制开关S打在“置数”档时，两片CT74LS192的$\overline{LD}$端为低电平，使计数器置为30s。当控制开关S打在“开始”档时，则计数器开始进行减计时，直到0为止。当要进行新一轮30s倒计时时，仍需重复上述操作过程。

6.6.2 三位半数显计数器

三位半数显计数器电路如图6-47所示，电路中计数显示电路由CD4553、CD4511及3只共阴极LED数码管组成，其中CD4553用于计数，而CD4511用来译码，该电路的最高计数值为“1999”。

电路加电时，由于 C_1、R_1 复位电路的作用，使或非门 G_2 输出端为低电平，LED_1 和 LED_2 均不发光，由它们组成的千位“1”不亮。当电路计数由“999”变为“000”时，CD4553的14脚输出一个正脉冲，该脉冲使或非门 G_1 输出低电平，或非门 G_2 的输出端变为高电平，将 LED_1 和 LED_2 点亮，使计数器显示为“1000”，从而形成了三位半计数电路。

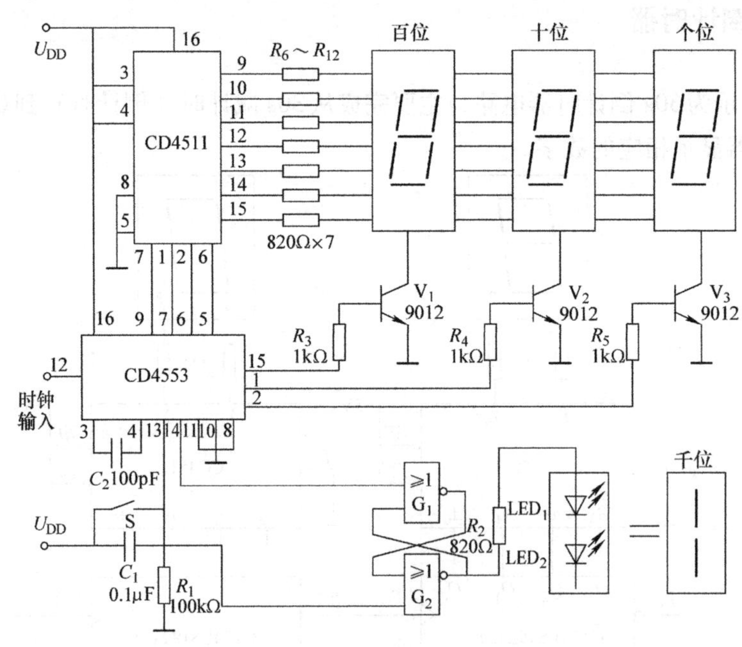

图6-47 三位半数显计数器电路

练习与提高

1. 分别写出图6-48所示电路的输出方程、驱动方程和状态方程。

2. 分析图6-49所示电路的逻辑功能，写出电路的输出方程、驱动方程和状态方程，画出状态转换图和时序图。

3. 分析图6-50所示的电路，说明它是多少进制计数器。

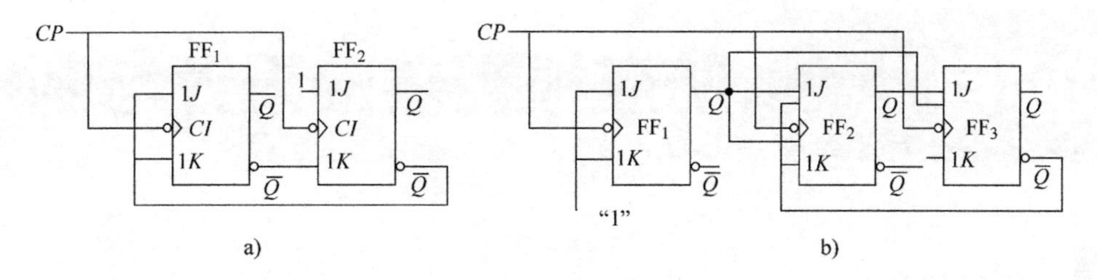

图 6-48　第 1 题图

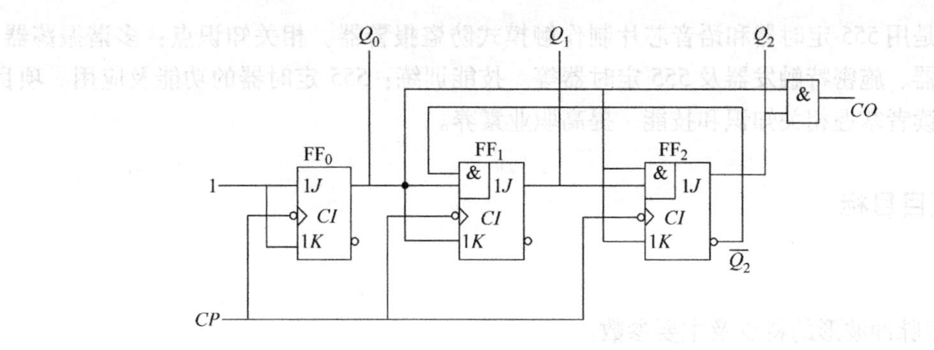

图 6-49　第 2 题图

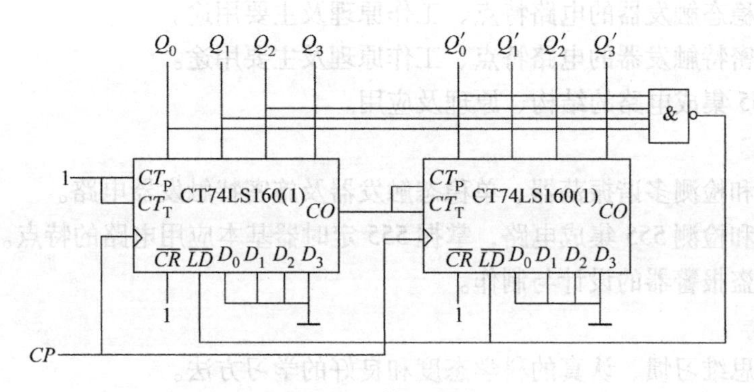

图 6-50　第 3 题图

4. 试分别用以下集成计数器设计七进制计数器。

1）利用 74LS161 的异步清零功能。

2）利用 74LS163 的同步清零功能。

3）利用 74LS161 和 74LS163 的同步置数功能。

5. 试用 74LS160 的异步清零和同步置数功能构成下列计数器。

1）六十进制计数器。

2）二十四进制计数器。

6. 图 6-51 所示的数码寄存器，若上升沿原来状态为 $Q_2Q_1Q_0 = 101$，现输入数码 $D_2D_1D_0 = 011$，则 CP 上升沿来到后，$Q_2Q_1Q_0$ 等于多少？

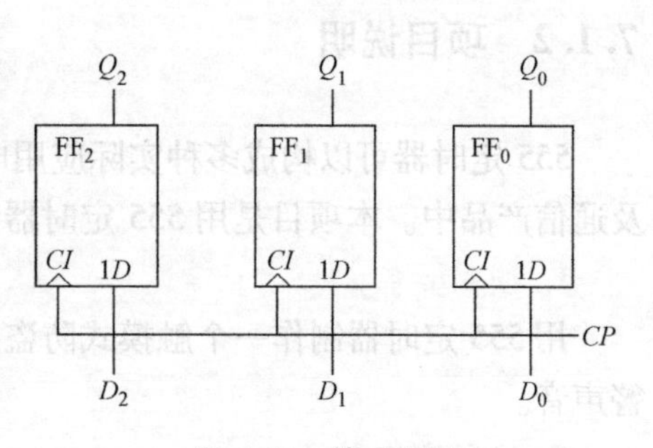

图 6-51　第 6 题图

项目7 防盗报警器的设计与制作

7.1 项目描述

本项目是用555定时器和语音芯片制作触摸式防盗报警器。相关知识点：多谐振荡器、单稳态触发器、施密特触发器及555定时器等。技能训练：555定时器的功能及应用。项目的实施将使读者掌握相关知识和技能，提高职业素养。

7.1.1 项目目标

1. 知识目标

1）了解脉冲波形的特点及主要参数。

2）熟悉多谐振荡器的电路特点、工作原理及主要用途。

3）熟悉单稳态触发器的电路特点、工作原理及主要用途。

4）熟悉施密特触发器的电路特点、工作原理及主要用途。

5）熟悉555集成电路的结构、原理及应用。

2. 技能目标

1）会识别和检测多谐振荡器、单稳态触发器及施密特触发器电路。

2）会识别和检测555集成电路，掌握555定时器基本应用电路的特点。

3）完成防盗报警器的设计与制作。

3. 职业素养

1）严谨的思维习惯、认真的科学态度和良好的学习方法。

2）遵守纪律和安全操作规程，训练积极，具有敬业精神。

3）具有团队意识，建立相互配合、协作和良好的人际关系。

4）具有创新意识，形成良好的职业道德。

7.1.2 项目说明

555定时器可以构成多种实际应用电路。它广泛应用于检测电路、自动控制、家用电器及通信产品中。本项目是用555定时器制作触摸式防盗报警器。

1. 项目要求

用555定时器制作一个触摸式防盗报警器，要求当人触摸到报警装置时，报警器发出报警声音。

2. 项目实施引导

1）小组制订工作计划。

2）熟悉触摸式防盗报警器的电路。

3）备齐电路所需元器件，并进行检测。

4）画出触摸式防盗报警器电路的安装布线图。

5）根据电路布线图，安装触摸式防盗报警器电路。

6）完成触摸式防盗报警器电路的调试和检测。

7）通过小组讨论，完成电路的详细分析，编写项目实训报告。

7.2 项目资讯

7.2.1 脉冲信号及其参数

在数字系统中，常需要各种不同频率的脉冲波形信号。获得这些脉冲信号的方法通常有两种：一种是由脉冲振荡器产生；另一种是利用整形电路（如单稳态电路、施密特触发器）对已有的各种信号进行波形整形。

脉冲信号是指一种持续时间极短的电压或电流信号，如方波、矩形波、尖脉冲、锯齿波以及三角波等。常见的脉冲电压波形是方波和矩形波。理想的方波和矩形波的突变部分是瞬时的，但在实际中，脉冲电压从零值上升到最大值或从最大值下降到零值，都需要经历一定的时间。图7-1所示为矩形脉冲信号的实际波形图。

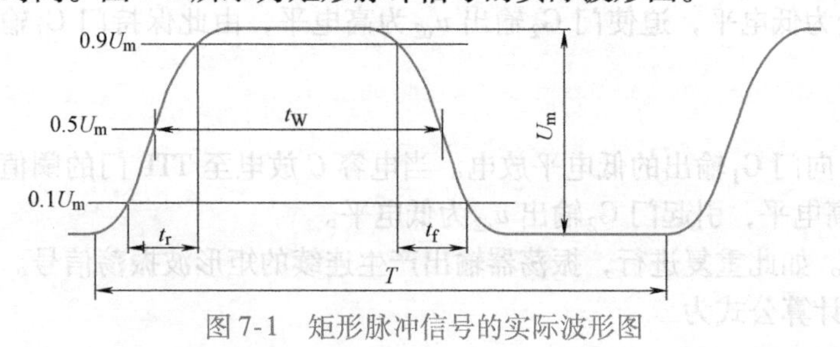

图7-1　矩形脉冲信号的实际波形图

7.2.1　脉冲信号及其参数

脉冲波形的主要参数如下。

1）脉冲周期 T。在周期性脉冲信号中，任意两个相邻脉冲上升沿（或下降沿）之间的时间间隔。

2）脉冲幅度 U_m。脉冲电压变化的最大值。

3）上升时间 t_r。脉冲信号从 $0.1U_m$ 上升到 $0.9U_m$ 所需的时间。

4）下降时间 t_f。脉冲信号从 $0.9U_m$ 下降至 $0.1U_m$ 所需的时间。

5）脉冲宽度 t_W。脉冲信号从上升沿的 $0.5U_m$ 至下降沿下降到 $0.5U_m$ 所需的时间。

6）脉冲频率 f。脉冲信号每秒出现的次数，即脉冲周期的倒数 $f=1/T$。

7）占空比 q。脉冲宽度与脉冲周期的比值，即 $q=t_W/T$。

7.2.2 多谐振荡器

多谐振荡器是能够产生矩形脉冲信号的自激振荡器。它不需要输入脉冲信号，接通电源就可自动输出矩形脉冲信号。由于矩形波是很多谐波分量叠加的结果，所以矩形波振荡器叫作多谐振荡器。多谐振荡器没有稳定的状态，只有两个暂稳态。

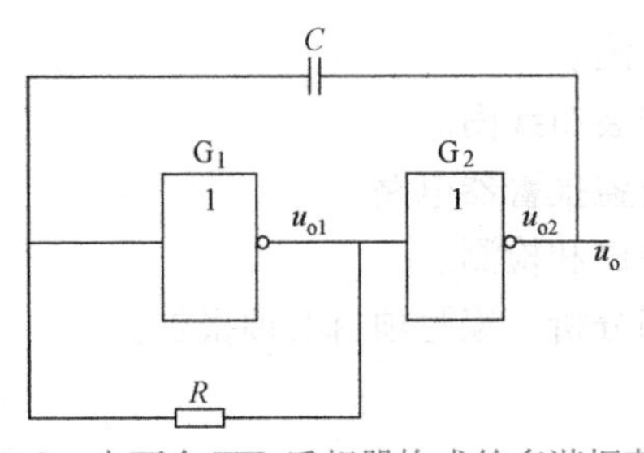

图 7-2　由两个 TTL 反相器构成的多谐振荡器

1. 由 TTL 反相器构成的多谐振荡器

由两个 TTL 反相器构成的多谐振荡器如图 7-2 所示。连接于反相器 G_1 两端的电阻 R，用来设置反相器工作在线性转折区域，一般取值为150～270Ω，常固定取值为220Ω。电容 C 为振荡器提供必需的正反馈，它是决定多谐振荡器振荡频率的主要元器件，改变其取值，即可改变振荡频率。

工作原理如下。

（1）暂稳态Ⅰ

假定门电路 G_2 输出在某时刻由高电平变为低电平，这个低电平通过电容 C 耦合至门电路 G_1 的输入端，引起门 G_1 输出 u_{o1} 变为高电平，这个高电平又保证门 G_2 输出 u_{o2} 维持为低电平。

（2）暂稳态Ⅱ

这时，门 G_1 输出的高电平通过电阻 R 对电容 C 进行充电。当门 G_1 输入电压达到 TTL 的阈值电压 V_{TH} 时，其输出 u_{o1} 变为低电平，迫使门 G_2 输出 u_{o2} 为高电平，由此保持门 G_1 输出 u_{o1} 为低电平。

（3）返回暂稳态Ⅰ

现在，电容 C 通过电阻 R 向门 G_1 输出的低电平放电。当电容 C 放电至 TTL 门的阈值电压 V_{TH} 时，门 G_1 输出 u_{o1} 变为高电平，引起门 G_2 输出 u_{o2} 为低电平。

至此，一个振荡周期完成。如此重复进行，振荡器输出产生连续的矩形波振荡信号。

该电路的振荡频率的经验计算公式为

$$f\approx\frac{1}{3RC} \tag{7-1}$$

式中，f 的单位为 Hz，R 单位为 Ω，C 的单位为 F。

2. 由 TTL 与非门构成的多谐振荡器

由 TTL 与非门构成的多谐振荡器如图 7-3 所示。这个电路由两部分组成，一部分是由与非门连接成反相器组成的基本多谐振荡器，另一部分是由与非门构成的基本 RS 触发器。加入基本 RS 触发器是为了整形，该电路可以产生波形完全对称的方波脉冲，并且波形边沿陡直。

该电路的振荡频率的计算公式仍为

$$f\approx\frac{1}{3RC}$$

3. 占空比和振荡频率均可调的多谐振荡器

图 7-4 所示为占空比和振荡频率均可调的多谐振荡器，调节 RP_1 和 RP_2 即可调占空比。图中串入的两个二极管提供了电容 C 充电和放电的不同通路，设 RP_2 被调节触点分为 $R'P_2$ 和 $R''P_2$，则充电通路为 $G_1\rightarrow RP_1\rightarrow VD_2\rightarrow R''P_2\rightarrow C$，放电通路为 $C\rightarrow R'P_2\rightarrow VD_1\rightarrow RP_1\rightarrow G_1$，调节 RP_2 即调节了充电和放电时不同的时间常数，从而调节了输出脉冲波的占空比。

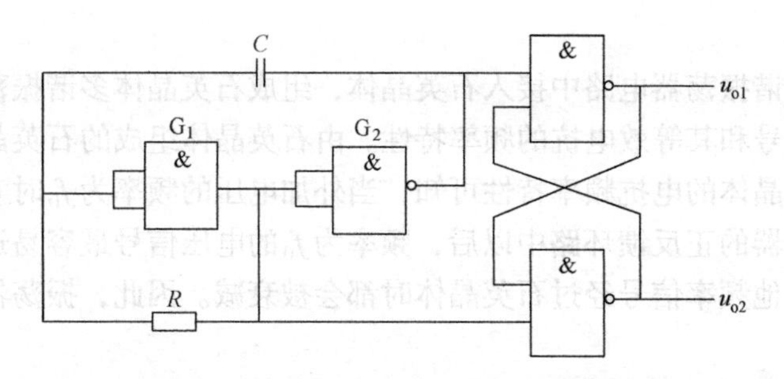

图 7-3　由 TTL 与非门构成的多谐振荡器

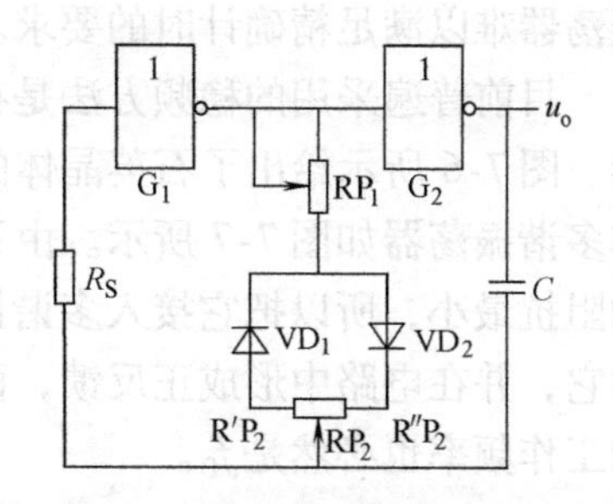

图 7-4　占空比和振荡频率均可调的多谐振荡器

图 7-4 所示电路中的振荡频率为

$$f = \frac{1}{t_{W1} + t_{W2}} = \frac{1}{1.1(2RP_1 + RP_2)C} \tag{7-2}$$

占空比调节范围为

$$q = \frac{t_{W1}}{t_{W1} + t_{W2}} = \frac{RP_1}{2RP_1 + RP_2} \sim \frac{RP_1 + RP_2}{2RP_1 + RP_2} \tag{7-3}$$

上式表示，调节 RP_2对振荡频率无影响，而调节 RP_1主要对振荡频率有影响，对占空比也略有影响。

4. 由 CMOS 逻辑门构成的多谐振荡器

由于 CMOS 逻辑门具有很高的输入阻抗，故同 TTL 逻辑门相比，具有可以在较宽范围内选择电阻 R 的优点。由 CMOS 反相器、与非门构成的多谐振荡器的电路与图 7-2、图 7-3 电路完全相同，这里不再重复。

与前述 TTL 逻辑门构成的多谐振荡器相比，这类多谐振荡器改变了输出频率，不但可调节电容 C，而且可调节电阻 R，故频率调节范围较大。这里，偏置电阻（即定时电阻）R 取值范围为 4kΩ ~ 1MΩ，电容 C 取值要大于 100pF。当 R 值小于 2kΩ 时，输出波形将发生畸变，当小于 1kΩ 时，会产生正弦波。此类振荡器的最高振荡频率可达 10MHz。

振荡频率可由下式进行估算，即

$$f \approx \frac{0.721}{RC} \tag{7-4}$$

为稳定 CMOS 逻辑门构成的多谐振荡器的振荡频率，减小振荡器对电源电压的敏感程度，常采用如图 7-5 所示的改进的 CMOS 门电路多谐振荡器电路。该电路增加了一个电阻 R_S，其取值为电阻 R 的 2 ~ 10 倍，可通过实验调整确定。这时的输出振荡频率为

$$f \approx \frac{0.455}{RC} \tag{7-5}$$

5. 石英晶体多谐振荡器

在许多应用场合都对多谐振荡器振荡频率的稳定性有严格的要求。例如，在将多谐振荡器作为数字钟的脉冲源使用时，它的频率稳定性直接影响着计时的准确性。前面介绍的几种多谐振荡器电路在频率稳定性方面较差，当电源电压波动、温度变化以及器件的参数发生变化时频率将有较大变化，这种电路结构的

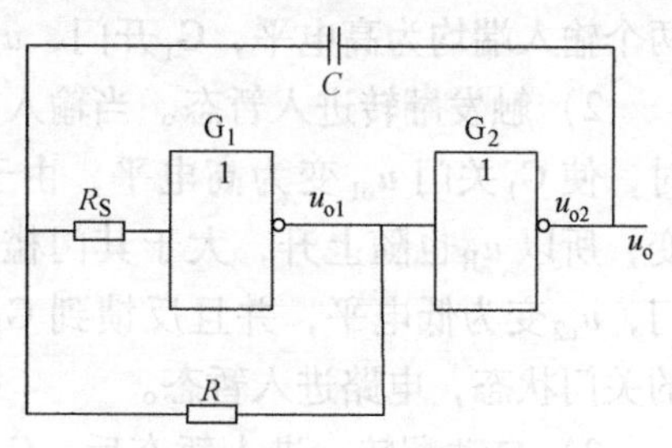

图 7-5　改进的 CMOS 门电路多谐振荡器

振荡器难以满足精确计时的要求。

目前普遍采用的稳频方法是在多谐振荡器电路中接入石英晶体，组成石英晶体多谐振荡器。图7-6所示给出了石英晶体的符号和其等效电抗的频率特性。由石英晶体组成的石英晶体多谐振荡器如图7-7所示。由石英晶体的电抗频率特性可知，当外加电压的频率为f_0时它的阻抗最小，所以把它接入多谐振荡器的正反馈环路中以后，频率为f_0的电压信号最容易通过它，并在电路中形成正反馈，而其他频率信号经过石英晶体时都会被衰减。因此，振荡器的工作频率也必然是f_0。

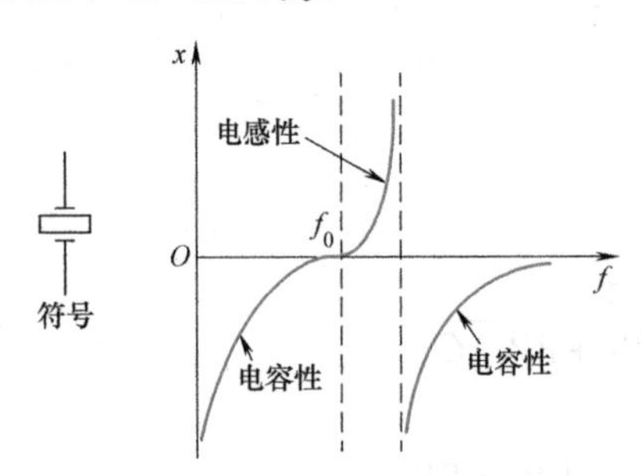

图7-6 石英晶体的符号和其等效电抗的频率特性

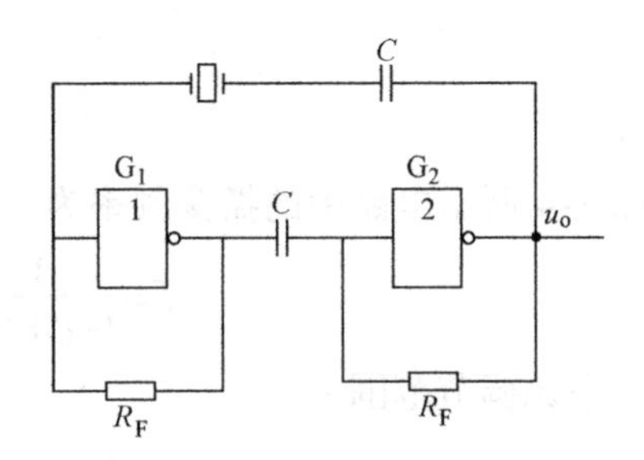

图7-7 由石英晶体组成的石英晶体多谐振荡器

由此可见，石英晶体多谐振荡器的振荡频率取决于石英晶体的固有谐振频率，而与外接电阻、电容无关。石英晶体的谐振频率由石英晶体的结晶方向和外形尺寸所决定，具有极高的频率稳定度。它的频率稳定度$\Delta f_0/f_0$可达$10^{-10}\sim10^{-11}$，足以满足大多数数字系统对频率稳定度的要求。

7.2.3 单稳态触发器

单稳态触发器又称为单稳态电路，它是只有一种稳定状态的电路。如果没有外界信号触发，它就会始终保持一种状态不变。当有外界信号触发时，它将由一种状态转变成另外一种状态，但这种状态是不稳定状态，称为暂态，一段时间后它会自动返回到原状态。

7.2.3 单稳态触发器

1. 结构与原理

单稳态触发器电路的形式很多，但基本原理是一样的。下面以微分型单稳态电路为例来说明。微分型单稳态触发器如图7-8所示。

电路工作原理如下。

1）稳定状态。静态时，输入u_i为高电平，R较小，G_2关门，输出u_{o2}为高电平，G_1的两个输入端均为高电平，G_1开门，u_{o1}低电平。

2）触发翻转进入暂态。当输入由高电平变为低电平时，使G_1关门u_{o1}变为高电平，由于电容上的电压不突变，所以u_R也随上升，大于其门槛电压U_T，于是G_2开门，u_{o2}变为低电平，并且反馈到G_1的输入端以维持G_1的关门状态，电路进入暂态。

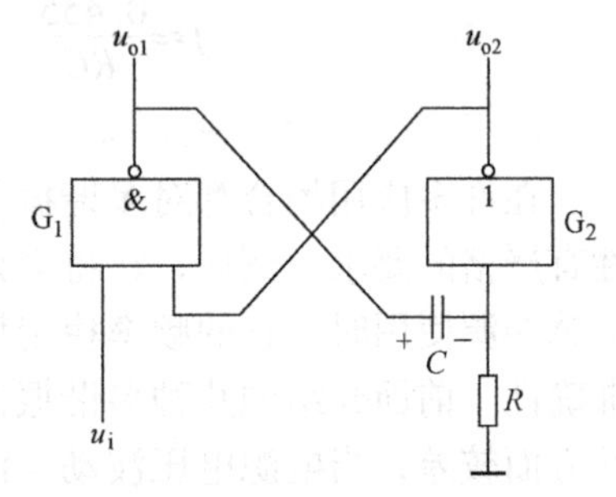

图7-8 微分型单稳态触发器

3）自动翻转。进入暂态后，G_1输出高电平，则u_{o1}经电容C和电阻R进行充电，电压u_R随充电而逐渐下降，当 u_R 下降到 G_2 的门槛电压 U_T 时，G_2 关门，输出 u_{o2} 变为高电平，此高电平与 u_i（已经回到高电平）作用使 G_1 开门，u_{o1} 变为低电平，电路回到稳态。由以上讨论可知，暂态维持时间主要取决电阻 R 和电容 C 的大小。

4）恢复过程。暂态结束后，G_1 输出 u_{o1} 从高电平变为低电平，已充电的电容 C 又通过 G_1、R、G_2 等放电，使 u_R 和 u_C 恢复到稳定状态的数值为下一次翻转做好准备。

单稳态触发器输出脉冲宽度取决于暂稳态的维持时间，可根据下式估算：

$$t_W \approx 0.7(R_0 + R)C \tag{7-6}$$

式中，R_0 为与非门的输出电阻。

2. 单稳态触发器的应用

单稳态触发器的主要功能有脉冲整形、脉冲定时和脉冲展宽，具体应用很广泛，下面举例介绍其应用。

（1）脉冲整形

利用单稳态触发器可以将不规则的信号转换成矩形信号。当给单稳态触发器的输入端输入不规则的信号 u_i 且使 u_i 信号电压上升到触发电平 U_{TH} 时，单稳态触发器被触发，状态改变，输出为高电平 U_{OH}，过了 t_W 时间后，触发器又返回到原状态，从而在输出端得到一个宽度为 t_W 的矩形脉冲。单稳态触发器的整形功能如图 7-9 所示。

（2）脉冲定时

由于单稳态触发器可产生宽度和幅度都符合要求的矩形脉冲，所以可利用它作为定时电路。例如，在数字系统中，常需要一个一定宽度的矩形脉冲去控制门电路的开启和关闭，如图 7-10a 所示。单稳态电路输出的 u_B 脉冲控制与门电路的开启和关闭，在 u_B 高电平期间，允许 u_A 脉冲通过，在 u_B 低电平期间，不允许 u_A 脉冲通过。单稳态触发器的工作波形图如图 7-10b所示。

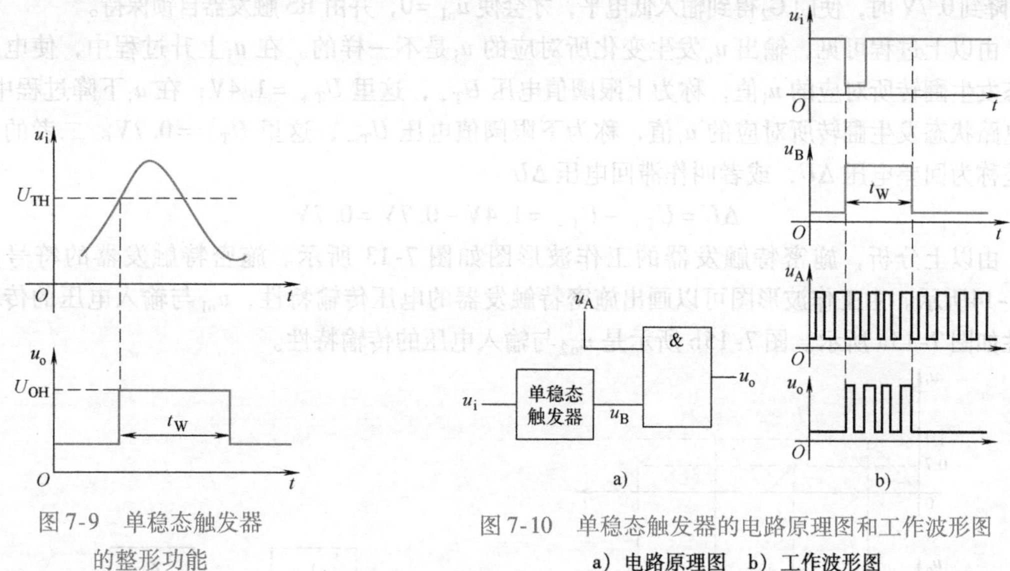

图 7-9　单稳态触发器的整形功能

图 7-10　单稳态触发器的电路原理图和工作波形图
a）电路原理图　b）工作波形图

（3）脉冲展宽

当脉冲宽度较窄时，可用单稳态触发器展宽，将其加在单稳态触发器的输入端，输出端 Q 就可获得展宽的脉冲波形，单稳态触发器脉冲展宽示意图如图 7-11 所示。如选择合适的 R、C 值，就可获得宽度符合要求的矩形脉冲。

7.2.4 施密特触发器

单稳态触发器只有一个稳定状态，施密特触发器有两个稳定状态，具有滞回特性，即有两个阈值电平，具有较强的抗干扰能力。它能把变化缓慢的或不规则的波形，整形成为符合数字电路要求的矩形波。

7.2.4 施密特触发器

1. 由门电路构成的施密特触发器

图7-12所示的是由基本RS触发器、反相器和二极管构成的施密特触发器电路。

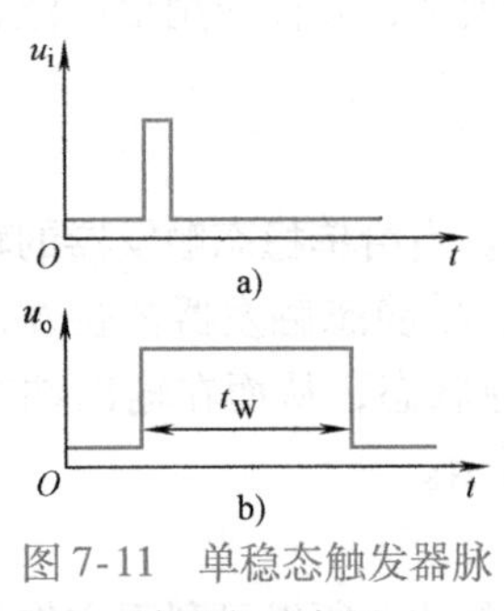

图7-11 单稳态触发器脉冲展宽示意图

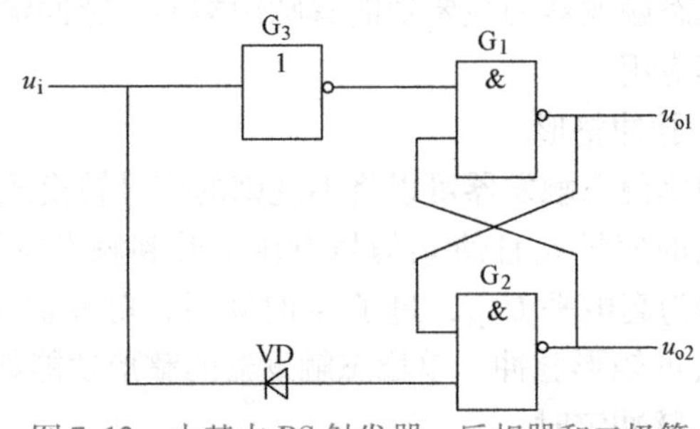

图7-12 由基本RS触发器、反相器和二极管构成的施密特触发器电路

工作原理如下。

当$u_i=0$时，$u_{o1}=0$；随着u_i上升，上升到达阈值电平$U_T=1.4V$后，门G_3输出低电平，使RS触发器$u_o=1$；在u_i上升到最大值、并返回下降到小于U_T时，电路状态可保持不变；只有当u_i下降到0.7V时，使门G_2得到输入低电平，才会使$u_{o1}=0$，并由RS触发器自锁保持。

由以上过程可见，输出u_o发生变化所对应的u_i是不一样的。在u_i上升过程中，使电路状态发生翻转所对应的u_i值，称为上限阈值电压U_{T+}，这里$U_{T+}=1.4V$；在u_i下降过程中，使电路状态发生翻转所对应的u_i值，称为下限阈值电压U_{T-}，这里$U_{T-}=0.7V$。二者的电压差称为回差电压ΔU，或者叫作滞回电压ΔU。

$$\Delta U=U_{T+}-U_{T-}=1.4V-0.7V=0.7V$$

由以上分析，施密特触发器的工作波形图如图7-13所示。施密特触发器的符号如图7-14所示。由工作波形图可以画出施密特触发器的电压传输特性，u_{o1}与输入电压的传输特性如图7-15a所示。图7-15b所示是u_{o2}与输入电压的传输特性。

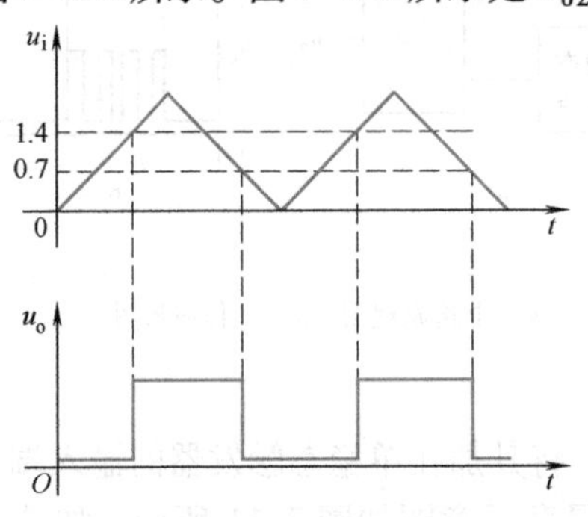

图7-13 施密特触发器的工作波形图

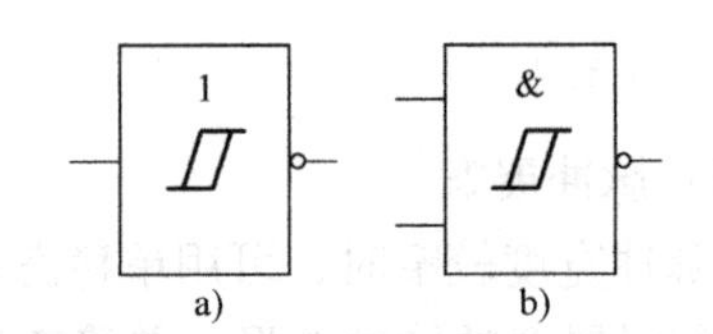

图7-14 施密特触发器的符号
a）施密特反相器 b）施密特与非门

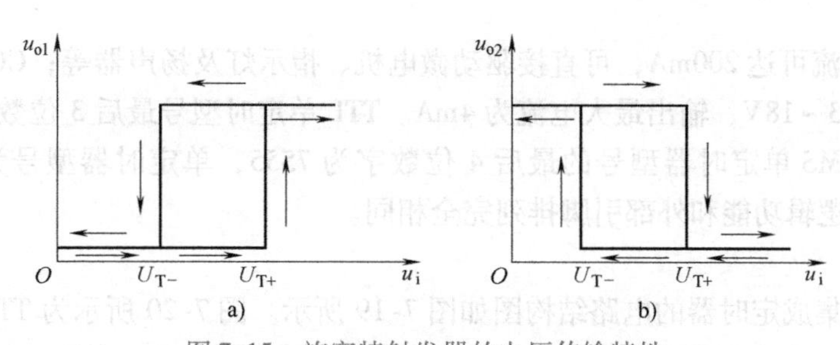

图 7-15　施密特触发器的电压传输特性

a）u_{o1}与输入电压的传输特性　b）u_{o2}与输入电压的传输特性

2. 施密特触发器的应用

（1）波形变换

施密特触发器常用于将三角波、正弦波及变化缓慢的波形变换成矩形脉冲，这时将需变换的波形送到施密特触发器的输入端，输出则为很好的矩形脉冲。波形变换如图 7-16 所示。

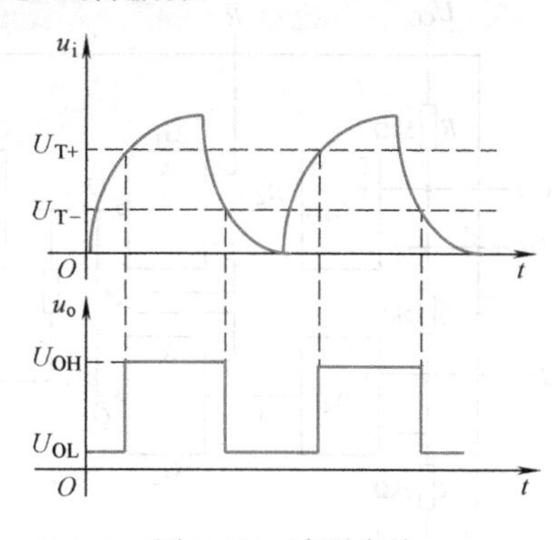

图 7-16　波形变换

（2）脉冲整形

脉冲信号经传输线传输受到干扰后，其上升沿和下降沿都将明显变坏，这时可用施密特触发器进行整形，将受到干扰的信号作为施密特触发器的输入信号，输出便为矩形脉冲。脉冲整形如图 7-17 所示。

（3）脉冲幅度鉴别

当输入为一组幅度不等的脉冲而要求去掉幅度较小的脉冲时，可将这些脉冲送到施密特触发器的输入端进行鉴别，从中选出幅度大于 U_{T+} 的脉冲输出。脉冲幅度鉴别如图 7-18 所示。

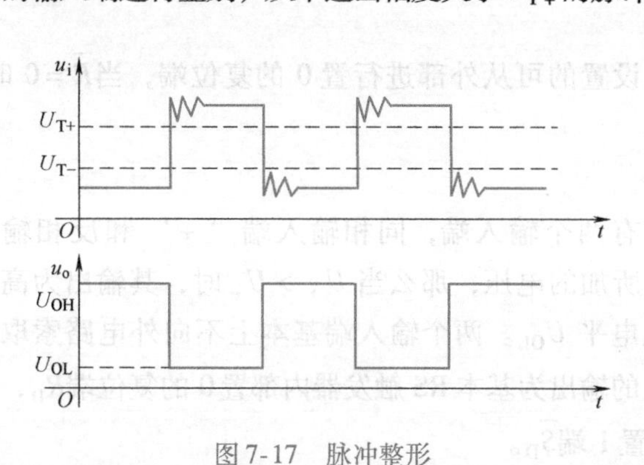

图 7-17　脉冲整形

图 7-18　脉冲幅度鉴别

7.2.5　555 定时器

555 定时器是一种将模拟功能器件和数字逻辑功能器件巧妙结合在一起的中规模集成电路。电路功能灵活，适用范围广泛。使用时，通常只需在外部接上几个适当的阻容元件，就可以方便地构成脉冲产生和整形电路。因此，555 定时器在工业控制、定时、仿声、电子乐器及防盗报警等方面应用十分广泛。

7.2.5　555 定时器

555 定时器的电压范围较宽，例如，TTL 型 555 定时器为 5～16V，

输出最大负载电流可达200mA，可直接驱动微电机、指示灯及扬声器等；COMS型555定时器的电源电压为3～18V，输出最大电流为4mA。TTL单定时型号最后3位数字为555，双定时器为556；COMS单定时器型号的最后4位数字为7555，单定时器型号为7556。TTL和CMOS定时器的逻辑功能和外部引脚排列完全相同。

1. 555定时器的电路组成

TTL型555集成定时器的电路结构图如图7-19所示。图7-20所示为TTL型555集成定时器的逻辑符号。它由以下5部分组成。

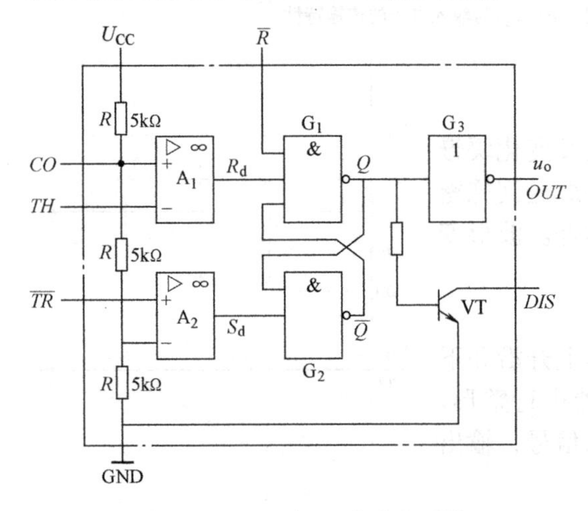

图7-19 TTL型555集成定时器的电路结构图

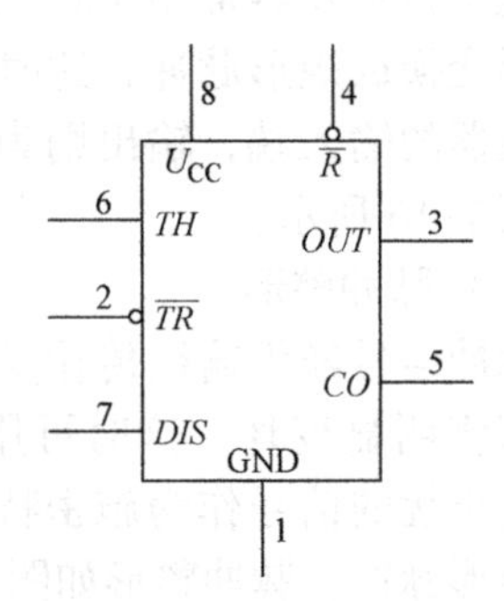

图7-20 TTL型555集成定时器的逻辑符号

（1）基本RS触发器

由两个与非门G_1、G_2组成，$\overline{R}$是专门设置的可从外部进行置0的复位端，当$\overline{R}=0$时，使$Q=0$，$\overline{Q}=1$。

（2）比较器

A_1、A_2是两个电压比较器。比较器有两个输入端，同相输入端“+”和反相输入端“-”，如果U_+和U_-表示相应输入上所加的电压，那么当$U_+>U_-$时，其输出为高电平U_{OH}；反之，当$U_+<U_-$时，输出为低电平U_{OL}。两个输入端基本上不向外电路索取电流，即输入电阻趋近于无穷大。比较器A_1的输出为基本RS触发器内部置0的复位端$\overline{R}_D$，而比较器A_2的输出为基本RS触发器的内部置1端$\overline{S}_D$。

（3）电阻分压器

将3个阻值均为5kΩ的电阻串联起来可构成分压器（555也因此而得名），为比较器A_1和A_2提供参考电压，当电压控制输入端CO悬空时，比较器A_1的“+”端$U_+=\frac{2}{3}U_{CC}$，比较器A_2的“-”端$U_-=U_{CC}$。如果在电压控制端CO另加控制电压，那么就可改变比较器A_1、A_2的参考电压，比较器A_1的“+”端$U_+=U_{CO}$，比较器A_2的“-”端$U_-=\frac{1}{2}U_{CO}$。在工作中不使用CO端时，一般都通过一个电容（0.01～0.047μF）接地，以旁路高频干扰。

（4）晶体管开关和输出缓冲器

晶体管VT可构成开关，其状态受$\overline{Q}$端控制，当$\overline{Q}=0$时TD截止，$\overline{Q}=1$时V导通。输出缓冲器就是接在输出端的反相器G_3，其作用是提高定时器的带负载能力和隔离负载对定时器的影响。

可见，555定时器不仅提供了一个复位电平为$\frac{2}{3}U_{CC}$、置位电平为$\frac{1}{3}U_{CC}$，且可通过$\overline{R}$端直接接从外部进行置0的基本RS触发器，而且还给出了一个状态受该触发器$\overline{Q}$端控制的晶体管（或者MOS管）开关，因此使用起来十分方便。

2. 555定时器的基本逻辑功能

1）$\overline{R}=0$，$\overline{Q}=1$，输出电压$u_o=U_{OL}$为低电平，VT饱和导通。

2）$\overline{R}=1$，$U_{TH}>\frac{2}{3}U_{CC}$，$U_{\overline{TR}}>\frac{1}{3}U_{CC}$时，$A_1$输出低电平，$A_2$输出高电平，$Q=0$，$\overline{Q}=1$，$u_o=U_{OL}$为低电平，VT饱和导通。

3）$\overline{R}=1$，$U_{TH}<\frac{2}{3}U_{CC}$，$U_{\overline{TR}}>\frac{1}{3}U_{CC}$时，$A_1$、$A_2$输出均为高电平，基本RS触发器保持原来状态不变，因此，u_o、VT也保持原状态不变。

4）$\overline{R}=1$，$U_{TH}<\frac{2}{3}U_{CC}$，$U_{\overline{TR}}<\frac{1}{3}U_{CC}$时，$A_1$输出高电平，$A_2$输出低电平，$Q=1$，$\overline{Q}=0$，$u_o=U_{OH}$为高电平，VT截止。

555定时器的逻辑功能表如表7-1所示。

表7-1 555定时器的逻辑功能表

输入			输出	
$\overline{R}$	$U_{\overline{TR}}$	U_{TH}	u_o	VT的状态
0	×	×	0	导通
1	$>\frac{1}{3}U_{CC}$	$>\frac{2}{3}U_{CC}$	0	导通
1	$>\frac{1}{3}U_{CC}$	$<\frac{2}{3}U_{CC}$	原状态	保持
1	$<\frac{1}{3}U_{CC}$	$<\frac{2}{3}U_{CC}$	1	截止

3. 由555定时器组成的多谐振荡器

图7-21所示是由555定时器构成的多谐振荡器。R_1、R_2、C是外接定时元器件。将555定时器的TH（6脚）接到$\overline{TR}$（2脚），$\overline{TR}$端接定时电容C，晶体管集电极（7脚）接到R_1、R_2的连接点，将4脚和8脚接U_{CC}。

电路组成及其工作原理如下。

1）过渡时期。假定在接通电源前电容C上无电荷，电路刚接通的瞬间，$U_C=0$。这时6脚、2脚电位都为低电平，晶体管VT截止，电容C由电源U_{CC}经过R_1、R_2对C充电，使U_C电位不断升高，这是刚通电时电路的过渡时期。

2）第一暂稳态。当充电到V_C略大于$2U_{CC}/3$，6脚、2脚为高电平，电压比较器A_1输出u_{C1}为低电平，电压比较器A_2输出u_{C2}为高电平，RS触发器置0，即$Q=0$，$\overline{Q}=1$，对应输出u_o为低电平，同时7脚晶体管VT饱和导通，电容C经过R_2及7脚晶体管对地放电，6脚电位V_C按指数规律下降，当放电到电容电压V_C略低于$U_{CC}/3$时，6脚、2脚为低电平，电压比较器A_1输出高电平，A_2输出低电平，基本RS触发器置1，$Q=1$，$\overline{Q}=0$，对应输出u_o为高电平，同时晶体管截止。

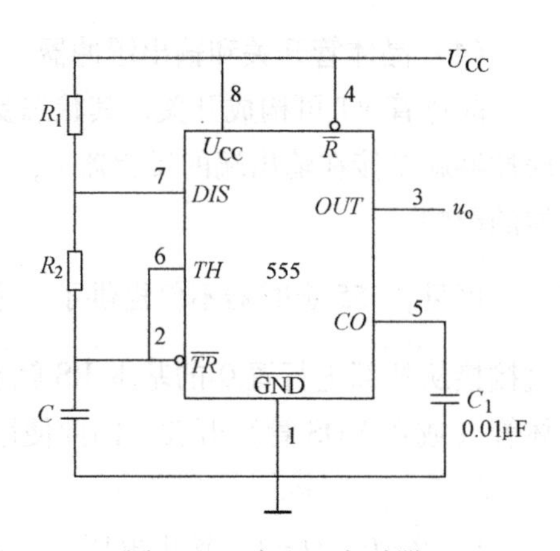

图7-21　由555定时器构成的多谐振荡器

3）充电阶段（第二暂稳态）。当V_C放电到略低于$U_{CC}/3$时，6脚、2脚电位都为低电平，电压比较器A_1输出低电平，A_2输出低电平，基本RS触发器置1，$Q=1$，$\overline{Q}=0$，对应输出u_o为高电平，同时晶体管截止，这时电源U_{CC}经R_1、R_2对C充电，6脚电位V_C按指数规律上升。当充电到V_C略高于$2U_{CC}/3$时，6脚、2脚为高电平，电压A_1输出u_{C1}为低电平，电压比较器u_{C2}为高电平，RS触发器置0，即$Q=0$，$\overline{Q}=1$，对应输出u_o为低电平，同时7脚晶体管VT饱和导通，又开始重复过程2）。

由图可得，555定时器组成的多谐振荡器的振荡周期T为

$$T=t_{W1}+t_{W2}$$

计算可得

$$T=0.7(R_1+2R_2)C \tag{7-7}$$

由555定时器组成的多谐振荡器的工作波形图如图7-22所示。

4. 由555定时器构成的施密特触发器电路

图7-23所示是由555定时器构成的施密特触发器电路。图中将两触发端TH和$\overline{TR}$接在一起作为输入端。设输入u_i为三角波，则电路工作如下。

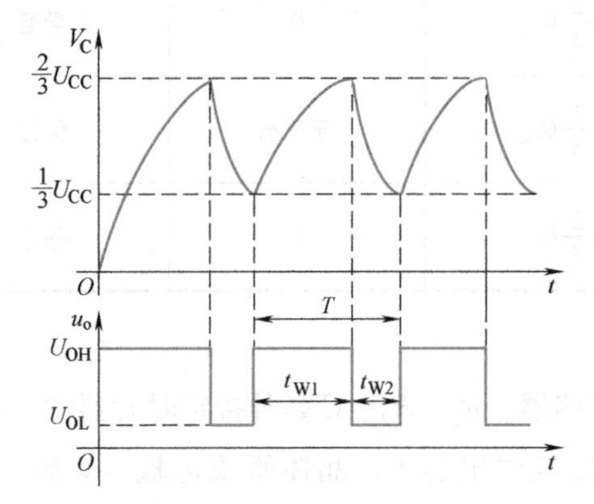

图7-22　由555定时器组成的多谐振荡器的工作波形图

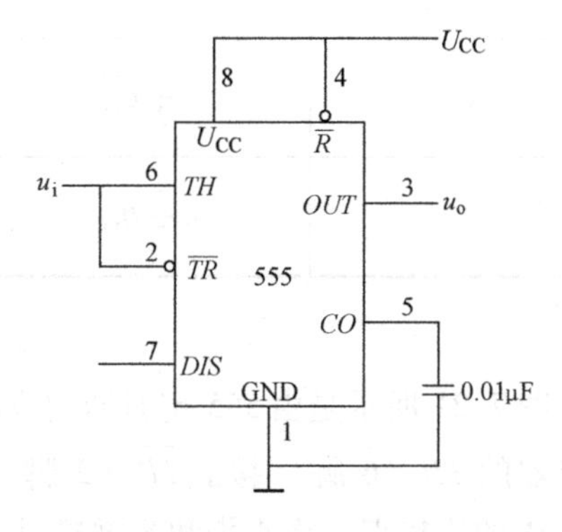

图7-23　由555定时器构成的施密特触发器电路

1）当输入$0<u_i\leqslant\frac{1}{3}U_{CC}$时，555定时器内部比较器$A_1$、$A_2$输出为1、0，触发器$Q=1$，使电路输出$u_o$为高电平，同时晶体管VT截止。

2）当输入信号增加到$\frac{1}{3}U_{CC} < u_i < \frac{2}{3}U_{CC}$时，比较器$A_1$、$A_2$输出全部为1，RS触发器状态不变，电路输出$u_o$为高电平。

3）当$u_i > \frac{2}{3}U_{CC}$时，比较器A_1、A_2输出为0、1，使触发器翻转，$Q=0$，电路输出u_o为低电平，同时晶体管VT导通。

4）当u_i从最大值再次回来、必须到达$u_i \leqslant \frac{1}{3}U_{CC}$时，内部触发器才会翻转为高电平1。

电路两次翻转对应不同的电压值，即上限阈值电平U_{T+}和下限阈值电平U_{T-}，这里$U_{T+} = \frac{2}{3}U_{CC}$，$U_{T-} = \frac{1}{3}U_{CC}$。

回差电压或滞回电压为

$$\Delta U = U_{T+} - U_{T-} = \frac{1}{3}U_{CC}$$

由555定时器组成的施密特触发器的工作波形图如图7-24所示。

5. 由555定时器构成的单稳态电路

图7-25所示是由555定时器构成的单稳态触发器。电路中的定时元器件电阻R和电容C构成充放电回路，负触发脉冲u_i加在低触发端上。常态下输入信号$u_i=1$，输出信号$u_o=0$。

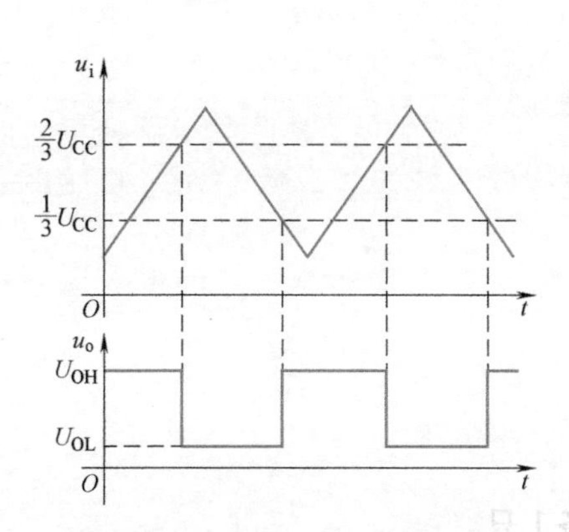

图7-24　由555定时器组成的施密特触发器的工作波形图

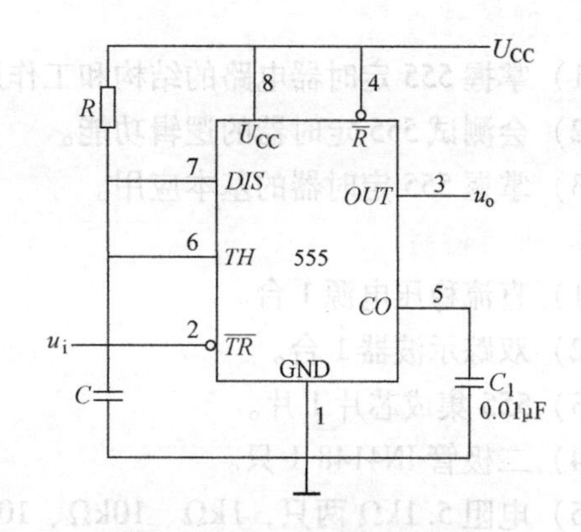

图7-25　由555定时器构成的单稳态触发器

1）稳态。当接通电源稳态时，$u_i=1$，555内部触发器$Q=0$，开关管饱和导通，$U_C=0, u_o=0$。

2）暂稳态。当触发信号负脉冲到来、即u_i下跳为0时，555内部比较器输出低电平，使$Q=1$，则开关管截止，电源U_{CC}通过R对电容C充电，U_C上升，电路进入暂稳态。在充电过程未结束时，由于内部RS触发器的保持作用，即使u_i回到高电平1，也不影响内部触发器和开关管的状态，所以不影响充电的进行。当U_C上升到$\frac{2}{3}U_{CC}$时，高触发端TH(6端)使555内部比较器输出低电平0，从而使触发器翻转，Q变为0，开关管饱和导通，输出

$u_o=0$。暂稳态结束。

3）自动恢复过程。暂稳态结束后，电容通过开关管快速放电，电路自动恢复到稳态时的情况，电路又可以接收新的触发脉冲信号。

输出脉冲宽度，即定时时间为

$$T_W=\tau_{充}\ln\frac{u_C(\infty)-u_C(0_+)}{u_C(\infty)-u(T_W)}=RC\ln\frac{U_{CC}-0}{U_{CC}-\frac{2}{3}U_{CC}}$$

$$=RC\ln3\approx1.1RC \tag{7-8}$$

该电路要求输入脉冲触发信号的宽度要小于输出脉冲宽度。若输入脉冲宽度大于输出脉冲宽度，则可以在输入端加一个 RC 微分电路加以解决。

由555定时器组成的单稳态触发器的工作波形图如图7-26所示。

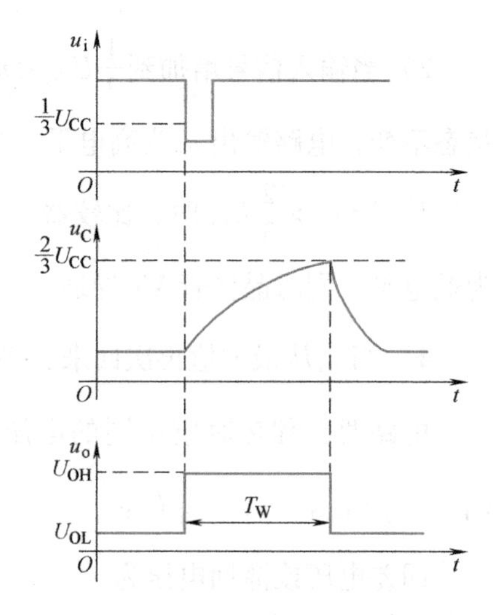

图7-26 由555定时器组成的单稳态触发器的工作波形图

7.3 技能训练

7.3.1 555定时器功能及应用实验测试

1. 训练目的

1）掌握555定时器电路的结构和工作原理。

2）会测试555定时器的逻辑功能。

3）掌握555定时器的基本应用。

2. 训练器材

1）直流稳压电源1台。

2）双踪示波器1台。

3）555集成芯片1片。

4）二极管IN4148 1只。

5）电阻5.1kΩ两只，1kΩ、10kΩ、100kΩ各1只。

6）电容0.01μF两只，47μF和0.1μF各1只。

3. 训练内容与步骤

（1）由555定时器组成的多谐振荡器

1）由555定时器组成的多谐振荡器测试电路如图7-27所示。

2）按图接线，检查电路连接无误后接通电源。

3）用双踪示波器观察 u_C、u_o的波形。

（2）由555触发器组成的单稳态触发器

1）由555触发器组成的单稳态触发器测试电路如图7-28所示。

2）按图接线，检查电路连接无误后接通电源。

3）u_i输入信号由单次脉冲提供，用双踪示波器观察 u_i、u_C、u_o的波形。

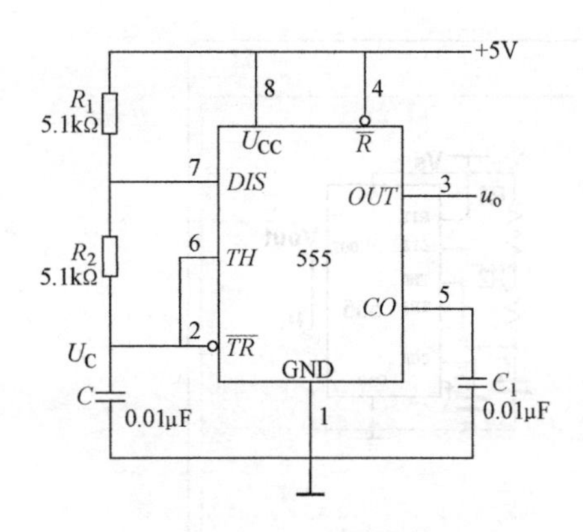

图7-27　由555定时器组成的多谐振荡器测试电路

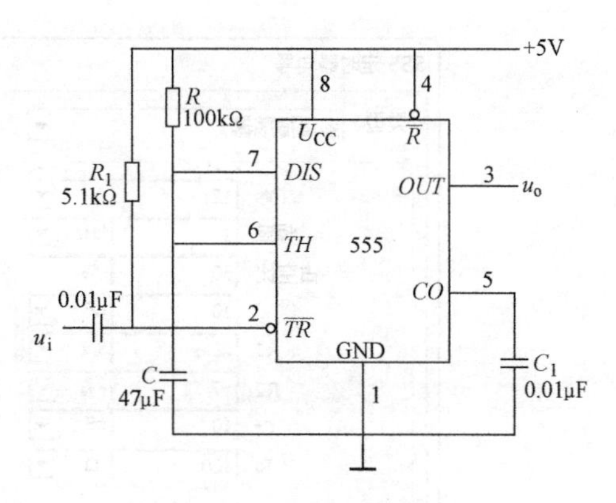

图7-28　由555触发器组成的单稳态触发器测试电路

4）将R改为1kΩ，C改为0.1μF，输入端加1kHz的连续脉冲，再用双踪示波器观察u_i、u_C、u_o的波形。

（3）由555触发器组成的施密特触发器

1）由555触发器组成的施密特触发器测试电路如图7-29所示。

2）按图接线，检查电路连接无误后接通电源。

3）输入信号u_i由音频信号源提供，频率为1kHz，接通电源，逐渐加大u_i的幅度，观察输出波形。

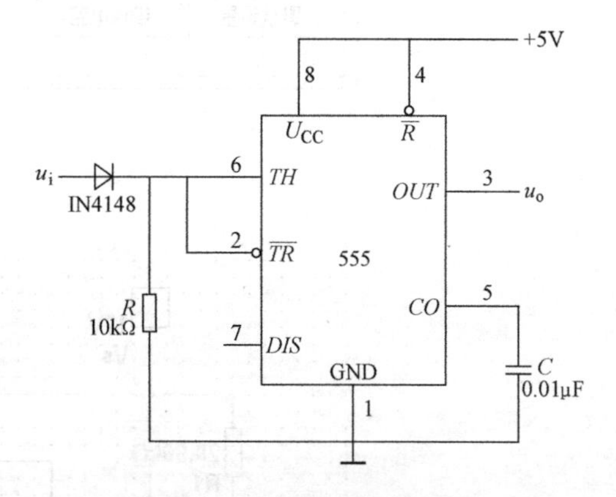

图7-29　由555触发器组成的施密特触发器测试电路

4. 分析

绘出实验观测到的波形，分析并总结实验结果。

7.3.2　555定时器功能及应用仿真测试

1. 训练目的

熟悉用555定时器构成多谐振荡器、单稳态触发器和施密特电路的仿真测试方法。

2. 仿真测试

（1）555定时器组成多谐振荡器电路仿真测试

1）启动定时器向导。

选择"工具"→"Circuit Wizard"→"555 Timer Wizard"命令，启动"555定时器向导"，在类型中选择"多谐振荡器"，参数设置如图7-30所示。

单击"编译电路"按钮，在电路工作区中即可生成多谐振荡器电路，如图7-31所示。

2）单击"仿真"开关，双击"示波器"图标，打开示波器面板，即可显示555多谐振荡器的工作波形，如图7-32所示。

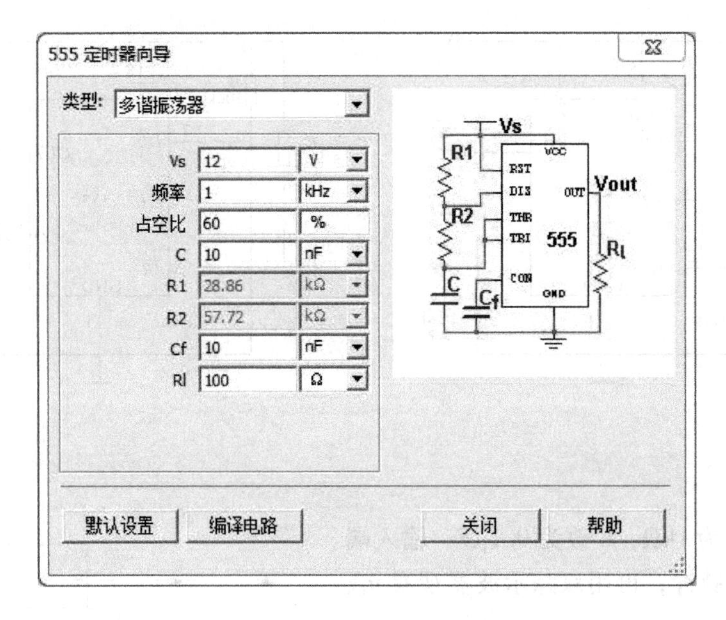

图 7-30 555 定时器向导

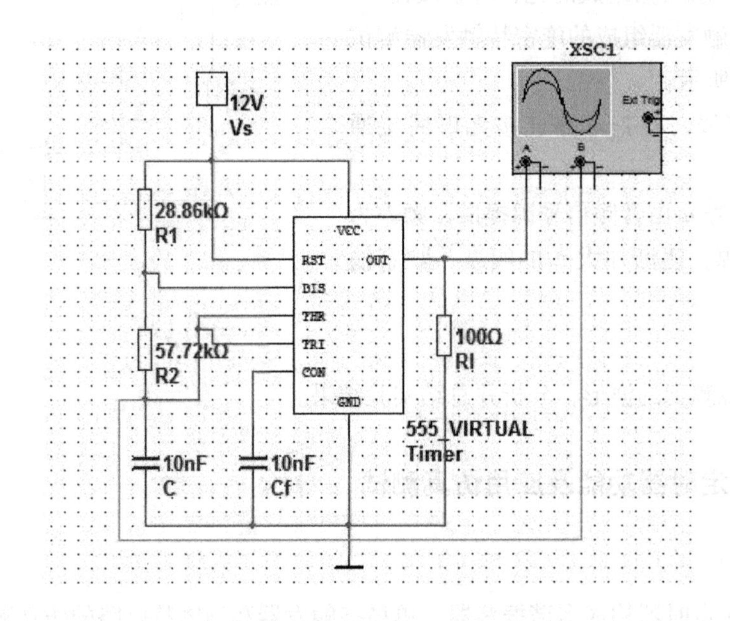

图 7-31 多谐振荡器仿真测试电路

（2）555 定时器组成单稳态触发器

1）启动定时器向导。

555 定时器组成单稳态触发器仿真测试电路，可以根据“定时器向导”画出，如图 7-33所示。

2）单击“仿真”开关，双击示波器图标，打开示波器面板，即可显示 555 定时器组成单稳态触发器的工作波形，如图 7-34 所示。

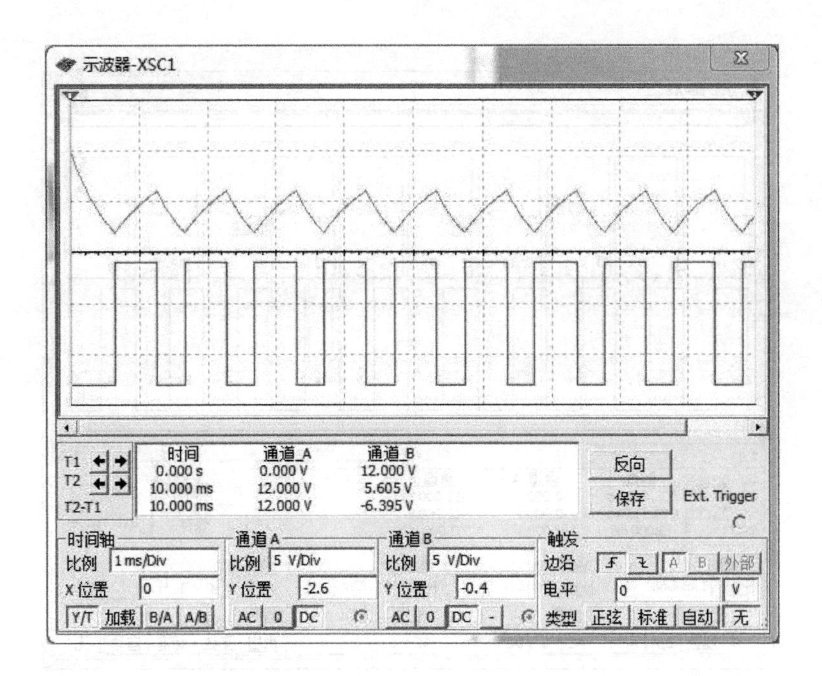

图 7-32　多谐振荡器工作波形

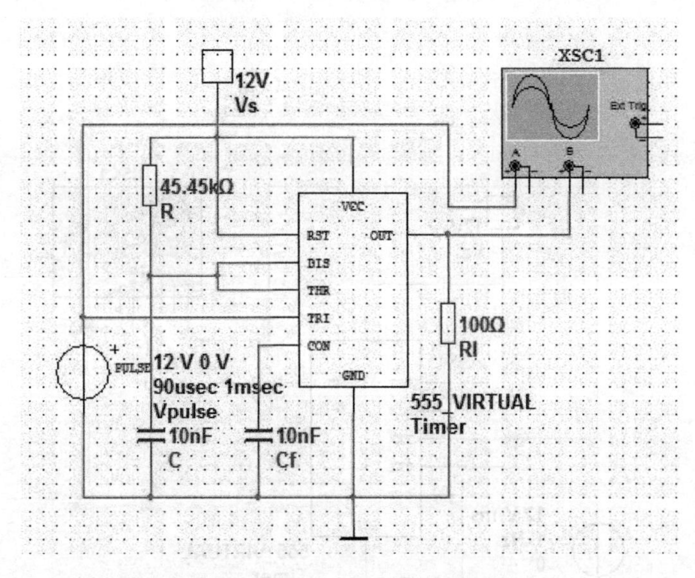

图 7-33　单稳态振荡器仿真测试电路

（3）用 555 定时器构成施密特触发器

1）启动定时器向导。

555 定时器组成单稳态触发器仿真测试电路，可以根据“定时器向导”画出，如图 7-35 所示。

2）单击“仿真”开关，双击示波器图标，打开示波器面板，即可显示 555 定时器组成施密特触发器的工作波形，如图 7-36 所示。

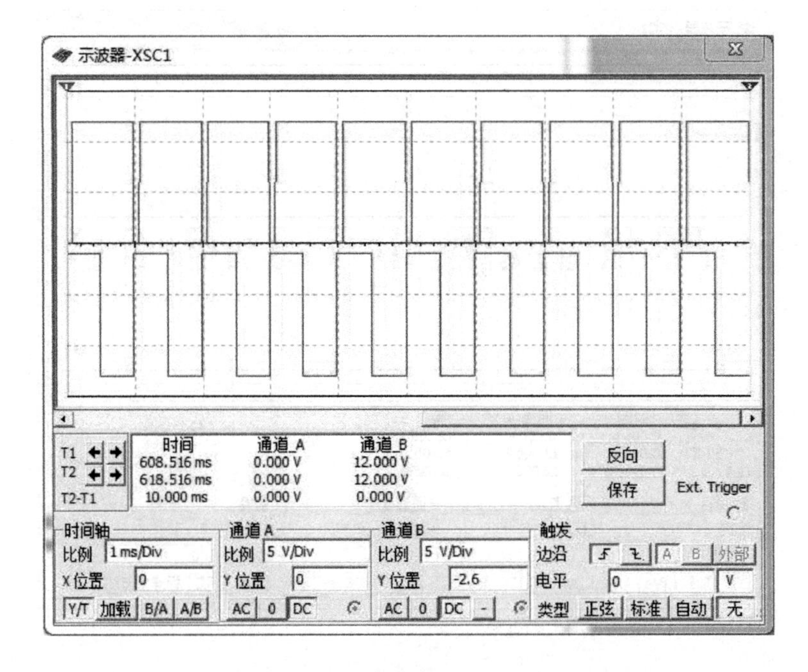

图 7-34　555 定时器组成单稳态触发器的工作波形

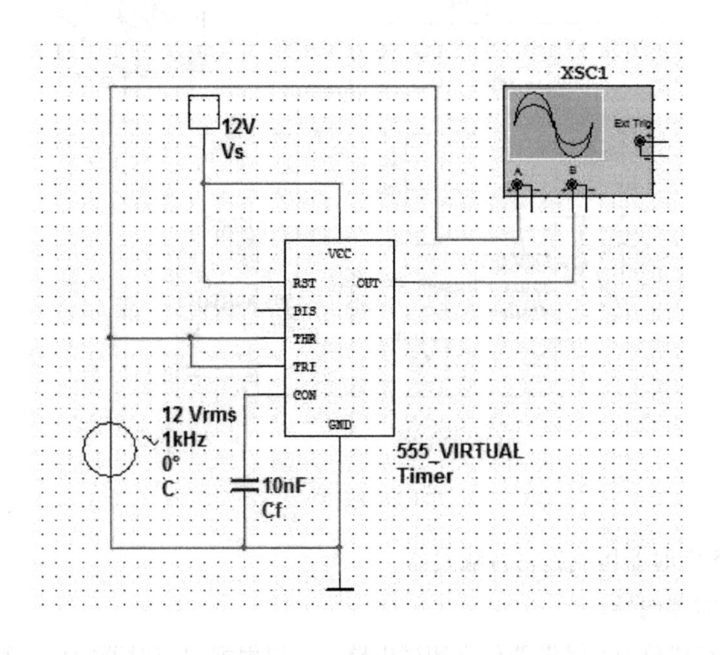

图 7-35　555 定时器组成施密特触发器仿真测试电路

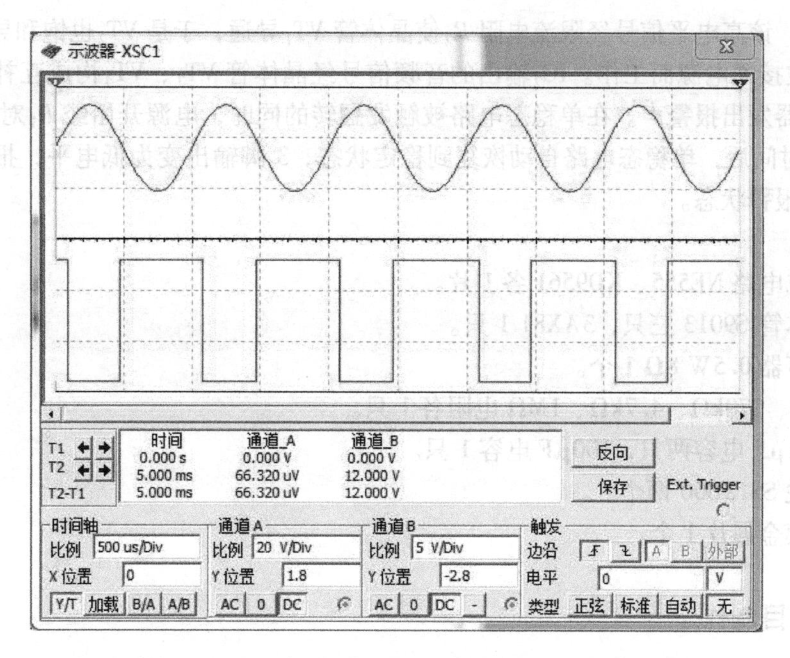

图 7-36　555 定时器组成施密特触发器的工作波形

7.4 项目实施

7.4.1 项目分析

1. 电路结构

防盗报警器电路图如图 7-37 所示。

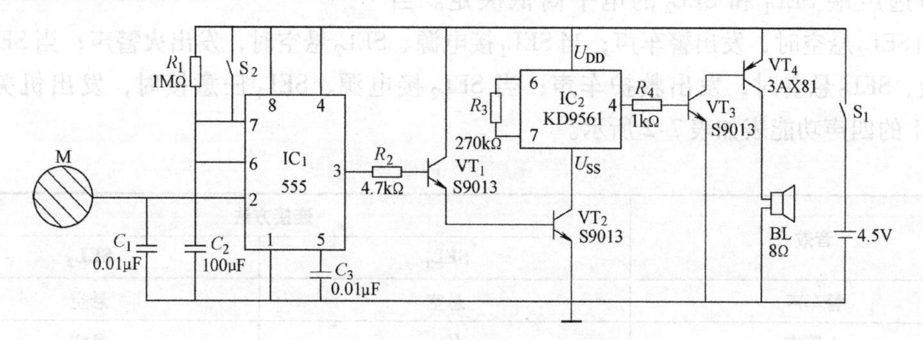

图 7-37　防盗报警器电路图

2. 电路分析

555 集成电路与 R_1、C_1、C_2、C_3 组成单稳态触发器。接通电源开关 S_1 后，再断开 S_2，电路启动。当平时没人接触金属片 M 时，电路处于稳态，即 IC_1 的 3 脚输出低电平，报警电路不工作。一旦有人触及金属片 M 时，由于人体感应电动势给 IC_1 的 2 脚输入了一个负脉冲（实际为杂波脉冲），单稳态电路被触发翻转进入暂稳态，所以 IC_1 的 3 脚由原来的低电平跳变为高电平。该高电平信号经限流电阻 R_2 使晶体管 VT_1 导通，于是 VT_2 也饱和导通，语音集成电路 IC_2 被接通电源而工作。IC_2 输出的音频信号经晶体管 VT_3、VT_4 构成互补放大器放大后推动扬声器发出报警声。在单稳态电路被触发翻转的同时，电源开始经 R_1 对 C_2 充电，约经 $1.1R_1C_2$ 时间后，单稳态电路自动恢复到稳定状态，3 脚输出变为低电平，报警器停止报警，处于预报警状态。

3. 电路元器件

1）集成电路 NE555、KD9561 各 1 片。

2）晶体管 S9013 三只，3AX81 1 只。

3）扬声器 0.5W 8Ω 1 个。

4）1kΩ、270kΩ、4.7kΩ、1MΩ 电阻各 1 只。

5）0.01μF 电容两只，100μF 电容 1 只。

6）开关 SS12D00 两个。

7）触摸金属片 1 个。

7.4.2 项目制作

1. 元器件的检测

（1）555 集成定时器的识别与检测

用 555 定时器组成多谐振荡器对 555 定时器进行初步检测。检测电路可按图 7-27 所示，观察波形信号正常即可判定 555 是否正常。

（2）语音芯片的识别与检测

KD9561 是四音模拟声报警集成电路，如图7-38 所示。它有 4 种不同的模拟声响可选用，模拟声音种类由选声端 SEL_1 和 SEL_2 的电平高低决定。当 SEL_1 和 SEL_2 悬空时，发出警车声；当 SEL_1 接电源、SEL_2 悬空时，发出火警声；当 SEL_1 接电源负极、SEL_2 悬空时，发出救护车声；当 SEL_2 接电源、SEL_1 任意接时，发出机关枪声。KD9561 的四声功能表如表 7-2 所示。

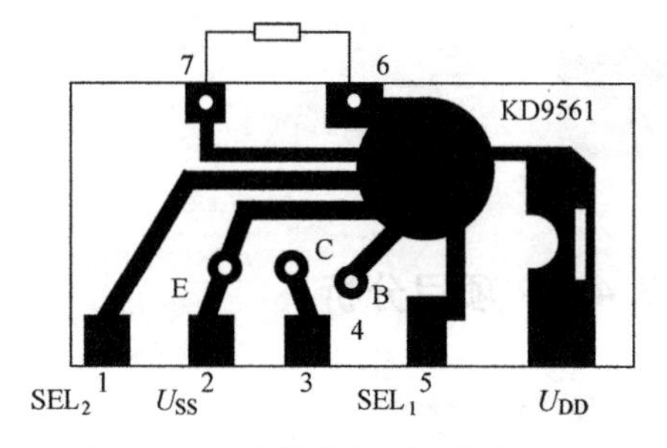

图 7-38 四音模拟声报警集成电路

表 7-2 KD9561 的四声功能表

音效	连接方法	
	SEL_1	SEL_2
警车声	悬空	悬空
火警声	U_{DD}	悬空
救护车声	U_{SS}	悬空
机关枪声	任意	U_{DD}

对 KD9561，可采用图 7-39 所示的 KD9561 接线图进行检测。当 SEL_1 和 SEL_2 悬空时，发出警车声，说明 KD9561 基本正常。改变 SEL_1 和 SEL_2 接法，可检测其他声效功能。

2. 电路安装

1）将检测合格的元器件按照图 7-37 所示电路连接安装在面包板或万能电路板上。

2）当插接集成电路时，应先校准两排引脚，使之与底板上插孔对应，轻轻将电路插上，在确定引脚与插孔吻合后，再稍用力将其插紧，以免将集成电路的引脚弯曲、折断或者接触不良。

3）导线应粗细适当，一般选取直径为0.6～0.8mm的单股导线，最好用不同色线以区分不同用途，如电源线用红色，接地线用黑色。

4）布线应有次序地进行，随意乱接容易造成漏接或接错，较好的方法是先接好固定电平点，如电源线、地线、门电路闲置输入端、触发器异步置位复位端等，再按信号源的顺序从输入到输出依次布线。

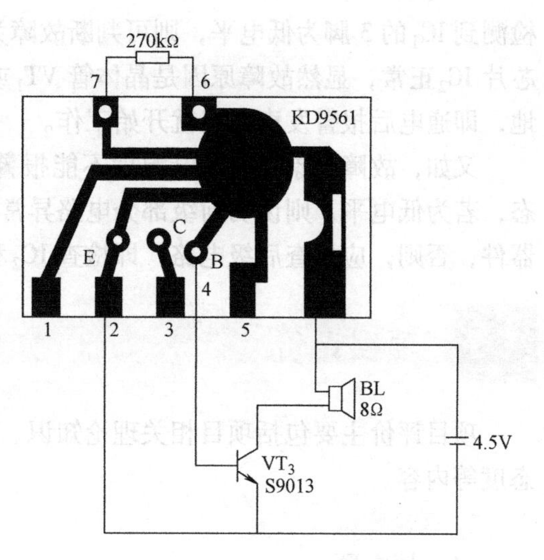

图7-39 KD9561接线图

5）连线应避免过长，避免从集成元器件上方跨越和多次的重叠交错，以利于布线，更换元器件以及故障检查和排除。

6）电路布线应整齐、美观、牢固。水平导线应尽量紧贴底板，竖直方向的导线可沿边框四角敷设，导线转弯时弯曲半径不要过小。

7）安装过程要细心，防止导线绝缘层被损伤，不要让线头、螺钉、垫圈等异物落入安装电路中，以免造成短路或漏电。

8）电路安装完后，要仔细检查电路连接，确认无误后方可接通电源。

3. 电路调试

1）仔细检查电路与元器件连接。

2）先闭合 S_2，再闭合 S_1，接通整机电源。

3）断开 S_2，开启报警器，使报警器处于待报警状态。

4）用手触碰金属片，扬声器应发出报警声。

M可用钢片或铝片，在其中间钻一小孔，将其接到任何需要防护的金属部位。

IC_2的外围元器件只有一只振荡电阻 R_3，取值可为180～510kΩ。R_3越小，报警节奏就越快；反之，就越慢。

4. 故障分析与排除

本电路常见的故障现象有接通电源即报警或接通电源不报警等。

1）接通电源即报警，主要原因有：开启电源前，报警启动开关未闭合；555集成定时器损坏；晶体管 VT_1、VT_2击穿损坏等。

2）开启电源后不报警，常见的原因有：开启电源后，报警启动开关未断开；555定时器损坏；VT_3、VT_4损坏等。

5. 检修技巧

对采用555定时器的触摸报警器检修时，可将图7-37所示电路分为两部分，一部分是由555定时器和外围元器件组成的触发控制和延时电路，IC_1的3脚是关键测试点；另一部分是报警发声电路。

例如，故障现象为接通电源即报警。用逻辑笔或万用表检测 IC_1的3脚，若为高电平，则为前级的故障，即555定时器及外围元器件损坏，通过进一步检测可找到故障元器件，如

检测到 IC_1 的 3 脚为低电平，则可判断故障为后级电路。因接通电源即报警，说明语音报警芯片 IC_2 正常，显然故障原因是晶体管 VT_1 或 VT_2 击穿，使接通电源后，IC_2 的 U_{SS} 相当于接地，即通电后报警发声电路就开始工作。

又如，故障现象为开启电源后不能报警。用手触摸金属片 M 的同时检测 IC_1 的 3 脚状态，若为低电平，则说明前级部分电路异常，应检查前级电路，即 555 定时器电路及外围元器件，否则，应检查后级电路，即检查 IC_2 和晶体管 VT_1 ~ VT_4 是否正常。

7.5 项目评价

项目评价主要包括项目相关理论知识、元器件识别与检测、电路制作、电路测试及学习态度等内容。

1. 理论测试

（1）填空题

1）常见的脉冲产生电路有________，常见的脉冲整形电路有__________、__________。

2）多谐振荡器没有__________状态，只有两个__________状态，其振荡周期 T 取决于________。

3）施密特触发器具有________现象，又称为________特性。单稳触发器最重要的参数为________。

4）在由 555 定时器组成的多谐振荡器中，其输出脉冲的周期 T 为________。

5）在由 555 定时器组成的单稳态触发器中，其输出脉冲宽度 t_W 为________。

（2）判断题

1）施密特触发器可用于将三角波变换成正弦波。（ ）

2）施密特触发器有两个稳态。（ ）

3）多谐振荡器输出信号的周期与阻容元件的参数成正比。（ ）

4）石英晶体多谐振荡器的振荡频率与电路中的 R、C 成正比。（ ）

5）单稳态触发器的暂稳态时间与输入触发脉冲宽度成正比。（ ）

（3）选择题

1）多谐振荡器可产生（ ）。

A. 正弦波　　B. 矩形脉冲　　C. 三角波　　D. 锯齿波

2）石英晶体多谐振荡器的突出优点是（ ）。

A. 速度高　　B. 电路简单

C. 振荡频率稳定　　D. 输出波形边沿陡峭

3）555 定时器可以组成（ ）。

A. 多谐振荡器　　B. 单稳态触发器

C. 施密特触发器　　D. JK 触发器

4）用 555 定时器组成施密特触发器，当输入控制端 CO 外接 10V 电压时，回差电压为（ ）。

A. 3.33V　　B. 5V　　C. 6.66V　　D. 10V

5）以下各电路中，（ ）可以产生脉冲定时。

A. 多谐振荡器　　B. 单稳态触发器

C. 施密特触发器　　D. 石英晶体多谐振荡器

2. 项目功能测试

分组汇报项目的学习与制作情况，通电演示电路功能，并回答有关问题。

3. 项目评价标准

项目评价表体现了项目评价的标准及分值分配参考标准，如表7-3所示。

表7-3　项目评价表

项目	内容	分值	考核要求	扣分标准	评价主体			得分
					教师 60%	学生		
						自评 20%	互评 20%	
学习态度	1. 学习积极性 2. 遵守纪律 3. 安全操作规程	10	积极参加学习，遵守安全操作规程和劳动纪律，团结协作，有敬业精神	违反操作规程扣10分，其余不达标酌情扣分				
理论知识测试	项目相关知识点	20	能够掌握项目的相关理论知识	理论测试折合分值				
元器件识别与检测	1. 元器件识别 2. 元器件逻辑功能检测	20	能正确识别元器件；会检测逻辑功能	不能识别元器件，每个扣1分；不会检测逻辑功能，每个扣1分				
电路制作	按电路设计装接	20	电路装接符合工艺标准，布局规范，走线美观	电路装接不规范，每处扣1分；电路接错每处扣5分				
电路测试	1. 电路静态测试 2. 电路动态测试	30	电路无短路、断路现象。能正确显示电路功能	电路有短路、断路现象，每处扣10分；不能正确显示逻辑功能，每处扣5分				
合计								
注：各项配分扣完为止								

7.6 项目拓展

7.6.1 由555定时器组成声控自动延时灯

用555定时器设计一个声控自动延时灯，轻拍手掌，它就会点亮，而过一会儿，又会自动熄灭，方便夜间使用。

本电路使用1片555时基集成电路。图7-40所示是声控自动延时灯的电路原理图。

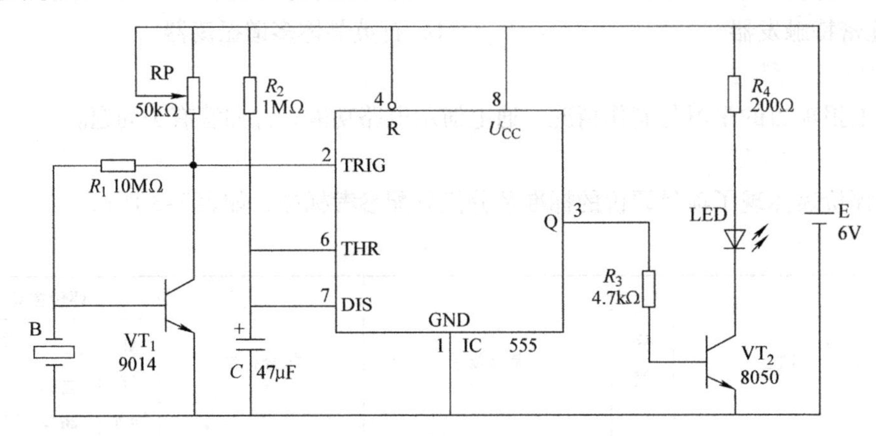

图7-40 声控自动延时灯的电路原理图

压电陶瓷片B与晶体管VT_1、电阻R_1、可变电阻RP组成了声控脉冲触发电路，555时基集成电路与电阻R_2、电容C组成了单稳态延时电路。平时，晶体管VT_1处于截止状态，555时基集成电路的低电位触发端（2脚）处于高电平状态，单稳态电路处于稳态；555时基集成电路的（3脚）输出低电平，发光二极管LED灯不亮。

当在一定的范围内轻拍手掌，声波被压电陶瓷片B接收并被转换成电信号，经晶体管VT_1放大后，从集电极输出负脉冲，555时基集成电路的低电位触发端（2脚）获得低电平触发信号，单稳态电路进入暂稳态状态（即延时状态），555的基集成电路的（3脚）输出高电平信号，发光二极管发光。

与此同时，电源E通过电阻R_2开始向电容C充电，当电容C两端的电压达到555时基集成电路的高电位触发端（6脚）电位时，单稳态电路翻转恢复稳态，电容C通过555时基集成电路的放电端（7脚）放电，其（3脚）重新输出低电平信号，发光二极管自动熄灭。

电路调试时可将声控自动延时灯的电源开关闭合，在离其3~5m处轻拍手掌，以检验电路的工作性能，并可通过以下所述的方法，改变电阻等元器件的数值，调整延时点亮的时间或声控的灵敏度。

本电路发光二极管每次延时点亮的时间长短，取决于单稳态延时电路中电阻R_2、电容C的时间常数。若要想缩短延时点亮的时间，可适当减小电阻R_2的数值来加以调整；反之，增加电阻R_2的数值可延长延时点亮的时间。

另外，改变可变电阻RP的阻值，可调整555时基集成电路的低电位触发端（2脚）电位的高低，可以控制声控的灵敏度。若觉得声控的灵敏度不高，可适当增加可变电阻RP的阻值。反之，减小可变电阻RP的数值可降低声控的灵敏度。

7.6.2 采用555时基电路的简易温度控制器

本电路是采用555时基集成电路和很少的外围元器件组成的一个温度自动控制器。因为电路中各点电压都来自同一直流电源，所以不需要性能很好的稳压电源，用电容降压法便能可靠地工作。

采用555时基电路的简易温度控制器电路如图7-41所示。

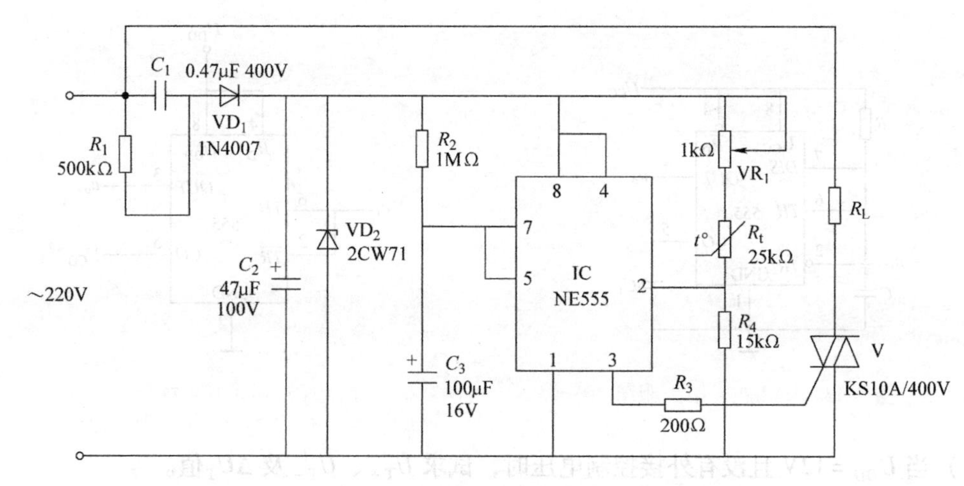

图7-41　采用555时基电路的简易温度控制器电路

当温度较低时，负温度系数的热敏电阻R_t阻值较大，555定时器（IC）的2脚电位低于U_{CC}电压的1/3（约4V），IC的3脚输出高电平，触发双向晶闸管V导通，接通电加热器R_L进行加热，从而开始计时循环。当置于测温点的热敏电阻R_t温度高于设定值而计时循环还未完成时，加热器R_L在定时周期结束后就被切断。当热敏电阻R_t温度降低至设定值以下时，会再次触发双向晶闸管V导通，接通电加热器R_L进行加热。这样就可达到温度自动控制的目的。

电路中，热敏电阻R_t可采用负温度系数的MF12型或MF53型，也可以选择不同阻值和其他型号的负温度系数热敏电阻，只要在所需控制的温度条件下满足$R_t + VR_1 = 2R_4$这一关系式即可。电位器VR_1取得大一些能获得较大的调节范围，但灵敏度会下降。整个电路可安装在一块电路板上，一般不需要调试。

练习与提高

1. 在图7-42a所示的施密特触发器G上加输入信号u_i的波形，如图7-42b所示。试对应u_i画出输出信号u_o的波形。

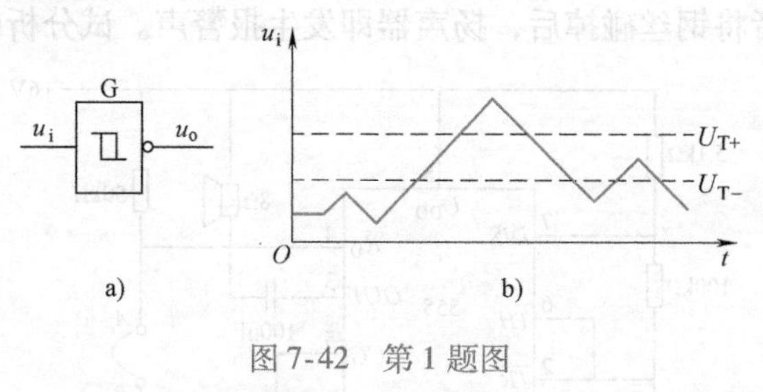

图7-42　第1题图

2. 由555定时器构成的单稳态电路如图7-43所示。已知$R=3.9\text{k}\Omega$，$C=1\mu\text{F}$。估算脉宽t_W的数值。

3. 由555定时器组成的单稳态触发器如图7-43所示。已知$U_{CC}=10\text{V}$、$R=10\text{k}\Omega$、$C=0.01\mu\text{F}$。试求输出脉冲宽度t_W，并画出u_i、u_C、u_o的波形。

4. 由555定时器组成的施密特触发器电路如图7-44所示。

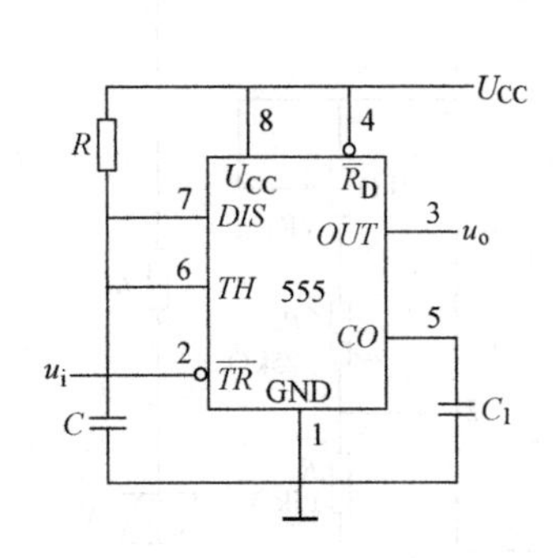

图 7-43　第 2 题、第 3 题图

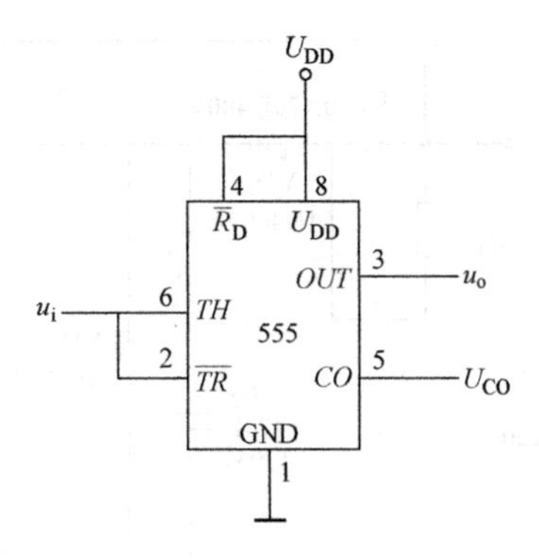

图 7-44　第 4 题图

1）当 $U_{DD}=12V$ 且没有外接控制电压时，试求 U_{T+}、U_{T-} 及 ΔU_T 值。

2）当 $U_{DD}=9V$ 且外接控制电压 $U_{CO}=5V$ 时，试求 U_{T+}、U_{T-} 及 ΔU_T 值。

5. 图 7-45 所示为由 555 定时器组成的多谐振荡器。已知 $R_1=10k\Omega$，$R_2=15k\Omega$，$C=0.1\mu F$，$U_{DD}=12V$。

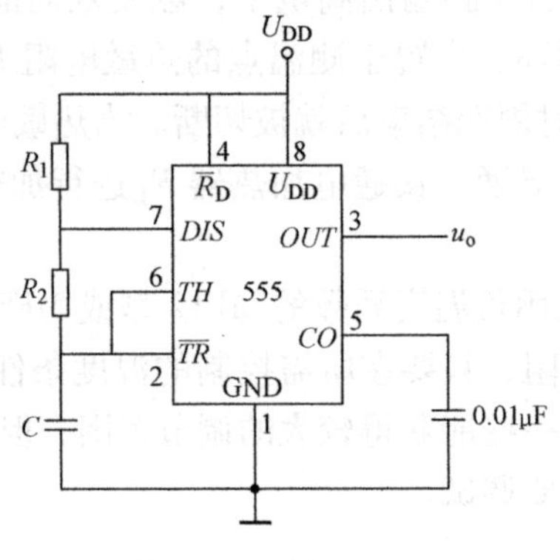

图 7-45　第 5 题图

1）试求多谐振荡器的振荡频率。

2）画出 u_C 和 u_o 的波形。

6. 图 7-46 所示电路是一个防盗装置。*A*、*B* 两端用一细铜丝接通，将此铜丝置于盗窃者必经之处。在盗窃者将钢丝碰掉后，扬声器即发生报警声。试分析电路的工作原理。

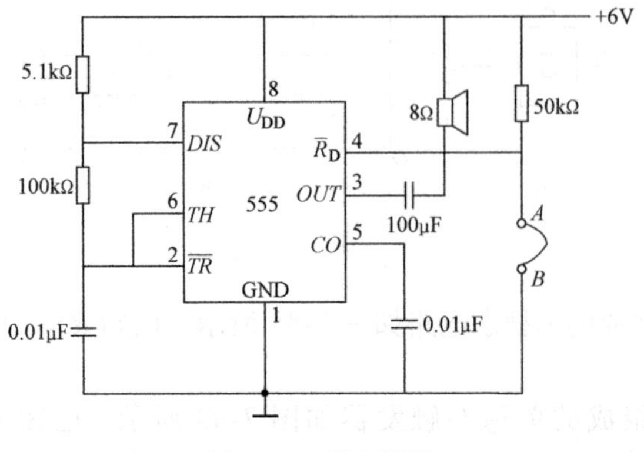

图 7-46　第 6 题图

项目8　数字电压表的设计与制作

8.1　项目描述

本项目制作的数字电压表电路主要由 A-D 转换器、锁存/7 段译码驱动器、发光数码管等组成。项目相关知识点：D-A、A-D 转换等。技能训练：D-A、A-D 转换器的功能测试。项目的实施将使读者掌握相关知识和技能，提高职业素养。

8.1.1　项目目标

1. 知识目标

1）熟悉 D-A 转换器的作用、构成及工作原理。

2）熟悉 A-D 转换器的作用、构成及工作原理。

3）了解 D-A、A-D 转换器的主要技术参数。

2. 技能目标

1）掌握集成 D-A、A-D 转换器的应用。

2）掌握数字电压表的电路组成及工作原理。

3）能完成数字电压表电路的组装与调试。

3. 职业素养

1）严谨的思维习惯、认真的科学态度和良好的学习方法。

2）遵守纪律和安全操作规程，训练积极，具有敬业精神。

3）具有团队意识，建立相互配合、协作和良好的人际关系。

4）具有创新意识，形成良好的职业道德。

8.1.2　项目说明

数字电压表是以数字形式显示被测直流电压的大小和极性的测试仪表，由于它测试准确、灵敏、快速和使用方便等优点，所以获得了十分广泛的应用。本项目是利用 A-D 转换器制作数字电压表。

1. 项目要求

用集成 A-D 转换器 MC14433 制作数字电压表。要求两档直流电压测量量程为 0～1.999V和 0～199.9mV，$3\frac{1}{2}$位数字显示。

2. 项目实施引导

1）小组制订工作计划。

2）熟悉数字电压表的电路组成。
3）备齐电路所需元器件，并进行检测。
4）画出数字电压表电路的安装布线图。
5）根据电路布线图组装数字电压表。
6）完成数字电压表的功能检测和故障排除。
7）通过小组讨论，完成电路的详细分析，编写项目实训报告。

8.2 项目资讯

在计算机控制系统中，经常要将生产过程中的模拟量转换成数字量送到计算机中进行处理，又要处理的结果（数字量）转换成模拟量，以实现对生产过程的控制。能实现将模拟量转换成数字量的装置称为模－数转换器，简称为 A-D 转换器或 ADC；能实现将数字量转换成模拟量的装置称为数－模转换器，简称为 D-A 转换器或 DAC。二者构成了模拟、数字领域的桥梁。

A-D 转换和 D-A 转换是生产过程自动化控制不可缺少的重要组成部分。它广泛应用于数字测量、数字通信等领域。图 8-1 所示是一个典型的数字控制系统框图。由图可见，A-D 和 D-A 转换器在系统中的重要地位。

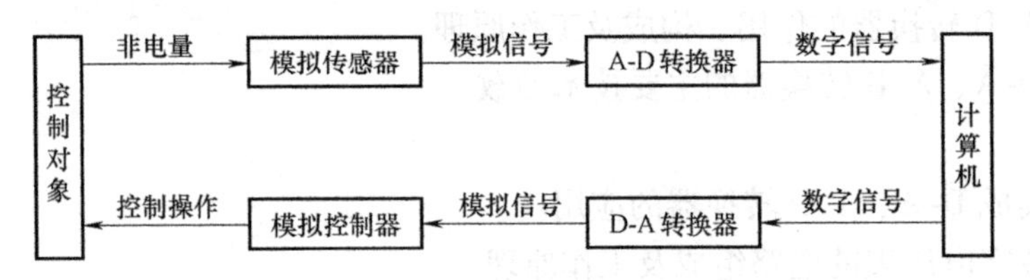

图 8-1 典型的数字控制系统框图

8.2.1 D-A 转换器

D-A 转换器是将输入的二进制代码转换为相应模拟电压输出的电路。它是数字系统和模拟系统的接口。

8.2.1 D-A 转换器

D-A 转换器的种类很多，按解码网络分有 T 型网络 D-A 转换器、权电阻 D-A 转换器、权电流 D-A 转换器等。这里主要介绍一种常见的 R-$2R$ 倒 T 形电阻网络 D-A 转换器。

1. 电路组成

图 8-2 所示为 4 位 R-$2R$ 倒 T 形电阻网络 D-A 转换器，它主要由电子模拟开关 $S_0 \sim S_3$、R-$2R$倒 T 形电阻网络、基准电压和求和运算放大器等部分组成。电子开关 $S_0 \sim S_3$ 由输入代码控制，当 i 位代码 $d_i=1$ 时，S_i 接 1，将电阻 $2R$ 接运算放大器的虚地，电流 I_i 流入求和运算放大器；当 $d_i=0$ 时，S_i 接 0，将电阻 $2R$ 接地。因此，无论电子模拟开关 S_i 处于何种位置，流经电阻 $2R$ 支路的电流大小都不变，即与 S_i 位置无关。

2. 工作原理

在图 8-2 中，因同相输入端接地，则反相输入端为虚地，无论模拟电子开关 S_i 接反相输入还是接同相输入端，均相当于接地。因此，对 A、B、C、D 四个节点，向左看等效电阻均

为 $2R$，且对地等效电阻均为 R。所以，由 U_{REF} 流出的总电流是固定不变的，其值为 $I=\frac{U_{REF}}{R}$，并且每经过一个节点，电流被分流一半。因此，U_{REF} 由高位到低位的电流分别为

$$I_3=\frac{I}{2},\ I_2=\frac{I}{4},\ I_1=\frac{I}{8},\ I_0=\frac{I}{16}$$

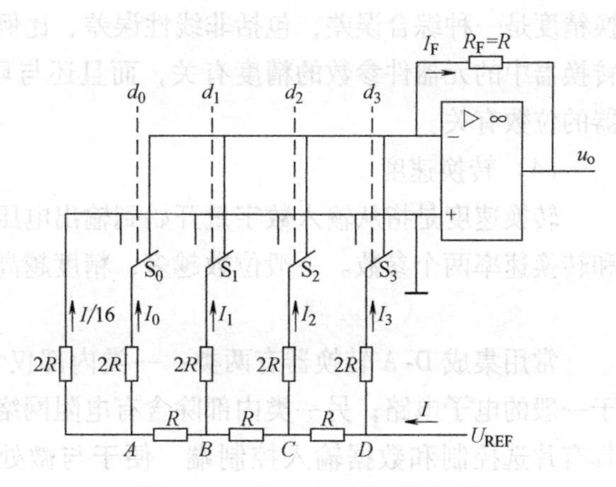

图 8-2 4 位 R-$2R$ 倒 T 形电阻网络 D-A 转换器

所以，流入求和运算放大器的输入电流 I_F 为

$$\begin{aligned}I_F&=I_3d_3+I_2d_2+I_1d_1+I_0d_0\\&=\frac{I}{2}d_3+\frac{I}{4}d_2+\frac{I}{8}d_1+\frac{I}{16}d_0\\&=\frac{I}{2^4}(2^3d_3+2^2d_2+2^1d_1+2^0d_0)\\&=\frac{U_{REF}}{2^4R}(2^3d_3+2^2d_2+2^1d_1+2^0d_0)\end{aligned}\tag{8-1}$$

放大器的输出电压 u_o 为

$$\begin{aligned}u_o&=-I_FR_F\\&=-R_F\frac{U_{REF}}{2^4R}(2^3d_3+2^2d_2+2^1d_1+2^0d_0)\end{aligned}\tag{8-2}$$

当 $R=R_F$ 时，放大器的输出电压 u_o 为

$$u_o=-\frac{U_{REF}}{2^4}(2^3d_3+2^2d_2+2^1d_1+2^0d_0)\tag{8-3}$$

由此可以看出，输出模拟电压 u_o 与输入数字量成正比。

由于倒 T 形电阻网络 D-A 转换器中各支路的电流恒定不变，直接流入运算放大器的反相输入端，它们之间不存在传输时间差，因而提高了转换速度，所以，倒 T 形电阻网络D-A 转换器的应用很广泛。

3. D-A 转换器的主要技术参数

（1）分辨率

分辨率是指转换器所能分辨的最小输出电压（对应数字量只是最低位为 1）与最大输出电压（对应数字量各位全为 1）之比。

例如，10 位 D-A 的分辨率为 $\frac{1}{2^{10}-1}=\frac{1}{1023}\approx0.000978$。

（2）线性度

理想 D-A 输出的模拟电压量与输入的数字量大小成正比，呈线性关系。但由于各种器件非线性的原因，实际并非如此，通常把输出偏离理想转换特性的最大偏差与满刻度输出之比定义为非线性误差。误差越小，线性度就越好。

（3）转换精度

转换精度是指 D-A 转换器实际输出的模拟电压值与理想输出的模拟电压值的差值。转

换精度是一种综合误差，包括非线性误差、比例系数误差和零点漂移误差等，它不仅与D-A转换器中的元器件参数的精度有关，而且还与环境温度、集成运放的温度漂移及D-A转换器的位数有关。

（4）转换速度

转换速度是指从输入数字量开始到输出电压达到稳定值所需要的时间，它包括建立时间和转换速率两个参数。一般位数越多，精度越高，但是转换时间越长。

4. 集成D-A转换器

常用集成D-A转换器有两类：一类内部仅含有电阻网络和电子模拟开关两部分，常用于一般的电子电路；另一类内部除含有电阻网络和电子模拟开关外，还带有数据锁存器，并具有片选控制和数据输入控制端，便于与微处理器进行连接，多用于微型计算机控制系统中。

（1）集成D-A转换器AD7520

AD7520为10位CMOS电流开关R-$2R$倒T形电阻网络D-A转换器，其内部电路如图8-3所示。芯片内部包含倒T型电阻网络$R=10\text{k}\Omega$和$R=20\text{k}\Omega$、CMOS电流开关和反馈电阻R_F。使用时必须外接运算放大器和基准电压U_{REF}。模拟电压输出u_o为

$$u_o = -R_F\frac{U_{REF}}{2^{10}R}(2^9d_9+2^8d_8+\cdots+2^1d_1+2^0d_0) \tag{8-4}$$

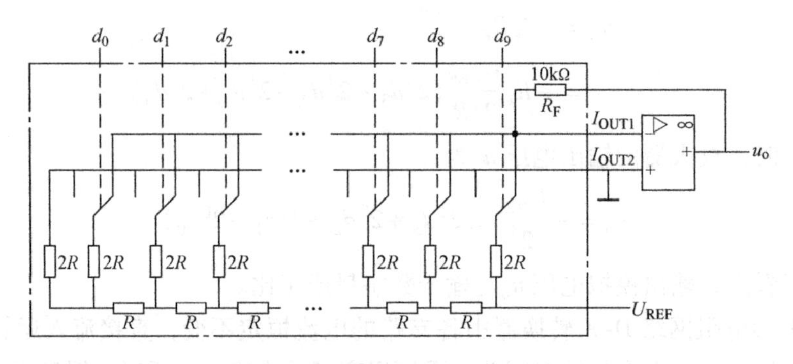

图8-3 AD7520的内部电路

AD7520的基准电压U_{REF}可正可负。当U_{REF}为正时，输出电压为负；反之，当U_{REF}为负时，输出电压为正，I_{OUT1}和I_{OUT2}为电流输出端。

图8-4所示电路为AD7520中某一位的CMOS电子模拟开关。图中V_1～V_3组成电子偏移电路；V_4、V_5和V_6、V_7组成两级反相器，用以控制开关管V_9、V_8，以实现单刀双掷功能。工作原理如下。

当i位数据$D_i=1$时，V_1截止，V_3导通，输出低电平0，经V_4、V_5组成的反相器后输出高电平1，使V_9导通；同时，V_6、V_7组成的反相器输出低电平0，使V_8截止。这时，$2R$支路电阻经V_9接位置1。当$D_i=0$时，V_8导通，V_9截止，$2R$支路电阻接位置0，从而实现了单刀双掷开关的功能。

AD7520共有16个引脚，其引脚功能如图8-5所示。各引脚的功能如下。

- I_{OUT1}：模拟电流输出端，接到运算放大器的反相输入端。
- I_{OUT2}：模拟电流输出端，一般接“地”。

- GND：接“地”端。
- $D_9 \sim D_0$：10位数字量的输入端。
- U_{DD}：CMOS模拟开关的U_{DD}电源接线端。
- U_{REF}：参考电压电源接线端，可为正值或负值。
- R_F：芯片内部一个电阻R的引出端，该电阻作为运算放大器的反馈电阻，它的另一端在芯片内部。

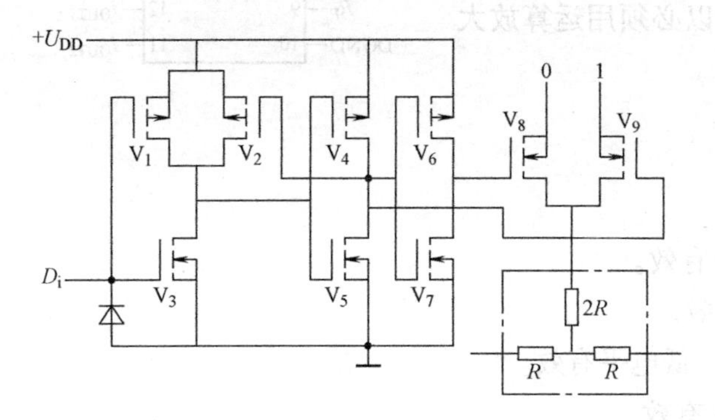

图8-4　CMOS电子模拟开关

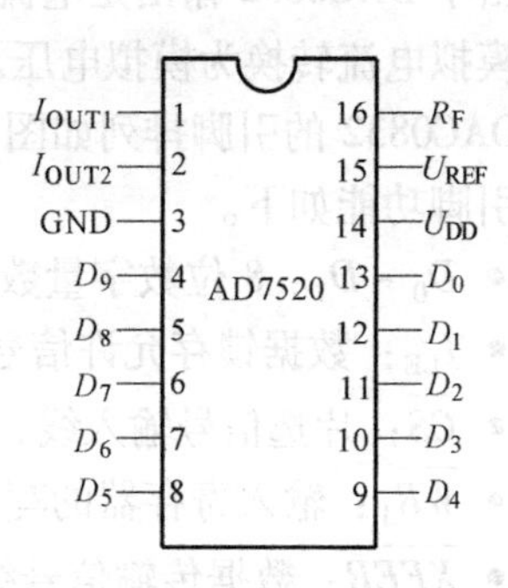

图8-5　AD7520的引脚功能

（2）集成D-A转换器DAC0832

DAC0832芯片是8位倒T形电阻网络型转换器，它与单片机、CPLD、FPGA可直接连接，且接口电路简单，转换控制容易，在单片机及数字电路中得到广泛应用。

DAC0832芯片的特点是具有两个寄存器，输入的8位数据首先存入寄存器，而输出的模拟量由DAC寄存器的数据决定。在把数据从输入寄存器转入DAC寄存器后，输入寄存器就可以接收新的数据而不影响模拟量的输出。

DAC0832共有3种工作方式：双缓冲、单缓冲和直通工作方式，其D-A转换逻辑框图如图8-6所示。

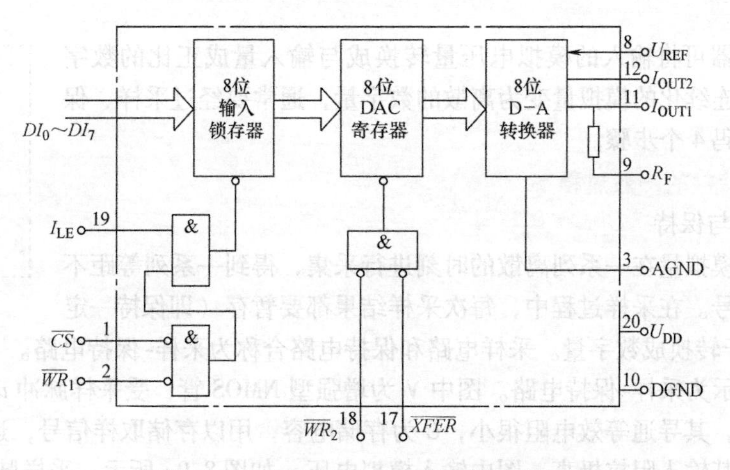

图8-6　DAC0832的D-A转换逻辑框图

1）双缓冲工作方式。双缓冲工作方式是通过控制信号将输入数据锁存于寄存器中，当需要D-A转换时，再将输入寄存器的数据转入DAC寄存器中，并进行D-A转换。对于多路D-A转换接口，在要求并行输出时，必须采用双缓冲工作方式。

2）单缓冲工作方式。单缓冲工作方式是在 DAC 两个寄存器中有一个是常通状态，或者两个寄存器同时选通及锁存。

3）直通工作方式。直通工作方式是使两个寄存器一直处于选通状态，寄存器的输出跟随输入数据的变化而变化，输出模拟量也随着输入数据同时变化。

由于 DAC0832 输出是电流型的，所以必须用运算放大器将模拟电流转换为模拟电压。

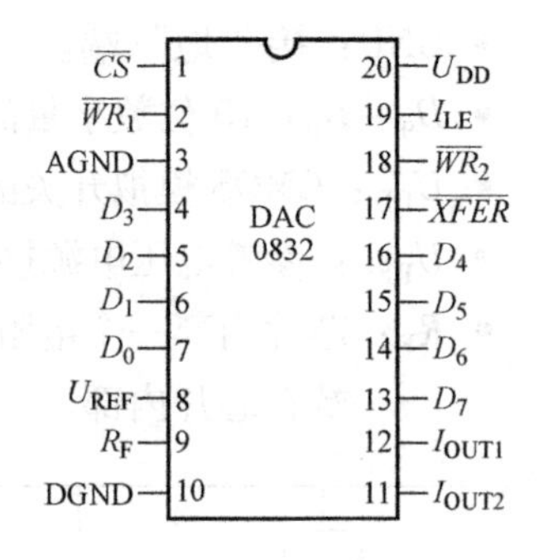

图 8-7　DAC0832 的引脚排列

DAC0832 的引脚排列如图 8-7 所示。

引脚功能如下。

- $D_0 \sim D_7$：8 位数字量数据输入。
- I_{LE}：数据锁存允许信号，高电平有效。
- $\overline{CS}$：片选信号输入线，低电平有效。
- $\overline{WR}_1$：输入寄存器的写选通信号，低电平有效。
- $\overline{XFER}$：数据传输信号线，低电平有效。
- $\overline{WR}_2$：为 DAC 寄存器写选通输入线。
- I_{OUT1}、I_{OUT2}：电流输出线。I_{OUT1}与I_{OUT2}的和为常数。
- R_F：反馈信号输入线。
- U_{REF}：基准电压输入线。
- U_{DD}：电源输入线。
- DGND：数字地。
- AGND：模拟地。

8.2.2　A-D 转换器

A-D 转换器可将输入的模拟电压量转换成与输入量成正比的数字量。要实现将连续化的模拟量变为离散的数字量，通常要经过采样、保持、量化和编码 4 个步骤。

8.2.2　A-D 转换器

1. A-D 转换的一般过程

（1）采样与保持

采样是对模拟量在一系列离散的时刻进行采集，得到一系列等距不等幅的脉冲信号。在采样过程中，每次采样结果都要暂存（即保持一定时间），以便于转换成数字量。采样电路和保持电路合称为采样-保持电路。

图 8-8 所示为采样-保持电路。图中 V 为增强型 NMOS 管，受采样脉冲 u_S的控制，用作电子模拟开关，其导通等效电阻很小，C 为存储电容，用以存储取样信号，运算放大器构成电压跟随器，其输入阻抗极高。图中输入模拟电压 u_i如图 8-9a 所示，采样脉冲如图 8-9b 所示，采样周期为 T_S，采样时间为 t_W。采样-保持电路工作原理如下。

当采样脉冲 u_S为高电平时，NMOS 管导通，输入电压 u_i经其对 C 迅速充电，使电容 C 上的电压 u_C跟随输入电压 u_i变化，在 t_W期间 $u_C = u_i$。

当采样脉冲 u_S为低电平时，NMOS 管截止，电容 C 上的电压 u_C在 $T_S - t_W$期间保持不变，直到下一个采样脉冲到来。输出电压 u_o 始终跟随电容 C 上的电压 u_C 变化。采样-保持电路输出电压波形如图 8-9c 所示。

在每次采样结束保持期内的输出电压 u_o 为 A-D 转换器输入的样值电压，以便进行量化和编码。

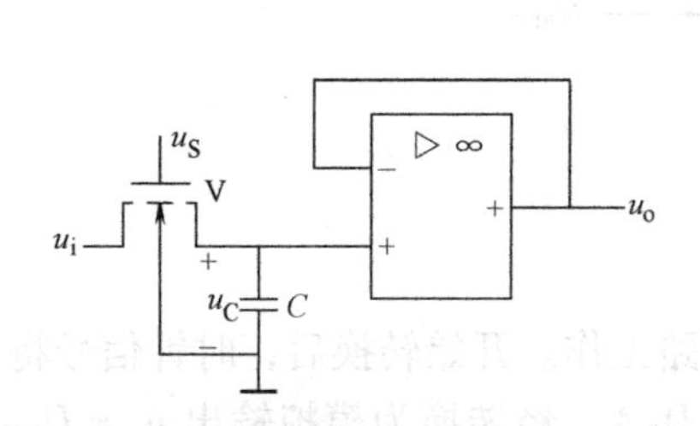

图 8-8　采样-保持电路

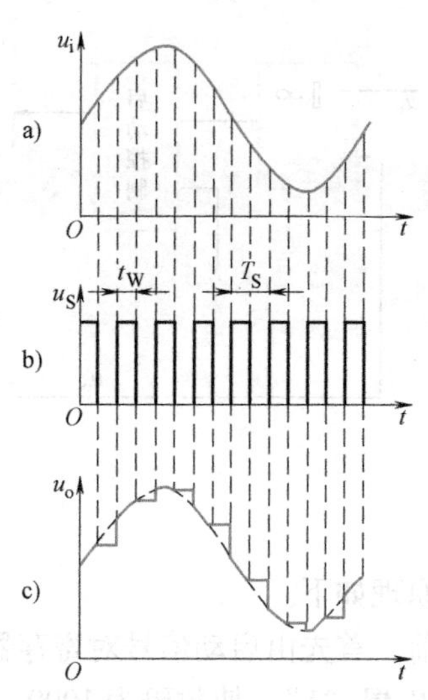

图 8-9　采样-保持电路电压波形

a）输入模拟电压　b）采样脉冲　c）输出电压波形

为了能较好地恢复原来的模拟信号，根据采样定理，要求采样脉冲 u_S 的频率 f_S 必须大于等于输入模拟信号 u_i 频谱中最高频率 $f_{I(max)}$ 的两倍，即

$$f_S \geqslant 2f_{I(max)}$$

（2）量化与编码

在保持期间，采样的模拟电压经过量化与编码电路后转换成一组 n 位二进制数据。任何一个数字量的大小，可以用某个最小数量单位的整数倍来表示。因此，在用数字量表示采样电压大小时，必须规定一个合适的最小数量单位，也称为量化单位，用 Δ 表示。量化单位一般是数字量最低位为 1 时所对应的模拟量。

假如把 0 ~ 1V 模拟电压信号转换成 3 位二进制数，则有 000 ~ 111 八种可能值，这时可取 Δ = (1/8) V。由 0 到最大值的模拟电压信号就被划分为 0、1/8、2/8…7/8 共 8 个电压等级。可见在划分中，有些模拟电压值不一定能被 Δ 整除，所以必然会带来误差，即量化误差。为了减小量化误差，可将 Δ 取小一些。

把量化后的数值对应地用二进制数来表示，称为编码。编码方式一般采用自然二进制数。

2. A-D 转换器的类型

A-D 转换器的类型很多，从转换过程看可分为直接 A-D 转换器和间接 A-D 转换器两类。直接 A-D 转换器是将输入模拟信号与参考电压相比较，从而直接得到转换的数字量。其典型电路有并行比较型 A-D 和逐次逼近型 A-D。而间接 A-D 转换器是将输入模拟信号转换成中间变量，比如时间量，再将时间量转换成数字量。这种电路虽然转换速度不高，但可以做到较高的精度，其典型电路是双积分型 A-D。

(1) 逐次逼近型 A-D

图 8-10 所示是 4 位逐次逼近型 A-D 原理框图，它由比较器、电压输出 DAC、参考电源和逐次逼近寄存器（里面有移位寄存器和数码寄存器）等组成。

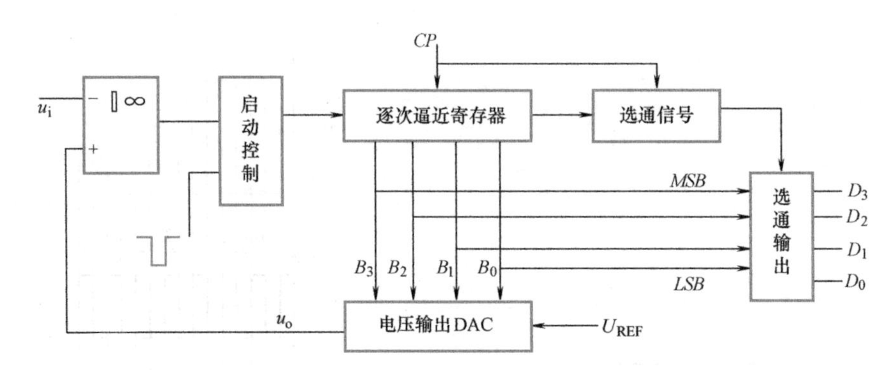

图 8-10 4 位逐次逼近型 A-D 原理框图

工作原理如下。

转换前，首先由启动信号对寄存器清零并启动电路工作。开始转换后，时钟信号将寄存器最高位 B_3 置“1”，使数码为 1000。该数码输入到 D-A，经转换为模拟输出 $u_o = U_{REF}/2$。与比较器的输入模拟信号 u_i 进行第一次比较，比较的结果决定是否保留 B_3 的高电平。若 $u_o < u_i$，则保留 B_3，并同时将 B_3 置为“1”；若 $u_o > u_i$，则清除 B_3，使 $B_3 = 0$，并同时将 B_2 置为“1”。接着按照同样的方法进行第二次比较，以决定是否保留 B_2 的高电平。如此逐位比较下去，直至最低位比较完毕为止，整个转换过程就像用天平称量重物一样。转换结束时再用一个 CP 控制将最后的数码作为转换的数字量选通输出，即最后一个 CP 控制使输出 $D_3D_2D_1D_0 = B_3B_2B_1B_0$。

逐次逼近型 A-D 应用非常广泛，转换速度较快，误差较低。对于 n 位逐次逼近型 A-D 完成一次转换至少需要 $n+1$ 个 CP 脉冲。位数越多，转换时间相对越长。

(2) 双积分型 A-D

双积分型 A-D 转换器是一种间接型 A-D 转换器。它的基本原理是将输入的模拟电压 u_i 先转换成与 u_i 成正比的时间间隔，在此时间内用计数器对恒定频率的时钟脉冲计数，在计数结束时，计数器记录的数字量正比于输入的模拟电压，从而实现模拟量到数字量的转换。

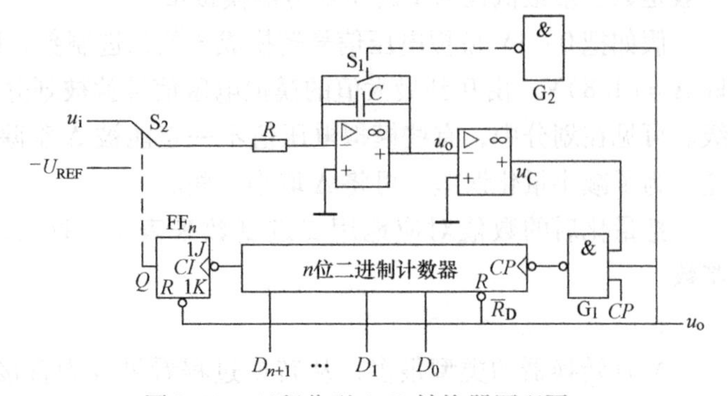

图 8-11 双积分型 A-D 转换器原理图

图 8-11 所示是双积分型A-D 转换器原理图。它由基准电压 $-U_{REF}$、积分器、检零比较器、计数器和定时触发器组成，其中基准电压要与输入模拟电压极性相反。

积分器是 A-D 转换器的核心部分。通过开关 S_2 对被测模拟电压 u_i 和与其极性相反的基

准电压 U_{REF} 进行两次方向相反的积分，时间常数 $\tau=RC$。这也是双积分 A-D 转换器的来历。

检零比较器在积分器之后，用以检查积分器输出电压 u_o 的过零时刻。当 $u_o \geqslant 0$ 时，输出 $u_C=0$；当 $u_o<0$ 时，输出 $u_C=1$。

时钟控制门有 3 个输入端，第一个接检零比较器的输出 u_C，第二个接转换控制信号 u_S，第三个接标准时钟脉冲源 CP。当 $u_C=1$、$u_S=1$ 时，G_1 打开，计数器对时钟脉冲 CP 计数；当 $u_C=0$ 时，G_1 关闭，计数器停止计数。

计数器由 n 个触发器组成，当 n 位二进制计数器计到 $2n$ 个时钟脉冲时，计数器由 11…1 回到00…0 状态，并送出进位信号使定时触发器 FF_n 置 1，即 $Q_n=1$，开关 S_2 接基准电压 $-U_{REF}$，计数器由 0 开始计数，将与输入模拟电压 u_i 成正比的时间间隔转换成数字量。

工作原理如下。双积分型 A-D 转换器的工作波形图如图 8-12 所示。

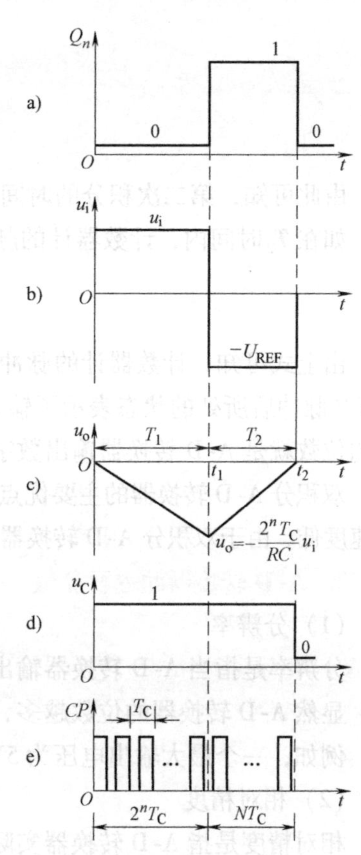

图 8-12　双积分型 A-D 转换器的工作波形图

a）定时触发器输出电压　b）输入 u_i 和 $-U_{REF}$　c）积分器输出电压　d）检零比较器输出电压　e）输入标准时钟脉冲

1）转换准备。转换控制信号 $u_S=0$，G_2 输出 1，一方面是使开关 S_1 闭合，电容 C 充分放电；另一方面是使计数器清零，FF_n 输出 $Q_n=0$，使开关 S_2 接输入模拟电压 u_i，如图8-12a 所示。

2）第一次积分（取样阶段）。在时间 $t=0$ 时，转换控制信号 u_S 由 0 变为 1，G_2 输出 0，开关 S_1 断开，开关 S_2 接入模拟电压 u_i，如图 8-12b 所示。u_i 经电阻 R 对电容 C 进行充电，积分器开始对 u_i 进行积分；积分器的输出电压 $u_o(t)$ 为

$$u_o(t)=-\frac{1}{RC}\int_0^1 u_i\,dt=-\frac{u_i}{RC}t$$

可见，$u_o(t)$ 以 $\frac{u_i}{RC}$ 的斜率随时间下降。对应的积分器输出波形图如图 8-12c 所示。

由于积分器 $u_o<0$，所以过零比较器输出 $u_C=1$，如图 8-12d 所示。这时时钟控制门 G_1 打开，计数器开始对周期为 T_C 的时钟脉冲 CP 进行计数，如图 8-12e 所示。经时间 $T_1=2^nT_C$ 后，计数器计满 2^n 个 CP 脉冲，各计数触发器自动返回 0 状态，同时给定时触发器 FF_n 送出一个进位信号，FF_n 置 1，使开关 S_2 接 $-U_{REF}$。

第一次积分结束后，对应时间为 $t=t_1=T_1$，这时积分器输出电压 $u_o(t_1)$ 为

$$u_o(t_1)=-\frac{T_1}{RC}u_i=-\frac{2^nT_C}{RC}u_i$$

由于 $T_1=2^nT_C$ 为定值，所以对 u_i 的积分为定时积分。输出电压 $u_o(t)$ 与输入电压 u_i 成正比。

3）第二次积分（比较阶段）。在时间 $t=t_1(t_1=T_1)$ 时，第一次积分结束，开关 S_2 接 $-U_{REF}$，电容 C 开始放电，积分器对 $-U_{REF}$ 进行反向积分（第二次积分）。

由于积分器 $u_o<0$，所以检零比较器输出 $u_C=1$，计数器从 0 开始第二次计数。当积分器输出电压 $u_o(t)$上升到 $u_o(t)=0$ 时，$u_C=0$，G_1关闭，计数器停止计数。

第二次积分的时间 $T_2=t_2-t_1$。这时输出电压 $u_o(t_2)$为

$$u_o(t_2)=u_o(t_1)+\frac{-1}{RC}\int_{t_1}^{t_2}-U_{REF}\mathrm{d}t=0$$

所以

$$\frac{2^nT_C}{RC}u_i=\frac{U_{REF}}{RC}T_2$$

$$T_2=\frac{2^nT_C}{U_{REF}}u_i$$

由此可知，第二次积分的时间间隔 T_2与输入模拟电压 u_i是成正比的。

如在 T_2时间内，计数器计的脉冲个数为 N，由 $T_2=NT_C$，则有

$$N=\frac{2^n}{U_{REF}}u_i$$

由上式可知，计数器计的脉冲个数 N 与输入模拟电压 u_i成正比，因此，计数器计了 N 个 CP 脉冲后所处的状态表示了输入 u_i的数字量，从而实现了模拟量到数字量的转换。计数器的位数就是 A-D 转换器输出数字量的位数。

双积分 A-D 转换器的主要优点是工作稳定，抗干扰能力强，转换精度高；它的缺点是工作速度低。由于双积分 A-D 转换器的优点突出，所以在工作速度要求不高时应用十分广泛。

3. A-D 转换器的主要参数

（1）分辨率

分辨率是指当 A-D 转换器输出数字量的最低位变化一个数码时对应输入模拟量的变化量。显然 A-D 转换器的位数越多，分辨最小模拟电压的值就越小。

例如，一个最大输出电压为5V 的 8 位 A-D 转换器的分辨率为 $5\text{V}/2^8\approx19.53\text{mV}$。

（2）相对精度

相对精度是指 A-D 转换器实际输出的数字量与理论输出的数字量之间的差值。通常用最低有效位 LSB 的倍数来表示。

例如，相对精度不大于 LSB/2，即说明实际输出数字量和理想上得到的输出数字量之间的误差不大于最低位 1 的一半。

（3）转换速度

转换速度是指 A-D 转换器完成一次转换所需的时间，即从接到转换控制信号开始到输出端得到稳定数字量所需的时间。转换时间越小，转换速度越高。

8.2.3 常用集成 ADC 简介

1. 集成电路 ADC0809

ADC0809 是 CMOS 单片型逐次逼近式 A-D 转换器，ADC0809 内部逻辑框图如图 8-13所示。它由 8 路模拟开关、地址锁存与译码器、比较器、8 位开关树形 A-D 转换器、逐次逼近型寄存器、逻辑控制和定时电路组成。它可以根据地址码锁存译码后

的信号，只选通 8 路模拟输入信号中的一个进行 A-D 转换。它是目前国内应用最广泛的 8 位通用A-D芯片。

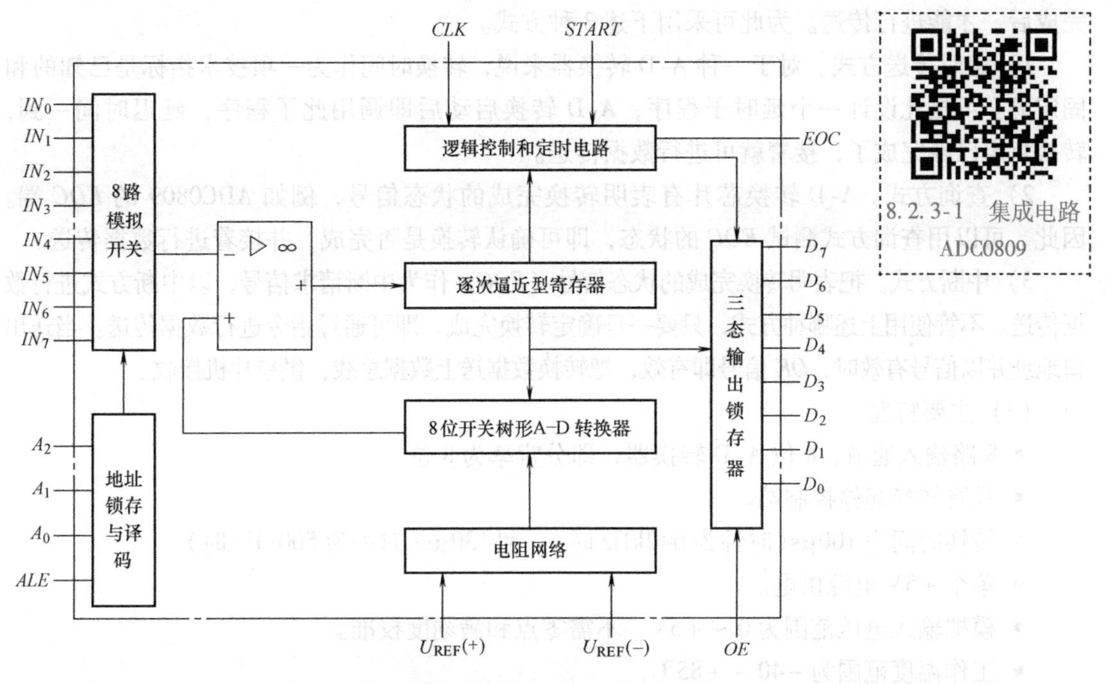

图 8-13　ADC0809 内部逻辑框图

（1）引脚功能

ADC0809 芯片有 28 个引脚，采用双列直插式封装，ADC0809 的引脚排列如图 8-14 所示。下面说明各引脚功能。

- $IN_0 \sim IN_7$：8 路模拟量输入端。
- A_2、A_1、A_0：3 位地址码输入端。
- *ALE*：地址锁存允许控制端。高电平有效。
- *START*：A-D 转换启动脉冲输入端。高电平有效。
- *EOC*：A-D 转换结束信号。当 A-D 转换结束时，此端输出一个高电平（转换期间一直为低电平）。
- *OE*：数据输出允许信号。高电平有效。当 A-D 转换结束时，此端输入一个高电平，才能打开输出三态门，输出数字量。
- *CLK*：时钟脉冲输入端。当时钟频率为 640kHz 时，A-D 转换时间为 100μs。
- $U_{REF}(+)$、$U_{REF}(-)$：基准电压。
- $D_0 \sim D_7$：A-D 转换输出的 8 位数字信号。

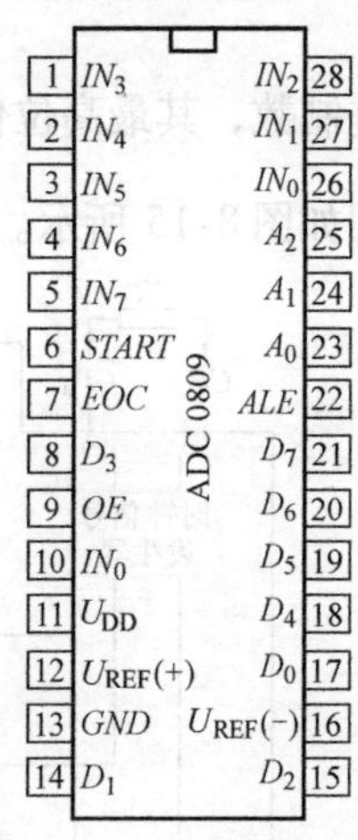

图 8-14　ADC0809 的引脚排列

（2）ADC0809 的工作过程

首先输入 3 位地址，并使 *ALE* = 1，将地址存入地址锁存器中。此地址经译码选通 8 路模拟输入之一到比较器。*START* 上升沿将逐次逼近寄存器复位。下降沿启动 A-D 转换，之后 *EOC* 输出信号变低，指示转换正在进行。直到 A-D 转换完成，*EOC* 变为高电平，指示 A-D转换结束，结果数据已存入锁存器，这个信号可用作中断申请。当 *OE* 输入高电平时，输出三态门打开，将转换结果的数字量输出到数据总线上。A-D 转换后得到的数据应及时传送给单片机进行处理。数据传送的关键问题是如何确认 A-D 转换的完成，因为只有确认完成后，才能进行传送。为此可采用下述 3 种方式。

1）定时传送方式。对于一种 A-D 转换器来说，转换时间作为一项技术指标是已知的和固定的。可据此设计一个延时子程序，A-D 转换启动后即调用此子程序，延迟时间一到，转换肯定已经完成了，接着就可进行数据传送。

2）查询方式。A-D 转换芯片有表明转换完成的状态信号，例如 ADC0809 的 *EOC* 端。因此，可以用查询方式测试 *EOC* 的状态，即可确认转换是否完成，并接着进行数据传送。

3）中断方式。把表明转换完成的状态信号（*EOC*）作为中断请求信号，以中断方式进行数据传送。不管使用上述哪种方式，只要一旦确定转换完成，即可通过指令进行数据传送。当送出口地址并以信号有效时，*OE* 信号即有效，把转换数据送上数据总线，供单片机接收。

（3）主要特性

- 8 路输入通道，8 位 A-D 转换器，即分辨率为 8 位。
- 具有转换起停控制端。
- 转换时间为 100μs（时钟为 640kHz 时），和 130μs（时钟为 500kHz 时）。
- 单个 +5V 电源供电。
- 模拟输入电压范围为 0 ~ +5V，不需零点和满刻度校准。
- 工作温度范围为 −40 ~ +85℃。
- 低功耗，约为 15mW。

2. A-D 转换芯片 MC14433

MC14433 芯片是一个低功耗 $3\frac{1}{2}$位的双积分式 A-D 转换器。所谓 $3\frac{1}{2}$位，是指输出的十进制数，其最高位仅有 0 和 1 两种状态，故称此位为$\frac{1}{2}$位。MC14433 A-D 转换器的电路框图如图 8-15 所示。

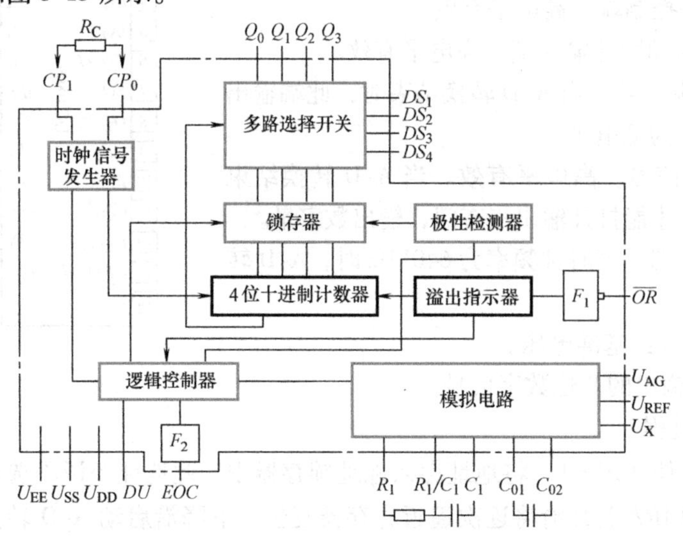

8.2.3-2 A-D 转换芯片 MC14433

图 8-15 MC14433 A-D 转换器的电路框图

MC14433 A-D 转换器主要由模拟部分和数字部分组成。具有外接元器件少、输入阻抗高、功耗低、电源电压范围宽、精度高等特点，并且具有自动校零和自动极性转换功能，使用时只要外接两个电阻和两个电容即可构成一个完整的 A-D 转换器。

MC14433 的逻辑电路包括时钟信号发生器、4 位十进制计数器、多路选择开关、逻辑控制器、极性检测器和溢出指示器等。时钟信号由芯片内部的反相器、电容以及外接电阻 R_C 所构成。R_C 通常可取 750kΩ、470kΩ、360kΩ 等典型值，相应的时钟频率 f_0 依次为 50kHz、66kHz、100kHz。当采用外部时钟频率时，不接 R_C。4 位十进制计数器的计数范围为 0 ~ 1999。锁存器用来存放 A-D 转换的结果。

MC14433 输出为 BCD 码，4 位十进制数按时间顺序从 $Q_0 \sim Q_3$ 输出，$DS_1 \sim DS_4$ 是多路选择开关的选通信号，即位选通信号。当某一个 DS 信号为高电平时，相应的位被选通，此刻 $Q_0 \sim Q_3$ 输出的 BCD 码与该位数据相对应。

MC14433 具有自动调零、自动极性转换等功能，可测量正或负的电压值。它的使用调试方便，能与微处理器或其他数字系统兼容，广泛应用于数字万用表、数字温度计、数字量具及遥测、遥控系统。

MC14433 的引脚排列图如图 8-16 所示。

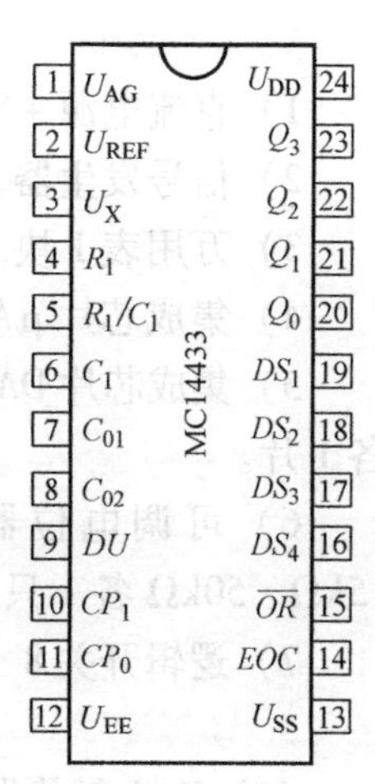

图 8-16 MC14433 的引脚排列

（1）MC14433 引脚功能

- U_{AG}(1 脚)：模拟地，作为输入模拟电压和参考电压的参考点。
- U_{REF}(2 脚)：参考电压输入端。
- U_X(3 脚)：被测电压输入端。
- R_1(4 脚)、R_1/C_1(5 脚)、C_1(6 脚)：外接电阻、电容的接线端。

$C_1 = 0.1\mu F$，$R_1 = 470k\Omega$（2V 量程），$R_1 = 27k\Omega$（200mV 量程）。

- C_{01}（7 脚）、C_{02}（8 脚）：补偿电容 C_0 接线端。
- DU（9 脚）：实时显示控制输入端。
- CP_1（10 脚）、CP_0（11 脚）：时钟振荡外接电阻端，典型值为 470kΩ。
- U_{EE}（12 脚）：电路的电源最负端，接 -5V。
- U_{SS}（13 脚）：电源公共地（通常与 1 脚连接）。
- EOC（14 脚）：转换结束信号。
- $\overline{OR}$（15 脚）：溢出信号输出。
- $DS_4 \sim DS_1$（16 ~ 19 脚）：输出位选通信号。
- $Q_0 \sim Q_3$（20 ~ 23 脚）：转换结果的 BCD 码输出端。
- U_{DD}（24 脚）：正电源输入端。接 +5V。

（2）主要特性

- 分辨率：$3\frac{1}{2}$ 位。
- 精度：读数的 ±0.05% ±1 个字。
- 量程：1.999V 和 199.9mV 两档（对应参考电压分别为 2V 和 200mV）。

- 转换速率：3 ~ 25 次/s。
- 输入阻抗：≥1000MΩ。
- 时钟频率：30 ~ 300kHz。
- 电源电压范围：±4.5 ~ ±8V。
- 模拟电压输入通道数为 1。

8.3 技能训练

8.3.1 D-A、A-D 转换器功能实验测试

1. 训练目的

1）理解 D-A、A-D 转换原理、转换方式及各自的特点。

2）了解 D-A、A-D 集成芯片的结构、功能测试及应用。

2. 训练器材

1）直流电源 +5V、+15V、-15V 1 台。

2）信号发生器、示波器各 1 台。

3）万用表 1 块。

4）集成芯片 μA741 1 片。

5）集成芯片 DAC0832、ADC0809 各 1 片。

6）可调电位器 4.7kΩ、10kΩ、15kΩ、50kΩ 各 1 只。

7）逻辑开关 8 个。

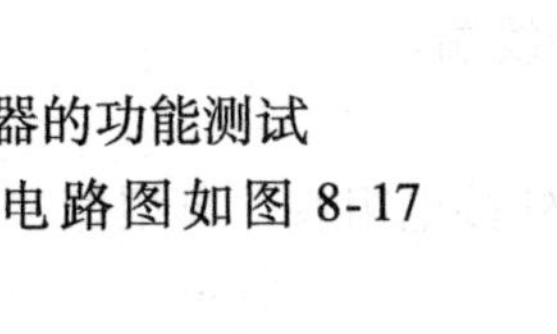

3. 功能测试

（1）D-A 转换器的功能测试

DAC0832 测试电路图如图 8-17 所示。

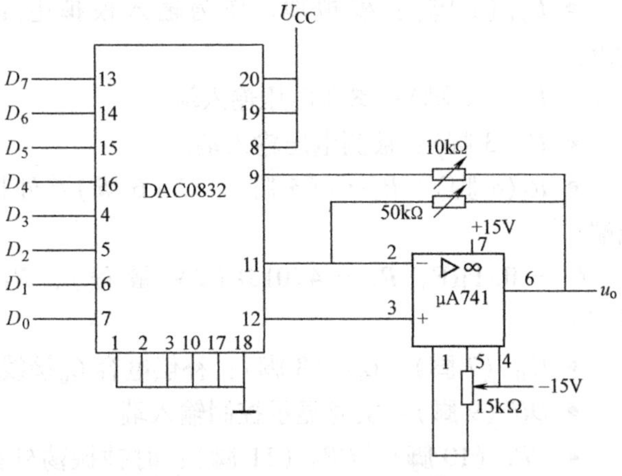

图 8-17　DAC0832 测试电路图

1）按测试电路图接好电路，检查无误后，接通电源。

2）令 $D_0 \sim D_7$ 全为 0，调节放大器中的电位器，使输出为 0。

3）分别是在 $U_{CC}=5V$ 和 $U_{CC}=15V$ 的情况下，按下表所列数字信号，测量放大器的输出电压，记录在表 8-1 中。

表 8-1　DAC0832 电路的测试数据

数字输入								模拟电压输出
D_7	D_6	D_5	D_4	D_3	D_2	D_1	D_0	U_0
0	0	0	0	0	0	0	0	
0	0	0	0	0	0	0	1	
0	0	0	0	0	0	1	1	
0	0	0	0	0	1	1	1	

（续）

数字输入								模拟电压输出
D_7	D_6	D_5	D_4	D_3	D_2	D_1	D_0	U_0
0	0	0	0	1	1	1	1	
0	0	0	1	1	1	1	1	
0	0	1	1	1	1	1	1	
0	1	1	1	1	1	1	1	
1	1	1	1	1	1	1	1	

4）分析测试数据得出结论，即DAC0832可以将输入的数字量转化为模拟量。从测试数据分析，输出模拟量和基准电压有直接关系。

（2）A-D转换器的功能测试

ADC0809测试电路如图8-18所示。

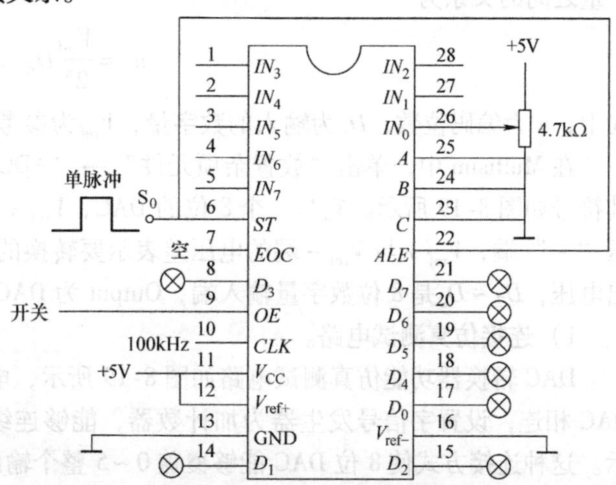

图8-18 ADC0809测试电路

1）按照图8-18所示电路图连接电路，检查无误后，接通电源。

2）选择IN_0通道输入模拟电压，IN_0接4.7kΩ可调电位器的可调输出端，可调电位器的一端接+5V，另一端接地。CLK接100kHz，ST（6脚）接“单脉冲开关”，输出D_0～D_7接指示灯。

3）旋转可调电位器，选择输入模拟量为表8-2所给的值，按下启动开关，观察输出发光二极管指示的A-D转换后的数字量并填写在表8-2中。

4）分析数据得出结论，A-D转换器可将输入的模拟电压量转换成与输入量成正比的数字量。从测试数据分析，输出的数字量与输入量的模拟电压量的关系。

表8-2 A-D转换表

输入模拟量	输出数字量								
/V	D_7	D_6	D_5	D_4	D_3	D_2	D_1	D_0	十进制数
0									
0.5									
1.0									
1.5									
2.0									
2.5									
3.0									
3.5									
4.0									
4.5									
5.0									

8.3.2 D-A、A-D 转换器功能仿真测试

1. 训练目的

掌握 D-A、A-D 转换器功能仿真测试方法。

2. 仿真测试

(1) D-A 转换器功能仿真测试

DAC 可以将数字信号转换为模拟信号，DAC 数码输入端全为 1 时，DAC 的输出电压称为满度输出电压，它决定了 DAC 的电压输出范围。DAC 数码输入端全为 0 时，DAC 的输出电压称为输出偏移电压，理想中的 DAC 输出偏移电压为 0。DAC 输出的模拟量与输入的数字量之间的关系为

$$u_o = \frac{V_{ref}}{2^n} D_n$$

式中，n 为编码位数，D_n为输入的数字量，V_{ref}为参考电压，u_o为输出量模拟电压。

在 Multisim 中，单击“放置杂项元件”→“ADC_ DAC”→“DAC”命令，放置 DAC，其符号如图 8-19 所示。它是一个 8 位的 DAC，$V_{ref}+$为参考电压“+”端，$V_{ref}-$为参考电压“-”端，$V_{ref}+$与$V_{ref}-$端的电压差表示要转换的模拟电压范围，也就是 DAC 的满度输出电压，$D_7 \sim D_0$是 8 位数字量输入端，Output 为 DAC 转换的模拟电压输出端。

1) 连接仿真测试电路。

DAC 转换器功能仿真测试电路如图 8-19 所示，电路中数字信号发生器产生数字信号与 DAC 相连，设置字信号发生器为加计数器，能够连续地输出 0～255 的数字，如图 8-20 所示。这种连接方式使 8 位 DAC 能够覆盖 0～5 整个输出范围，并完成 255 级 8 位计数。字信号发生器的编码通过 DAC 在输出端得到模拟电压，可以用示波器观察其波形。

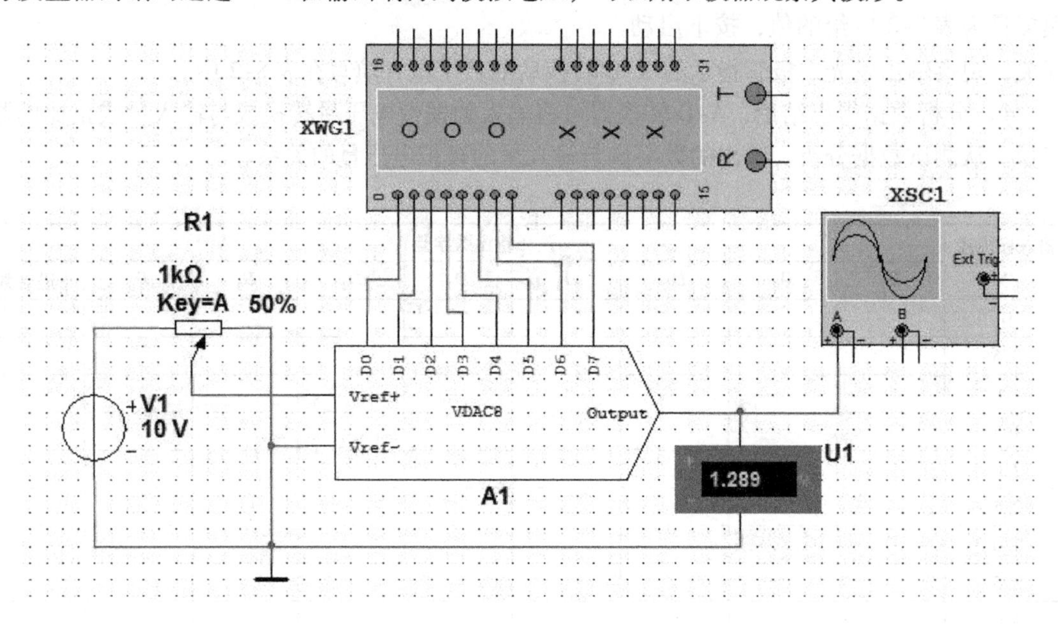

图 8-19 DAC 转换器功能仿真测试电路

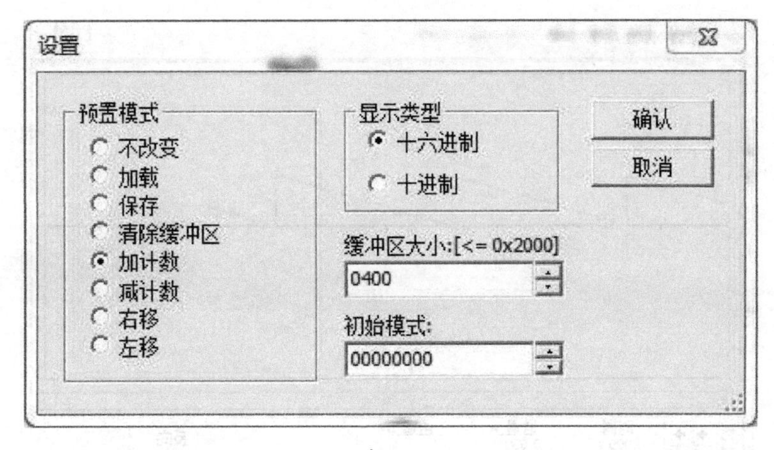

a)

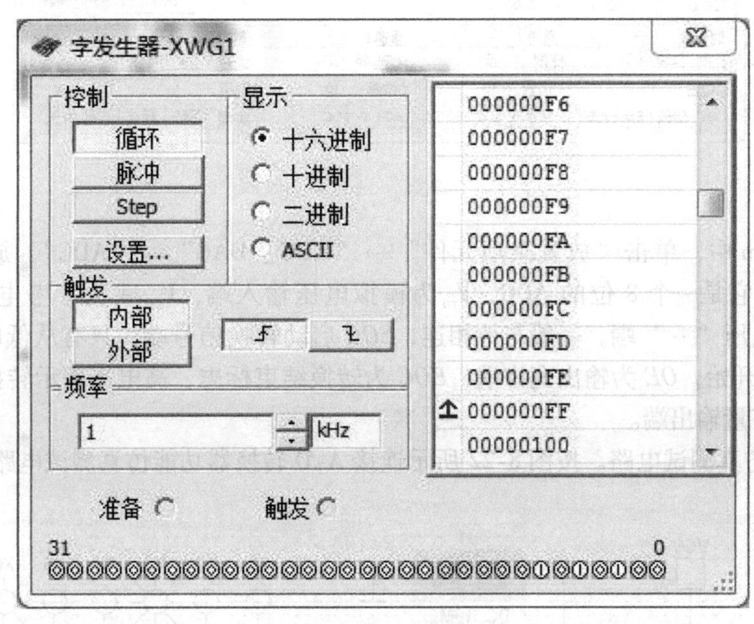

b)

图8-20　设置字信号发生器

a）设置为加计数器　b）设置连续地输出0~255的数字

2）单击“仿真”开关，调整1kΩ电位器，使DAC输出电压尽量接近5V，双击示波器图标，打开示波器面板，观察示波器显示的电压波形和电压表指示数值，如图8-21所示。

从示波器上观察到255级计数的输出电压波形，在任何指定的电压范围内，计数的级数越多，则DAC的输出越接近真实的模拟信号，数-模的转换的分辨率也越高。

（2）A-D转换器功能仿真测试

ADC用来将模拟信号转换成一组相应的二进制代码，输出数字量与模拟量之间的关系为

$$(D_n)_2 = \frac{V_{in} \times 2^n}{V_{ref}}$$

式中，n为编码位数，D_n为输出的数字量，V_{in}为输入电压，V_{ref}为参考电压。

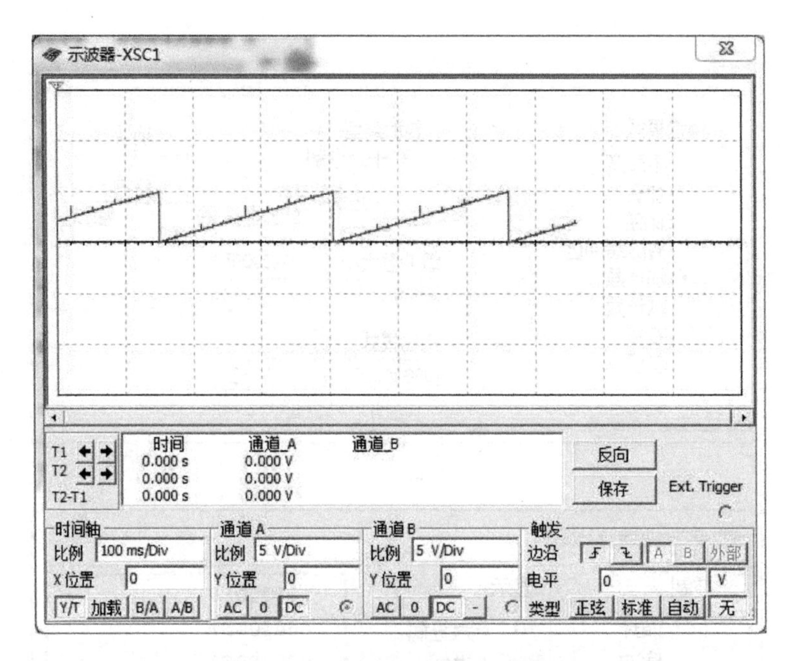

图 8-21　示波器显示的电压波形

在 Multisim 中，单击“放置杂项元件”→“ADC_ DAC”→“ADC”，放置 ADC，如图 8-22所示。它是一个 8 位的 ADC，V_{in} 为模拟电压输入端，V_{ref} + 为参考电压“+”端，V_{ref} -为参考电压“-”端，一般与地相连，*SOC* 启动转换信号端，只有从低电平变成高电平时，转换才开始，*OE* 为输出允许端，*EOC* 为转换结束标志，高电平表示转换结束，D_7 ~ D_0 是 8 位数字量输出端。

1）连接仿真测试电路。按图 8-22 所示连接 A-D 转换器功能仿真测试电路。

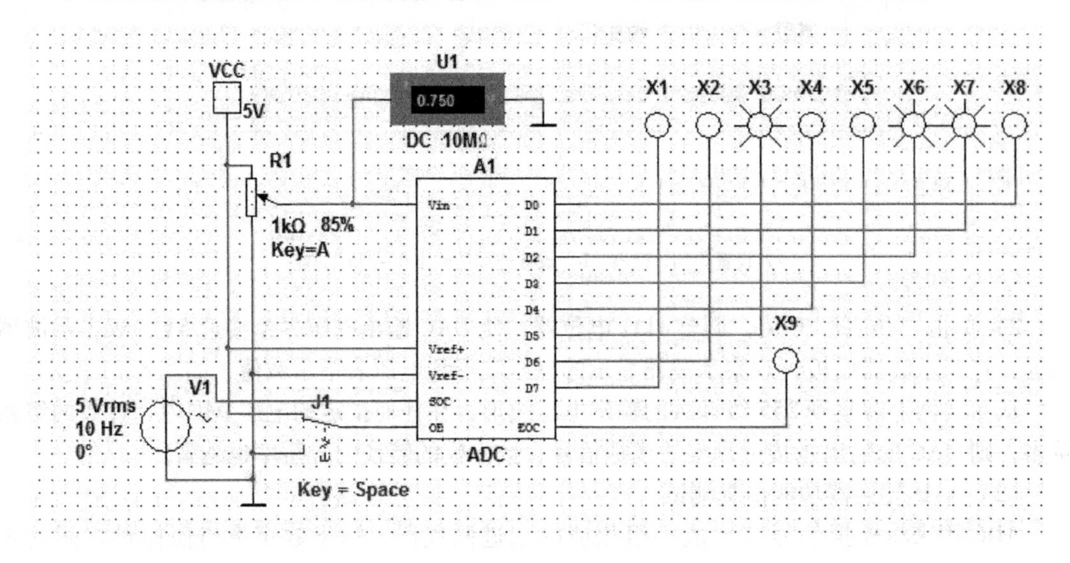

图 8-22　A-D 转换器功能仿真测试电路

2）打开仿真开关，调整 R_1 电位器阻值，改变模拟电压输入值，由电压表直接测量。输出指示灯的亮灭表示转换出的数码，灯亮表示 1，灯灭表示 0。转换结束后，当开关 J_1 由低电平变为高电平时允许输出。

V_{in} =（D_n/256）×5，根据输出的数码值计算输入模拟电压值，与仿真的结果进行比较。在图中 D_n = 00100110，代入计算得到电压为0.74V，与测量值接近。同样可调整电阻 R_1 的阻值，改变输入电压，与输出数字量计算得到的电压相比较，并填写表8-3。

表8-3　模拟电压与数字量的对应表

输入模拟电压							
输出数字量							
计算输入电压							

8.4 项目实施

8.4.1 项目分析

1. 电路组成

数字电压表电路主要由模－数转换器、锁存/7段译码驱动器、发光数码管等器件组成。数字电压表电路图如图8-23所示。

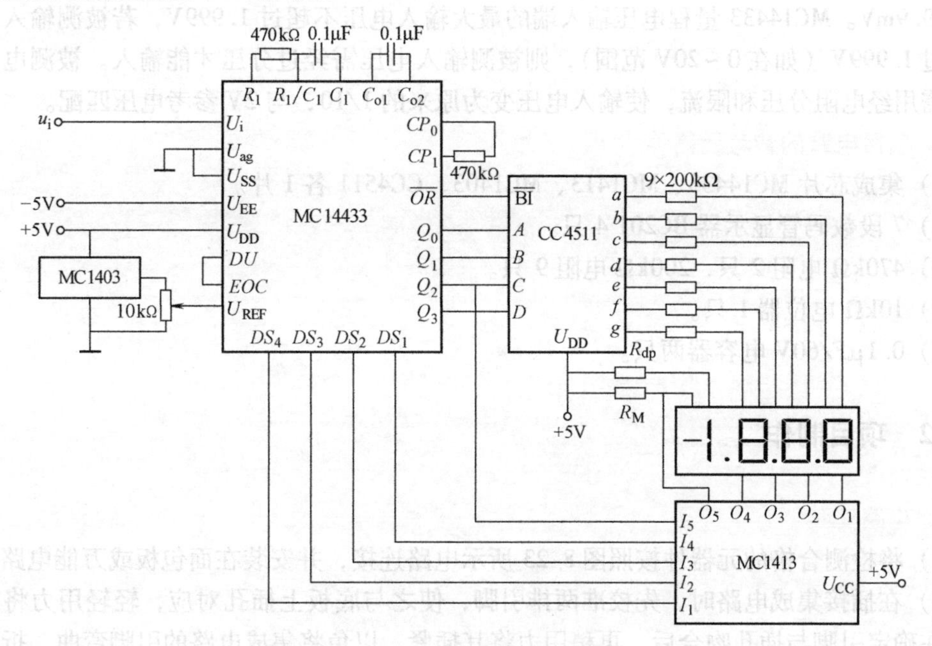

图8-23　数字电压表电路图

其中：

1）MC14433为A-D转换：将输入的模拟信号转换成数字信号。

2）MC1403为基准电压源电路：提供基准电压，供A-D转换器作参考电压。

3）CC4511译码驱动电路：将二－十进制BCD转换成7段信号，驱动显示器的 a、b、c、d、e、f、g 七个发光段，使发光管显示。

4）MC1413为7组达林顿反相驱动电路，DS_1 ~ DS_4 信号经MC14433缓冲后驱动各位数码管的阴极。

5）LED 显示器：将译码器输出的 7 段信号进行数字显示，读出 A-D 转换结果。

2. 电路的工作过程

MC1403 的输出接 MC14433 的 U_{REF}输入端，为 MC14433 提供精准的参考电压，被测输入电压 U_X 信号经 MC14433 进行 A-D 转换，MC14433 把转换后的数字信号采用多路调制方式输出的BCD 码，经译码后送给 4 个 LED 7 段数码管。4 个数码管的 $a \sim g$ 分别并联在一起，MC1413 的 4 个输出端 $O_1 \sim O_4$分别接 4 个数码管的阴极，为数码管提供导电通路，它接收 MC14433 的选通脉冲 $DS_1 \sim DS_4$信号，使 $O_1 \sim O_4$轮流为低电平，从而控制 4 个数码管轮流工作，实现扫描显示。

采用 3 个数码管分别用来显示输入电压的十位、个位、小数点后一位，一共只要显示 3 个十进制数字，所以，只需要 MC14433 上的 DS_1、DS_2、DS_3就能满足要求，DS_4不用，小数点直接由 +5V 电源供电。

电压极性符号“ - ”由 MC14433 的 Q_2端控制。当输入负电压时，$Q_2 = 0$，“ - ”通过 R_M点亮；当输入正电压时，$Q_2 = 1$，“ - ”熄灭。

小数点由电阻 R_{dp}供电点亮。当电源电压为 5V 时，R_M、R_{dp}和 7 个限流电阻的阻值约为 270 ~ 390Ω。

当参考电压 U_{REF}分别取 2V 和 200mV 时，输入被测模拟电压的范围分别为 0 ~ 1. 99V 和 0 ~ 199. 9mV。MC14433 量程电压输入端的最大输入电压不超过 1. 999V，若被测输入电压范围超过 1. 999V（如在 0 ~ 20V 范围），则被测输入电压需经过分压才能输入。被测电压输入端前需用经电阻分压和限流，使输入电压变为原来的 1/10，与 2V 参考电压匹配。

3. 项目电路的参考元器件

1）集成芯片 MC14433、MC1413、MC1403、CC4511 各 1 片。

2）7 段数码管显示器 BC201 4 只。

3）470kΩ 电阻 2 只，200kΩ 电阻 9 只。

4）10kΩ 电位器 1 只。

5）0. 1μF/60V 电容器两只。

8. 4. 2 项目制作

1. 电路安装

1）将检测合格的元器件按照图 8-23 所示电路连接，并安装在面包板或万能电路板上。

2）在插接集成电路时，先校准两排引脚，使之与底板上插孔对应，轻轻用力将电路插上，在确定引脚与插孔吻合后，再稍用力将其插紧，以免将集成电路的引脚弯曲、折断或者接触不良。

3）导线应粗细适当，一般选取直径为 0. 6 ~ 0. 8mm 的单股导线，最好用不同色线以区分不同用途，如电源线用红色，接地线用黑色。

4）布线应有次序地进行，随意乱接容易造成漏接或接错，较好的方法是，首先接好固定电平点，如电源线、地线、门电路闲置输入端、触发器异步置位复位端等，其次，按信号源的顺序从输入到输出依次布线。

5）连线应避免过长，避免从集成元器件上方跨越和多次的重叠交错，以利于布线、更换元器件以及故障检查和排除。

6）电路布线应整齐、美观、牢固。水平导线应尽量紧贴底板，竖直方向的导线可沿边框四角敷设，导线转弯时弯曲半径不要过小。

7）安装过程要细心，防止导线绝缘层被损伤，不要让线头、螺钉、垫圈等异物落入安装电路中，以免造成短路或漏电。

8）电路安装完后，要仔细检查电路连接，确认无误后方可接通电源。

2. 电路调试

1）接通 MC1403 基准电源，检查输出是否为 2.5V，调整 10kΩ 电位器，使其输出电压为 2.00V。

2）将输入端接地，接通 +5V 和 −5V 电源（先接好地线），显示器将显示“000”，如果不是，就应检测电源的正负电压。用示波器测量观察 $DS_1 \sim DS_4$ 和 $Q_0 \sim Q_3$ 波形，以判别故障所在。

3）用电阻、电位器构成一个简单的输入电压 *UI* 调节电路，调节电位器，3 位数码将相应变化，再进入下一步精调。

4）测量输入电压，调节电位器，使 $U_X = 1.000V$，这时被调电路的电压指示值不一定显示“1.000”，应调整基准电压源，使指示值与标准电压表误差个位数在 5 之内。

5）改变输入电压 U_X 极性，使 $U_i = -1.000V$，检查“−”是否显示，并按前述 4）的方法校准显示值。

6）在 0 ~ +1.999V 和 −1.999V ~0 量程内再一次仔细调整（应调整基准电源电压，使全部量程内的误差均不超过个位数，最好在 5 之内）。

至此，一个测量范围在 ±1.999V 的 $3\frac{1}{2}$ 位数字直流电压表调试成功。

8.5 项目评价

项目评价包括学习态度、项目相关理论知识、元器件识别与检测、电路制作、电路测试等内容。

1. 理论测试

（1）填空题

1）将模拟信号转换为数字信号，需要经过________、________、________、________ 4 个过程。

2）D-A 转换器用以将输入的________转换为相应________输出的电路。

3）*R*-2*R* 倒 T 形网络 D-A 转换器主要由________、________、________和________等部分组成。

4）A-D 转换器从转换过程看可分为两类________和________两类。

5）A-D 转换器的位数越多，能分辨最小模拟电压的值就________。

（2）判断题

1）D-A 转换器的位数越多，转换精度越高。（　）

2）双积分型 A-D 转换器的转换精度高，抗干扰能力强，因此常用于数字式仪表中。（　）

3）采样定理的规定是为了能不失真地恢复原模拟信号，而又不使电路过于复杂。（ ）

4）A-D 转换器完成一次转换所需的时间越小，转换速度越慢。（ ）

5）A-D 转换器的二进制数的位数越多，量化单位Δ越小。（ ）

（3）选择题

1）*R*-2*R* 倒 T 形电阻网络 D-A 转换器中的阻值为（ ）。

A. 分散值 B. *R* 和 2*R* C. 2*R* 和 3*R* D. *R* 和 *R*/2

2）将一个时间上连续变化的模拟量转换为时间上断续（离散）的模拟量的过程称为（ ）。

A. 采样 B. 量化 C. 保持 D. 编码

3）用二进制码表示指定离散电平的过程称为（ ）。

A. 采样 B. 量化 C. 保持 D. 编码

4）将幅值上、时间上离散的阶梯电平统一归并到最邻近的指定电平的过程称为（ ）。

A. 采样 B. 量化 C. 保持 D. 编码

5）在以下 4 种转换器中，（ ）是 A-D 转换器，且转换速度最高。

A. 并联比较型 B. 逐次逼近型 C. 双积分型 D. 施密特触发器

2. 项目功能测试

分组汇报项目的学习与制作情况，通电演示电路功能，并回答有关问题。

3. 项目评价标准

项目评价表体现了项目评价的标准及分值分配参考标准，如表 8-4 所示。

表 8-4 项目评价表

项目	内容	分值	考核要求	扣分标准	评价主体			得分
					教师 60%	学生		
						自评 20%	互评 20%	
学习态度	1. 学习积极性 2. 遵守纪律 3. 安全操作规程	10	积极参加学习，遵守安全操作规程和劳动纪律，团结协作，有敬业精神	违反操作规程扣 10 分，其余不达标酌情扣分				
理论知识测试	项目相关知识点	20	能够掌握项目的相关理论知识	理论测试折合分值				
元器件识别与检测	1. 元器件识别 2. 元器件逻辑功能检测	20	能正确识别元器件；会检测逻辑功能	不能识别元器件，每个扣 1 分；不会检测逻辑功能，每个扣 1 分				
电路制作	按电路设计装接	20	电路装接符合工艺标准，布局规范，走线美观	电路装接不规范，每处扣 1 分；电路接错每处扣 5 分				

（续）

项目	内容	分值	考核要求	扣分标准	评价主体			得分
					教师 60%	学生		
						自评 20%	互评 20%	
电路测试	1. 电路静态测试 2. 电路动态测试	30	电路无短路、断路现象。能正确显示电路功能	电路有短路、断路现象，每处扣10分；不能正确显示逻辑功能，每处扣5分				
合计								
注：各项配分扣完为止								

8.6 项目拓展

8.6.1 数字温度计的设计

数字温度计电路主要由以下几个部分组成：温度采集电路、A-D转换电路、字型码驱动电路、位码驱动电路以及显示电路，数字温度计电路框图如图8-24所示。其工作原理是由温度采集电路把采集到的温度信号经过传感器转换成电压信号，接着送给MC14433进行A-D转换，由MC14433 A-D转换器将模拟信号转换成数字信号，最后把数字信号送到显示电路显示温度值。本项目的数字温度计电路实现测量0～80℃的温度。

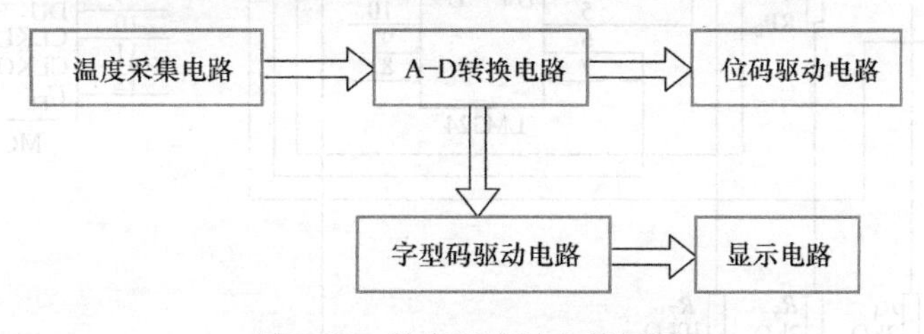

图8-24 数字温度计电路框图

数字温度计电路如图8-25所示。

1. 温度采集电路

温度采集电路图如图8-26所示，由电阻R_1～R_3、温敏二极管VD_1、晶体管VT_1构成。其中VD_1作为测温探头，利用半导体二极管的正向压降取决于正向电流的大小和温度，当正向电流一定时，正向压降随温度的升高而下降；R_1～R_3、VT_1给测温探头提供稳定的偏置电流。对于电位器RP_1，RP_2，R_4～R_7，LM324几个元器件，其中电阻R_6、R_7与运算放大器组成的电压跟随器将A-D转换器与温度采样电路分开供电，以减少它们之间的相互影响；电位器RP_2与R_5用来补偿被测温度为0℃时的电位，使0℃时等于0V；电位器RP_1与R_4为MC14433提供基准电压，以实现99.9℃时的调节。

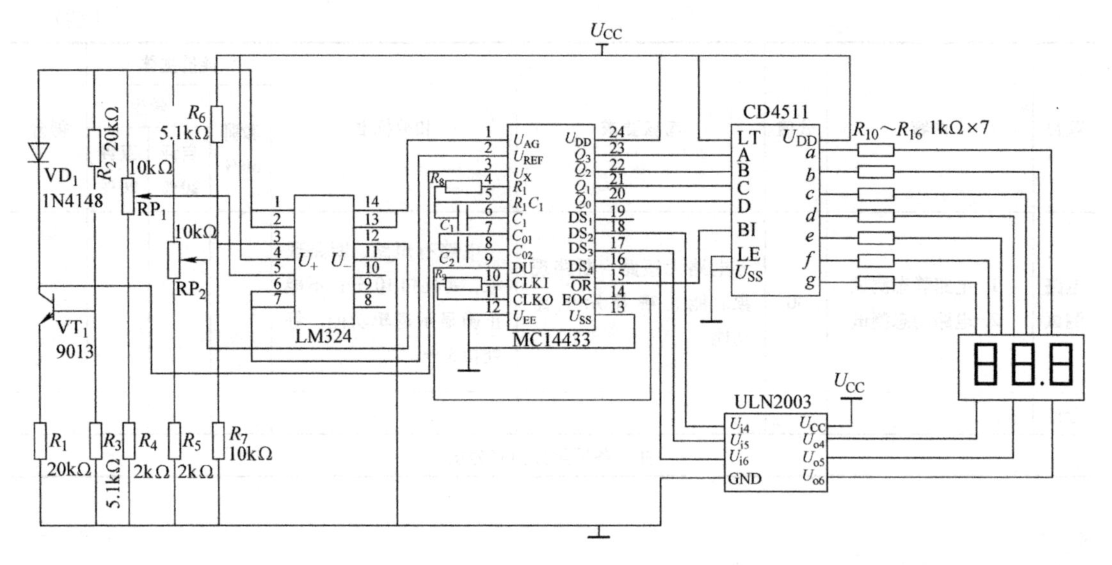

图 8-25　数字温度计电路

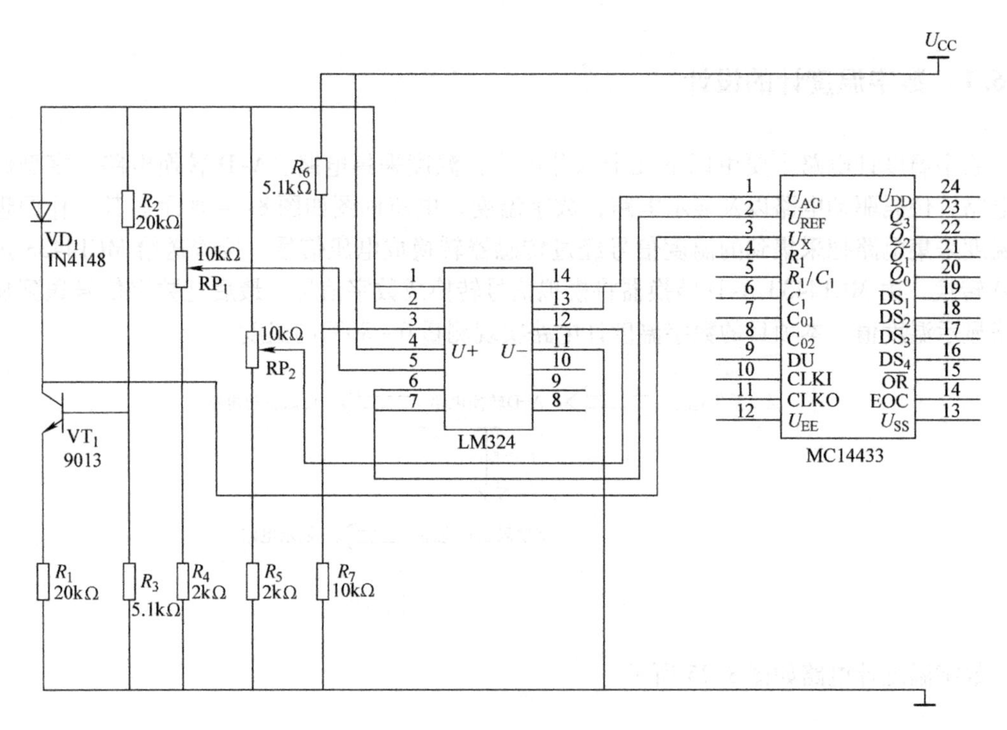

图 8-26　温度采集电路图

2. 集成运算放大器 LM324

LM324 为 4 运算放大器集成电路，它采用 14 脚双列直插塑料封装，LM324 图形符号如图 8-27 所示。它的内部包含 4 组形式完全相同的运算放大器，除电源共用外，四组运算放大器相互独立。每一组运算放大器可用图 8-28 所示的 LM324 引脚排列图符号来表示，它有 5 个引出脚，其中“+”“–”为两个信号输入端，“U_+”“U_-”为正、负电源端，“U_o”为输出端。两个信号输入端中，U_{i-}为反相输入端，表示运放输出端 U_o 的信号与该输入端的相位相反；U_{i+} 为同相输入端，表示运放输出端 U_o 的信号与该输入端的相位相同。

3. MC14433 A-D 转换

MC14433 芯片是美国 Motorola 公司推出的单片位 A-D 转换器，其中集成了双积分式 A-D转换器所有的 CMOS 模拟电路和数字电路，具有外接元件少、输入阻抗高、功耗低、电源电压范围宽及精度高等特点，并且具有自动校零和自动极性转换功能，使用时只要外接两个电阻和两个电容即可构成一个完整的 A-D 转换器。

4. 显示译码器 CD4511

CD4511 是一个用于驱动共阴极 LED（数码管）显示器的 BCD 码－7 段码译码器。具有 BCD 转换、消隐和锁存控制、7 段译码及驱动功能的 CMOS 电路能提供较大的位电流等特点，可直接驱动 LED 显示器。CD4511 引脚图如图 8-29 所示。

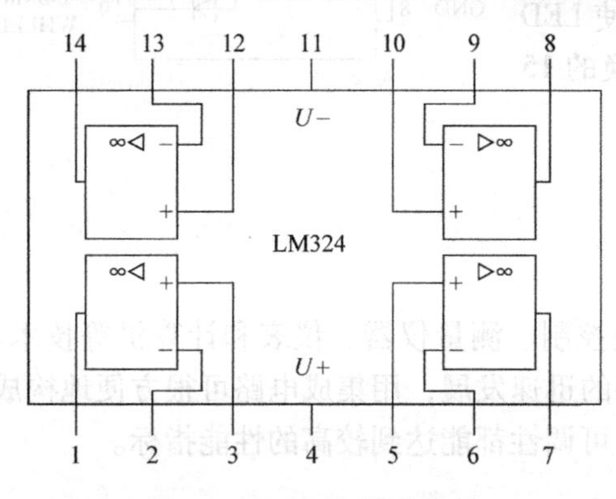

图 8-27 LM324 图形符号

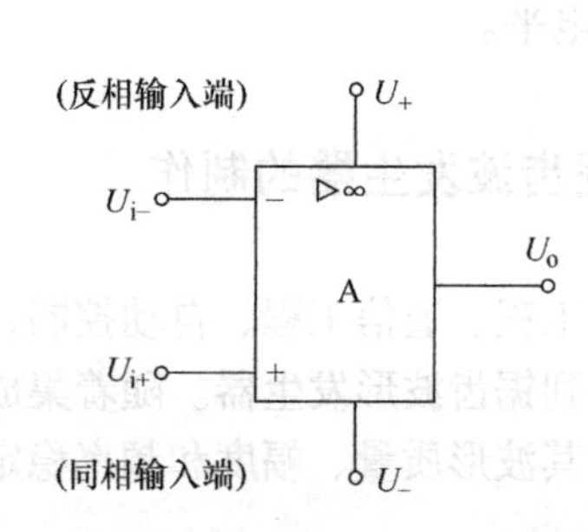

图 8-28 LM324 引脚排列图

下面分别介绍各引脚的功能。

BI：4 脚是消隐输入控制端，当 $BI=0$ 时，不管其他输入端状态如何，7 段数码管均处于熄灭（消隐）状态，不显示数字。

LT：3 脚是测试输入端，当 $BI=1$，$LT=0$ 时，译码输出全为 1，不管输入 DCBA 状态如何，7 段均发亮，显示“8”。它主要用来检测数码管是否损坏。

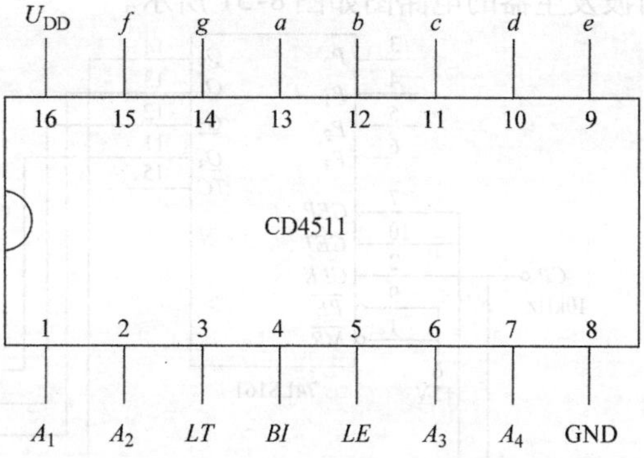

LE：锁定控制端，当 $LE=0$ 时，允许译码输出。$LE=1$ 时译码器是锁定保持状态，译码器输出被保持在 $LE=0$ 时的数值。

图 8-29 CD4511 引脚图

A_1，A_2，A_3，A_4：为 8421BCD 码输入端。

a，*b*，*c*，*d*，*e*，*f*，*g*：为译码输出端，输出为高电平 1 有效。

两个引脚 8、16 分别表示的是 GND、U_{DD}。

5. 位驱动芯片 ULN2003

数码管显示由字型码驱动电路和位驱动电路两部分组成。在位驱动芯片 ULN2003，它的作用是驱动 LED 数码管的位选。ULN2003 是高耐压、大电流达林顿驱动器阵列，由 7 个硅 NPN 达林顿管组成。该驱动器的特点是它的每一对达林顿都串联了一个 2.7kΩ 的基极电阻，它可以直接处理原先需要标准逻辑缓冲器来处理的数据。由于 ULN2003 具有工作电压高、工作电流大的特点，并且输出可以在高负载电流的情况下并行运行。ULN2003 采用 8 条引线双列直插标准封装，ULN2003 内部结构如图 8-30 所示。

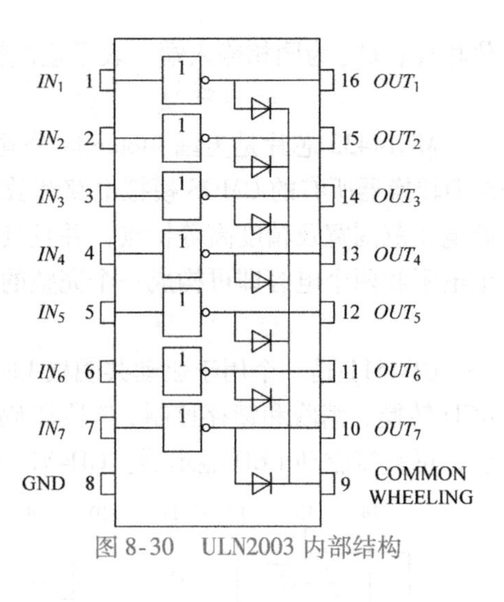

图 8-30 ULN2003 内部结构

6. 数字温度计电路调试

按图 8-25 连接电路，将 RP_1 调节到最上端，使 U_{REF} 为最高电压，把温度二极管测温探头置于 0℃的冰水中，调节 RP_2，使 LED 数码管显示读数为“00.0”。调试好 0℃后，保持不动，接着将温度二极管测温探头置于 100℃的水中，调节 RP_1，使 LED 数码管显示为“99.9”，且 MC14433 A-D 转换的 15 脚 OR 为高电平。

8.6.2 锯齿波发生器的制作

在电子工程、通信工程、自动控制、遥控控制、测量仪器、仪表和计算机等技术领域，经常需要用到锯齿波形发生器。随着集成电路的迅速发展，用集成电路可很方便地构成锯齿波发生器，其波形质量、幅度和频率稳定性、可调性都能达到较高的性能指标。

1. 电路图

锯齿波是常用的基本测试信号，在实际中有广泛的应用，以 DAC0832 为核心组成的锯齿波发生器的电路图如图 8-31 所示。

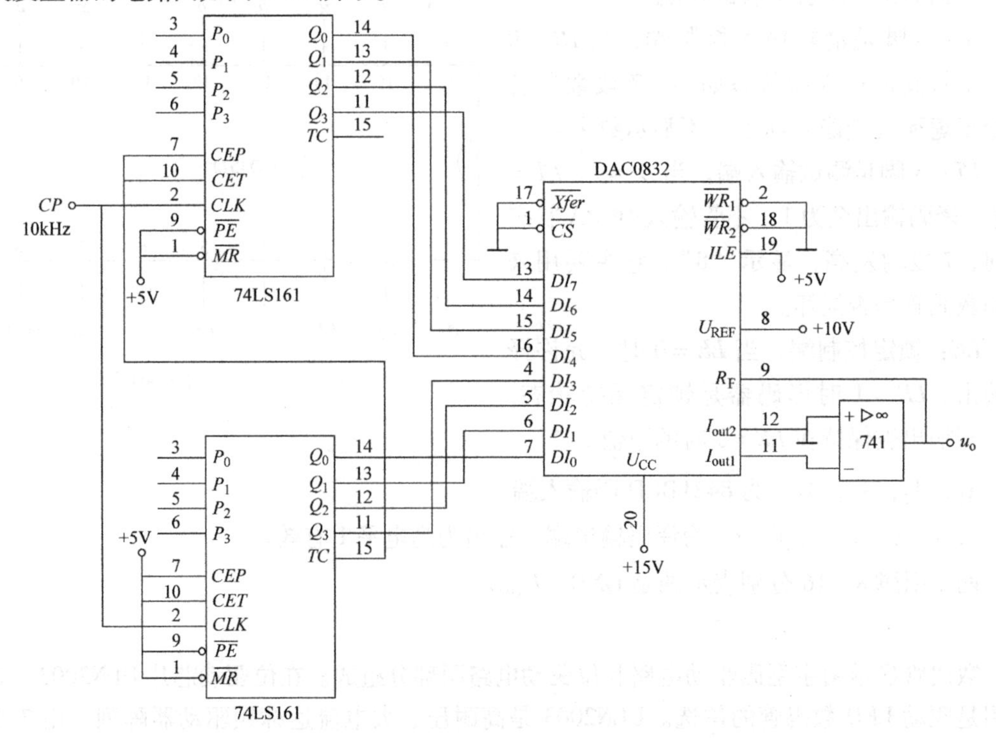

图 8-31 锯齿波发生器的电路图

2. 电路结构与原理

图 8-31 所示是以 DAC0832 为核心组成的锯齿波发生器，两片 74LS161 构成 8 位二进制计数器，随着计数脉冲的增加，计数器的输出状态在 00000000 ~ 11111111 之间变化。计满 11111111 时，又从 00000000 开始。

DAC0832 将计数器输出的 8 位二进制信息转换为模拟电压，在电路中它的两个缓冲器都接成直通状态。当计数器全为 1 时，输出电压 $u_0 = U_{max}$；下一个计数脉冲，计数器全为 0，输出电压 $u_0 = 0$。显然，计数器输出从 00000000 ~ 11111111，数 - 模转换器有 $2^8 = 256$ 个模拟电压输出。用示波器观察到的输出锯齿波波形图如图 8-32 所示。

输出锯齿波的频率 f_0 和计数脉冲频率 f_{cp} 的关系为：$f_0 = f_{cp}/256$。因为每隔 256 个 CP 脉冲，计数器从 00000000 ~ 11111111 变化一次，输出模拟电压就从 0 到 U_{max} 变化一次，所以两者具有上述关系。

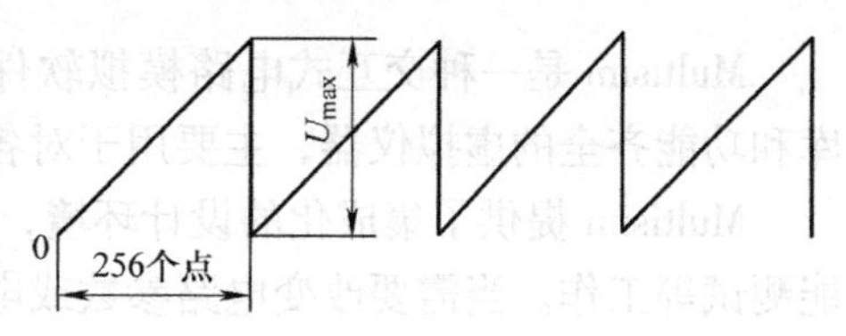

图 8-32　锯齿波波形图

外接的运放 LM741 将 DAC0832 转换后的电流输出转换为电压输出，输出电压与参考电压 U_{REF} 成正比。当升高 U_{REF} 时，锯齿波的幅度也随之增大，反之亦然。

3. 电路调试

电路安装完后，要仔细检查电路连接，确认无误后再接入电源。

1）在 74LS161 的脉冲输入 CP 端接信号源，将信号源的频率调为 10kHz 左右，幅度大于 2V。用示波器的一个探头测量 CP 信号，另一个探头依次测量 DAC0832 的 $DI_0 \sim DI_7$ 的波形，观察示波器上显示的两个波形的频率关系。DI_0 信号波形的频率应为 CP 的二分频，DI_1 的频率为 CP 的四分频，DI_2 为 CP 的八分频，依次类推。测试正确，说明由两片 74LS161 构成的八位二进制计数器工作正常。

2）用示波器测量运放 LM741 的输出信号，记录输出波形的形状、频率和幅度。如果电路工作正常，其输出应为一个锯齿波。

3）改变输入脉冲 CP 的频率，观察输出波形的频率变化；改变数 - 模转换器 DAC0832 第 8 脚 U_{REF} 的大小，观察输出波形的幅值变化情况。

练习与提高

1. 说出 A-D 转换和 D-A 转换的概念。

2. 实现 A-D 转换要经过哪些过程？

3. 已知某 D-A 转换电路，输入 3 位数字量，基准电压 $U_{REF} = -8V$，当输入数字量 $D_2D_1D_0$ 如图 8-33 所示时，求相应的输出模拟量 u_o。

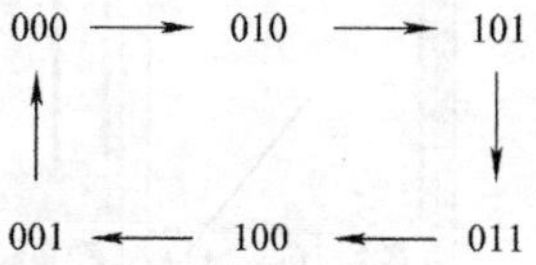

000 → 010 → 101
001 ← 100 ← 011

图 8-33　第 3 题图

4. 已知一个 8 位倒 T 形电阻网络 D-A 转换电路，设 $U_{REF} = +5V$，$R_F = 3R$。试求：

当 $D_7\,D_6\,D_5\,D_4\,D_3\,D_2\,D_1\,D_0$ 分别为 11010011、00001001、00010110 时的输出电压 u_o 和分辨率。

5. 当 A-D 转换电路输入的模拟电压不大于 10V 时，基准电压应为多大？如转换成 8 位二进制代码，它能分辨最小的模拟电压有多大？如转换成 16 位二进制代码，它能分辨最小的模拟电压有多大？

附　录

附录 A　Multisim 10 仿真软件

Multisim 是一种交互式电路模拟软件，是一种 EDA 工具，它为用户提供了丰富的元件库和功能齐全的虚拟仪器，主要用于对各种电路进行全面的仿真分析和设计。

Multisim 提供了集成化的设计环境，能完成原理图的设计输入、电路仿真分析、电路功能测试等工作。当需要改变电路参数或电路结构仿真时，可以清楚地观察到各种变化电路对性能的影响。用 Multisim 进行电路的仿真，实验成本低、速度快、效率高。

Multisim 10 包含了数量众多的元器件库和标准化的仿真仪器库，用户还可以自己添加新元件，操作简单，分析和仿真功能十分强大。熟练使用该软件可以大大缩短产品研发的时间，对电路的强化、相关课程实验教学有十分重要的意义。下面简单介绍 Multisim 10 的基本功能及操作。

1. Multisim 10 的主界面

单击“开始”→“程序”→“National Instruments”→“Circuit Design Suite 10.0”→“multisim”命令，启动 Multisim 10，这时会自动打开一个新文件，进入 Multisim 10 的主界面，如图 A-1 所示。

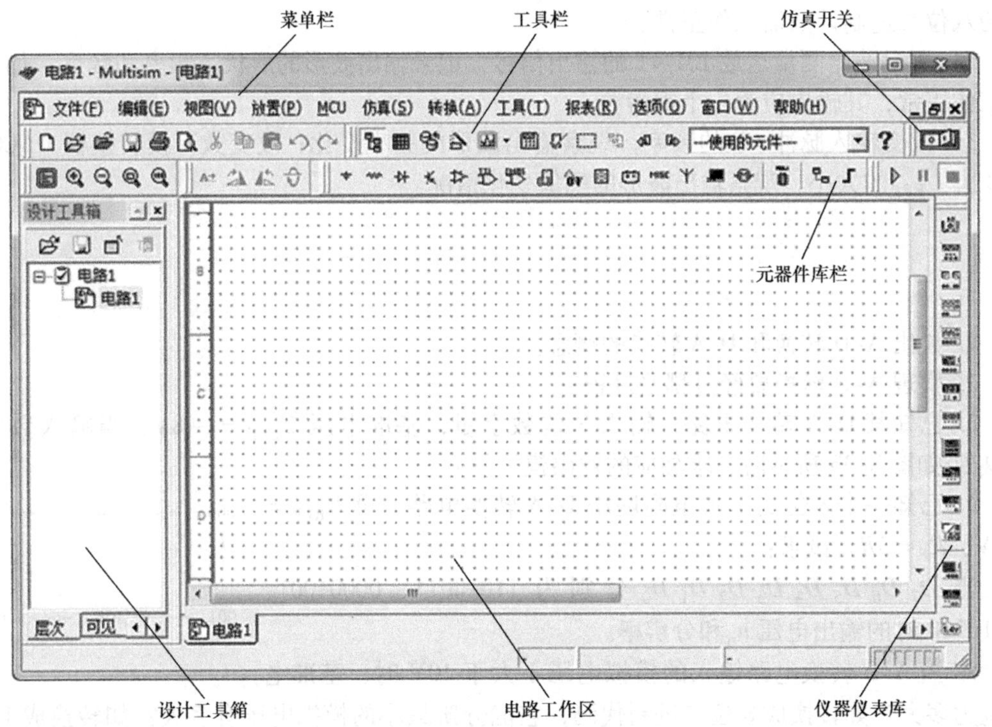

图 A-1　Multisim 10 的主界面

从图 A-1 可以看出，Multisim 的主窗口如同一个实际的电子实验台。屏幕中央区域最大的窗口就是电路工作区，在电路工作区上可将各种电子元器件和测试仪器仪表连接成实验电路。电路工作窗口上方是菜单栏、工具栏、元器件库栏。从菜单栏可以选择电路连接、实验所需的各种命令。工具栏包含了常用的操作命令按钮。通过鼠标操作即可方便地使用各种命令和实验设备。元器件库栏存放着各种电子元器件。电路工作窗口右边是仪器仪表库，存放着各种测试仪器仪表。用鼠标操作可以很方便地从元器件和仪器库中，提取实验所需的各种元器件及仪器、仪表到电路工作区并连接成实验电路。按下电路工作窗口的仿真开关，可以进行电路仿真，“启动/停止”开关或“暂停/恢复”按钮可以方便地控制实验的进程。

（1）菜单栏

菜单中提供了 Multisim 软件几乎所有的功能命令，如图 A-2 所示，主要用于文件的创建、管理、编辑及电路仿真软件的各种操作命令。

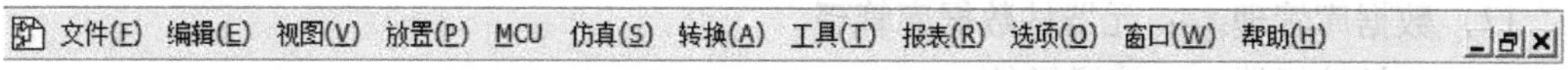

文件(F)　编辑(E)　视图(V)　放置(P)　MCU　仿真(S)　转换(A)　工具(T)　报表(R)　选项(O)　窗口(W)　帮助(H)

图 A-2　Multisim 10 的菜单栏

- “文件”菜单：提供文件操作命令，如打开、保存和打印等，对电路文件进行管理。
- “编辑”菜单：在电路绘制过程中，提供对电路和元器件进行剪切、粘贴、旋转等操作命令，进行编辑工作。
- “视图”菜单：用来显示或隐藏电路工作区中的某些内容，如电路图的放大、缩小、工具栏栅格、纸张边界等。
- “放置”菜单：提供在电路工作区内放置元器件、连接点、总线和文字等命令。
- “MCU（单片机）”菜单：提供在电路工作区内 MCU 的调试操作命令。
- “仿真”菜单：提供电路仿真设置与操作命令，用于电路仿真的设置与操作。
- “转换”菜单：将 Multisim 文件转换成其他 EDA 软件需要的文件格式。
- “工具”菜单：提供元器件和电路编辑或管理命令，用来编辑或管理元器件库或元器件命令。
- “报表”菜单：用来产生当前电路的各种报表。
- “选项”菜单：用于定制软件界面和某些功能的设置。
- “窗口”菜单：用于控制 Multisim 10 窗口的显示。
- “帮助”菜单：为用户提供在线帮助和指导。

（2）工具栏

Multisim 10 常用工具栏如图 A-3 所示，工具栏各图标名称及功能说明如下。

图 A-3　Multisim 10 常用工具栏

1）新建：清除电路工作区，准备生成新电路。

2）打开：打开电路文件。

3）存盘：保存电路文件。

4）打印：打印电路文件。

5）剪切：剪切至剪贴板。

6）复制：复制至剪贴板。

7）粘贴：从剪贴板粘贴。

8）撤销：撤销上次操作。

9）旋转：旋转元器件。

10）全屏：电路工作区全屏显示。

11）放大：将电路图放大一定比例。

12）缩小：将电路图缩小一定比例。

13）放大面积：放大电路工作区面积。

14）适当放大：放大到适合的页面。

15）文件列表：显示或隐藏设计电路文件列表。

16）电子表：显示或隐藏电子数据表。

17）数据库管理：元器件数据库管理。

18）元件编辑器：编辑元件。

19）图形编辑/分析：图形编辑器和电路分析方法选择。

20）后处理器：对仿真结果进一步操作。

21）电气规则校验：校验电气规则。

22）区域选择：选择电路工作区区域。

（3）元器件库栏

Multisim10 提供了丰富的元器件库，左键单击元器件库栏的某一个图标即可打开该元件库。元器件库栏图标如图 A-4 所示。

MISC

图 A-4 元器件库栏

1）电源/信号源库。电源/信号源库包含有接地端、直流电压源（电池）、正弦交流电压源、方波（时钟）电压源、压控方波电压源等多种电源与信号源。

2）基本元器件库。基本元器件库包含有电阻、电容等多种元件。基本元器件库中的虚拟元器件的参数是可以任意设置的，非虚拟元器件的参数是固定的，但是是可以选择的。

3）二极管库。二极管库包含二极管、晶闸管等多种器件。二极管库中的虚拟元器件的参数是可以任意设置的，非虚拟元器件的参数是固定的，但是是可以选择的。

4）晶体管库。晶体管库包含晶体管、FET 等多种器件。晶体管库中的虚拟元器件的参数是可以任意设置的，非虚拟元器件的参数是固定的，但是是可以选择的。

5）模拟集成电路库。模拟集成电路库包含多种运算放大器。模拟集成电路库中的虚拟元器件的参数是可以任意设置的，非虚拟元器件的参数是固定的，但是是可以选择的。

6）TTL 数字集成电路库。TTL 数字集成电路库包含 74××系列和 74LS××系列等 74 系列数字电路元器件。

7）CMOS 数字集成电路库。CMOS 数字集成电路库包含 40××系列和 74HC××系列多种 CMOS 数字集成电路系列元器件。

8）数字器件库。数字器件库包含 DSP、FPGA、CPLD、VHDL 等多种器件。

9）数－模混合集成电路库。数-模混合集成电路库包含 ADC/DAC、555 定时器等多

种数模混合集成电路器件。

10）指示器件库。指示器件库包含电压表、电流表、7 段数码管等多种器件。

11）电源器件库。电源器件库包含三端稳压器、PWM 控制器等多种电源器件。

12）其他器件库。其他器件库包含晶体管、滤波器等多种器件。

13）键盘显示器件库。键盘显示器库包含键盘、LCD 等多种器件。

14）射频元器件库。射频元器件库包含射频晶体管、射频 FET、微带线等多种射频元器件。

15）机电类器件库。机电类器件库包含开关、继电器等多种机电类器件。

16）微控制器件库。微控制器件库包含 8051、PIC 等多种微控制器件。

(4) Multisim 仪器仪表库

仪器仪表库的图标及功能如图 A-5 所示。

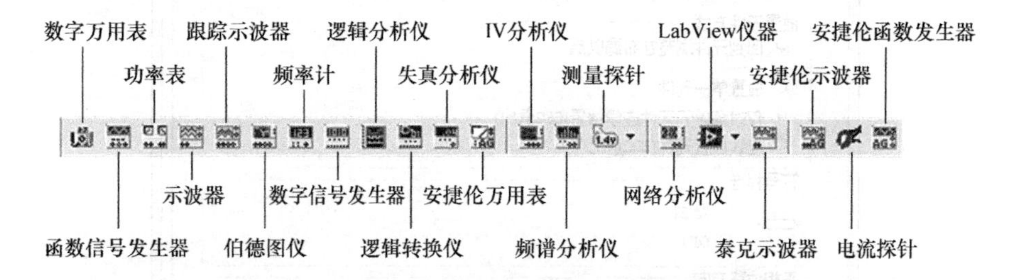

图 A-5　Multisim 仪器仪表库

(5) 设计工具箱

设计工具箱视窗一般位于窗口的底部，如图 A-6 所示，利用该工具箱，可以把有关电路设计的原理图、PCB 图、相关文件、电路的各种统计报告分类进行管理，还可以观察分层电路的层次结构。

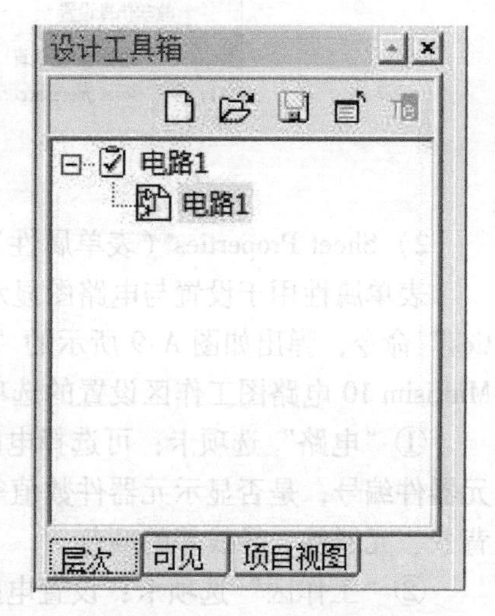

图 A-6　设计工具箱视窗

2. Multisim 10 仿真软件基本操作

(1) 创建电路文件

运行 Multisim 10，这时会自动打开一个名为“电路1”的空白文件，也可以通过菜单“文件”→“新建”命令新建一个电路文件，该文件可以在保存时重新命名。

(2) 定制工作界面

在创建一个电路之前，可以根据自己的喜好，通过“选项”命令进行工作界面设置，如元器件颜色、字体、线宽、标题栏、电路图尺寸、符号标准、缩放比例等。“选项”菜单如图 A-7 所示。

1）Global Preferences（首选项）。

“首选项”对话框的设置是对 Multisim 界面的整体改变，下次再启动时按照改变后的界面运行。

选择“选项”→“Global Preferences”命令，弹出如图 A-8 所示的对话框，包括“路径”“保存”“零件”和“常规”4 个选项卡。在该对话框中对电路的总体参数进行设置。

在“零件”选项卡中，可以选择元器件放置方式，如选择一次放置一个元器件或连续放置元器件等。

在符号标准区域选择元器件符号标准。ANSI 为设定采用美国标准元器件符号。DIN 为设定采用欧洲标准元器件符号。我国采用的元器件符号标准与欧洲接近。

选择正相位移方向，左移或者右移。

选择数字仿真设置，“理想”即为理想状态仿真，可以获得较高速度的仿真；Real（more accurate simulation - requires power and digital ground）为真实状态仿真。

选项(O) 窗口(W) 帮助(H)
Global Preferences...
Sheet Properties...
Customize User Interface...

图 A-7 “选项”菜单

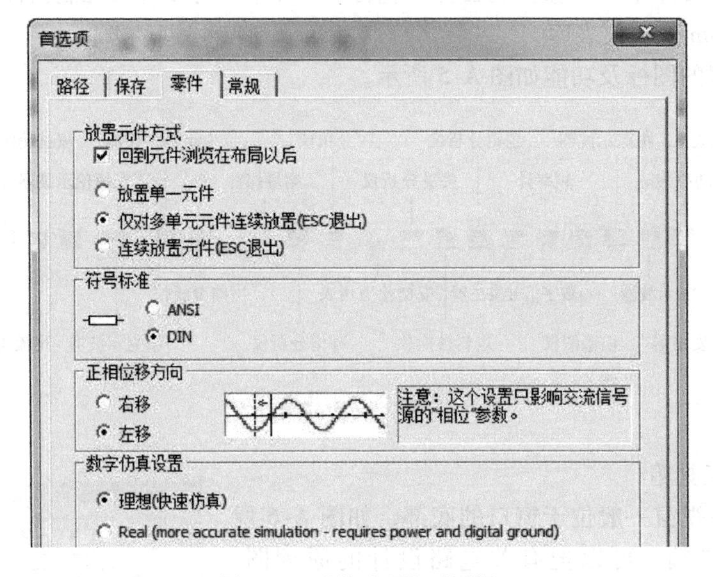

图 A-8 “首选项”对话框

2）Sheet Properties（表单属性）。

表单属性用于设置与电路图显示方式有关的一些选项。选择“选项”→“Sheet Properties”命令，弹出如图 A-9 所示的“表单属性”对话框，它有 6 个选项卡，基本包括了所有 Multisim 10 电路图工作区设置的选项。

①“电路”选项卡：可选择电路各种参数，如选择是否显示元器件的标志，是否显示元器件编号，是否显示元器件数值等。“颜色”选项组中的 5 个按钮用来选择电路工作区的背景、元器件、导线等的颜色。

②“工作区”选项卡：设置电路工作区显示方式的控制、图纸的大小和方向等。

③“配线”选项卡：用来设置连接线的宽度和总线连接方式。

④“字体”选项卡：可以设置字体、选择字体的应用项目及应用范围等。

⑤“PCB”选项卡：选择与制作电路板相关的选项，如地、单位、信号层等。

⑥“可见”选项卡：设置电路层是否显示，还可以添加注释层。

（3）选择元器件

1）选用元器件时，首先在元器件库栏中单击包含该元器件的图标，打开该元器件库。如选择基本元件库，单击按钮 ，弹出“选择元件”对话框，如图 A-10 所示。

2）在此对话框中选择元器件，如选择电阻，然后单击“确定”按钮，在设计窗口，可

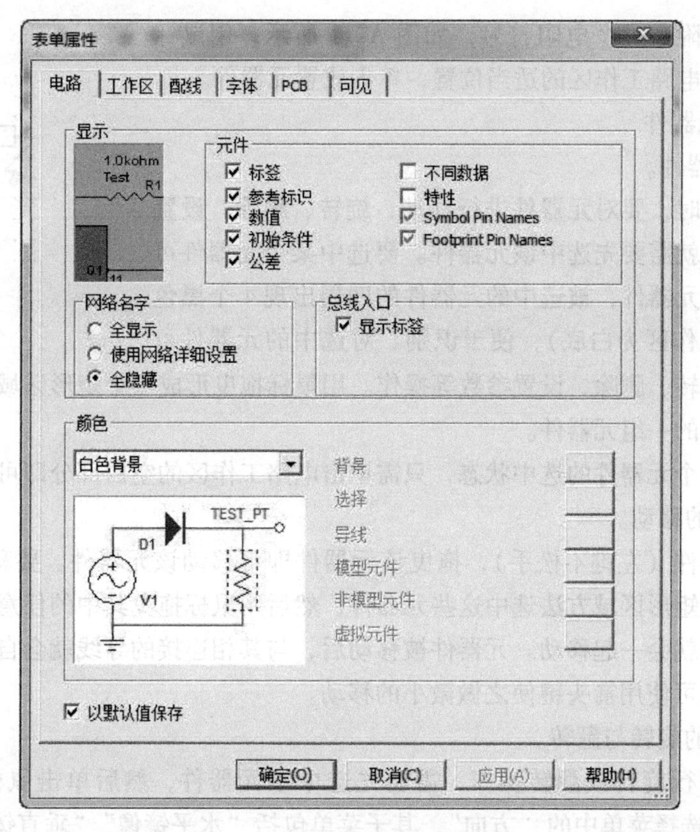

图 A-9　“表单属性”对话框

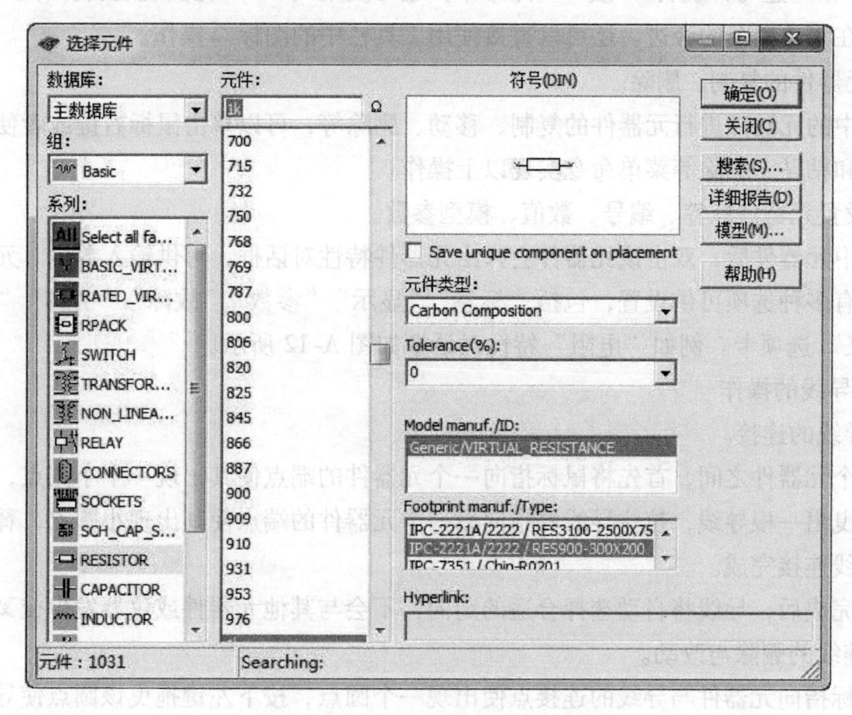

图 A-10　“选择元件”对话框

以看到光标上黏附着一个电阻符号，如图 A-11 所示，用鼠标拖曳该元器件到电路工作区的适当位置，单击放置元器件。

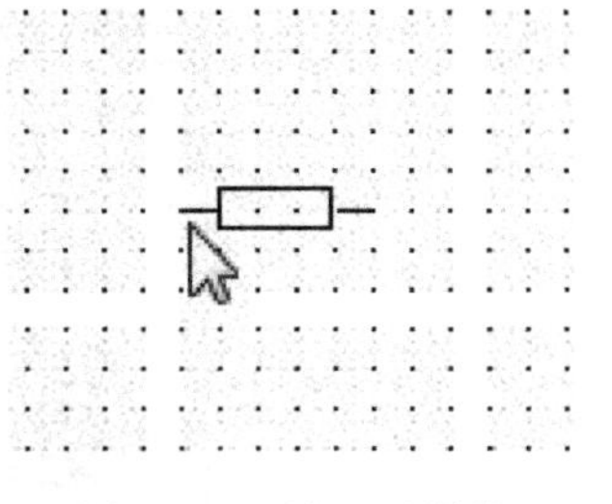
图 A-11　放置元器件

(4) 编辑元器件

1) 选中元器件。

在连接电路时，要对元器件进行移动、旋转、删除、设置参数等操作。这就需要先选中该元器件。要选中某个元器件可使用鼠标单击该元器件，被选中的元器件的四周出现 4 个黑色小方块（电路工作区为白底），便于识别。对选中的元器件可以进行移动、旋转、删除、设置参数等操作。用鼠标拖曳形成一个矩形区域，可以同时选中在该矩形区域内的一组元器件。

要取消某一个元器件的选中状态，只需单击电路工作区的空白部分即可。

2) 元器件的移动。

单击该元器件（左键不松手），拖曳该元器件即可移动该元器件。要移动一组元器件，必须先用前述的矩形区域方法选中这些元器件，然后用鼠标拖曳其中的任意一个元器件，则所有选中的部分就会一起移动。元器件被移动后，与其相连接的导线就会自动重新排列。选中元器件后，也可使用箭头键使之做微小的移动。

3) 元器件的旋转与翻转。

对元器件进行旋转或翻转操作，需要先选中该元器件，然后单击鼠标右键或者选择“编辑”菜单，选择菜单中的“方向”，其子菜单包括“水平镜像”“垂直镜像”“顺时针旋转 90 度”和“逆时针旋转 90 度”4 种命令，也可使用〈Ctrl〉键实现旋转操作。〈Ctrl〉键的定义标在菜单命令的旁边。还可以直接使用工具栏中的图标操作。

4) 元器件的复制、删除。

对选中的元器件进行元器件的复制、移动、删除等，可以单击鼠标右键或者使用菜单剪切、复制和粘贴、删除等菜单命令实现以上操作。

5) 设置元器件标签、编号、数值、模型参数。

在选中元器件后，双击该元器件会弹出元器件特性对话框，可供输入数据。元器件特性对话框具有多种选项可供设置，包括“标签”“显示”“参数”“故障”“引脚”“变量”和“用户定义”选项卡。例如“电阻”特性对话框如图 A-12 所示。

(5) 导线的操作

1) 导线的连接。

在两个元器件之间，首先将鼠标指向一个元器件的端点使其出现一个小圆点，按下鼠标左键并拖曳出一根导线，拉住导线并指向另一个元器件的端点使其出现小圆点，释放鼠标左键，则导线连接完成。

连接完成后，导线将自动选择合适的走向，不会与其他元器件或仪器发生交叉。

2) 连线的删除与改动。

将鼠标指向元器件与导线的连接点使出现一个圆点，按下左键拖曳该圆点使导线离开元器件端点，释放左键，导线自动消失，完成连线的删除。也可以将拖曳移开的导线连至另一个接点，实现连线的改动。

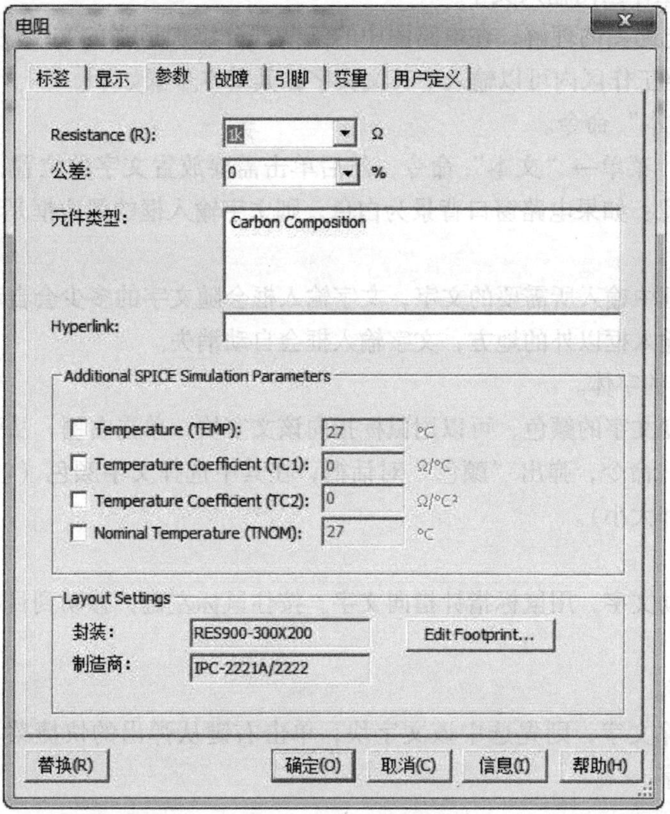

电阻

标签 | 显示 | 参数 | 故障 | 引脚 | 变量 | 用户定义

Resistance (R): 1k Ω

公差: 0 %

元件类型: Carbon Composition

Hyperlink:

Additional SPICE Simulation Parameters

Temperature (TEMP): 27 °C

Temperature Coefficient (TC1): 0 Ω/°C

Temperature Coefficient (TC2): 0 Ω/°C²

Nominal Temperature (TNOM): 27 °C

Layout Settings

封装: RES900-300X200　Edit Footprint...

制造商: IPC-2221A/2222

替换(R)　确定(O)　取消(C)　信息(I)　帮助(H)

图 A-12 “电阻”特性对话框

3）改变导线的颜色。

在复杂的电路中，可以将导线设置为不同的颜色。要改变导线的颜色，用鼠标指向该导线，单击右键，从弹出的快捷菜单中选择 Change Color 选项，出现颜色选择框，然后选择合适的颜色即可。

4）在导线中插入元器件。

将元器件直接拖曳放置在导线上，然后释放即可在电路中插入元器件。

5）从电路删除元器件。

选中该元器件，选择菜单“编辑”→“删除”命令，或者单击右键从弹出的快捷菜单中选择“删除”命令即可。

6）“连接点”的使用。

“连接点”是一个小圆点，选择菜单“放置”→“节点”命令，可以放置节点。一个“连接点”最多可以连接来自 4 个方向的导线。可以直接将“连接点”插入连线中。

7）节点编号。

在连接电路时，Multisim 自动为每个节点分配一个编号。是否显示节点编号可由“表单属性”对话框的“电路”选项卡（见图 A-9）设置。选择“参考标识”复选框，可以选择是否显示连接线的节点编号。

（6）在电路工作区内输入文字

为了加强对电路图的理解，在电路图中的某些部分添加适当的文字注释有时是必要的。在 Multisim 的电路工作区内可以输入中英文文字，其基本步骤如下。

1）启动“文本”命令。

选择“放置”菜单→“文本”命令，然后单击需要放置文字的位置，可以在该处放置一个文字块（注意：如果电路窗口背景为白色，则文字输入框的黑边框是不可见的）。

2）输入文字。

在文字输入框中输入所需要的文字，文字输入框会随文字的多少会自动缩放。文字输入完毕，单击文字输入框以外的地方，文字输入框会自动消失。

3）改变文字的字体。

如果需要改变文字的颜色，可以用鼠标指向该文字块，单击右键，从弹出的快捷菜单中选择“Pen Color”命令，弹出“颜色”对话框，在其中选择文字颜色（注意：选择 Font 可改动文字的字体和大小）。

4）移动文字。

如果需要移动文字，用鼠标指针指向文字，按住鼠标左键，移动到目的地后放开左键即可完成文字移动。

5）删除文字。

如果需要删除文字，则先选中该文字块，单击右键从弹出的快捷菜单中选择“删除”命令即可删除文字。

3. 电路仿真测试

要求用仿真软件创建如图 A-13 所示的开关控制指示灯电路，并对电路进行仿真测试。具体步骤如下。

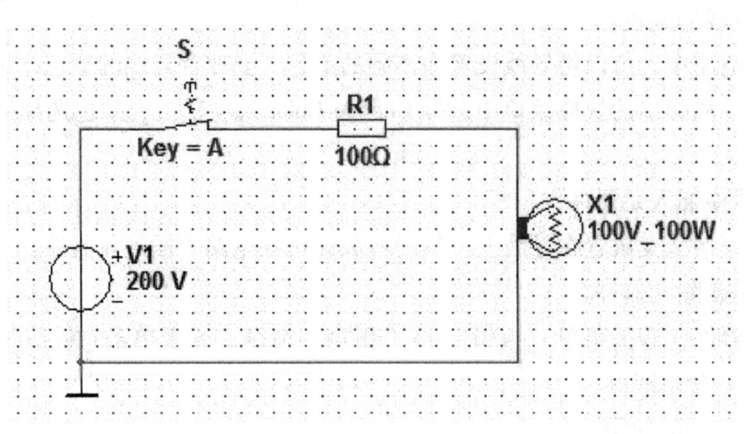

图 A-13　开关控制指示灯电路

1）创建电路文件。运行 Multisim 10 软件，打开一个名为“电路 1”的空白文件。

2）定制工作界面

选择菜单“选项”→“Global Preferences”命令，在“首选项”对话框“零件”选项卡选择元器件“符号标准”为“DIN”，如图 A-14 所示。

选择菜单“选项”→“Sheet Properties”命令，在“表单属性”对话框的“工作区”

选项卡选择图纸大小为“A4”，方向为“横向”，如图 A-15 所示。完成设置后单击“确定”按钮，关闭对话框。

3）单击“基本元件库”按钮，弹出“选择元件”对话框，选择“RESISTOR”元件系列，在元件列表中找到“100Ω”，单击“确定”按钮，返回到设计窗口，将电阻元件放置到合适位置。

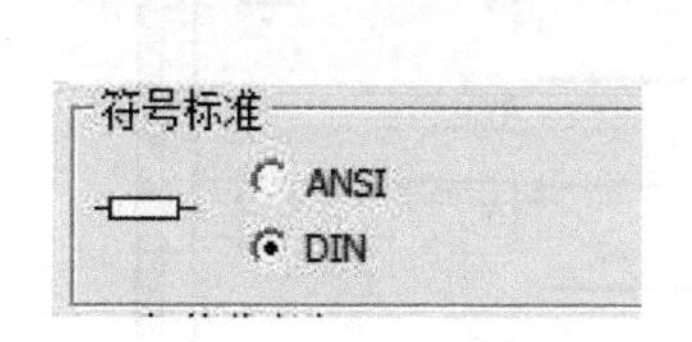

图 A-14　选择“符号标准”

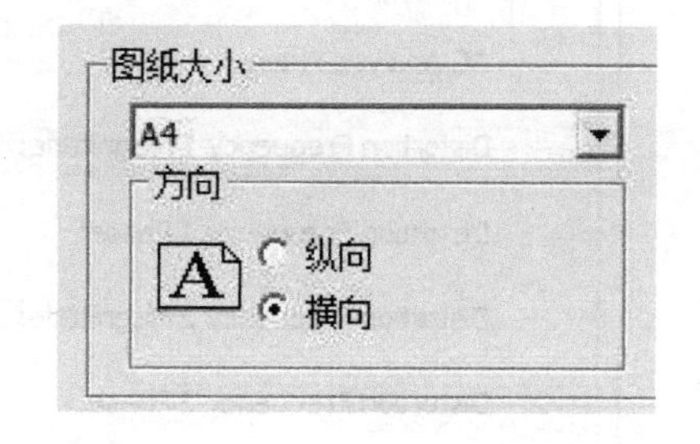

图 A-15　选择“图纸大小”和“方向”

4）单击“指示灯元件库”按钮，弹出“选择元件”对话框，选择“LAMP”元件系列，在元件列表中找到“100V_ 100W”，单击“确定”按钮，返回到设计窗口，将指示灯元件放置到合适位置。单击工具栏中“旋转”按钮，将指示灯顺时针旋转 90°，如图 A-16所示。

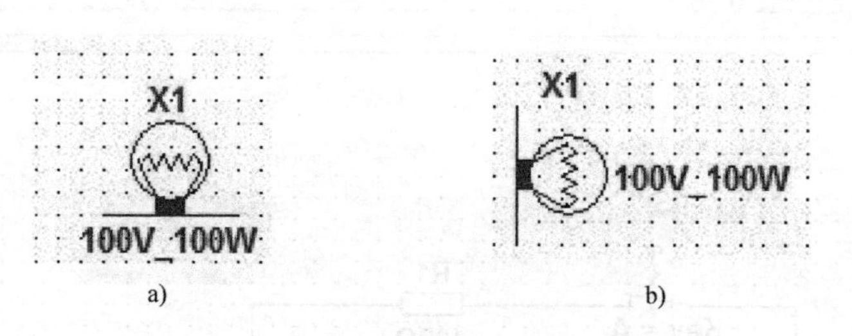

图 A-16　选择指示灯

a）放置指示灯　b）旋转 90°

5）单击“信号源库”按钮，弹出“选择元件”对话框，选择“POWER_ SOURCES”元件系列，在元件列表中找到“DC_POWER”，单击“确定”按钮，返回到设计窗口，将直流电源放置到合适位置。选择模拟接地元件“Ground”放置到电路原理图中。双击“电源”图标，在弹出的“DC_POWER”对话框中，设置参数选项“Voltage”为 200V，如图 A-17 所示。单击“确定”按钮。

6）单击“基本元件库”按钮，弹出“选择元件”对话框，选择“SWITCH”元件系列，在元件列表中找到“DIPSWI”，单击“确定”按钮，返回到设计窗口，将开关元件放置到合适位置。双击开关元件图标，在弹出的对话框中，设置“参考标识”为“S”，“Key for Switch”为“A”，单击“确定”按钮。

7）按图 A-13 所示完成电路连接。

8）单击“仿真”开关，键盘上〈A〉键可以控制开关的闭合与断开。当开关闭合时，可以看到指示灯亮，如图 A-18 所示。断开开关，指示灯熄灭。

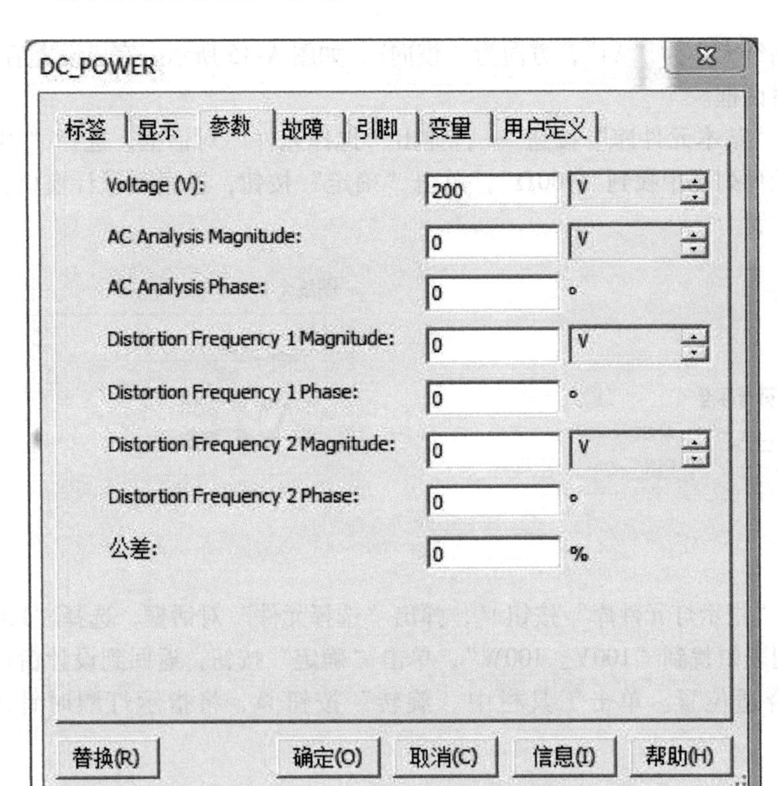

图 A-17 "DC_ POWER" 对话框

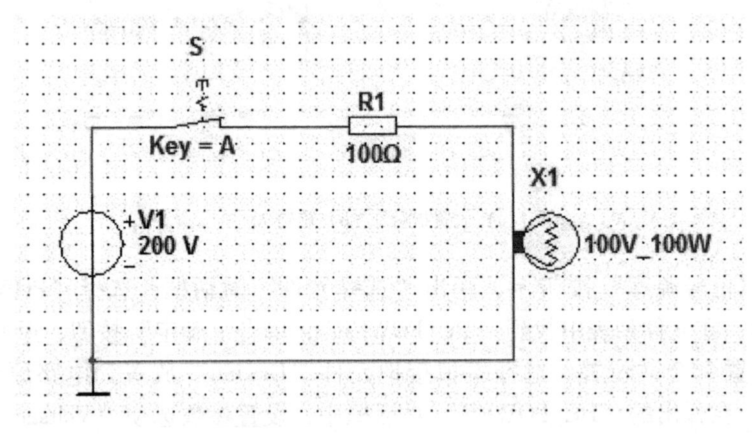

图 A-18 开关闭合指示灯亮

附录 B 虚拟仪器仪表的使用

Multisim 提供了 20 种常用的电子线路分析仪器。这些虚拟仪器仪表的参数设置、使用方法和外观设计与实验室中的真实仪器基本一致。仪器仪表的基本操作如下。

（1）仪器的选用与连接

从仪器库中选择某一仪器图标，将它拖曳到电路工作区即可，类似元器件的拖放。将仪器图标上的连接端（接线柱）与相应电路的连接点相连，连线过程类似元器件的连线。

（2）仪器参数的设置

双击仪器图标即可打开仪器面板。可以通过操作仪器面板上的相应按钮及参数设置对话框来设置数据。在测量或观察过程中，可以根据测量或观察结果来改变仪器仪表参数的设置，如示波器、逻辑分析仪等。

1. 数字万用表的使用

数字万用表又称数字多用表，同实验室使用的数字万用表一样，是一种比较常用的仪器。它可以用来测量交直流电压、交直流电流、电阻及电路中两点之间的分贝损耗。与现实万用表相比，其优势在于能自动调整量程。

数字万用表图标如图 B-1a 所示。双击数字万用表图标，得到放大的数字万用表面板，如图 B-1b 所示。单击数字万用表面板上的“设置”按钮，弹出“万用表设置”对话框，如图 B-2 所示。可以设置数字万用表的电流表内阻、电压表内阻、电阻表电流及测量范围等参数。

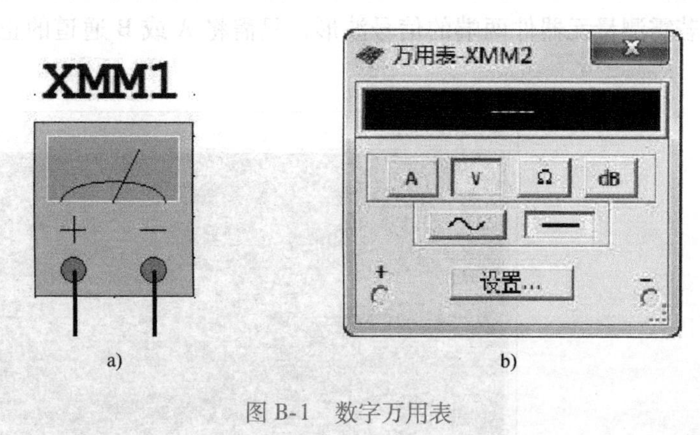

a)　　b)

图 B-1　数字万用表

a）图标　b）面板

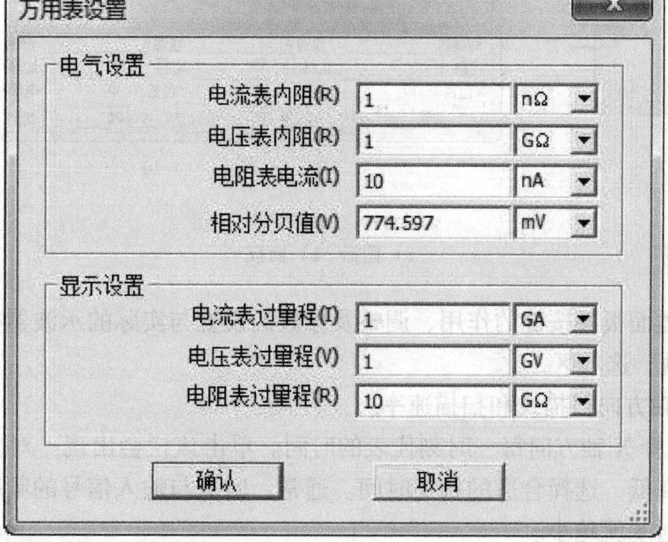

图 B-2　“万用表设置”对话框

（1）数字万用表的使用步骤

1）单击“数字万用表”按钮，将其图标放置在电路工作区，双击图标打开仪器面板。

2）按照要求将仪器与电路相连，并从界面中选择所用的选项（如电阻、电压、电流等）。

3）单击面板上的“设置”按钮，设置数字万用表的内部参数。

（2）使用注意事项

数字万用表图标中的“+”“-”两个端子与待测设备连接，测量电阻和电压时，应与待测的端点并联，测量电流时应串联在电路中。

2. 两通道示波器

示波器是显示电信号波形的形状、大小、频率等参数的仪器。两通道示波器是一种双踪示波器，图标如图 B-3a 所示，双击示波器图标，弹出示波器的面板，如图 B-3b 所示。

该仪器的图标上共有 6 个端子，分别为 A 通道的正负端、B 通道的正负端和外触发的正负端。连接时注意：A、B 两个通道的正端分别只需要一根导线与待测点相连，测量该点与地之间的波形。若需测量元器件两端的信号波形，只需将 A 或 B 通道的正负端与元器件的两端相连即可。

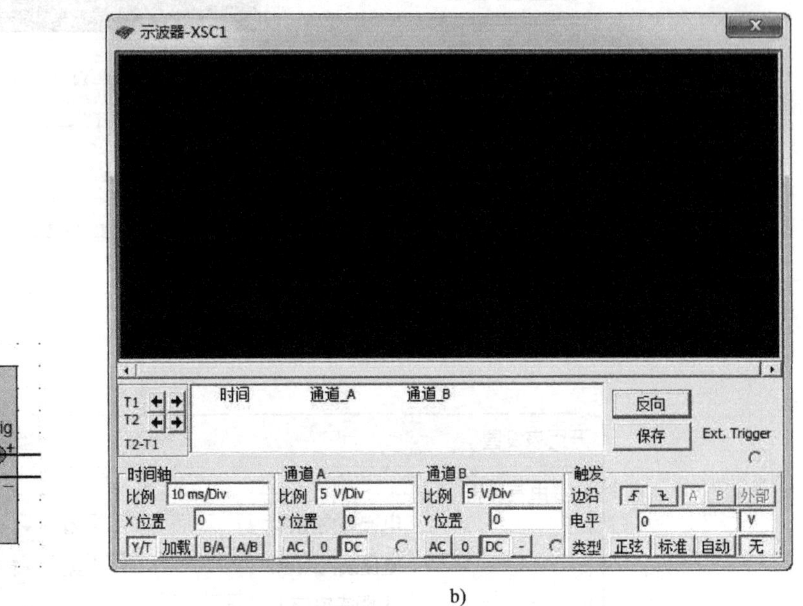

a) b)

图 B-3 示波器

a）图标 b）面板

两通道示波器面板各按键的作用、调整及参数的设置与实际的示波器类似，介绍如下。

（1）“时间轴”选项区

用来设置 X 轴方向扫描线和扫描速率。

1）比例：选择 X 轴方向每一时刻代表的时间。单击该栏会出现一对上下翻转箭头，可根据信号频率的高低，选择合适的扫描时间。通常，时基与输入信号的频率成反比，输入信号的频率越高，时基就越小。

2）X 位置：X 位置控制 X 轴的起始点。当 X 的位置调到 0 时，信号从显示器的左边缘开始，正值使起始点右移，负值使起始点左移。X 位置的调节范围是 -5.00 ~ +5.00。

3）工作方式：显示选择示波器的显示方式，可以从“Y/T（幅度/时间）”切换到“加载”“A/B（A 通道/ B 通道）”“B/A（B 通道/ A 通道）”等方式。

- Y/T 方式：X 轴显示时间，Y 轴显示电压值。
- A/ B、B/ A 方式：X 轴与 Y 轴都显示电压值。
- 加载（Add）方式：X 轴显示时间，Y 轴显示 A 通道、B 通道的输入电压之和。

（2）“通道 A”选项区

用来设置 A 通道输入信号在 Y 轴的显示刻度。

1）比例：表示 A 通道输入信号的每格电压值，单击该栏会出现一对上下翻转箭头，可根据所测信号大小选择合适的显示比例。

2）Y 轴位置：Y 轴位置控制 Y 轴的起始点。当 Y 的位置调到 0 时，Y 轴的起始点与 X 轴重合，如果将 Y 轴位置 1.00，Y 轴原点位置会从 X 轴向上移一大格，若将 Y 轴位置设置为 -1.00，Y 轴原点位置会从 X 轴向下移一大格。Y 轴位置的调节范围为 -3.00 ~ +3.00。改变 A、B 通道的 Y 轴位置有助于比较或分辨两通道的波形。

3）工作方式：Y 轴输入方式即信号输入的耦合方式。当用“AC”耦合时，示波器显示信号的交流分量。当用“DC”耦合时，显示的是信号的 AC 和 DC 分量之和。当用“0”耦合时，在 Y 轴设置的原点位置显示一条水平直线。

（3）“通道 B”选项区

用来设置 B 通道输入信号在 Y 轴的显示刻度。其设置方式与“通道 A”选项区相同。

（4）“触发”选项区

用来设置示波器的触发方式。

1）边沿：表示输入信号的触发边沿，可选择上升沿或下降沿触发。

2）电平：用于选择触发电平的电压大小（阈值电压）。

3）类型：“正弦”表示单脉冲触发方式，“标准”表示常态触发方式，“自动”表示自动触发方式。

（5）波形参数测量区

波形参数测量区是用来显示两个游标所测得的显示波形的数据的。

在屏幕上有 T1、T2 两个可以左右移动的游标，游标的上方注有 1、2 的三角形标志，用于读取所显示波形的具体数值，并将显示在屏幕下方的测量数据显示区。数据区显示游标所在的刻度，两游标的时间差，通道 A、B 输入信号在游标处的信号幅度。通过这些操作可以测量信号的幅度、周期、脉冲信号的宽度、上升时间及下降时间等参数。

要显示波形读数的精确值时，可将垂直光标拖到需要读取数据的位置。显示屏幕下方的方框内，显示光标与波形垂直相交点处的时间和电压值，以及两光标位置之间的时间、电压的差值。也可以单击仿真开关“暂停”按钮，使波形暂停，读取精确值。

单击“反向”按钮可改变示波器屏幕的背景颜色。单击“保存”按钮可将显示的波形保存起来。

3. 函数信号发生器

函数信号发生器是可提供正弦波、三角波、方波三种波形的信号的电压信号源，在电路实验中广泛使用。

函数信号发生器图标如图 B-4a 所示，双击函数信号发生器图标，打开函数信号发生器的面板，如图 B-4b 所示。

函数信号发生器的输出波形、工作频率、占空比、幅度和直流偏置，可通过选择波形选择按钮和在各窗口设置相应的参数来实现。频率设置范围为 1Hz ~ 999THz；占空比调整值可为 1% ~ 99%；幅度设置范围为 1μV ~ 999kV；偏移设置范围为 -999 ~ 999kV。

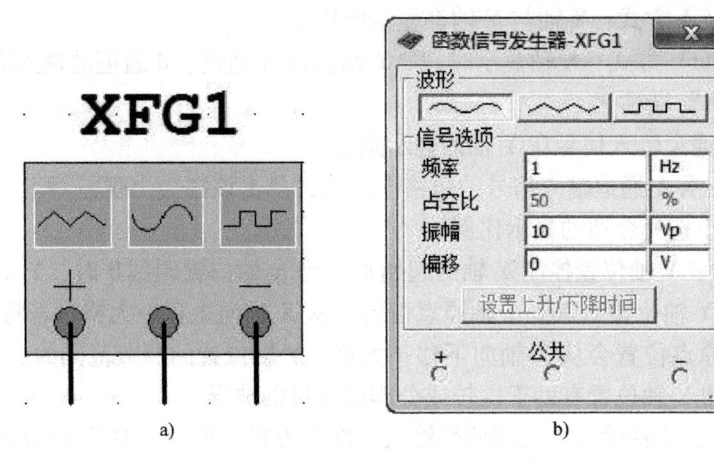

a) b)

图 B-4 函数信号发生器

a）图标 b）面板

该仪器与待测设备连接的注意事项如下。

1）连接“+”和“Common”端子，输出信号为正极性信号，幅值等于信号发生器的有效值。

2）连接“-”和“Common”端子，输出信号为负极性信号，幅值等于信号发生器的有效值。

3）连接“+”和“-”端子，输出信号的幅值等于信号发生器的有效值的两倍。

4）同时连接“+”“Common”和“-”端子，且把“Common”端子接地，则输出的两个信号幅度相等、极性相反。

4. 字信号发生器

字信号发生器是一个能产生 32 位（路）同步逻辑信号的仪器，常用于数字电路的连接测试。字信号发生器的图标和面板如图 B-5 所示。

（1）字信号发生器的连接

字信号发生器图标如图 B-5a 所示，它的左侧有 0 ~ 15 共 16 个端子，右侧有 16 ~ 31 共 16 个端子，它们是字信号发生器所产生的 32 位数字信号的输出端。字信号发生器图标的底部有两个端子，其中 R 端子输出仪器已准备好的标志信号，T 端子为外触发信号输入端。

（2）字信号发生器的面板

1）控制区。控制区用于设置字信号发生器输出信号的格式。

- 循环：表示字信号在设置的地址初值到最终值之间周而复始地以设定频率输出。
- 脉冲：表示字信号发生器从初始值开始，逐条输出直至终止值为止。
- Step：表示每单击一次就输出一条字信号，即单步模式。
- 设置：单击此按钮，弹出如图 B-6 所示的“设置”对话框。该对话框主要用于设置和保存字信号变化的规律或调用以前字信号变化规律的文件。各选项的具体功能如下所述。

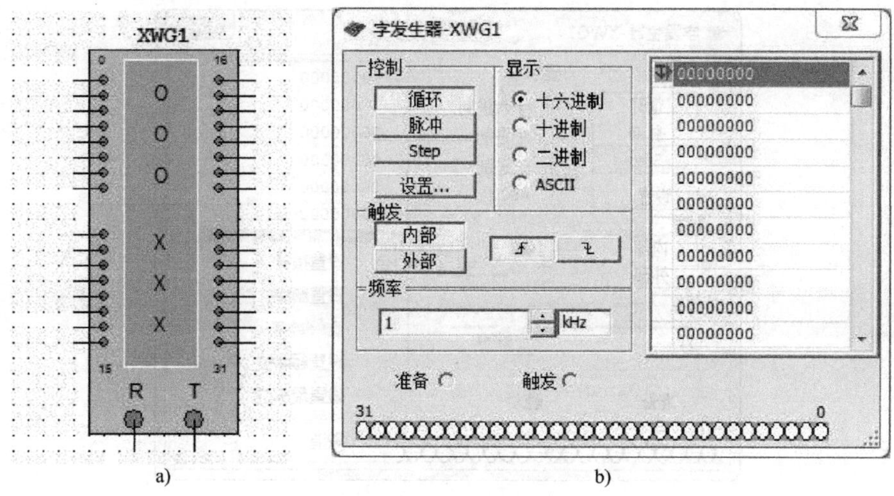

a)　　　　　　　　　　　　　　　　　b)

图 B-5　字信号发生器

a）图标　b）面板

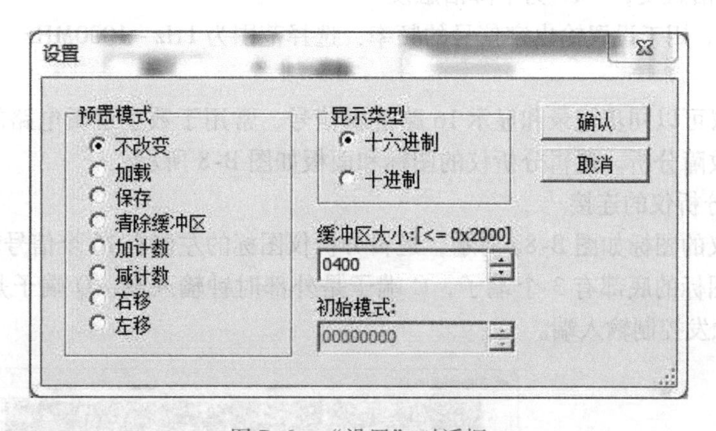

图 B-6　“设置”对话框

① 不改变：保持原有的设置不变。

② 加载：加载以前设置字信号的文件。

③ 保存：保存当前字信号文件。

④ 清除缓冲区：清除字信号缓冲区的内容。

⑤ 加计数：表示字信号缓冲区的内容按逐个“+1”的方式编码。

⑥ 减计数：表示字信号缓冲区的内容按逐个“-1”的方式编码。

⑦ 右移：表示字信号缓冲区的内容按右移的方式编码。

⑧ 左移：表示字信号缓冲区的内容按左移的方式编码。

“显示类型”区用于选择输出字信号的格式是“十六进制”还是“十进制”。

2）显示区。用于选择字信号的显示方式。有十六进制、十进制、二进制和 ASCII 码等几种显示方式。

单击某一条数字信号的左侧，弹出如图 B-7 所示的控制字输出菜单，具体功能有“设置指针”“设置断点”“删除断点”“设置起始位”“设置最末位”等。当字信号发生器发出字信号时，输出的每一位值都会在字信号发生器面板的底部显示出来。

3）触发区。用于设置触发方式，有内部触发方式和外部触发方式两种。选择

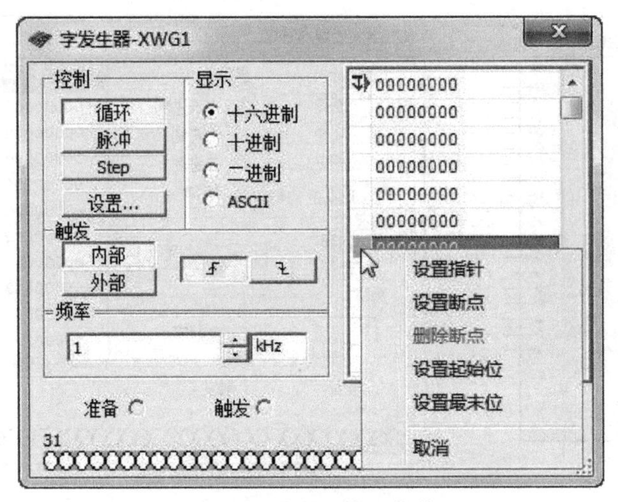

图 B-7 控制字输出菜单

为上升沿触发， 为下降沿触发。

4）频率区。用于设置输出字信号的频率，选择范围为 1Hz ~ 1000MHz。

5. 逻辑分析仪

逻辑分析仪可以同步记录和显示 16 路逻辑信号，常用于数字逻辑电路的时序分析和大型数字系统的故障分析。逻辑分析仪的图标和面板如图 B-8 所示。

(1) 逻辑分析仪的连接

逻辑分析仪的图标如图 B-8a 所示，逻辑分析仪图标的左侧有 16 个信号输入端，用于接入被测信号，图标的底部有 3 个端子，C 端子是外部时钟输入端，Q 端子是时钟控制输入端，T 端子是触发控制输入端。

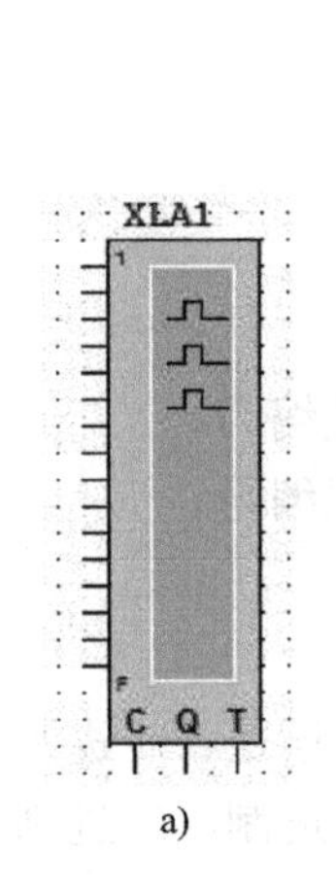

a)

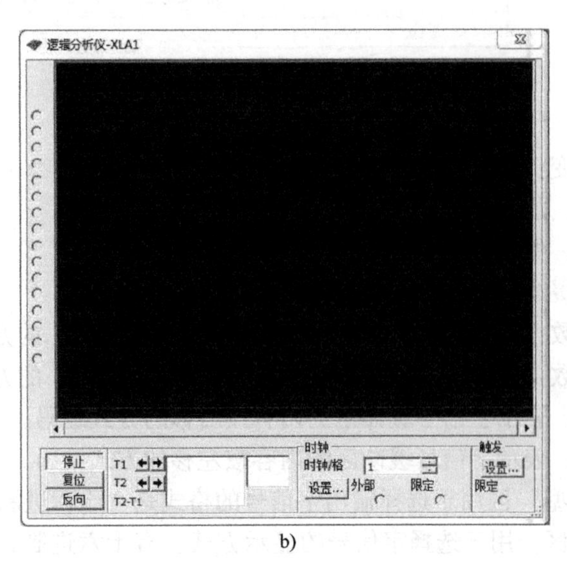

b)

图 B-8 逻辑分析仪
a）图标 b）面板

(2) 逻辑分析仪的面板

逻辑分析仪的面板如图 B-8b 所示。

1）波形显示区。用于显示16路输入信号的波形，所显示的波形的颜色与该输入信号的连线颜色相同。其左侧有16个小圆圈分别代表16个输入端，如某个输入端接入被测信号，则该小圆圈内出现一个黑点。

2）显示控制区。用于控制波形的显示和清除。它的左下部有3个按钮，其功能如下。

- 停止：若逻辑分析仪没有被触发，单击该按钮表示放弃已存储的数据；若逻辑分析仪已经被触发并且显示了波形，单击该按钮表示停止逻辑分析仪的波形继续显示，但整个电路的仿真仍然继续。
- 复位：清除逻辑分析仪已经显示的波形，并为满足触发条件后数据波形的显示做好准备。
- 反向：设置逻辑分析仪波形显示区的背景色。

3）游标控制区。主要用于读取游标T1、T2所在位置的时刻。移动T1，T2右侧的左、右箭头，可以改变T1，T2在波形显示区的位量，从而显示了T1，T2所在位置的时刻，并计算出T1，T2的时间差。

4）时钟控制区。通过“时钟/格”微调框可以设置波形显示区每个水平刻度所显示时钟脉冲的个数。单击“设置”按钮，弹出“时钟设置”对话框，如图B-9所示。

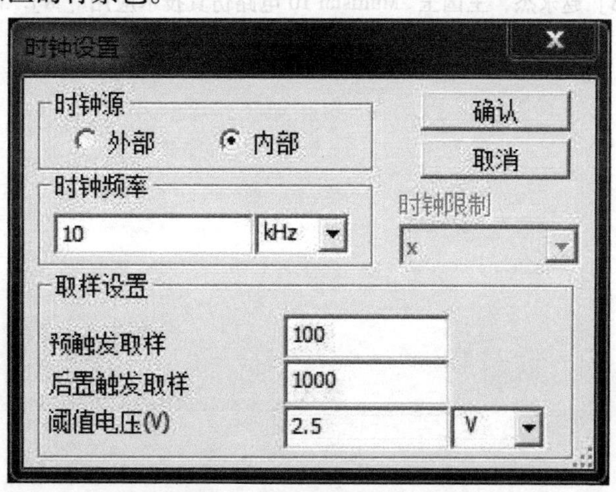

图B-9　“时钟设置”对话框

5）触发控制区。触发控制区用于设置触发的方式。单击触发控制区的“设置”按钮，弹出“触发设置”对话框，如图B-10所示。

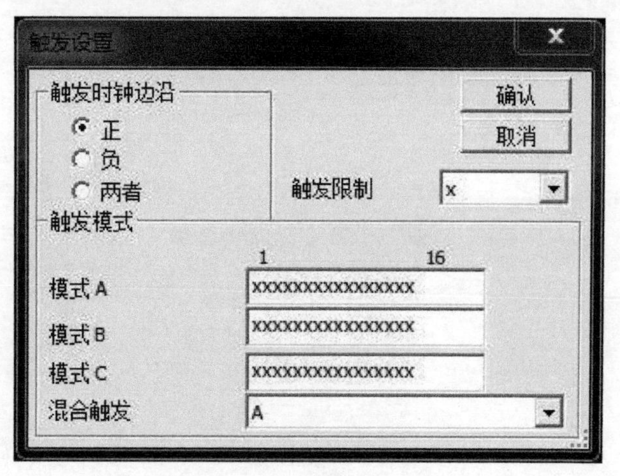

图B-10　“触发设置”对话框

“触发时钟边沿”区可以用于选择触发脉冲沿，“正”表示上升沿触发，“负”表示下降沿触发，“两者”表示上升沿或下降沿都触发。

在“触发限制”的下拉菜单中可以选择触发限制字（0、1或随意）。

“触发模式”区用于设置触发样本，一共可以设置3个样本，并可以在“混合触发”栏的下拉菜单中选择组合的样本。

参考文献

[1] 杨志忠. 数字电子技术基础 [M]. 4版. 北京：高等教育出版社，2013.

[2] 牛百齐，等. 电工电子技术基础与应用 [M]. 2版. 北京：机械工业出版社，2021.

[3] 吴慎山. 数字电子技术实验与实践 [M]. 北京：电子工业出版社，2011.

[4] 张志良. 数字电子技术基础 [M]. 北京：机械工业出版社，2011.

[5] 胡汉章，叶香美. 数字电子技术与实践 [M]. 北京：电子工业出版社，2009.

[6] 谢兰清，黎艺华. 数字电子技术项目教程 [M]. 北京：电子工业出版社，2009.

[7] 邓木生，张文初. 数字电子线路分析与应用 [M]. 北京：高等教育出版社，2008.

[8] 赵永杰，王国玉. Multisim 10 电路仿真技术应用 [M]. 北京：电子工业出版社，2012.